成就完美人生

控制情绪

刘磊　主编

红旗出版社

图书在版编目（CIP）数据

控制情绪 / 刘磊主编. — 北京：红旗出版社，2019.8

（成就完美人生）

ISBN 978-7-5051-4909-0

Ⅰ. ①控… Ⅱ. ①刘… Ⅲ. ①情绪—自我控制—通俗读物 Ⅳ. ①B842.6-49

中国版本图书馆CIP数据核字（2019）第161753号

书　名　控制情绪
主　编　刘磊

出 品 人　唐中祥　　总 监 制　褚定华
选题策划　华语蓝图　　责任编辑　王馥嘉　朱小玲

出版发行　红旗出版社　　地　　址　北京市北河沿大街甲83号
编 辑 部　010-57274497　　邮政编码　100727
发 行 部　010-57270296
印　　刷　永清县晔盛亚胶印有限公司
开　　本　880毫米×1168毫米　1/32
印　　张　25
字　　数　620千字
版　　次　2019年 8 月北京第1版
印　　次　2020年 3 月北京第1次印刷

ISBN 978-7-5051-4909-0　　定　　价　160. 00元（全5册）

前 言
FOREWORD

情绪是以主体的需要、愿望等倾向为中介的一种心理现象。情绪具有独特的生理唤醒、主观体验和外部表现三种成分。情绪是情感的表达，是人对事物的态度的体验，最基本的四种表现是快乐、愤怒、恐惧、悲哀。也有一些细腻微妙的情绪，如嫉妒、惭愧、羞耻、自豪等。情绪常和心情、性格、脾气、目的等因素相互作用。

情绪可分为积极情绪和消极情绪，但无好坏之分，都是人们对外界事物的正常反应，而由情绪引发的行为则有好坏之分，行为的后果也有好坏之分。

积极的情绪和愉快的心境让人产生心情爽朗、宽厚待人、感知敏锐、思维活跃、精神抖擞、自信自强、乐观进取的状态和行为；而消极的情绪和不愉快的心境让人产生愁眉苦脸、情绪低落、萎靡不振、易怒易躁、感知麻木、思维僵化、悲观绝望、自暴自弃的状态和行为。

积极的情绪有利于我们正确地认识事物、分析和解决问题，从而使自己的水平正常发挥，甚至超常发挥，而消极的情绪积压得时间久了，易产生诸多身心问题。当消极情绪出现时，不要躲避和消除，要去理解它、接纳它，正确地认知它、疏导它，而不是去消灭它，或者过度地压制情绪，以免由此引发一些不理智的、错误的，甚至危险的行为。

美国心理学家丹尼尔·戈尔曼说："只有及时地识别自己的情绪，知道自己的情绪产生的原因，并通过语言和非语言的方式把自己的情绪准确表达出来，从而学会察觉别人的情绪，这样才能使人与人之间建立良好的人际关系，这对我们将来的生存和发展起着至关重要的作用。"

如果一个人对情绪不具有自我觉察能力，或者是不认识自己的真实的情绪感受，就容易受到自己情绪的任意摆布，以致做出许多令人遗憾的事情。

挖掘积极情绪，善待消极情绪；调节情绪，把握自己，做情绪的主人；用积极的、乐观的态度对待生活，就会发现我们的生活真的充满了阳光与欢乐。

目录
CONTENTS

第一章 认识自我情绪

情绪的外部表现

情绪是以主体的需要、愿望等倾向为中介的一种心理现象。情绪具有独特的生理唤醒、主观体验和外部表现三种成分。符合主体的需要和愿望，会引起积极的、肯定的情绪，相反就会引起消极的、否定的情绪。

主观体验是个体对不同情绪状态的自我感受。每种情绪有不同的主观体验，它们代表了人的不同感受，如快乐、痛苦等，构成了情绪的心理内容。情绪体验是一种主观感受，很难确定产生情绪体验的客观刺激是什么，而且不同人对同一刺激可能会产生不同的情绪。

情绪是一种内部的主观体验，但在情绪发生时，又总是伴随着某种外部表现。情绪的外部表现，通常称为表情，是在情绪状态发生时身体各部分的动作量化形式，包括面部表情、姿态表情和语调表情。

一 面部表情

面部表情是指通过眼部肌肉、颜面肌肉和口部肌肉的变化来表现各种情绪状态，如高兴时额眉平展、面颊上提、嘴角上翘。人的眼睛是最善于传情的，不同的眼神可以表达人的各种不同的情绪和情感，如高兴和兴奋时“眉开眼笑”，气愤时“怒目而视”，悲伤时“两眼无光”，惊奇时“双目凝视”等。眼睛不仅能传达感情，还可以交流思想。有许多事情只能意会、不能或不便言传时，通过观察人的眼神可以了解对方的内心思想和愿望，推知他的态度是赞成还是反对、是接受还是拒绝、是喜欢还是不喜欢、是真诚还是虚假等。口部肌肉的变化也是表现情绪的重要线索，如憎恨时“咬牙切齿”，紧张时“张口结舌”等，都是通过口部肌肉的变化来表现某种情绪的。面部表情能精细地表达不同性质的情绪，因此是鉴别情绪的主要标志。

相关研究表明，人脸的不同部位具有不同的表情作用，如眼睛对表达忧伤最重要，口部对表达快乐与厌恶最重要，而前额能提供惊奇的信号，眼睛、嘴和前额等对表达愤怒情绪很重要等。口部肌肉对表达喜悦、怨恨等情绪比眼部肌肉重要，而眼部肌肉对表达忧愁、惊骇等情绪则比口部肌肉重要。

美国加利福尼亚大学旧金山分校心理学家保罗·艾克曼指出，人类的4种基本情绪（喜、怒、哀、惧）所对应的特定面部表情，为世界各地不同的文化所公认，包括没有文字、尚未受到电影电视污染的人群，这说明情绪具有普遍性。

二 姿态表情

姿态表情是指面部以外的身体其他部分的表情动作，包括身体表情和手势表情两种。人在不同的情绪状态下，身体姿态会发生变化，如高兴时“捧腹大笑”，恐惧时“紧缩双肩”，紧张时“坐立不安”，痛苦时“捶胸顿足”，愤怒时“摩拳擦掌”等。

手势通常和言语一起使用，表达赞成或反对、接纳或拒绝、喜欢或厌恶等态度和思想。手势也可以单独用来表达情感、思想，或做出指示。在无法用言语沟通的条件下，单凭手势就可表达开始或停止、前进或后退、同意或反对等思想感情。如“振臂高呼”“双手一摊”“手舞足蹈”等手势，分别表达了个人的激愤、无可奈何、高兴等情绪。研究表明，手势表情是通过学习得来的。手势表情不仅存在个别差异，还存在民族或团体的差异，后者表现了社会文化和传统习惯的影响。同一种手势在不同的民族中可能表达不同的情绪。

三 语调表情

除了面部表情和姿态表情，语调表情也是表达情绪的重要形式。语调表情是通过言语的声调、节奏和速度等方面的变化来表达的，如高兴时语调高昂、语速快，痛苦时语调低沉、语速慢等。朗朗笑声表达了愉快的情绪，而呻吟表达了痛苦的情绪。言语是人们沟通思想的工具，语音的高低、强弱、抑扬顿挫等，也是表达说话者情绪的手段。如转播乒乓球的比赛实况时，播音员的声音尖锐、急促、声嘶力竭，表达了一种紧张而兴奋的情绪；播出某位领导人逝世的讣告时，播音员的语调缓慢而深沉，表达了一种悲痛而惋惜的情绪。

总之，面部表情、姿态表情和语调表情等，构成了人类的非言语交往形式，心理学家和语言学家称之为“身体语言”。人们除了使用语言沟通达到互相了解之外，还可以通过由面部、身体姿势、手势以及语调等构成的身体语言，来表达个人的思想、感情和态度。在许多场合下，人们无须使用语言，只要看看脸色、手势、动作，听听语调，就能知道对方的意图和情绪。

情绪具有两极性

当一个人获得成功时，一般会产生兴奋、欢快、喜悦、满足等情绪；当一个人遭受失败时，则可能会出现悲伤、沮丧、失望、不满等情绪。情绪种类繁多，差别细微，变化多端，复杂异常，其短暂性更为明显，瞬息万变屡见不鲜。

第一，情绪的两极性表现为情绪的肯定和否定的对立性质。

如满意和不满意、愉快和悲伤、爱和憎等。在每一对相反的情绪中间存在着许多程度上的差别，表现为情绪的多样化形式。构成肯定或否定这种两极的情绪，并不绝对互相排斥。客观事物是复杂的，一件事物对人的意义也可以是多方面的，因此，处于两极的对立情绪可以在同一事件中同时或相继出现。例如为崇高事业而壮烈牺牲的烈士的亲人，既体验着对烈士为国捐躯的崇高的爱国主义的荣誉感，又深深感受着失去亲人的悲伤。革命者的坚韧性正表现在这样的体验中。

第二，情绪的两极性可以表现为积极的或增力的和消极的或减力的。

积极的、增力的情绪可以提高人的活动能力，如愉快的情绪驱使人积极地行动；消极的、减力的情绪则会降低人的活动能力，如悲伤引起的郁闷会削弱人的活动能力。在不同的情况下或不同的人，同一些情绪可能既具有积极的性质又具有消极的性质。例如恐惧易于引起行动的抑制，减弱人的精力，但也可能驱使人与危险进行斗争。

第三，情绪的两极性还可以表现为紧张和轻松（紧张的解除），这样的两极性常常在人活动的紧要关头，或人所处的最有意义的关键时刻表现出来。

例如考试或比赛前的紧张情绪，和这样的关键时刻的活动过去以后出现的紧张的解除和轻松的体验，能代表这种两极性。紧张决定于环境情景的影响和行动、任务的性质，如客观情景所赋予的对人的需要的急迫性、重要性等；也决定于人的心理状态，如活动的准备状态，注意力的集中，脑力活动的紧张性等。一般来说，紧张与活动的积极状态相联系，它引起人的应激活动，有时候过度的紧张也可能引起抑郁，引起行动的瓦解和精神的疲惫。

第四，情绪的两极性还可以表现为激动和平静。

激动的情绪表现为强烈的、短暂的然而是爆发式的体验，如激愤、狂喜、绝望。激情的产生往往与人在生活中占重要地位、起重要作用的事件的出现有关，同时又出乎原来的意料，违反原来的愿望和意向，并且超出了意志的控制之外。与短暂而强烈的激情相对立的是平静的情绪，人在多数情景下是处在安静的情绪状态之中的，在这样的场合，人能从事持续的智力活动。

最后，情绪的两极性还可以表现在强度上，即从弱到强的两极状态。

许多类别的情绪都可以有强—弱的等级变化，如从微弱的不安到强烈的激动，从愉快到狂喜，从微愠到暴怒，从担心到恐惧等等。情绪的强度越大，整个自我被情绪卷入的趋向越大。情绪的强度决定于引起情绪的事件对人的意义以及个人的既定目的和动机是否能够实现和达到。

以上从情绪的两极性的分类中归纳了情绪的某些表现形式上的特征，这些特征是从不同的侧面，又从每一侧面的两极形式加以归类的。这些从不同侧面归纳出来的情绪的表现形式，往往成为人们度量情绪的尺度，即情绪的强度、情绪的紧张度、情绪的激动程度、情绪的快感程度、情绪的复杂程度等。

情绪的自我觉察

此刻，我们先来想一下，最近三天你是开心的，还是不开心的，或是其他不一样的感觉？那么这些感觉就是你的情绪。

情绪是什么？情绪是情感的表达，是人对事物的态度的体验，最基本的四种表现是快乐、愤怒、恐惧、悲哀。也有一些细腻微妙的情绪，如嫉妒、惭愧、羞耻、自豪等。情绪常和心情、性格、脾气、目的等因素相互作用。

情绪可以分为与生俱来的“基本情绪”和后天学习到的“复杂情绪”。

基本情绪和人类生存息息相关，复杂情绪必须经过人与人之间的交流才能体验到，因此，每个人所拥有的复杂情绪的量和对情绪的定义都不一样。

什么是情绪的自我觉察？情绪是人的内心世界外在的表

达方式，它能够自我觉察到。每个人既有开怀大笑的愉快时刻，也有万念俱灰、焦急紧张等不愉快的时刻，这些都是人的一种情绪表现或者情感体验。

情绪的自我觉察能力是指了解自己内心的一些想法和心理倾向，以及自己所具有的直觉能力。

自我觉察，就是当自己某种情绪刚一出现时便能够察觉到，它是情绪智力的核心能力。一个人所具备的、能够监控自己的情绪以及对经常变化的情绪状态的直觉，是自我理解和心理领悟力的基础。如果一个人对情绪不具有自我觉察能力，或者是不认识自己的真实的情绪感受，就容易受到自己情绪的任意摆布，以致做出许多令人遗憾的事情。

伟大的哲学家苏格拉底所说的“认识你自己”，指的就是情绪智力的核心与实质。但是，在实际生活中，人们对情绪的自我觉察能力并不理想。那么如何提高情绪的自我觉察能力呢？

第一，要观察自己的情绪。不要抗拒这样的行动，不要认为观察自己的情绪是浪费时间的事，要相信，了解自己的情绪是重要的领导能力之一。

第二，要诚实地面对自己的情绪。每个人都可以有情绪，接受这样的事实才能了解内心真正的感觉，更恰当地去处理正在发生的状况。

第三，要给自己和别人应有的情绪空间。给自己和别人都停下来观察自己情绪的时间和空间，问自己四个问题：我现在是什么情绪状态？假如是不良的情绪，原因是什么？这种情绪会有什么消极后果？应该如何控制？这样才不致在一时冲动下做出不恰当的决定。

第四，为自己找到一个身心安静的方法。每个人都有自己的方法来使自己静心，每个人都需要找到一个最适合自己的静心方式。

认识自己的情绪

人是有感情的动物，喜怒哀乐人皆有之，大多数人在情绪上会有困扰，因此，情绪的调适与心理健康的关系最为密切。那么如何正确认识自己的情绪呢？

很多人认为情绪来自于其他人、事、物，但事实上决定情绪的是自己的内心：第一是信念，认为世上的事情应该是怎样的。第二是价值观，自己在事件中在乎的是什么，即什么是最重要的、想得到什么等。第三是规条，事情该怎样做。

因为每个人的信念、价值观和规条都有不同，所以面对同一个事情不同的人会有不同的情绪反应。当一个人的信念、价值观和规条改变时，同一个事情带给这个人的情绪也就不同。所以，若想这个事情带给自己的情绪改善，必须先改变自己对事情的信念、价值观和规条，而不是去企图改变世界，因为那将会很费力，而且往往是徒劳无功的。

情绪本身没有好坏之分，但如果人家在办丧事，你却表现得轻松开心，那你就会失去很多朋友。所以，用效果来判断情绪更有意义。

从效果的角度看，每一种情绪都有其价值和意义：愤怒是给我们力量去改变一个不能接受的情况，痛苦是指引我们寻找新的道路去摆脱威胁，恐惧是不想付出以为需要付出的代价，困难是以为付出的比收取的更多……所谓的负面情绪，不是给我们力量，就是给我们指引新的方向。

传统的教育使我们大多数人觉得，让别人知道自己有负面情绪是软弱无能的表现，因此不愿意讨论内心的感受。很多人更希望自己完全不会有愤怒、焦虑、悲伤等情绪。传统思想中所推崇的“修养”就是不发怒、不急迫、不担心，而这些情绪不是把情绪压抑，就是逃避。这对事情没有好处，只会使事情恶化，对人的身心也会带来不好的影响。

更重要的是，那些所谓的“负面”情绪使身体处于一种状态，即准备配合这个人做一些事。这个准备会使这个人的一些生理机能减弱，如学习、思考、记忆、解决问题、未来策划等。但这些机能，却往往是这个人当时最需要的。因此，一个恶性循环就产生了：事情使这个人产生某些“负面”情绪，但这些“负面”情绪使这个人减少了解决事情的能力。

有三种方法可以帮你做一个认识自我情绪的有心人。

第一种方法是记录法。你可以抽出一两天或一个星期，有意识地留意并记录自己的情绪变化过程。可以以情绪类型、时间、地点、环境、人物、过程、原因、影响等项目为自己列一个情绪记录表，连续记录自己的情绪状况。等回过头来再看记录时，你就会有新的感受。

第二是交谈法。通过与你的家人、上司、下属、朋友等进行诚恳的交谈，征求他们对你的情绪管理提出看法和建议，借助别人的眼光认识自己的情绪状况。

第三是测试法。借助专业的情绪测试软件工具，或是咨询专业人士，获取有关自我情绪认知与管理的方法建议。

成功、快乐的起点，就是良好的自我认识。在人们的生存和发展过程中，情绪常伴随左右，不同的情绪对于人们事业的成功、爱情的甜蜜、家庭的温暖都产生着巨大的影响。

情绪能戒掉吗

有句鸡汤很火：真正厉害的人，早已戒掉了情绪。不少人在沉默中表示赞同，他们的理由是：真正厉害的人不会把宝贵的时间和精力浪费在发泄情绪上，而是想方设法使自己变得更加强大。但是，真的是这样吗？如果戒掉情绪能让内心感觉更好，为什么焦虑成了这个时代的病症？为什么我们内心的痛苦不见减少，反而日益增多？

一　再成熟的人，也不可能戒掉情绪

村上春树的一句话广为流传："你要做一个不动声色的大人了，不准情绪化，不准偷偷想念，不准回头看。"很多人说要控制情绪，要忍耐，要压抑，要大度，要假装已经遗忘。长此以往，我们对事情不再有正常的反应，似乎一脸冷漠才符合钢筋水泥般现代世界的生存法则。

蔡康永说："该哭的时候哭，该笑的时候笑，只有充分地体会过喜悦和悲伤，才有资格说人生是值得活的。"

南京地铁站里，有个西装革履的男生，满脸通红地躺在地上，身边都是呕吐物。他是个销售，为了签单，不爱喝酒的他喝了许多。好不容易结束应酬，他一个人踉踉跄跄地来到地铁，结果没撑住，吐了一地，倒在了车站。担心自己会影响到别人，就算喝醉了，还一直迷迷糊糊地对着警察说："我老婆会来接我的，对不起，打扰你们了。"工作人员一边安慰他，一边扶他坐起来："理解你陪客户，生活不容易。"他只是摇头："没办法，真的没办法。"后来，他的妻子收到消息后很快就赶来了，男子突然情绪失控，一把抱住老婆，说了一句："老婆，对不起啊，对不起啊，我感觉我好没用。"

没人知道他是第几次酩酊大醉，没人知道在酒桌上他说了多少好话、受了多少委屈。但可以确定的是，他的疲惫和眼泪，已经撑不到他回到家关上门了。

既然真的撑不住，就不如把情绪释放出来。痛哭过，撕扯过，绝望过，投降过，经过那个夜晚，他将变得更强大。天亮之后，起床，洗漱，出门，阳光打在脸上，大外套衣角飞扬，小皮鞋噔噔作响。横刀立马向天歌，又是一条好汉，该职场精英继续职场精英，该砥砺前行接着砥砺前行。昨夜埋头痛哭的是你，此刻铿锵有力的也是你，昨夜有多㞞，此刻就有多勇。

夜再黑也没什么，能迅速调整姿态的，就是人生赢家。谁也不是生来就胆大包天，敢和生活对着干，而是在一次次的经历中变成了战士。

二 适当表达情绪可以拉近关系

著名心理咨询师武志红老师在《心灵的七种兵器》里写道："我们平常排斥的坏情绪：悲伤、焦急、恐惧、愤怒，不仅不是我们的敌人，反倒蕴含着帮我们成长，拥有良好人际关系的力量。"

情绪表达是帮助我们满足基本心理需求的方式，帮助建立人与人之间的情感连接与关系。当你处在一个陌生的环境中，适当自我暴露可以快速拉近人际关系。

比如，你要参加一个酒会，大家互相不认识，挺尴尬的。这时候，一个女生走过来，对你说了一句："你好，我第一次来这里，都不认识大家，有点紧张。"本来你也很紧张，当有人靠近你并表达了跟你一样的感受时，你会莫名快速对她产生信任，于是你们的话匣子便打开了。"我也是第一次来这里，确实很紧张。对了，你也自己一个人吗？”“是的，今晚的酒会听说来了……”如果对方说的话里面有自我暴露成分，你会觉得她愿意跟你分享个人经历。只有双方都有这方面交流关系，才会容易深入进去。

夫妻之间也一样，在心理学上，维系亲密关系有三个重要素：依赖、独立与冲突，吵架时表达的观点、产生的情绪，有时候可以更进一步推进感情。

丛非从曾写过一篇文章，提到过一个观点——吵架时，你要学会表达感受。文章里有这样一个例子。

她说：“老公总是嫌弃我懒、不做家务，嫌弃我乱乱的、没条理，还嫌弃我不上进。”

问：“老公嫌弃你这些，你什么感受呢？”

她说：“很受伤，很伤心。”

问：“那你觉得老公嫌弃你的时候，知道你受伤了吗？”

她说：“知道啊。我都跟他说过，也吵过。我说，你觉得看不下去你自己干啊。然后他就跟我吵。”

问：“那他是怎么知道你受伤了的呢？”

她说：“我的表情在那里了呀。他看到我的表情不高兴，语气不好，很严肃，就应该知道我不高兴了啊，我的情绪都写在了脸上了。”

这就是很多人受伤后的逻辑：我的受伤写在脸上了，

写在表情里了，写在情绪里了，写在语气里了，写在争吵里了，我写在了这么多地方，你就应该知道我受伤了。

其实，即使你把受伤写在天花板上，写在天空上，写在彩虹里，挂个条幅在墙上，都没有用。即使你语言直接表达“你这么说，我受伤了”，他都不一定体验到了你受伤，何况你用暗示的方式呢?

自我暴露对很多人来说都是困难的，我们不愿意把自己内心真实的活动告诉对方，不愿意让对方了解真实的自己，觉得一旦向对方敞开脆弱，就会被羞辱、被指责、被利用。所以我们宁愿把情绪压抑下来，或者是“控制住”，不让情绪外漏，一个人强忍。其实，这是一种自以为是的做法，这样只会慢慢积累负能量，终有一日爆发，将无法挽回。

感受自己的情绪：累了，难过了，受伤了，高兴了，兴奋了。告诉对方，互相交流，互相表达，两个人的关系才会更加亲密。

三　当情绪来了，我们要怎么办

当情绪来了，我们要做的，不是克制自己的情绪，而是要学会与它们好好相处，千万不要在沉默中放弃了坦诚面对自己情绪的权利。当我们发现自己有情绪的时候，要用恰当的方式将其疏导出来，而不是硬生生地将它忍住。

有情绪不代表是一种缺陷，更不能说，一个真正优秀的人就应该戒掉情绪。人类进化到现在，喜怒哀乐，各种情绪之所以没有被淘汰，正是因为我们需要它。情绪不是我们的敌人，戒掉了情绪，就是戒掉了人性。因此不必戒掉情绪，我们应该好好地和它相处。

当你因为被拒绝而受伤时，要学着反驳消极的想法，告诉自己，我依然是有价值的。

当你感到悲伤时，试着放声哭泣，让最纯净的悲伤疗愈自己，去倾诉，去寻求身边人的支持。

当你感到愤怒时，试着暂时停顿，让愤怒的能量流进又流出头脑。

当你感到内疚时，不要再评判自己，放下愧疚感，去尽力补救，并学会原谅自己。

情绪不是妖魔鬼怪，重要的是接受并巧妙地化解它。有句话说得好："去承认损失、去哀悼、去迷茫、去失声痛哭，然后去固执地相信，会有新的生活长出来，哪怕我们现在还看不到这个未来。"

你了解自己的“情绪”吗

情绪，与我们时刻相伴、形影不离，并且因人因时因地因事而不断发生变化。情绪及产生的行为也影响着我们每一个人，有时在制约人，有时在成就人，有时在伤害人，不同的情绪有着不同的心境与生活。因此，我们要了解情绪并管理好情绪，知其利弊，明其利害，以便生活、工作、人际关系处于良好的状态。

那么情绪到底是什么呢？

情绪是人对客观事物是否符合自身需要而产生的态度体验，是人脑对客观现实的主观反应。简单地说，情绪就是人的心理活动的重要表现，它产生于人的内心需要是否得到满足。人的情绪其实反映了人对外界事物的态度，从这个意义上来说，情绪是人们向外展示自己内心世界的窗口，情绪的流露都是在传递我们内心思想的信息。

情绪是由三种成分构成的复杂心理现象，包括认知活动、生理反应和行为表现。情绪的主观体验涉及个体的认知活动和对认知结果的评价。生理反应、行为表现由认知活动和对认知结果的评价导出。对于同一个事件，不同的人由于认知结构和对认知结果的评价不同而有可能产生差异，有时甚至是截然相反。例如，学生受到老师批评时会有不同反应，有的学生认为老师是在和他作对，故意刁难，而有的学生认为老师是在教育他，帮助他认识到自身的不足。正是因为认知上的不同，才会产生不同的情绪感受与体验。有的学生会对老师产生厌恶，甚至是对立的情绪，而有的学生会和老师的关系更为紧密。

人类有许多种情绪，如开心、兴奋、激动、惊喜、惊讶、生气、紧张、怨恨、愤怒、忧郁、伤心、恐惧、害羞、羞耻、后悔、迷恋、平静、急躁、厌烦、悲观、沮丧、懒散、得意、快乐、自信、安宁、自卑、自满、不满等，其中最基本的情绪有四类，即喜、怒、哀、惧；另外还有很多混合、变种、突变以及一些细腻微妙的情绪，如内疚、惭愧、嫉妒、厌恶、痛苦、焦虑、自豪等。从情绪的速度、强度和持续时间上，又可分为心境、激情、应激三种情绪状态。

这些情绪大致可分为积极情绪和消极情绪，但情绪无好坏之分，都是人们对外界事物的正常反应，而由情绪引发的行为则有好坏之分，行为的后果也有好坏之分。如积极的情绪和愉快的心境让人产生心情爽朗、宽厚待人、感知敏锐、思维活跃、精神抖擞、自信自强、乐观进取的状态和行为；而消极的情绪和不愉快的心境让人产生愁眉苦脸、情绪低落、萎靡不振、易怒易躁、感知麻木、思维僵化、悲观绝望、自暴自弃的状态和行为。

积极情绪有利于我们正确地认识事物、分析和解决问题，从而使自己的水平正常发挥，甚至超常发挥，而处于消极情绪时，情况则相反。长期保持积极情绪，能增强人的机体免疫力，有益于身心健康；消极情绪积压得时间久了，易产生诸多身心问题。因此，当消极情绪出现时，要意识到它是人们对挫折的正常反应，无法躲避和消除，那就不如去理解它、接纳它，正确地认知它、疏导它，并合理化自己的信念与行为，而不是去消灭它，或者过度地压制情绪，以免由此引发一些不理智的、错误的，甚至危险的行为。

所以我们要用心了解自己的情绪，适时调整认知结构，改变“绝对化要求”“过多概括化”“糟糕至极”等不合理信念；挖掘积极情绪，善待消极情绪；运用“注意力转移法”“心理暗示法”“交往调节法”“适度宣泄法”等方法调节情绪，把握自己，做情绪的主人；用积极的、乐观的态度对待生活，就会发现我们的生活真的充满了阳光与欢乐。

第二章

不要让消极情绪影响你的人生

踢猫效应

一位父亲在公司受到老板的批评，回到家就把沙发上跳来跳去的孩子臭骂了一顿。孩子心里窝火，狠狠地去踹身边打滚的猫。猫逃到街上，正好一辆卡车开过来，司机赶紧避让，却把路边的孩子撞伤了。这就是心理学上著名的“踢猫效应”。

关于“踢猫效应”的另一个故事是这样的。

顾客指着面前的杯子，对女服务员大声喊道：“小姐！你过来！你看看！你们的牛奶是坏的，把我的一杯红茶都糟蹋了！”

女服务员一边赔不是，一边说：“真对不起！我立刻给您换一杯。”

新红茶很快就准备好了，杯子边放着新鲜的柠檬和牛奶。

女服务员把这些轻轻放在顾客面前，轻声地对他说：“我能不能建议您，如果放柠檬，就不要加牛奶，因为有时候柠檬酸会造成牛奶结块。”

顾客的脸一下子红了，匆匆喝完茶就走了。

在旁边的一个顾客看到这一场景，笑着问女服务员：“明明是他的错，你为什么不直说呢？”

女服务员笑着说：“正因为他很粗鲁，所以我要用婉转的方法去对待；正因为道理一说就明白，所以用不着大声！理不直的人，常用气势来压人；理直的人，却用和气来交朋友！”

“踢猫效应”是指对弱于自己的对象发泄不满情绪，而产生的连锁反应。“踢猫效应”描绘的是一种典型的坏情绪的传染所导致的恶性循环。人的不满情绪和糟糕心情，一般会沿着等级和强弱组成的社会关系链条依次传递。由金字塔尖一直扩散到最底层，无处发泄的最弱小的那一个元素，则成为最终的受害者。其实，这是一种心理疾病的传染。

一般而言，人的情绪会受到环境以及一些偶然因素的影响。当一个人的情绪变坏时，潜意识会驱使他选择下属或无法还击的弱者发泄。受到上司或者强者情绪攻击的人又会去寻找自己的出气筒。这样就会形成一条清晰的愤怒传递链条，最终的承受者，即“猫”，是最弱小的群体，也是受气最多的群体，因为也许会有多个渠道的怒气传递到他这里来。

现代社会中，工作与生活的压力越来越大，竞争越来越激烈。这种紧张很容易导致人们情绪的不稳定，一点儿不如意就会使自己烦恼、愤怒起来，如果不能及时调整这种消极情绪带给自己的负面影响，就会身不由己地加入到“踢猫”的队伍当中——被别人“踢”和去“踢”别人。

许多人在受到批评之后，不是冷静下来想想自己为什么会受批评，而是心里面很不舒服，总想找人发泄心中的怨气。其实，这是一种没有接受批评、没有正确地认识自己的错误的一种表现。受到批评，心情不好可以理解，但批评之后产生了“踢猫效应”，不仅于事无补，反而容易激发更大的矛盾。

生活中，每个人都是“踢猫效应”长长的链条上的一个环节，遇到比自己弱的人时，都有将愤怒转移出去的倾向。当一个人沉溺于负面或不快乐的事情时，就会同时接收到负面和不快乐的事。当他把怒气转移给别人时，就是把焦点放在不如意的事情上，久而久之，就会形成恶性循环。好心情也一样，所以，为什么不将自己的好心情随金字塔延续下去呢?

愤怒是一头带来冲动的魔鬼

人盛怒之时，面皮绷紧，脸色剧变，双目圆睁，牙咬嘴唇，声高嘶哑，气喘冒汗，胸脯起伏不定，双拳紧握，青筋暴起，浑身颤抖。在体内，肾上腺素分泌陡增，心率加快，血气上涌，血压升高，愤怒喷薄而出。哎哟！心脏狂跳，已不堪刺激，“嘎嘣”突然停跳，梗死；抑或，血压把大股血液急速推到大脑，头脑血管不堪重负，骤然破裂，人委顿倒地。这可能是最后一次生气，大概可以称为生气的“终极版”。

历史上，曾有过许多著名的愤怒。

战国时代，就有《战国策》论愤怒篇。历史记载，秦王耍流氓，号称要用五百里之地换安陵君的封地，其实不过是想吞并安陵君的封地。安陵君不是傻子，当然不干，秦王发怒，对安陵君的使者唐雎说：“公亦尝闻天子之怒乎？”唐雎对曰：“臣未尝闻也。”秦王曰：“天子之怒，伏尸百万，流血千里。”唐雎曰：“大王尝闻布衣之怒乎？”秦王曰：“布衣之怒，亦免冠徒跣，以头抢地尔。”唐雎曰：“此庸夫之怒也，非士之怒也。夫专诸之刺王僚也，彗星袭月；聂政之刺韩傀也，白虹贯日；要离之刺庆忌也，仓鹰击于殿上。此三子者，皆布衣之士也，怀怒未发，休祲降于天，与臣而将四矣。若士必怒，伏尸二人，流血五步，天下缟素，今日是也。”挺剑而起，那就要动真格的，真要和秦王玩儿命，这下，秦王服了软。

《三国演义》中，更有利用愤怒为武器，杀人于无形之中的“诸葛亮三气周瑜”典故。《三国演义》里讲“曹仁大战东吴兵，孔明一气周公瑾”“玄德智激孙夫人，孔明二气周公瑾”，等到最后“曹操大宴铜雀台，孔明三气周公瑾”，那时，周瑜正要出战西川，孔明忽然差人送信来，劝他不要去取西川，气他说，如你取西川，那曹军乘虚攻江南，你江南就完蛋了，真会落个“铜雀春深锁二乔”了。周瑜读完信，急气攻心，口吐鲜血。周瑜自知不久于世，死前叹了口气说：“既生瑜，何生亮！”连叫数声而亡，死时仅三十六岁。

到了明末，历史也因为愤怒而改写。吴三桂镇守山海关抵御清军。此时，闯王李自成军队攻占了北京，烧抢掠，大将刘宗敏抢掠了吴三桂的家，强占了陈圆圆，正是“遍索绿珠围内第，强呼绛树出雕栏”。吴三桂闻讯，无法忍受所爱之人被人强占的耻辱，拍案而起，“恸哭六军俱缟素，冲冠一怒为红颜”，原本有意归顺李自成的吴三桂，作出与李自成为敌的决定，打开山海关城门，迎清军入关，满人入主中原，汉家失去江山。而由此吴三桂也付出惨重的代价，包括父亲在内的全家毁灭，自己则戴上一顶汉奸国贼的帽子。

由于这许多传奇的愤怒，于是，有了“愤怒的青年”“愤怒的小鸟”，还有《怒火攻心》《愤怒的小孩》等电影大行其道，似乎“愤怒”充满了张力与宣泄的美感。其实，愤怒无论如何都是一种负面的能量，是藏在我们胸中的利刃，对我们并无太多益处。

或者，你的期望出乎意料地落空；或者，你的身心无端受到伤害，你的利益无端遭到损失；或者，恶徒恣意的羞辱践踏使你的尊严受到冒犯；或者，你全心全意地付出，收获的却是荆棘刺心……那些痛苦很快形成胸中无名怒火开始烧灼，此时，你已感觉“是可忍，孰不可忍”，于是，就通过言语行为，开始伤害自己，伤及他人。

愤怒是一只带来冲动的魔鬼，危害之大，莫过于斯。怒气来临，理智散失，情绪做主，智慧失去了分析判断，一定会做出后悔的事来。

世上没有一种生气是值得的

一 生气会让你受制于人

巴甫洛夫是俄罗斯生理学家、心理学家、医师、高级神经活动学说创始人、高级神经活动生理学奠基人。他提出了著名的“条件反射”理论，他的一个著名的实验就是给狗喂食的同时吹哨子。这样多次重复以后，狗一听到哨声就分泌唾液。狗和哨声之间就建立了条件反射，这是低等生物的特征。

同样的道理，习惯生气的人，事实上，是在事件和自己之间建立了条件反射。在这个条件反射中，人被事、被情绪所控制，完全陷入被动，成为情绪的奴隶。如果有人说了你不爱听的话，你就暴跳如雷，或者郁郁寡欢，你其实就已经受制于人了。别人知道如何激怒你，如何控制你。

人与狗在意识上最大的区别就是，人可以做自我的主人，而狗只会根据外界刺激，做出简单、固定的反应。因此，生气是最糟糕的，也是最无用的。

《三国演义》中，诸葛亮在两军阵前，骂死王朗；用一封书信就气死曹真，当然还有之前的三气周瑜。但他却没能用这种办法摆平司马懿。诸葛亮率军攻打魏国，因为路途远，大军补给非常困难，最好速战速决。司马懿和诸葛亮对此都了然于胸。

为了速战速决，诸葛亮百般寻找机会决战，但司马懿就是紧闭寨门，一直耗着。因此诸葛亮派人给司马懿送去女人的衣服和梳子，目的就是为了激怒他，但司马懿没有上当，坚持不出战。由此我们可以看出，在《三国演义》中，王朗、曹真、周瑜和司马懿不在一个等级上。司马懿是一个能控制自己情绪的人。

二　生气是不必要的

一位老妇人习惯生气，一些鸡毛蒜皮的事有时候就会让她勃然大怒，她甚至觉得周围的人都在有意气她。有一天，她去找一位禅师请教。禅师慢慢听完老妇人的牢骚和委屈，把她引导到一间禅房，忽然落锁而去，把老妇人独自关在屋子里。

妇人气得破口大骂，骂了许久，门外始终没有动静。

后来，妇人开始哀求，最后，终于沉默了。禅师始终没有露面。沉默了好久，禅师来到门外，隔着门对妇人说："你还生气吗？"妇人说："我只为我自己生气，我怎么会来到这个鬼地方受这份罪？"

禅师拂袖而去。过了一会儿，禅师又来问："还生气吗？"妇人说："不生气了。""为什么？""气也没办法啊！"禅师又离开了。当禅师第三次来到门前时，还没等禅师开口，妇人就说："我不生气了，因为不值得生气。"

事实上，生气是于事无补的，反而只会让事情更糟糕。如果长此以往，怒气也必然会损害我们的身体。正如中医所主张的，生气就是生病。气是百病之源，人们心中燃起的无名怒火，都是嗔心之毒。

病是气出来的。很多人生气吃不下饭，可能引发胃病；甚至坐卧不安、睡不着觉，会得心病。肝郁、高血压、心脏病、脑血管病都或多或少和怒气有关。

庄子说："不谴是非，以与世俗处。"对于社会上的是是非非，不要太过执着，要看开。一个人看不惯的东西越多，看不惯的人和事越多，那这个人的境界也就越低，格局也就越小。我们无法改变别人的言语和行为，但却可以让自己变得更宽容、格局更大。到那时，你会发现，为一些事情生气是不值得的，也是不必要的，甚至是可笑的。

对人对事，不要想象力太丰富

做人，最忌讳的是想象力太丰富。想象力太丰富就会想得太多；想得太多，不但累，还容易钻牛角尖，更容易在不断的假设中，把简单的问题复杂化。做人做事，都要保持一颗平常心。只有拥有一颗平常心，才能较好地看清世上一切纷争和乱象的本质。没有一颗平常的心，就容易激动，容易利令智昏，容易气急败坏，容易被兴奋冲昏了头脑，容易做出一些偏激的、不利于自己的、不利于别人的事来。

首先，不要把人都想得很坏。或许是由于经历的问题，“一朝被蛇咬，十年怕井绳”。有些人，由于曾经被人骗过、害过、伤过，因此，对周围的人，都保持着警惕和疑心。不但不相信任何人，还把任何人都想得很坏，从而步步小心，处处设防，稍有疑心，就血脉偾张，对人进行不依不饶、没完没了的考证和追查，弄得大家都怕他，没人敢跟他接触和来往。这实在是一件糟心的事。

其次，不要把人想得很好。与“把别人想得很坏”相反，有些人经常会天真地把别人想得很好。这个人和他喝过酒，那个人和他打过牌；王某某是他表舅的堂哥，李某某是她老婆的姨妹。就好像天下人都和他有着密切关系，都会掏心掏肺地为他效劳。但实际上，他在这些人心中的位置，或许只是有个印象，或许连印象都没有，完全是他自己一厢情愿、自作多情。

再次，不要把事情想得太难。有时候，有些人经常把天下的事情想象得特别难。试都没试，就认为自己做不了，还不断地找出自己做不了的理由，这样不行，那样也不行。最后，不但把自己说得没信心，就连旁人也被说得没兴趣，都觉得好像非常难，做不了。而实际上，有些事情根本就没有想象得那么难。只要你动手去做了，坚持下去，你很快就会发现，原来一切不过如此。

最后，也不要把事情想得很简单。天下的事情，就是这么矛盾。虽说不要把事情想得太难，但事实上，很多事情也不能想得太简单。任何事情，在没有找到一定的方法、在没有摸清底细之时，都不能说很简单，更不可掉以轻心。只有建立在对事物的本质和原委都比较清楚的基础上，自信才有力量和价值。否则，那就是盲目自信，注定会贻笑大方、令人不齿的。

总之，无论做人还是做事，都要平平淡淡、实实在在，都要修炼好一颗平常心，不能想象力太过丰富而想得太多，否则，你会陷入自己掘挖的迷宫，进去出不来，只能在里面转圈圈，最后郁抑而终。

希望我们都有一个好心情，都能行云流水地生活。在平平淡淡之中，将所有的光阴都过得有滋有味。

与其沉溺于过去，不如做好今天的事

我们身边很多人明知道放纵自己沉溺于过去的行为毫无意义，却常常被困其中，常常徘徊在过去而无法自拔。如对做错的事一直不肯原谅自己，因为以往的失败而不敢再去尝试新的改变……

沉溺于过去，更准确地来说，是沉溺于过去的情感中。很多时候，理性难以战胜情感。

也有的人能够从过去的经历得到觉悟，以此铭记并做好今天的事。过去的事是无法改变的，所以可以从中得到确定的情感，可能是安全感或者是愧疚感等。而对未来，存在很大的不确定性，不知道会面对什么样的处境，也不知道得到的情感会比现在更好还是更糟。于是，很多人便选择不去关注未来，而是一直在回忆中生活。越不敢去面对未来，慢慢地，就变得越难去面对未来，错过的东西也就越多。

真正睿智的人，能够让过去的真正过去，积极地做好今天的事。他们不是不会受到情感的触动，而是他们懂得什么时候理性要战胜情感，什么时候情感可以得到释放。

看清并做好今天的事，就是说要珍惜今天的时光，做好现在的工作。这才是最正确的人生态度。

记得一个秋雨湿窗的夜晚，我忽然接到一个朋友的电话，低沉的声音传来不少沮丧。他说，金融海啸让他的股票和房地产投资损失巨大，他经营的小公司也很不景气，说不定很快就要倒闭，送儿子出国留学的事看来也要泡汤了，现在是饭也吃不香，觉也睡不好，今后该怎么办？我平心静气地对他说："做好今天的事。比如该工作时就努力工作，该睡觉时就好好睡觉。在公司没倒闭之时，做好你该做的事。"

看清并做好今天的事，就是说要珍惜今天的时光，做好现有的手头工作。无论明天何去何从，都不能忽视了今天，更不能放弃眼前。不做好今天的事而忧虑明天做什么，无疑是水中望月雾里看花。

在处理过去、现在和未来的关系这个问题上，我们既不能沉溺于过去，也不可过多地担忧未来，我们必须了解今天的责任，并集中精力去履行这一责任，这才是最正确的人生态度。沉溺于过去的事和担忧未来的事最可怕的结果就是使人丢失了眼前的现实。

尽管俗话说“人无远虑，必有近忧”，可是，如果一个人整天沉浸在对未来无边无际的幻想中而不脚踏实地地做好眼前的事，即使明天到来，他也只能是一片空白。今天的事都做不好，明天又能做得好什么？

一个学生今天勤勤恳恳读书，他明天就会运用所学的知识做好他想做的事。否则，再美好的理想都将成为泡影。一个路桥工程师今天做好勘测，设计好施工图纸，明天就可以顺利进行道路修筑。否则，施工队只能无所适从。一个教师今天扎扎实实备了课，明天的课堂就会充满生机。否则，讲课就成了无的放矢。一个报纸编辑今天精心策划、细致改稿、周密编排，明天的报纸就会受到读者的青睐。否则报纸会无人问津。

看清并做好今天的事，不是说不要明天的规划。只是在没有明确的新的目标之时，先做好手头的事，练好自己的身手，无论明天做什么，都会得心应手，水到渠成。

看清并做好今天的事，就为明天筑起了向上的台阶。这是颠扑不破的真理。

过于偏激的情绪是伤害身体的暗器

以前，山西有个姓陈的都堂，他从小性格刚烈，脾气暴躁。长大做官后，更是喜欢训斥人。每当审案之时，如果他“吆喝”一声之后，责罚犯人的板子还没有送来，他就会急冲冲地亲自走下公堂，对审讯的犯人拳脚相加、一顿暴打，等到自己怒气消了，才会停止下来。就这样，他经常由于一时愤怒而暴打犯人，甚至多次将犯人打得头破血流。

一天，审完囚犯退堂之后，陈都堂心中的怒气还没有熄灭，到了晚上仍气呼呼的，整整一夜都怒气未消。不想，第二天他就面色发红，肚子又痛又胀，连饭都吃不下。家人看到他生病了，就赶快给他请了大夫。

大夫给他诊断后说：“你的病是由于急火攻心而至，是你的怒气和暴脾气伤害了你的心脏和肝脏。所以，你这病单靠吃药是没有用的，你以后对人对事务必要心平气和，才能使疾病消除，使自己活得健康快乐！”

哪知，陈都堂听了大夫的话更加生气，觉得这个大夫简直是胡说八道，他不但当面斥责了大夫，还命人把他赶走了。可是，令他没想到的是，从此他的病情一天比一天严重，卧病在床，再也不能在大堂上要威风了。

这时，他突然后悔起来，这才觉得自己不该不听大夫的劝告，决心痛改前非。于是，他学着先让自己平心静气起来，学着对他人温和宽厚一些，就这样，他逐渐戒掉了自己的暴脾气，而他的病情也慢慢得到了好转。

由上面的故事可知，如果一个人整天发脾气，使自己情绪过激，就会伤害自己的身体，导致生病抱恙。那么，为什么情绪过于激动就容易引发疾病呢？

丰富的情绪是人间生活的基本色调，让我们的人生变得多姿多彩、妙趣横生。俗话说："花有五颜六色，人有七情六欲。"我们每个人都是有感情的，而我们的感情也都是与生俱来的，我们的一颦一笑、一言一行无不与我们的"七情六欲"相关。

何谓"七情"呢？

我国中医学将"喜、怒、忧、思、悲、恐、惊"七种与生俱来的情绪称为"七情"，也就是我们在日常生活中最常产生的七种情绪，即我们生命活动的正常现象。不过，虽然“七情”是正常的情绪表现，但如果这些情绪表现超过了正常的生理活动范围，就会引起身体不适，从而导致疾病的发生，这就是中医学上的“内伤七情”。

“七情”与人体内脏腑的功能活动有着密切的关系。中医认为，七情为五脏所主，并与五脏的生理、病理变化相关联，一嗔一怒都会影响到脏腑的功能。一旦情绪过度激动，在突然、强烈或长期性的情绪刺激下，就会使脏腑气血功能紊乱，从而导致阴阳失调、气血不周，继而引发身体的各种疾病。如，喜为心志，怒为肝志，思为脾志，悲为肺志，恐为肾志。因此，七情波动能影响人的阴阳气血平衡和运行。

一　兴奋不已的情绪会伤害心脏

“喜”是一种高兴与兴奋的情绪，所以一个人心情喜悦时，就会神采飞扬。不过，喜极则伤心。因为过喜的情绪会损伤心脏的功能，导致心慌、心悸、失眠、健忘、胸闷、头痛、心前区疼痛等症状，严重的还可能引发一些精神、心血管等方面的疾病。

“范进中举”的故事，便是最典型的例子——年事已高的范进听说自己中了举人之后，高兴得控制不住自己的兴奋情绪，从而忘乎所以，产生了疯癫的精神状态。因此，有些人遇到大喜的事情时却突然中风或突然死亡，这就是心理学上所讲的“喜中”。所以，遇到再高兴的事也不可以过于兴奋，一定要控制好自己的情绪，才能快乐地享受喜悦之情。

二　怒气冲冲的情绪会损害肝脏

怒气冲冲，是表达一个人愤怒之情的内心活动。作为“七情”之一，心理学研究认为“怒”是一种最难控制，也最易伤害身体的情绪。

因为一个人大怒时，不但会失去理智，还极易伤害肝部的健康。由于“怒伤肝”，当愤怒的情绪无法控制时，就很容易导致肝失疏泄、肝气郁积、肝血瘀阻等情况，使身体出现面赤、气逆、头痛、眩晕，甚至吐血或昏厥卒倒等情况。所以，我们一定要学会控制自己愤怒的情绪，保持愉悦开阔、积极乐观的心情，这样才不会给肝功能带来不良的影响。

三　悲悲切切的情绪会影响肺部健康

医学心理学认为，肺是声音与呼吸的总司。当一个人忧愁、悲伤、痛哭流涕时，就会影响肺功能的正常运转，从而导致声音嘶哑、呼吸急促等症状的出现。因为悲悲切切、郁郁寡欢的情绪，最能给肺脏带来伤害。所以，当人在悲伤忧愁的时候，肺气便会抑郁成结，气阴两亏，从而出现感冒、咳嗽等不适症。

有话说“过犹不及”，凡事都不可过于悲伤或忧愁。我们应多培养开心、快乐的情绪，才能呼吸均匀，说话时才会声音清脆，整个人精神奕奕。

四　思虑的情绪会伤脾伤神

由于人的思虑情绪的活动，主要是通过脾脏来表达的，而脾脏又与脾胃相通，所以，当一个人思虑过度或过度焦虑时，就会使脾气虚弱，表现为气血不足而身体乏力，从而饮食无味、食欲下降、呕吐，严重的还会出现头昏、贫血、腹胀、腹泻等症状。所以，思虑伤脾伤神，我们平时切不可思虑过度。只有脾胃健康，我们才能浑身有劲，不易气喘、疲劳，才能每天都有精神。

五　惊恐不安的情绪会耗伤肾气

心理学认为，肾气的盛衰直接关系到人体的生长发育及生殖能力。所以，人在心情平静、神态悠闲的时候，往往显得心灵聪慧，精力旺盛，年轻又健康。但是，我们的肾脏最怕惊吓，由于“恐伤肾”，一旦一个人受到过度的惊恐，就会耗伤体内的肾气，从而导致遗精滑泄，二便失禁；情况严重的还会出现突然昏厥，甚至导致死亡的情况发生。

所以，我们平时要培养从容自若的心态，不要动不动就一惊一乍、惊慌失措或寝食难安。凡事都要用镇静的情绪来控制局面，才能做到得之不喜，失之不忧。

“怒伤肝”“喜伤心”“思伤脾”“悲忧伤肺”“恐惊伤肾”，就是说过于偏激的情绪是伤害身体的暗器。所以我们一定要管理好自己的情绪，控制好不良情绪，学会调节自己的情绪，使自己情绪平衡，心态平和，才能心情快乐，拥有美好的生活。

不要被情绪牵着鼻子走

在生活节奏越来越快的今天，大家很容易会因为一点小事而发火，闹得不愉快，所以，学会情绪控制是一门非常重要的能力。情绪管理能力往往与情商高低有很大的关联，常常陷入情绪之中的人是很难成功的。若是不能做好情绪管理，就会被情绪牵着鼻子走。

小陈因为没有管理好自己的情绪，给公司造成了非常大的损失。事情是这样的，客户因为堵车迟到了，赶来的时候也十分诚恳地道歉了，但小陈不依不饶地责怪客户迟到，自己拎包转身走开并盛气凌人地让助手招待客户。结果客户将自己这次的遭遇如实报告给了总公司，于是小陈他们公司被对方拉入了黑名单，两年内不会有任何合作。

工作中客户迟到其实很常见，小陈在漫长的等待中逐渐产生怒火，可以理解，但她对客户的傲慢无礼是一个职场小白都不会犯的错误，就是因为她没有控制好自己的情绪，失去了理智，才会得到如此后果。

情绪是会传染的，一个人如果不会控制情绪，动不动就对他人发脾气，会严重影响自己的生活质量。

今天洋洋一整天都不开心，这事还得从早上说起。洋洋的爸爸因为洋洋妈妈今天做的饭咸了，说了句："你怎么做的饭，不是咸就是甜，能好好做饭吗？"洋洋妈妈一听不乐意了，把碗筷一扔："想吃饭就闭嘴，不想吃就给我出去吃！"然后开始数落他的一堆毛病，洋洋爸爸说不过洋洋妈妈，胡乱巴拉了几口饭上班去了。洋洋吃完饭后收拾书包，可能妈妈的气还没消，冲着洋洋大声说："收拾个书包也这么慢，再这么慢以后你自己走着去学校！你们爷俩没一个让我省心的。"然后又唠叨了一堆洋洋的毛病，洋洋莫名其妙，他觉得今天自己没做错什么啊。

洋洋妈妈送洋洋上学的路上，在一个路口一个小姐姐让路慢了点，妈妈就骂道："这么大不会让路啊！"在学校，课间玩耍时，有一个同学不小心撞到洋洋，还没等同学道歉，洋洋直接骂了句："怎么走路的，没长眼睛啊！"同学也生气了，两人就打了起来，被老师叫到办公室批评，双方都被叫了家长。

回到家，爸爸妈妈对洋洋又是一顿批评，洋洋心里更是十分烦躁，大哭大闹后把自己关在屋里。屋外爸爸妈妈还在相互指责对方对孩子的不关心。

这一家子直脾气的烦心事，其实就是因为一句话引发的，若是爸爸不说那句话或不那样冲地说话，妈妈就不会发脾气，妈妈不发脾气就不会唠叨洋洋，洋洋就不会肚子一直憋着火，冲同学撒火。仅仅是因为一句话使大家都窝火了一天，若不及时将这股负面情绪排解出去，类似这一天的糟心生活还会不断地循环下去。

一个不会控制脾气的人会动不动发脾气，不时用语言和行动伤害着身边的人，结果往往让大家不欢而散；一个善于控制脾气的人则给人如沐春风的舒服感，他会给人带来正能量，给人积极向上的动力。

我们要学会控制自己的情绪，随时保持愉悦的心情，心情不好时可以向朋友、家人倾诉或转化为文字，在意识到自己有情绪产生的时候，不妨先离开当前的环境，去别的地方放松一下，要相信没有过不去的坎儿。

父母不能控制情绪，是孩子最大的悲剧

家，不仅是爱与温暖的传递通道，往往也是恨与伤害的传递通道。而家里有个情绪化的人，则更会加剧家庭的不幸。

一

2017年6月，13岁的小男孩小靖因为忍受不了妈妈的暴力，选择离家出走。当救援人员找到他时，发现他全身伤痕，只能把他先送进医院。在医院中，脱下外衣的小靖让所有人都吃了一惊，瘦小的身躯上有数条血红色的伤口，双手乌青，双腿肿胀，多个趾甲断裂。经医生诊断：小靖的前额、前胸、四肢都有伤，其中四肢远端出现大面积的伤，手指、手腕、前臂、大腿、下肢处伤势较重，并产生大面积浮肿。

小靖说，在家里，一点小事做不好，就要遭到妈妈的毒打，吃饭太慢会挨打、走路太慢也挨打、干活太慢更要挨打。衣服架、铁架、板凳、剪刀，只要妈妈不顺心，任何东西都能成为妈妈惩罚自己的工具。

小靖的妈妈是一个情绪化的人，她无法控制自己的愤怒，只能通过打骂孩子，来宣泄自己的不满和情绪。人本能发泄的对象，一定是他身边比他弱小的人。而生活在这种家庭的孩子，连呼吸都要小心翼翼。

曾经有这样一则新闻，16岁少女经常被父母骂，服毒自杀。在死之前，她又挨了两场骂，因为衣服穿得太脏挨骂，洗头时间太长挨骂。父母的不满情绪发泄完了之后，孩子已经受到了打击。父母出门时，她说自己肚子疼，要回房间休息。过了12点，等父母回到家，发现她已经停止了呼吸。少女的母亲最后哭到快要昏厥，哀号着：“女儿，你快回来吧，我再也不骂你了！”然而，女儿再也听不到她的道歉。

二

中国很多父母，有很严重的情绪问题。

《2016年度中国亲子教育现状调查》报告中指出，家庭中的教育焦虑问题不可忽视，87%左右的家长承认自己有过焦虑情绪，其中近20%有中度焦虑，近7%有严重焦虑。

情绪焦虑的家长习惯于从外部向孩子强行灌输、施压，而没有激发孩子内心对于外部世界的好奇，使孩子丧失灵性。这样的“爱”，很容易被转化成为“恨”。

家人之间的相处，本来兵戎相见的时候并不多，那些偶尔存在的小摩擦，很多时候忍一忍就过去了。但很多人却根本不懂这个道理，他们总爱盯着家人之间的那点小问题，永远都是一点就炸。

那些无法控制自己情绪的人，对家人却有极大的控制欲：上小学时，你必须考到他们想要的分数；上大学时，你必须选择他们满意的专业；谈恋爱时，你必须选择他们喜欢的对象。

他们在家庭中，想要王者一般的地位，不容任何人的忤逆，孩子一旦有些许反抗，就会遭到惩罚。

上大学时，室友曾给我讲了他们家的故事。她姐姐高考不是很理想。在大学，姐姐交了一位男朋友。两个人在一起齐心考研，大四要结束时，两个人均被北京一所知名院校录取。研究生期间，父母一再和姐姐强调，不要和外地人谈恋爱，毕业一定要回到家乡。研究生毕业，姐姐本想瞒着家里留在北京和男友一起打拼，结果遭到了妈妈的极力反对。每次她姐姐打电话回家，都要被妈妈骂：白眼狼，有了男人忘了娘。后来什么难听说什么，根本没有沟通的余地。最后姐姐无奈，放弃了爱情和更好的发展机会选择回家。即使这样，也并未能讨妈妈开心。回到家后，妈妈开始疯狂折磨姐姐，仿佛有深仇大恨。姐姐开始每天都哭，后来，直接抑郁闹自杀。室友说：“我替我姐恨我妈。”

情绪化的父母，内心藏着一股愤怒。在他们的世界里，不存在个人意志，任何事情的标准只有一个，符合他们的心意就是对的，不符合他们的心意就是错的，而且，任何人都不应该有犯错的权利。一旦违反这条规则，内心的愤怒就会变成利器，伤人伤己。最可悲的是，父母不是朋友，不是说远离就能远离的。他们对孩子的影响常常贯穿孩子的大半生，他们会一直说孩子、骂孩子，甚至咒孩子，只要能让他们感到顺心，就是用一万种方法能来折磨孩子也可以。

三

情绪化的人，个人能力往往有限。王小波说，人类一切痛苦，是因为自身无能的愤怒。其实有时他们纠结的源头，对很多人来说，都不是什么大问题，如果他自己能轻易解决，就不会把时间用来发泄情绪。

电影《天水围的夜与雾》中，讲述了在香港天水围发生的一件血案。故事中，李森是一个离异再婚的无业游民，他和妻子生育了一对双胞胎。但他脾气暴躁，总是虐待自己的妻子。后来，他们全家被迫搬到天水围。两人因经济压力矛盾更大，李森也一直怀疑妻子红杏出墙。受够了的妻子决定开始独立。丧心病狂的李森发现打骂都不行，最终情绪失控杀死了妻子和孩子，自己也选择了自杀。

人不能控制情绪，大多因为自身内心的脆弱和对自身生活无法掌控的恐惧。他们无法控制外在的环境，所以将注意力转向身边的亲人、弱势群体，以此来获得对于生活的掌控感。有时，他们不仅没有靠自己改变现状的能力，也拒绝和他人沟通。他们将沟通当作挑衅和对他们权威的质疑。

电视剧《垫底辣妹》中，女主工藤的父亲年轻时梦想着成为一名职业棒球手，但因能力有限，一直未能实现自己的梦想，他心里一直憋着一股气。直到后来，工藤的妈妈生了弟弟龙太。父亲开始把全部的注意力放在儿子身上，给他买最好的棒球设备，带他去参加各种棒球比赛，一心想让龙太成为职业棒球选手。在执着追求棒球梦的同时，工藤的父亲开始变得情绪化。他的眼里只有龙太的棒球比赛，龙太赢了他就开心，龙太输了就嘶吼和怒骂。背负着父亲梦想的龙太，也没有打棒球的天赋，最终选择退出棒球队。爸爸愤怒、绝望地打龙太，但一切都无法挽回龙太的决定。这个故事中，工藤爸爸对孩子的管教，就是拒绝沟通的典型。年轻时未实现的梦化为不甘，如同一颗毒种深埋在心，外化成冷酷、权威，不容任何质疑和反抗，阻碍了他和儿子的平等交流。

四

情绪化的父母养出来的孩子，大多缺乏幸福的能力。

中央综治办和中国少年研究中心在全国范围内对1000多名普通未成年人进行了调查分析，在家里被“经常骂”的孩子不良性格特点最为明显：25.7%的孩子“自卑”；22.1%的孩子“冷酷”；56.5%的孩子“暴躁”。

中国教育科学研究院发布的《家庭教育状态调查》报告中显示，家长较关心孩子的健康安全（65.95%）、学习成绩（53.58%）等现实性因素，对兴趣爱好、性格养成等发展性因素的关注度较低，对情绪情感因素关注度最低，仅占11.93%。

有个网友留言说：“我八岁时，父母离婚，然后我和我妈一起生活。从此，噩梦开始。我妈是一个情绪特别不稳定的人，她有时阴郁，有时阳光，有时又很暴躁，我永远不知道下一秒她的情绪怎么变。她生气时，打我骂我的狠劲儿，让我觉得我非亲生，但是当她爱我疼我时，我又觉得她很爱我。”他妈妈的情绪，给他幼小的心灵带来了阴影，过得很不幸福。更可怕的是，他发现自己正在情不自禁地模仿母亲，用母亲对待自己的方式去对待自己的爱人。虽然知道这样有问题，但却很难控制情绪。

心理学中，有个术语叫强迫性重复。心理学研究发现，一些人似乎故意用各种各样的方式让自己重复经历类似的痛苦：那些在单亲家庭中长大的孩子，他们长大后更容易离开自己的伴侣；那些小时候经常被父母毒打的孩子，他们长大后也会更倾向虐待自己的孩子；那些在情绪化家庭中长大的人，他们可能也缺乏控制自己情绪的能力。

童年时缺爱，被伤害，受虐，没有安全感，缺乏尊严……长大以后，就会演变成自闭、抑郁、自杀、暴力倾向、焦虑症等等。但神奇的是，许多精神病患者，在生了孩子之后，精神状况好了很多，因为他们把精神痛苦宣泄到了子女身上，而子女替他们疯了。

拥有情绪化的父母，对孩子来说是场灾难，更可怕的是，这场悲剧还会延续。

总是斤斤计较，会越活越累

一位日料店的老板，特别精打细算。无论收入多高也不给员工加薪，解释是：“万一明年我赚不到这么多钱怎么办？”

他觉得每张餐桌放置的免费酱油消耗太大了，实在不甘心每个月为此付出不菲的费用。绞尽脑汁淘到了一种全新设计的酱油瓶。这种瓶子每次倒酱油时都特别费力，用力甩动也只能流出几滴。

老板十分高兴，觉得终于可以节省大笔开支了。一个月后，店内盘点，酱油的用量不但没有减少，反而大幅度上升。他难以置信，便蹲在店里观察客人们的使用情况。几天后真相大白。

原来客人们因为倒酱油费力，索性个个都把盖子拧开，直接从瓶口把酱油倒进碟子里，自然更浪费了。偷鸡不成蚀把米，老板懊悔不已。

与业内知名的大神级人物进餐，喝起苏打水，他讲了一个关于苏打水的故事。

他说自己初建公司时，第一年财务汇报，发现茶水间的开销超支了。于是叫人来询问，得知原来是苏打水消耗量过大，这种水价格贵，口感好，大家都喜欢喝，每天都要消耗很多罐，永远都无法满足员工需求。

按理说，一般的老板听到这样的事情，第一反应不是停掉苏打水供应，也会做限量处理。然而他想了想，说：从今天开始，公司苏打水无限量供应。财务以为自己听错了，又问了一遍，他说，对，无限量。但是会再做一些其他的安排。

于是第二天，员工们到达公司时惊讶地发现，茶水间里不但有喝不完的苏打水，还有满满一排各类饮品：花茶、绿茶、红茶、牛奶、椰子汁、绿豆汤、红枣薏米羹、冰糖梨水、时令水果汁……甚至还有给处于生理期中的女孩子们准备的可乐姜茶。

员工们欢呼雀跃。那一年茶水间的支出不但没有超标，还控制在一个非常令人惊喜的数值内。有了更多的选择，谁还会只在乎单调的苏打水呢？

很多人以为，格局是大开大合的手段，却不知真正的格局皆体现在细微之处。当一个人对于全局的把控到了精准的程度，那么每一次前行都会了然于胸，充分考虑到全盘的走势，步步为营。

世事如棋，即使做不到才落几子便知结局，还是要努力多算出后面几步。不为一兵一卒斤斤计较，不为一时成败纠结难平。就算只是棋子，也莫成为弃子。

斤斤计较就是对无关紧要的人和事过分的计较，甚至计较到一点一滴、一丝一毫。人生在世，谁都想活得开心快乐，都不想有一大堆麻烦事，更不会自己没事找事。可有的人却偏偏不这样，总是斤斤计较，自己给自己找麻烦，这样会活得不快乐，会越来越累。

有一句老话说得好："记住该记住的，忘记该忘记的！"朋友之间要有福同享、有难同当。在与朋友相处时，难免会出现磕磕碰碰。如果和朋友总是斤斤计较、睚眦必报，不能宽容地对待朋友，这样不仅会越活越累，还会使朋友离你而去。

无论是哪种感情，斤斤计较不会是一件好事。如果在爱情中，你喜欢斤斤计较的话，就会让爱人对你越来越反感、越来越讨厌你，最后导致分手。亲人之间也不能太过计较，否则就会产生家庭矛盾，生活会变得越来越不和谐。

对待任何人都不要斤斤计较。俗话说得好："多一个朋友多一条路。”谁都不想自己在社会上没朋友，也更不想让自己的亲人把自己抛弃，对自己失望。

所以我们一定要有一颗宽容的心，不要总是给自己找麻烦，不要跟别人斤斤计较，这样你才会活得越来越开心、快乐。

情绪冲动将会伤害你的一生

面对各种机会、诱惑、困境、烦恼的时候，要想把握自己，就必须控制自己的思想，必须对思想中产生的各种情绪保持警觉，视其对心态的影响是好是坏而接受或拒绝。乐观会使你的信心和弹性增强，而仇恨会使你失去宽容和正义感。如果无法控制情绪，将会因为不时的情绪冲动而受害。

情绪是人对事物的一种浅见、直观、不用脑筋的情感反应。它往往只从维护情感主体的自尊和利益出发，不对事物进行复杂、深远和智谋的考虑。这样的结果常使自己处于不利的位置或被他人利用。本来，情感离智谋就已经很远了，情绪更是情感的最表面、最浮躁部分，以情绪做事，不会有理智可言。

我们在工作、生活、待人接物中，常常受到情绪的摆布，头脑一发热，情绪上来了，什么蠢事都愿意做，什么蠢事都做得出来。比如，因一句无关紧要的话，便与人打斗，甚至拼命，诗人普希金、莱蒙托夫与人决斗死亡，便是此类情绪所为；别人给我们的一点假仁假义，而心肠顿软，大犯错误，西楚霸王项羽在鸿门宴上耳软、心软，以至放走死敌刘邦，最终痛失天下，便是这种情绪所为。还可以举出很多因情绪的浮躁、不理智等而犯的过错，大则失国失天下，小则误人己误事。事后冷静下来，自己也会感到大可不必那样。这都是因情绪的躁动和亢奋，蒙蔽了人的心智所为。

《三国演义》中，诸葛亮七擒七纵孟获之战中，孟获便是一个深为情绪役使的人，他之所以不能胜于诸葛亮，实人力和心智不及也。诸葛亮大军压境，孟获弹丸之王，不思智谋应对，反以帝王自居，小视外敌，结果完全不是对手，一战即败。孟获一战即败，应该慎思再出招，却自认一时晦气，再战必胜。再战，当然又是一败涂地，如此几番，把孟获气得浑身颤抖，又一次对阵，只见诸葛亮远远地坐着，摇着羽毛扇，身边并无军事战将，只有些文臣谋士之类。孟获不及深想，便纵马飞身上前，欲直取诸葛亮首级。结果，诸葛亮的首级并非轻易可取，身前有个陷马坑，孟获眼看将及诸葛亮时，却连人带马坠入陷阱之中，又被诸葛亮生擒。孟获败给诸葛亮，除去其他各种原因，孟获生性爽直、缺乏谋略、为情绪蒙蔽，也是一个重要的因素。

情绪冲动误人误事，不胜枚举。一般心性敏感、头脑简单、年轻的人，容易头脑发热，易受情绪支配。

如果你正在努力控制情绪的话，可准备一张图表，写下你每天体验并且控制情绪的次数，这种方法可使你了解情绪发作的频繁性和它的力量，一旦你发现刺激情绪的因素时，便可采取行动除掉这些因素，或把它们找出来充分利用。

失控可以轻易毁掉一件事

如果情绪失控，就会做错事。因为人在愤怒时，大脑皮层下情绪中枢脱离大脑皮层抑制，这时候正常认知功能丧失，表现出本能的保护性或攻击性反应。因愤怒而失去理智，往往容易做出让自己后悔的事情。比如2017年发生在武昌区一家面馆的命案，顾客与老板就因每碗面涨价一元而争执，老板被砍身亡。

如果情绪失控，就会毁掉家庭。对于情绪容易失控的父母而言，孩子就是他们的发泄工具，是他们负面情绪的牺牲品。而孩子在这样的教育下长大后，也难免会沦为情绪的奴隶。被誉为偶像剧女王的陈乔恩，在娱乐圈风光多年，可外表乐观开朗的她，却自爆私底下性格孤僻，不善与人沟通，甚至有些自闭。据陈乔恩回忆，妈妈的“棍棒教育”给她造成了童年阴影。在《非常静距离》访谈中，陈乔恩坦言："从小就没有安全感，总是活在恐惧中，不知道怎么跟妈妈讲话，怕她会骂我。"她把妈妈的声音形容为"魔鬼的声音"，在说这句话的时候，陈乔恩整个人都处于应激状态，显得高度紧张。显然，母亲的不良情绪，就像一颗定时炸弹，从小就植入了陈乔恩的心里，即使成年后的她十分优秀，但这种埋在心底的自卑感总会不时冒出来，伤害到她。

如果情绪失控，就会影响身体健康。情绪失控，对于身体来说是一剂"情绪毒药"。暴躁生气的时候，会引起交感神经兴奋，血压升高，心率加快，加重心脑负担，往往容易引发心脑血管意外事件。而经常暴躁的人，也会影响内分泌，而子宫肌瘤、乳腺增生都与此有关。美国科学家曾对45名个性不同的大学生进行了30年的观察发现，"暴躁、喜怒无常"组的人患高血压、心脏病、癌症和神经失调等严重疾病者高达77.3%，而"性格温和""活泼乐观"两组人的患病率分别为25.2%和26%。

并不是说有一点消极情绪便不可原谅，完全没有消极情绪是不正常的。我们说凡事要讲究度，适度的消极情绪反而有益于激励自己，会让我们变得更坚强。所以，即使当你愤怒到了极点时，也要学会控制自己，注意排解不良情感的方式。

毕竟，人都有感情用事的时候，若一种感情用对了地方，它可能让你事半功倍；如果用错了地方，却可以轻易毁掉一件事。生活中，有些事情之所以难做，关键在于我们不善于调整自己。

现在，患有抑郁症的人越来越多。一些心理医生在治疗这些病人的时候，通常都会采取这样的方法，即在病人情绪低落的时候，不会向他们讲述一些难懂的道理，而是尽可能帮他们营造一种轻松的交流氛围，帮助他们发泄不良情感。在病人情绪稳定的时候，会尝试让他们去思考一些人生哲理，以及做人的一些道理，引导他们正确地看待生活。

所以，不良情感是可以调节的，掌握其中的方法，每一个人都可以成为自己的心理医生。当你感到困顿，甚至有些绝望的时候，决不要轻易做决定，这很可能会让你失败得更惨。理智的做法是：先让自己什么都不去想，尽可能让自己恢复到正常的心理状态，并排除一切杂念，然后用心做好一件事。

首先，再绝望也不要孤注一掷。一个赌徒若是输红了眼，哪怕只剩下一条内裤也要孤注一掷。在生活中，许多人在绝望的时候，或多或少都会表现出一种赌博心理。如，与人关系恶化，就会破罐子破摔；始终学不会一门技术，便会自暴自弃。如此这些都只能让自己变得更痛苦、更失败。

其次，不要在压力下失控。除非生活在真空中，不论是社会交往，还是生活与工作，可以说压力无处不在。一些不善于自我解压、排压的人经常会变得很郁闷，反之，善于给自己松绑的人会生活得更自在、更快乐。

小孙最近发现妻子有些反常，不但情绪变得低落，而且晚上经常失眠，并且与自己的交流也越来越少。开始，他还以为妻子有了婚外恋，后来妻子哭着抱怨工作上的事，他才知道妻子承受不了工作上的压力。原来，厂里新来了一位领导，裁了一半员工不说，还在厂里实行了目标责任制。妻子有些不适应，工作压力很大，但是从没有和自己讲过，只是她的情绪很低落，有时会发脾气，人际关系也越来越差。小孙了解到这些情况后，及时帮妻子排解负面情绪，才让她从压力中缓解过来。后来，小孙说，如果不是及时帮妻子减压，妻子很可能会丢掉这份工作，因为她完全不在状态，领导已经向她下了“通牒”。

人永远都是自己的主宰者，当你不能主宰压力时，压力就会把你压垮。一些人经常在压力下失控，变得行为异常，就是因为不善于用减压方法。如，与人交流、参加体育锻炼、走进大自然等，都是不错的减压方法。

最后，情绪不佳时慎做决定。有时，一个人在一天中的不同时间段，情绪变化会很大，谁也没有办法保证一整天都乐呵呵的。当情绪不佳时，很容易带着感情色彩去做判断，缺少理性。同样，心情大好时，也不宜做重要的决定，否则容易犯头脑发热的错误。

一个人有无个人魅力，主要体现在他自我控制的意识上。一个不善于自我控制的人，经常会在情绪不佳的时候显得很失落，甚至是失态，而自控力强的人，情绪再糟糕，也能表现得很冷静，不会轻易把自己的坏心情传染给周围的人。

你的坏情绪，最终由你买单

一　坏情绪对社会的影响

社会是一个很复杂的社交综合体，鱼龙混杂，与任何人的交集都充满了不确定性，所以控制你的情绪波动是尤为重要的。古人早已有云：近朱者赤，近墨者黑。所以没人愿意与整天愁眉不展的人发生交集。一个人的坏情绪不仅会无形地感染他人，有时候还会让你失去理智。

在一辆公交车上，一个小学生只因无意抢在老太太之前下车而被老太太打了一耳光。原因是老太太个人家庭矛盾引起的极端情绪。

在一个商场内，小朋友在过道上玩耍被路过男子一脚踹飞，而肇事者是商场附近一学校学生。原因是该男子玩游戏连输了几把后情绪失控。

可见，坏情绪不仅可以传染，还可能对他人造成伤害。你的坏情绪会让别人疏远你事小，造成犯罪事大，所以一定要学会控制情绪。

二 坏情绪对工作的影响

面对复杂多变的人际交往，你是否曾留意过自己的情绪变化，你的这些情绪变化又曾造成过哪些影响呢？是皆大欢喜，还是后来的形同陌路？人际交往离不开沟通，而沟通所形成的任何意识形态皆来源于你的情绪变化，所以情绪不仅能决定你的人际向心力，还能决定你的未来。

作家刘同说："有些事情一旦被情绪包裹上锁生锈，外面的进不来，里面的也打不开。"即使再简单的问题，也会因此变得复杂无比。打败你的不是实力，是坏情绪。生活中你会不会遇到下面这种情况？

碰到了好的工作机会，却担心自己资历不行，索性连简历投都不投，直接放弃，结果发现实力不如你的同事却成功跳槽到了这家公司。

被朋友推荐介绍了很好的人脉关系，好不容易加上了微信，却迟迟不敢开口，害怕被无视，害怕对方觉得自己很奇怪，因此加了一年的好友都没有说过一句话。

在一项工作开展之前，深夜里你翻来覆去睡不着，在脑子里想了1000种失败的后果。结果还没开始做项目，你就心累的不想去面对了。

你的情绪，让你在比赛开始前，就输了。

网上有这样一句话：作为一个成年人，如果情绪都控制不好，即便给你整个世界，你也早晚会毁掉。

前几天，公司产品部门招了两个新人：小A，有3年工作经验；小C，工作经验刚刚满一年。

有一次公司突然停电了，大家的电脑都处于断网的状态。面对这样的状况，小A很急躁，一直在发牢骚，虽然是小声嘀咕，但还是被我听见了。

小A说："这什么破公司啊，还能断网？这也太影响工作效率了吧。"于是停电的半个小时期间，他一直在发牢骚、玩手机。

而小C，却从断电那一刻起，默默地拿起手机开了热点，继续工作，没有任何情绪地完成了工作。

后来有一次小A和小C一起负责一个项目，在和客户开会的时候，对方案提出了许多对方案的修改意见，小A越听脸越黑，到最后直接拉下脸，不说话了。

小C见状，赶紧打圆场说："好的，好的，我们会按照您的修改意见，对方案进行调整。”

会议结束后，小A抱怨道：“这是什么客户啊，这么多事？他懂不懂啊？修改起来没完没了。我不管了我是不改了，谁爱改谁改吧，我不伺候了。”

第二天一早，小A便提出了离职，而小C一个人接住了这个项目，项目结束后，小C成功转正并直接升职为部门负责人。

马东曾经在《奇葩说》里说过：“不要在激动的时候，做出情绪化的决定。”因为情绪激动的时候，脑子是不清楚的，你说话做事，都是在为你的情绪买单。

作为一个成熟的职场人，明智的辞职是：你已经有了比这更好的工作机会，而不是因为“我烦死了”“我气死了”“我受不了了”。

心宽路自平，工作中有很多的不如意，比如为人处世过于较真，被同事排挤，升职加薪被屡次搁浅，各种加班无休无止等，都会成为负面情绪滋生的土壤。谁都希望自己能在同事中脱颖而出，但此起彼伏的坏情绪早已引来了同事、领导们异样的眼光。由于对坏情绪难以自控，你开始抱怨、焦虑和多疑，最后在同事领导面前你成为了异类，从此各种机会都与你擦肩而过，你当初所有对未来的美好期盼与人生规划也都会化为乌有，可见坏情绪对你的工作是极为不利的。每一个成年人都不容易，都有情绪，但是只有学会控制自己的情绪，才能控制自己的人生。

三　坏情绪对家人的影响

每次因为情绪问题发脾气的时候，你会发现，问题并没有因此而得到解决，还会因此伤害到周围的人。

你要知道，世界上最在乎你的莫过于你的家人，你的喜怒哀乐随时牵动着他们的心，他们怕你在外面吃不饱、穿不暖，对你的牵挂更是体现在方方面面，然而你却时常在家颐指气使，把外面遇到的所有不顺发泄在家人身上。你的坏情绪会长期压制着家人应有的笑容，让家庭氛围变得异常压抑，父母、伴侣、孩子开始看你的脸色决定家里的大小事，而你的坏情绪也使家人开始出现各种争吵，所以不管你有天大的委屈与不顺都别往家里带，要学会隐藏你的所有坏情绪，给家人一张纯真的笑脸才是对家人关心与牵挂的最好回馈。

你的坏情绪，会把爱的人越推越远。明明没多大事儿，却点火就着。

一天，佳佳爸妈从老家来看他们一家三口。在得知佳佳最近总是加班熬夜后，爸妈忍不住唠叨起来。

“佳佳，你说说你何必这么辛苦呢？你说你回家考个证，当个老师多好，非要在大城市拼死拼命的，多累？”妈妈说完还重重地叹了口气。

“就是，不听老人言，吃亏在眼前了吧？”妈妈刚说完，爸爸就补了一句。

佳佳听了，愤愤地说：“回家天天在你们眼前晃悠就好了？你们帮不上什么忙，就别再说回去的事了，行吗？”说完她转身进屋了，留下爸妈和老公孩子一脸蒙地坐在饭桌上大眼瞪小眼。

第二天，仿佛昨天晚上的事情没发生一样。还没等她开口，爸爸先说：“佳佳，昨天晚上是爸妈的错，不该唠叨你的，别生气了。你妈给你做了你最爱吃的菜，快尝尝。”说着，爸爸夹了菜放到她的碗里。

大道理都懂，只是小情绪难以控制。话虽如此说，但坏情绪对于工作、家庭、社交的害处是无穷的，那么我们该如何去控制呢？其实最简单的办法就是自我暗示，一个人不可能在同一地方摔倒两次，这是因为你对上次的失误还记忆犹新，对上次坏透的情绪也同样如此，所以暗示对于你控制坏情绪的爆发有很大帮助。只要你还在意上一次的失误，那么这一次就能坦然面对了。

控制得好情绪，人生会走得更顺，反之则要命。

第三章
积极情绪成就好人生

遇事要冷静，不要一点就着

我的一个同事性子比较急躁，结婚以后，因为懒惰，妻子总和他吵架，而他却指责妻子小题大做。有一次，妻子出差回来发现家里很乱，于是就指责他，他一急就给了妻子一个大嘴巴，妻子当时就离开了家。事后他也十分后悔，后悔打了自己的妻子，妻子应是用来疼的，不是用来打的，但是后悔已经晚了，因为世界上根本就没有后悔药，人生也不会重来。他妻子向他提出离婚，他千般万般地承认错误，保证不会有下一次，但是他的妻子已经下定了决心离婚，最后他只好和妻子离婚了。这个同事以后的日子总是借酒消愁，变得十分颓废，总是跟我们说后悔当初打了他的妻子。

一个糊涂的父亲，儿子7岁，睡觉前，他特别给儿子交代过了，不能尿床。第二天，他一觉醒来，发现儿子又尿床了，他叫醒睡梦中的儿子，气极之下，狠狠地责骂起儿子，见儿子不认错，他用拳头朝儿子胸口打了一下，儿子被打懵了，躺在床上一下没有缓过气来，既没有求饶也没有吭声，这下他更火了，又朝儿子胸口打了一拳。不一会儿，他发现儿子脸色发白，眼神迟钝，呼吸困难，这才慌了手脚，背起儿子就往外跑。因为没有手机，他跑到外面才拨通了120急救电话。等急救车赶到，送往医院抢救时，小孩已经不行了。

有时候人在犯错误的时候就好像有恶魔缠身一样，本来那不是他的想法但是却那样做了，事后后悔的时候也不知道当时自己怎么就那样做了。一些小事还好，但要是犯了大错，那是一辈子也无法弥补的。所以，不管做什么事，一定要冷静，不要太冲动，一定要三思而后行，不然的话你做出的事情的后果是你一辈子都不能弥补的，会让你后悔一辈子。

遇事要冷静，不要一点就着，要有独立思考的精神和自我反思的力量，运用理性的头脑去伪存真，把实实虚虚的世界看得更清楚。

生活给我们带来了太多措手不及的事情，让我们慌乱如麻，急得像热锅上的蚂蚁。很多时候着急只会把事情搞得越来越糟糕，是解决不了问题的。生活中有很多性子急躁的人，他们遇事很冲动，喜欢意气用事，事情做完之后才发现自己错得很离谱，想挽回但已覆水难收。有些指责和急躁一旦发生了，就一辈子无法抹去。

遇事沉着冷静是一种境界，更是一种人生的历练。生活中会有大风大浪，有的事情会让我们无可奈何或接受不了，但是不管遇到什么事情，我们都应该保持冷静，千万别让急躁和着急影响自己的情绪，否则，就会做出错误的判断，做出自己意想不到的事情。最后，只会留给我们无尽的后悔，所以遇事一定要沉着冷静。

不逃避，不等待

逃避看起来是一种办法，但只是表面的。无论任何事，不是你选择逃避，它就不存在了，就像掩耳盗铃一样，结果只能是自欺欺人。暂时的逃避也许可以缓解一下不安的心理，但有些事情总归还是要面对的。既然迟早要面对，那么晚面对不如早面对。

英国著名的心理治疗师温迪·德莱登和杰克·戈登在《情绪健康指南》中提出了“生活逃避式想法”这个概念——在每个人的潜意识中都存在着这样的想法：“人不能活得太累，若活得太累就不如逃避算了。”有时，甚至无法为了长远的幸福而忍受一时之苦。想一想，你有过这样的想法吗？

其实，在很小的时候我们就曾以这样的态度来思考问题。如当我们在襁褓中时，必须要满足身体上的欲望和需求，如吃、喝、睡眠等需求。因为如果这些需求得不到满足，我们就不能生存下去。所以，当时只要我们有任何需求，都会得到父母无微不至的照顾。久而久之，在我们的潜意识中就有了这样的认知：我们的所求所想，瞬间就能得到满足。由于各种不适感会在顷刻间被父母的关怀所消除，所以在我们的潜意识中就理所当然地认为，痛苦与不适会在瞬间被舒适与快乐所取代。这种有需求就被立即满足的模式，在我们小时候是有好处的，因为只有需求得到立即满足，我们才能生存下去。

但在我们成长的过程中，我们了解到，除了父母，这个世界是不会对我们唯命是从的，它不会把我们的需求摆在第一位，要满足自己的需求就必须要等待，不仅要等待，而且为了得到自己想要的东西，还必须要工作、努力工作。

从需求立即被满足到需要等待、需要努力付出才能得到满足，这段旅程是艰难的，是每个人在成熟前必须要走的一段旅程。可遗憾的是，很多人都没有成功走完这段旅程，他们认为生活不可以太艰难，若太艰难就不如逃避算了，他们无法为了长远的幸福而忍受一时之苦。于是当愿望不能立即得到实现时，他们就会抱怨老天不公或开始逃避、拖延。

作为市场部的经理，梁先生感觉到压力很大，因为老板要求，他必须在下周一的公司例会上提交一份非常重要的市场分析报告。梁先生很清楚这份报告对公司、对他自己的重要性，这份报告将关系到他个人年底的绩效考核。可是，他觉得完成这份报告是项繁重的任务，他必须搜集大量的资料，这足以让他忙得焦头烂额。他的老毛病——拖延症又犯了，不过，像以前一样，他依然找了一个让自己心安理得的借口——我需要好好考虑，好好规划一下。直到周日，也就是最后一天的时候，他连续工作了10多个小时，才将报告完成。可是，就连他自己都对报告的质量不满意，结果可想而知。到了周一，当他把报告提交给老板时，他已经从老板的表情中看出自己今年的绩效考核分数。

如果站在这位经理的立场上来考虑，你会体会到他有这样的想法："如果我要完成这个任务，就必须做一大堆烦琐的工作，而且还要准时交给老板，如果可以不做，那该多好啊！"他有这样的想法是正常的，也是合理的。可是，造成他拖延的是他潜意识中的另外三个想法：

"这个工作简直太难了！我无法忍受长时间的加班。而且就算交给老板了，也未必能得到他的认同。"

"我无法为了长远的快乐而忍受现在的痛苦。"

"因为我喜欢快乐，不喜欢痛苦，所以这个世界就必须要按照我的要求去做，否则我无法忍受。"

关于第一个想法，大部分人是会认同的。可是，关于第二个和第三个想法你是否也这样认为呢？如果你没有这样的想法，如果你认为“我可以为了长远的快乐而忍受现在的痛苦”的话，那么你还会拖延吗？当你仔细考虑后，你会发现第二和第三个想法是非理性的。

对于第二个想法，其实，说你不能忍受某些事情是没道理的，你不是说自己不能忍受，而是不愿意忍受。当你能认识并消除这些非理性想法时，就能克服拖延了。

对于第三个想法，你根本没有权力和能力来命令世界按照你的要求去做。

现在你应该了解到，逃避痛苦的等待，倾向于追求立即的满足，这是我们原始的需求，也是人的本性，可是在现实世界中，要追求长远的快乐，有时就必须要忍受一定的不适和痛苦。正是这二者间的矛盾，使我们在潜意识中有了这样的想法——生活不应该太艰难，太艰难不如逃避算了；我无法为了长远的快乐而忍受暂时的痛苦。这样的想法是根深蒂固的，其实，仔细分析一下，你就会发现，这个想法是非常不理性的。

生活中本来就有诸多不如意，这是正常现象，正所谓人生不如意之事十之八九。当你能接纳生活本来就充满艰辛的现实后，你就能够理解、接纳、宽容，而不会烦躁、逃避、拖延。

当然，绝对的逃避现实是不存在的。所谓的逃避现实，只是我们对眼前的现实生活的逃避，或者可以理解为心理上的逃避。对于承受过重心理压力、精神负担，遭受重大打击的人而言，逃避现实是一种疗伤的方法，是一种本能的自我保护心理。但对于普通人而言，要锻炼自己坚强的性格，就要积极面对挑战，而不是逃避现实。

克服“心理摆效应”

在古老的西藏，有一个叫爱地巴的人，每次生气和人起争执的时候，他都会立即飞快地跑回家去，绕着自己的房子和土地跑三圈。后来，爱地巴的房子越来越大，土地也越来越广，但他的习惯依然没有改变，哪怕累得气喘吁吁。当爱地巴老了的时候，仍然保留了年轻时的习惯。有一次他生气了，拄着拐杖艰难地绕着土地和房子行走，等他好不容易走完了三圈，太阳都下山了。

他的孙子很不解，问道：“阿公，您一生气就围着房子和土地跑，其中有什么奥秘吗？”爱地巴说道：“年轻时我跟人争吵生气后，就绕着房子和土地跑三圈，边跑边想，我的房子这么小，土地这么少，哪有时间跟人家生气啊！想到这里，我所有的怒气就都消了，把所有的时间用来劳作；老了生气时，我也绕着房子和土地走三圈，边走边想，我的房子这么大，土地这么多，我又何必和人计较呢？一想到这里，气就消了。”

人的情绪复杂多变，犹如大海的波涛，大起大落：喜悦时如沐春风，抑郁时黯然神伤，生气时急火攻心，伤心时愁肠百结，焦虑时惶惶终日，紧张时忐忑不安……犹如一年的四季变化，人的情绪也同样发生着从高涨到低落的周期性变化。

人的感情在外界刺激的影响下，会呈现出各种不同的情绪。每一种情绪都有不同的等级，都有着与之相对立的情感状态，像爱与恨、欢乐与忧愁等。在特定背景的心理活动过程中，感情的等级越高，呈现的“心理斜坡”就越大，越容易向相反的情绪状态转化。比如，你此刻正感到无比兴奋，可能在将来的某个时刻，你会因为某种突如其来的外界刺激，立即感到无比的沮丧。这种心理现象便是“心理摆效应”。

人的情绪不仅在短时间内会呈现出较大的波动，而且会在较长时期内出现由高涨到低潮的周期性变化。20世纪初，英国医生费里斯和德国心理学家斯沃博特同时发现了一个奇怪的现象：有一些患有精神疲倦、情绪低落等症状的患者，每隔28天就来治疗一次。他们由此将28天称为“情绪定律”，认为每个人从出生之日起，他的情绪以28天为周期，发生从高潮、临界到低潮的循环变化。在情绪高潮期内，我们会感觉心情愉悦、精力充沛，能够平心静气地做好每件事情；在情绪的临界日内，我们会觉得心情烦躁不安，容易莫名其妙地发火；而在情绪低潮期内，我们的情绪极度低落，思维反应迟钝，对任何事情都提不起兴致，严重时还会产生悲观厌世的情绪。

大起大落的情绪不仅会给人的身心带来很大的伤害，还会让我们变得异常暴躁，失去理智，以致做出一些出格的举动，让自己悔恨终生。

2006年7月10日，在德国的奥林匹克足球场上，法国队与意大利队正在进行世界杯的冠亚军角逐。比赛异常激烈，从上半场开始到加时赛的前118分钟，法国队一直占据主动，这与法国队队长齐达内对全队的把控能力密切相关。法国人一次次疯狂地进攻让意大利队乱了阵脚，眼看法国队要如愿捧回冠军奖杯。这时，出人意料的事情发生了。队长齐达内突然情绪失控，用他的光头顶向意大利队的后卫马特拉齐，他因此被红牌罚下场。失去精神领袖的法国队元气大伤，最终与冠军的殊荣擦肩而过。

人生不能总是高潮，生活也不可能永远是诗。人生有聚也有散，生活有乐也有苦。这就需要我们能够消除一些思想上的偏差，既然挫折与逆境不能改变，何不坦然面对？

当处于快乐兴奋的生活时空中，我们应该保持适度的冷静和清醒。而当自己转入情绪的低谷时，要尽量对比和回顾自己情绪高潮时的“激动画面”，多把注意力转移到一些能平和自己心境或振奋自己精神的事情上。许多时候，换一个角度思考，你会发现有些损失也可以成为一笔财富。

另外，在受到情绪困扰的时候，我们可以通过调节自己的认知方式来调节情绪，因为很多情绪的好坏源于我们对事情的不同看法。

例如，当受到上司批评的时候，不同的人往往会有不同的反应。悲观的人认为这是上司的故意刁难，对他非常不信任；而乐观的人却认为这是上司的刻意栽培，帮助他认识到自身的不足。

正是因为这些认识上的偏差，我们才会产生不同的情绪。因此，我们也可以通过改变对事情的看法，改善自己的不良情绪。

如何快速调整精神状态

一个人的精神状态如何，一部分原因取决于外部环境，更重要的是取决于自我的调整能力。有些人心情不好的时候，一天、两天，甚至一个月都走不出心理阴影，而有些人可能一碗茶的工夫就阴转晴。

如果你不善于自我调整，可以从现在起有意识地培养自己在这方面的能力。下面这几个常见的简易方法，对自我情绪调整非常有效。

一　抬头挺胸

你可能觉得这是老生常谈，没什么学问。其实不然，要矫正头脑之前，请先矫正身体。为什么呢？因为生理与心理是高度关联的。相信你也有过这样的体验，当情绪低落的时候，我们往往是无精打采、垂头丧气；而心情愉快的时候，自然就是抬头挺胸、昂首阔步了。

再从另一角度来看，当一个人抬头挺胸的时候，呼吸会比较顺畅，而深呼吸则是压力管理的妙方。所以当我们抬头挺胸时，就会觉得更能够应付压力，当然也就容易产生“这没什么大不了”的乐观态度。另外，与肌肉状态有关的信息，也会通过神经系统传回大脑。当我们抬头挺胸的时候，大脑会收到这样的信息：四肢自在，呼吸顺畅，看来是处于很轻松的状态，心情应该是不错的。

在大脑做出心情愉悦的判断后，自己的心情也就更轻松了。因此，身体的姿势的确会影响心情状态。要是垂头，就会感到丧气；而如果挺直腰板，就会觉得精神。所以不要小看这个简单的方法，下次心情不好时，赶快先调整一下姿势——抬头挺胸，赶走所有的不愉快。

二　使用愉快的声调说话

平时，在人际沟通中，有个技巧极为重要：重点不在于我们说了什么，而是在于我们怎么说它。“怎么说”的部分，包括了语调、脸部表情和肢体动作等。而常被人忽略的是，我们的声音其实也是有表情的。同样的一句话，用不同的语调来说，传达的意义可能完全不同。比如：

A很生气地说："你真讨人厌！"（用最生气的表情及声调吼出来。）

B撒娇地说："你真讨人厌！"（使用最惹人怜爱的语调，拉着尾音嗲出来。）

同样一句话，感觉完全不同吧！然而，许多人却往往不知自己说话的声音会泄露自己的心情。例如有人在接电话时，习惯性地大吼一声："喂！"就这么发出了一字神功，让电话另一端的人还没开口，就已感觉到对方的火气。而更离谱的是，如果一听是上司打来的，马上语调一软，开始鞠躬哈腰起来："哎呀，老板，有什么吩咐吗？"心情也随之转变。

这就是语调的神奇之处，所以，如果想变得幸福开心一点，请先假装你就是个幸福的人，用很愉快的声音开始说话。先暗示，暗示久了就变成真的了。

三　使用正面积极的字眼，取代消极负面的说法

我们所说的话，其实对自己的态度及情绪影响很大。不知道你是否注意过，一般而言，在日常生活中所使用的字眼可以分成三类：正面的、负面的以及中性的。

负面的字眼，如“问题”“失败”“困难”“麻烦”“紧张”等。如果你常使用这些负面字眼，恐慌及无助的感觉就随之而来。既然有“麻烦”了，那除了自叹倒霉，还能怎么办呢？乐观的人很少会用这些负面的字眼，他们会用正面的字眼来代替。例如，他们不说“有困难”，而说“有挑战”；不说“我担心”，而说“我在乎”；不说“有问题”，而说“有机会”。

换个说法，给自己的感觉就完全不同了。一旦开始使用正面的字眼，心中的感觉就积极了起来，更有动力去面对生活。除此之外，乐观的人也会把一些中性的字眼，变得更正面些。例如“改变”就是个中性字眼，因为改变有可能是好的，但也有可能愈变愈糟。如果把“我需要改变”，换成“我需要进步”，这就暗示了自己是会愈变愈好的，自然就乐观起来。

所以，说话其实需要字字琢磨，只要把你的负面口头禅，换成正面积极的字眼，便会改变自己的心境。

四　不抱怨，只解决问题

通常，乐观的人所列出的烦恼事项，远低于一般人，而他们花在抱怨上的时间，也远少于一般人。

乐观的人在面对挫折的时候，不会花时间去怨天尤人："都是他搞的鬼！"要不就是："为什么我老是这么倒霉？"他们共同的态度是"现在没时间怨天尤人，因为正忙着解决问题"。而当我们少一分时间抱怨，就多一分时间进步。

这也正说明了为何乐观的人比较容易成功，因为他们的时间及精力永远是用来改善现况的。所以，要培养乐观一点也不难，那我们就从现在开始，把注意力的焦点从"往后看怨天尤人"，改为"向前望解决问题"就行了。实际的做法，则是闭口不提"为什么总是我！"而用另一句话来代替："现在该怎么办会更好？"

在面对不如意时，只要改变这个重要的思考点，你会发觉自己在遭遇挫折时情绪的自我控制能力将大为增强，自己也会更快地从坏心情中解放出来。

不抱怨，不焦虑

现在，很多人都会把精挑细选的照片放在网上，也会把到处旅行时拍下的各种美景的照片放在网上，当你看到这些照片时，你会觉得他们比你工作好、比你漂亮、生活比你丰富多彩，还会觉得他们好像不需要怎么努力就可以过得很好，而你自己却怎么做也做不好。于是你觉得真不公平：为什么我这么苦？其实，你不是一个人在苦。

小林，她在芝加哥大学攻读法律博士，今年才23岁。活生生的“女神”，看她的微博，就能感觉她活得特别潇洒、特别自在。总觉得她无时无刻不在旅行，而在旅行的同时，她还能在学刊上发表文章。但是，事实上，她每天只睡5个小时，她的论文前后改了十几次，改得她差点就崩溃了。而且因为长期熬夜，导致她的胃也有问题，只是她选择不把这些苦表现出来，因为她觉得抱怨一点用也没有。

很多人在生活中也是如此，有些人看着你的照片会说“这个人过得真滋润”。然而实际上，你虽然过得很好，但绝对没有照片上那么好。

其实每个人都不是你看到的样子。那些你看起来觉得毫不费劲的人，都付出了很大努力。在你被他们的光芒吸引的时候，你没能看到他们付出了什么样的代价。那些“牛”人跟你不同的是，他们只是学会了不抱怨，他们把抱怨的时间用来做该做的事，仅此而已。

小杜总是一早就出门，早上在图书馆里自习，下午参加社团活动，晚上去打工，每天忙碌无比。可过了没多久，他跟我说他根本不知道自己在做什么。简而言之就是静不下心来。看似忙碌，实则焦虑。

有人说考研有前途，你就马不停蹄地开始准备考研；过几天看到别人上传的旅行照片，你又开始幻想去旅行。一本书买了不看也不过是印着字的纸而已，单词书买了不背充其量就是26个字母的排列组合，下载的演讲公开课不听也只是一堆无用的影像。于是有一天你发现，堆积的东西已经看不完了。你看着一个个公开课、一本本单词书，无从下手从而越发焦虑。拖延和等待，是世界上最容易压垮一个人斗志的东西。

我们每个人身边几乎都有这样的人。他们做一些事情，并不是出于自己的爱好，并不是自己深思熟虑的结果。而是他们想要让自己忙碌起来，他们觉得忙碌可以让自己看起来不被别人落下太多。

那么怎么打败焦虑呢？打败焦虑的最好办法，就是去做那些让你焦虑的事情。出发永远是最有意义的事，去做就是了。

也许你会说自己过得不如意，但是换个角度来看，你过得并没有那么不如意，或者可以说，其实大家都一样。

在你羡慕别人的同时，不妨看看自己。是不是也会有人说“你的生活真好啊，看你的照片过得很滋润”？然而没有人知道你忙到半夜3点才睡觉，第二天一早又得爬起来。

不管昨夜你是多么泣不成声，早晨醒来城市依旧车水马龙。不要因为今天的一点点不顺心，就随便把今天输掉。别人永远不会知道你有多好，就像他们不知道你有多糟糕，反之亦然。

懂得制怒

人到无可奈何的时候，会本能地选择逃避现实，或是认为这是上天给自己的不幸，或是埋怨由于别人的过错而使自己倒霉。这是人类的普遍心理，每个人都不例外。

民间有一首诗说：“做天难做四月天，蚕要温和麦要寒。行人望晴农望雨，采桑娘子望阴天。”这样，天究竟怎样才算是“好天”呢？

天都这样难做，何况做人呢？所以人生在世，受人埋怨是难免的，被人非议也是必然的。每逢这个时候，我们必须以自己“好脾气”的修养来面对，以免使事情变得更糟糕。

在孔子的三千弟子中，最受他欣赏的就是颜回。孔子欣赏颜回的原因之一，就是颜回能做到“不迁怒，不贰过”，也就是不向别人乱发脾气，也不重复犯第二次错误。

这一点看似简单，但对于大多数人来说，恐怕一辈子都做不到。人们在情绪不好的时候，也是最难控制自己言行的时候，如容易说气话，或做赌气的事，往往这个时候，也最易伤害到他人——拿自己的错误去惩罚别人，明明是自己做错了，自己情绪失控了，还要把矛头指向别人，让别人跟着自己受气。

比如，某个老板脾气不大好，遇有不顺心的事，就给员工脸色看，或说一些让人听着很不爽的话。在他自己发泄的同时，无形中也伤了员工。这是很常见的一个例子。不懂得制怒，伤及无辜，对人际关系的破坏是巨大的。很多人在社会上之所以到处碰壁，并不是因为人品差，而是因为脾气坏。所以，养成一副好脾气对人来说是十分重要的，否则就会害人害己。

第一次世界大战以前，德国之所以会迅速崛起、强盛，是因为有一对著名的好搭档：一位是“铁血宰相”俾斯麦，另一位是宽容大度的皇帝威廉一世。

那时候，威廉一世散朝回宫后，经常气得乱砸东西，摔茶杯，有时连一些贵重器皿都摔坏了。皇后问他：“你又受俾斯麦那个老头子的气了？”

威廉一世点点头，皇后便说：“你为什么老是要受他的气呢？为什么不给他点颜色瞧瞧？”

威廉一世却说："你不懂。他是首相，一人之下，万人之上。下面那么多人的气，他都要受。他受了气往哪里出？只好往我身上出啊！我当皇帝的气又往哪里出呢？只好摔东西啦！"

威廉一世之所以能够成功，在很大程度上得益于他的这份好脾气。他在位的时候德国能够那么强盛，也和这一点有着莫大的关系。

有些人在社会上"吃不开"，无法和别人建立并保持良好的关系，原因其实并不是他心术不正，而是因为脾气不好。坏脾气必然给人带来坏运气，不但自己经常没有好心情，也经常会让自己的不良情感影响到周围的人。在别人眼中，他们总给人传递一种负能量。

历史和现实中的许多悲剧，和迁怒于人、诿过于人有关，甚至发生过皇帝因为对某一个人不满意，于是把整个国家拿来赌气而输掉的事例。

所以，要给心理"排毒"，首先要学会制怒，要培养好的脾气。这看似不是什么大问题，却是人生的大修养，甚至会决定你一生的幸福。

当然，好脾气，不仅是说不对别人乱发脾气，也意味着能包容别人的乱发脾气。比如我们有时候挨了上司的骂，受了朋友的冷落，要先冷静，不要怪罪他们，他们可能正巧遇上了烦心事，所以迁怒于你，这时，你要有容人之量，多理解他们。

《旧约·箴言》第14章第29节中说："不轻易发怒的人，才有真正的智慧。"

列夫·托尔斯泰则说："愤怒使别人遭殃，但受害最大的却是自己。"人一旦处于愤怒的状态，便会失去理智，难以保持清醒的头脑、做出正确的判断，因此做错事、做蠢事的概率便大大增加。

很多有智慧、有成就的大人物，曾反复告诫人们：千万别受愤怒包围，被愤怒左右。例如，康德说："生气，是拿别人的错误惩罚自己。"毕达哥拉斯则说："愤怒以愚蠢开始，以后悔告终。"

如果一个人动不动就怒火中烧，结果就会伤人伤己，不可能与别人融洽地相处和友好地交往。所以孟子说："骤然临之而不惊，无故加之而不怒，此之谓大丈夫。"

其实，学会有效制怒不仅是一种高深的人生修养，而且是人在社会上生存、发展所必不可少的情绪的自我调控能力。

控制情绪，就能改变人生

情绪是多种感觉、思想和行为综合产生的心理和生理状态。情绪容易和感觉、心情混淆：感觉是，个人对情绪的主观认识；心情是，主体所处在的感情状态，比“情绪”延续时间长，感情波动不如“情绪”强烈。

不同的情绪会造成不同的生活，我们要管理好自己的情绪，拥有我们自己需要的情绪。

情绪主要表现为开心、高兴、兴奋、激动、喜悦、惊喜、惊讶、生气、紧张、焦虑、怨恨、愤怒、忧郁、伤心、难过、恐惧、害怕、害羞、羞耻、惭愧、后悔、内疚、迷恋、平静、急躁、厌烦、痛苦、悲观、沮丧、懒散、悠闲、得意、自在、快乐、安宁、自卑、自满、不平、不满等。

积极情绪表现为和别人握手时，要表现出热情、诚恳、可信和自信。谈话时，要轻松自如，不吞吞吐吐、慌慌张张，没有相互敌视和防范的心理和行为。

消极情绪表现为初次见面时被动握手，接触时距离保持过远，不太注意倾听对方的谈话，在对方说话时心不在焉地干一些别的事。会话时，相互猜疑，防范多于理解和谅解。

当出现不好的情绪时，要加以调节，使情绪不要给自己的生活及身体带来坏的影响。情绪不好时，可用微笑来调节，假装开心，一段时间之后就会真的开心很长时间；可以向周围的人求助，与朋友聊天、娱乐，可暂时忘记烦恼；可以去风景美丽的地方散散心，会使人心情愉悦；可以从另外一个角度，甚至可以从多个不同的角度来思考问题；可以暂时避开问题或离开那样的环境，不去想它，待情绪稳定时，再去解决问题。

过度夸大情绪的负面影响，会产生对情绪的迷失：认为对别人生气就表示不喜欢他；或者表达生气就表示不尊重或没有爱。当父母对你生气而大骂时，你可能会全盘否定他们对你的关爱；或者父母的某些做法令你不高兴时，你可能会觉得有很深的罪恶感，觉得自己不应该这样。其实，爱恨是可以并存的，所有正向与负向的感受都可以同时存在，情绪只是反映出我们内在的感受，并没有好坏之分。

有些人完全被情绪所控制，当负面情绪产生时，任由情绪牵制他们的一切思想、感受和行为。影响层面小一点的包括个人心情不愉快、生活功能受到限制；影响层面广泛一点的包括人际关系出现问题，更严重的是他们可能因一时冲动，造成生命、财产的损失，追悔莫及。

另外，有些人则是对负面情绪感到害怕、恐惧，担心自己若感受到生气、愤怒、悲伤、沮丧、紧张、焦虑等情绪，情况会更加糟糕，因而就极力压抑、控制自己的情绪；但是，没有表现出的情绪，并不表示没有情绪，仍会间接地影响自己或者人际关系等。

也有些人认为情绪是非理性的，不允许自己处在负面的情绪中，拼命告诫自己“要理性”“要控制情绪”“我不应该焦虑”“我不应该沮丧”“我不能生气”。因此，他们塑造自己成为有修养的人，预防可能会引出负面情绪的情境。然而如果一味地否认、压抑或控制负面情绪，我们将失去适当地反映真实情绪的能力，也将无法真实感受到快乐等正面情绪，而变成一个单调无情绪的人。

情绪的能力是整体的，只有自由地体验各种情绪，才能感受更多流畅的情绪。有效管理情绪的方法，绝不是压抑或控制，而是学习接纳情绪，允许自己有情绪，然后通过适当的方法加以表达或疏解。

让·马克对不能将愤怒表达出来而造成的不良后果描写

如下：

“我从来没愤怒过，童年时期除外。那时我对金属玩具发火时，我的家长立即告诉我：‘人不能对东西生气。’而且按照他们的观点，对人也不能生气。进入青春期以后，我心情经常不好，他们都会要求我：‘不能用自己的情绪影响别人，要控制自己。’我父母履行自己的说教：总是彬彬有礼，笑容满面，心平气和，即使与他人争辩时也是这样。在生活中，没有能力表现愤怒，不久就给我带来许多麻烦。同龄青少年向我挑衅时，我无能力反击。因此我常常跑到女孩子那里躲避，因此成为女孩子们的知心人。我学习成绩很好，很容易就找到了工作，也因为我的性格类型令雇主们喜欢，我平和、礼貌，而且很能干。但是仔细想一下，我很苦恼，因为我常常被雄心更强或咄咄逼人的人欺负。他们故意这样做，我想是因为他们不害怕我。有时，因某个同事霸占了我有意向的项目，或因跟我开让我不高兴的玩笑，我会反复琢磨，心里很不舒服。但是只要一面对他们，我有教养的‘好孩子’表现就占了上风，我表现出彬彬有礼，只不过与之拉开点距离而已。其实不是我害怕对方的反应，只是他人进攻时，我感到内心的退缩，于是变得无动于衷，可事后我非常愤怒。家长把我训练得太有教养了！”

让·马克不能将愤怒表达出来，别人就对他任意摆弄，私下里他常常对自己的无力反击而痛苦烦恼；一个男人缺少表达愤怒的能力，会被看作唯命是从，缺乏男子汉气魄。

因此，不要因为自己表达了愤怒而觉得自己不好，你有权愤怒。当你愤怒时，请你这样想：最好能够控制，但是我不一定总能做到；我情愿不伤害别人，但是如果发生了，我也能承受；最好在我有道理的时候愤怒，但是我也有权做错事；我喜欢被人接纳，但是我不可能让所有的人喜欢我。

一个心理健康的人允许自己有负面的情绪。一个人应该坦然接受自己的情绪，把它视为正常。例如，我们不必为了想家而感到羞耻，不必因为害怕某物而感到不安，对触怒你的人生气也没有什么不对。这些感觉与情绪都是自然的，应该允许它们适时适地存在，并缓解出来。这远比压抑、否认有益多了，接纳自己内心感受的存在，才能谈及有效管理情绪。

至于怎样管理自己的情绪，就是要能清楚自己当时的感受，认清引发情绪的理由，再找出适当的方法缓解或表达情绪。

首先，现在有什么情绪？能察觉我们的情绪，并且接纳我们的情绪。情绪没有好坏之分，只要是我们真实的感受。

其次，为什么会有这种情绪？我为什么生气？我为什么难过？我为什么觉得挫折无助？我为什么……找出原因我们才知道这样的反应是否正常，找出引发情绪的原因，我们才能对症下药。

最后，如何有效处理情绪？可以通过深呼吸、肌肉松弛法、静坐冥想、运动、到郊外走走、听音乐等来让心情平静；可以通过大哭一场、找人聊聊、涂鸦、用笔抒情等方式，来宣泄一下或者换个乐观的想法来改变心情。控制情绪，就能改变人生

情绪就像一把双刃剑，你知道怎么驾驭它，它就能成为你的好帮手，如果你弄不懂它，任它恣意的扰乱你，它就容易破坏你的人生。你拥有什么样的心情，来自于你如何控制好自己的情绪，而你有什么样的心情，则决定你看待外界的方式，当你心情越好，就越乐观；心情越差，看待每件事就越容易悲观。

改变别人，不如控制自己，改变别人通常很困难，而且在大部分情况下会遭到对方的反抗。因此我们要去控制自己的情绪，去选择自己想要的人生。

第四章 学会控制自己的情绪

压抑情绪、控制情绪和表达情绪

经常会看到这样的话：人不成熟的表现之一就是被情绪左右，一个成熟的人要控制好自己的情绪，一个成熟的人是不会轻易发脾气的。

这些话自然有一定的道理。那么什么是压抑情绪和控制情绪呢？

控制情绪是一种自我调节情绪的能力，这种能力建立在接纳情绪、觉察情绪、理解情绪，有疏导方法、逐渐学习的基础上。是一种有意识的选择，而非直接压抑情绪，阻断情绪释放的渠道。

压抑情绪是回避、抑制自己不能接受的情绪，情绪没有释放的渠道，或者根本不觉得自己有情绪，把情绪压抑到潜意识层面。是一种无意识的保护机制，当时看似平静，但并没有真正消失，最终还是要爆发。压抑有一定的自我保护作用，但经常压抑，就可能出现心理失常、心理疾病。

另外，一个心智真正成熟的人的确是应该具有控制情绪的能力，这话没错，但这个能力不是年龄到了就自然有的。这是一个学习、犯错误、再学习的调整、培养的过程，是一个逐渐养成的过程。

不成熟是成熟的必经之路，但可惜的是，我们大多数人，从家庭开始，再到学校、社会，没有培养出管理情绪的能力，甚至说不清楚自己的情绪。所以，我们现在需要学习，先允许自己的不成熟，再到成熟。

就算你心智已经很成熟了，但也难免会有控制不好情绪的时候，这个也是允许的，因为我们是普通人，不要用一个完美的标准来苛责自己。

长时间以来，我们习惯了不表达情绪，认为这是成熟。其实，我们要适时表达自己的情绪，当然，表达情绪不是乱发脾气，更不是不顾时间、场合、对象随便释放情绪。所谓的成熟，不是不表达情绪，而是对不同的人，用合适的方式表达情绪。

如果我们一味地否认、压抑负面情绪，从来不表达自己的情绪，我们将会失去体验真实情绪的能力。我们压抑了表达情绪的能力，就阻碍了我们和内心的连接，失去了感受情绪的能力，甚至变得麻木，无法意识到情绪的细微变化，变成一个单调无情绪的人，对别人的情绪反应更是“呆若木鸡”。

有情绪的时候，最好找到发泄的渠道，吃东西、购物、大哭、找人倾诉……还可以把情绪转化为语言、声音、运动等疏导出去，或者去寻求专业人士的支持，从根本上解决。特别是我们面临重大丧失的时候，不可避免地会哀伤，会出现多层次的情绪，我们越能接纳情绪、表达情绪，就越不会抑郁，最怕的是一声不吭，闷着，忍着。如果你的心理是一个容器，积压的情绪没有得到释放，容器迟早会受不了的。一定要在安全的环境，向安全的人表达情绪。

压抑情绪会让我们失去活力、消耗精力，而那些被压抑的情绪还是会想办法冒出头来攻击我们的身心健康。长期压抑情绪很容易引起身体和心理的疾病。有的人不善于表达情绪，特别是不愿意表达负面情绪，否认它的存在，还有的人总是不懂得拒绝、过分耐心，原谅一些不该原谅的行为，回避冲突、屈从让步等，这种压抑情绪的做法给疾病提供了生长的土壤。

比如，长期压抑悲伤和哭泣容易引起呼吸系统的疾病，压抑愤怒容易导致心血管疾病，慢性疾病患者中压抑者的比例为30%~50%，不表达情绪还会加速疾病的恶化。心理学的临床研究发现，经常压抑情绪的人，患癌症的概率比那些善于表达情绪的人高70%。如果情绪只进不出，人迟早会爆炸。

压抑的情绪向内攻击自己，就会出现自责、抑郁，严重的会导致自杀；向外攻击，就会表现出脾气暴躁、攻击他人，严重的会去攻击社会、攻击无辜的人群。

不表达情绪，并不代表这些情绪消失了，只是由意识层面转移到了潜意识层面。在你意识能力较弱的时候它就会偷偷跑出来活动活动，比如酒后吐真言，比如出现在你的梦里。

或者我们会采用一些伪装的方式来表达压抑的情绪。在公司里，员工无法表达对老板的不满，他可能会用无精打采的工作态度来释放自己的情绪。在家里，妻子无法用语言表达对老公的不满，她可能会用天天买东西“败家”来转移情绪。一个孩子无法用语言表达对父母的不满，他可能会用生病、打架、早恋、暴饮暴食来向父母示威。

比如，老公平时工作很忙，这个周末计划带妻子和孩子去滑雪，但因为大学同学的突然到访，计划取消。老公抱歉地告诉了妻子，妻子心里咯噔一下：盼了很久的滑雪又泡汤了。妻子心里非常不情愿，很恼火，但马上又恢复了平静，说：“同学来了也没有办法，那就不去了吧。”周末妻子呆在家，哪里也没去，心里越想越委屈，把原本带孩子去看公婆的计划也取消了，心想：天儿这么冷，我才懒得出门呢。

没有表达的情绪并没有消失，而是通过转移的方式在表达。暂时看是平静的，但对于长期关系是不利的。表达情绪，也允许别人表达情绪是有必要的，表达是让情绪从水面以下（无意识层面）浮到水面以上（意识层面）的过程。在心理咨询的过程中，心理咨询师会坦率地和来访者讨论情绪，允许来访者表达自己的任何情绪，包括表达对心理咨询师的情绪，表达本身就是一种疗愈。

情绪表达有益于身心健康，善于表达情绪的人比不表达情绪的人体验到更多的快乐，较少焦虑和内疚，很少有抑郁倾向。越善于表达情绪的人，遇到的冲突就越少。

合理释放自己的情绪

一

一对大学生情侣，同乘飞机，从重庆飞北京。登机之后，两人开始吵架。

女生说："我们俩可能不合适，冷静两天吧。"

男生怒了，说："我现在死给你看，你信不信？"

空乘过来劝阻："这是在飞机上，不要吵。"

男生已冲到应急舱门前，伸手开门。幸好被空乘阻止。飞机抵达北京，民警也到了，有请小情侣派出所继续吵。

男生被拘15日。他对民警解释说："我当时也没想真的跳下去，只是想吓唬吓唬她，当时特别气愤，直接越过她跑过去，然后拽了拽飞机舱门的那个把手，可能太过激了吧！"

对于是否想到过将机舱门拉开的后果，男生称，就是不太了解，要是了解怎么能做这种傻事？只能说吃一堑长一智，产生的后果自己还得承担，毕竟给飞机上的人带来了不便。

二

吕先生有个外侄女儿，正在悉尼大学读大一，最近随母亲从澳洲来中国。

吕先生问外侄女儿："对中国最直接的印象是什么？"

外侄女儿回答："就三条：第一，无论什么人碰在一起就会争吵。第二，无论什么事遇到就会抱怨和投诉。第三，无论什么东西想要就会去抢和计较。没有看见过宽容和沉默低调的人。"

她这样说是有证据的。

第一件事，在高铁上，她看到自己的亲戚，与前面座位的乘客，为了座位向后倾斜的问题，发生争执。亲戚认为：你座位后倾，我们的空间就变狭窄了，感觉不舒服。大白天你睡什么觉？前排乘客寸步不让：既然座位设置了后倾功能，就可以后倾。我想睡觉就睡觉，你管我白天睡还是黑夜睡呢？吵得谁也不肯让步。最后，吕先生的外侄女儿，跟亲戚换了座位，这才勉强止住争吵。

第二件事，一行人外出旅行，火车误点，超过半小时了。因为是在春运期间，增加了许多班次，火车们排队进站，前一列走了，腾出车轨后一列才能进。但是亲戚对此表示不理解，牢骚满腹，一次一次地去质问站台服务员，向服务员抱怨不休。服务员又能说什么？爱莫能助而已。愤怒的亲戚就不断打电话给铁路局调度室，投诉此事。却是越投诉越愤怒，在站台上犹如困兽暴怒，怒发冲冠，走来走去，自我折腾不休。

这位失控的亲戚，与其说他没有理解力，不如说他根本就不想去理解事理。

三

暴躁易怒，是婴幼儿的特权。相比于成年人，婴幼儿的认知世界，极为狭窄。

照顾孩子时，成年人的脑子里，同时装着几十件事，隔壁老王又在门前探头探脑，老板昨天又发脾气，同事在自己背后说坏话，老婆好像发现了自己的秘密……这些事儿每件都非同小可，有一件处理不妥，就是天塌地陷般的灾难。这焦虑的功夫，孩子突然想要支棒棒糖，根本没心思出门买，只能说句：“乖宝，咱们今天不吃糖，就舔舔昨天的糖纸好了。”

可是在孩子心里，整个世界只有一支棒棒糖。孩子也不是非吃糖不可，他只是向父母索求爱，希望获取一种心理安全感，证实父母还在爱着他。但是父亲漫不经心地回绝，让孩子的心，霎时间跌落万丈谷底。对于孩子而言，这不是给不给糖的问题，而是父母是不是还爱着他，是不是还愿意保护他的问题。拒绝意味着爱的背弃，意味着安全感的彻底丧失。

为了安全，孩子必须拼力一搏——于是，这世上就有了熊孩子，他们在地上打滚撒泼，号啕大哭，全然不体谅父母的苦衷。只是因为成年人眼里微小的要求，是他们生活保证的全部。

每个熊孩子外表下，都有颗丧失安全感的心。

孩子易于哭闹，有些孩子甚至是不达目的誓不罢休。这时候家长应该做的是，蹲下身子，与孩子四目相对，柔声细语，平等对话。重要的不是说什么，而是这种交流会带给孩子心里的安全感。

电视娱乐节目《爸爸去哪儿》中，演员刘烨带孩子寻找住的地方，在他询问村民时，孩子不停地打断他，让他无法与村民对话。稍倾，刘烨蹲下来严肃地说："爸爸在跟别人讲话的时候，不要一直打断，这是咱们家里一直在讲的，对不对？这不礼貌，这是对父母的不尊重，知道吗？"

刘烨与孩子的对话方式，既让孩子认识到了自己的行为错误，又不会有自己被抛弃的感觉。

如果为父母者，了解点孩子成长的心理常识，与孩子建立起信任式的沟通，孩子就会懂事明理，长大后成为一个能够体谅他人处境的高情商者。但父母是门遗憾的艺术，往往是等你弄明白如何教育孩子，孩子已进化为熊孩子，并长成熊大人了。

熊大人虽然成年，但心里仍然是个熊孩子。在情绪控制上，他们仍然是懵懂的，无力自控的。

比如在飞机上和女友吵架的小男生，一言不合就开应急舱门，一点小事就寻死觅活。在他的心里，飞机里所有人的性命，都抵不上他的委屈感更重要，这是典型熊孩子欠揍症。

虽然欠揍，但还是要和风细雨，拘留所先蹲15天，再等他成长几年，等到他心里的安全感不再缺失，这时候他就成熟了。

比如在高铁上与前排座位争吵、在站台上困兽般团团乱转的亲戚，这是典型的自我意识脆弱，需要外部世界的强烈认可，因此对否定性信号极为敏感，敏感到了把正常世界，曲解为对自我的否定。

对自我控制的无力，源自于心智的不成熟，源自于内心安全感的匮乏。需要学会控制自己的情绪。让自己，心理年龄与生理年龄同步，成长起来。

四

在情绪控制方面，大多数心灵鸡汤，犯了两个错误。第一，情绪是无法控制的，它是一个人的心智状态。第二，情绪无法控制，但可以选择渲泄。你会注意到，即使是最暴躁易怒之人，他发脾气也是很理性的，他会冲着自己至爱亲朋发火，肆无忌禅地伤害朋友和亲人，但在忌惮的人面前，却是笑脸相迎。

以前有句话是这样说的："上等人怕老婆，中等人敬老板，下等人打老婆。"现在的表述更优雅一些，会这样说："我们都很容易犯同一个错误：对陌生人太客气，而对亲密的人太苛刻。"你不是不会控制情绪，你只是选择了对自己来说最安全的渲泄方式，而这种方式，却在伤害你与你周边的人。

一个人的人格中，无非不过是情绪与能力两个要素。能力越是不足，情绪含量就越高。能力不足，对环境的掌控就越弱，越是易于慌乱。情绪含量高，就会失控渲泄。所以说，弱者易怒，强者温和。

情绪是无法控制的，就算一时控制住，也会以更强的力度喷发出来。真正有效控制情绪的方法，是强化能力，降低情绪值。

人和人相比，其实没多大区别。每个人都是情绪化的产物，忽悲忽喜，有哭有笑。但人生的事业境界判若云泥，差别不在情绪控制上，而在于能力强弱上。

情绪要向自己的人生未来目标喷射，可不可以对自己发个狠？人活一世，草木一秋，能不能认认真真活出点人样来？只为自己而活，只为自己这一世的生命负责？人死留名，豹死留皮，总不能任由时光蹉跎，到老来回首往事，恍然间泪如雨下，哎呀，我这辈子好像还没认真活过……没有经过思考的人生，不值得活，人生的意义就在于生命价值的深度开发，把暴戾和愤怒转向自己，为自己立一个值得追求数十年的人生目标。

先有个大目标，追求高品质的人生。再把大目标拆分细化，分成一个个短期的小目标。小目标同样也需要发狠咬牙，如有位朋友，他的床前贴了张标语：老子今天要读十页《资治通鉴》！不过是十页书而已，每天十页，十天百页，一个月就是一本书，一年就是十二本书。又或是不读书，也一定要和最有见识的朋友聊聊天，每天进步一点点，没多久你就是个让人敬佩的进取者。

着手改善自己的环境，书房或者是读书角，优化朋友圈。最成功的朋友圈，是每个朋友都比你优秀，耳濡目染，水滴石穿，渐渐地，你会发现，你生活的压力越来越小，因为你的生存能力越来越强。等到你能够胜任自己的人生，激烈的情绪才会缓和下来。

定时给自己充电，鼓气。人的天性，是易于怠惰的，行百里者半九十。经常会有坚持不下去，希望放纵自我。偶一放纵也无妨，但切莫忘了找回自己的路。需要形成从优秀再到优秀的良性环境，这时候的放纵，也不过是让心灵愉悦的人生闲趣。

暴躁易怒的人，只是无力面对现实环境。生存能力不足时，所谓情绪控制，不过是畏缩退忍，治标莫如治本，屈忍莫如进取。只有当你找回生命的尊严，为人生荣誉而战，在这过程中伴随你能力成长，心灵强大，那极不稳定的情绪，才会如风雨过后的水面，渐然趋于平静，呈现美丽惊人的湖光山色。

如何准确表达自己的情绪

在生活中，我们会发现两个人在一起的时间长了以后，彼此之间会发生各种各样的冲突和矛盾。为什么会这样呢？其实有一个很重要的原因："当两个人在相处的时候，很多人其实都不太会正确的表达自己的情绪和感受。"

当感情遇到问题时，两个人要么是彼此冷漠，要么就是大吵大闹。这样的沟通方式非但不能把问题说清楚，还会把两个人之间的问题像滚雪球一样越滚越大。那么，我们应该怎么防止这些问题出现呢？正确的沟通方式到底是怎样的呢？

一 学会用第一人称表达自己

什么是第一人称呢？就是说任何话都以"我""我们"

作为开头。这样的表达能够更容易让别人知道自己的情绪，同时也不容易伤到别人。我们来对比一下。

当我们用第二人称说话的时候，大概是这样的：

“你真是气死我了！”

“你怎么能这么对我呢？”

“你真的伤透了我的心！”

我们再来看一下第一人称的表达：

“我现在感觉很生气。”

“我感觉自己被伤害了。”

“我现在很伤心很痛苦。”

这么一对比，效果立刻就呈现出来了。

当你用第一人称去表达的时候，对方会觉得你是在表达自己的感受。等你说完了这些话以后，对方也会不由自主地去想你的话，想着想着就有可能和你共情，知道你的不容易。但是用第二人称去表达的时候，对方会感觉到你是在指责他，这个时候你所有的需求都被掩盖住了。对方非但不会去理解你，对你的误会反而会越来越深。

二　关键词法

所谓的关键词法，首先就是要抓住自己想要表达的情绪的关键词、关键字眼，然后再把这些词用一句话或者几句话串起来，以此来表达自己真实的感受。这样的表达有一个最大的好处，那就是我们能把情绪表达得更加精准，不容易让别人产生误会。

比如，你老公喝酒应酬不回家，这让你很不舒服，你想就这件事表达一下感受。那么你首先要做的就是提取关键词。你想要表达的感受到底是什么？

愤怒？担心？害怕？……还是其他的什么？

比如说，你想表达的是"害怕"。当你确定了表达的主题以后，你还要找到两到三个关联词。

比如说，跟"害怕"关联的词就可以是：胆子小，没有安全感。

然后呢，你就可以组成一句话了，比如说："老公，我一个人在家好害怕呀，你也知道我胆子小没有安全感，能不能早点回来陪我呀？"

三　学会描述你的情绪

很多人表达情绪喜欢用形容词，比如说开心、难过、气愤、伤心。但是，这种描述对方其实是感受不到的，因为它没有场景，别人很难代入。所以，我们要学会去描述场景。

当你表达高兴的时候，你可以这么说："我今天高兴死了，就像是中了一百万彩票，看外面的天空特别蓝，路上的人每个都超级顺眼。"

当你表达生气的时候，你可以说："我很生气，就像是一个快要爆炸的气球。"

这样的表达，更容易让别人去理解自己。

用行为控制情绪

有一位著名作家，讲过他通过强迫自己不断写作而取得成功的经历。还在读中学的时候，他就萌生了要写点什么的念头，那些平时看到、听到的东西老憋在心中，好像要把它们写出来才畅快。然而，当他坐下来，想写作的时候，却什么也写不出。由于没有“灵感”，他也就算了。他这样浑浑噩噩地过了好几年。

一天，他在街上碰到了一位已成为大老板的朋友。朋友热情地宴请他，席上朋友对他说：“老兄，你知道我是怎样获得成功的吗？”

他摇摇头。

朋友感慨地说：“我遭到了无数次的拒绝和失败，但我总是强迫自己干下去。”

这时他才恍然大悟，原来成功的秘诀就是要强迫自己，以前他只是有想去写点东西的愿望，却缺乏强迫自己付诸行动的决心。从此之后，他强迫自己坐下来，强迫自己一遍遍地写下去。在这个过程中，他找到了一些让自己的强迫行为变得不那么难受的巧妙方法。

每天他都根据具体情况，设定一段固定的写作时间，除非有特别紧急的事情，否则这段时间是绝对不允许打扰的，而且在这段时间里，即使他想不出要写什么，哪怕是什么也不做，也要坐在书桌前，直到坐够设定的时间为止。

然后他这样想：无论如何，反正现在闲着也是闲着，与其在这里胡思乱想，让自己的思想更混乱，倒不如别理其他事了，趁此机会做一点与写作有关的事，能做多少是多少，也算是磨炼一下耐心吧。

这样一想，心中的压力就会减轻许多，当他在心中没有一定要完成某件事的想法后，即不再与这件事对抗后，那种烦躁感和抵触情绪自然没有了，就能以较为轻松的心态开始工作了。

既然已经启动了工作，他就试着用一种比较有新意的观点来看待这件事，尽量放轻松一些，不再抱一定要完成某项任务的希望，就当作自己是一个充满求知欲的人，要在这段时间内学习一些有趣的知识，充实一下自己贫瘠、好奇的头脑。

他惊奇地发现，当他以这种心态去学习、写作时，总是能学到点什么。他不再受以前那种“我是不可能写出这部作品”的负面思想的干扰了。即使有时实在想不出什么东西可写，他也会整理一下思绪，让自己的头脑放松一下，然后心平气静地重新开始做当前需要做的事。

自从他开始实施这些策略后，他发现自己越来越热爱写作了，这项工作已变得十分有意义，他已洞悉了如何让任何一件事变得更有趣的奥秘。后来他几乎不再感觉到自己是被强迫去写作，而是把写作当作一个趣味盎然的游戏来做。这样的健康心态使他的工作变得更轻松，效率也更高了。

后来，他成为了一位著名的作家。

“日间工夫，觉纷扰则静坐，觉懒看书则且看书，是亦因病而药。”意思是说，平常修身养性的功夫，如果觉得烦扰，不妨就静坐，如果觉得精神疲懒，不想看书，则偏要去看书，这也是对症下药。这是王阳明在回答学生陆澄问立志之道时所说的话。

他认为，立志的要点，在于做到能自我控制，有一种自律的精神。

要提升自控能力，关键在于每天去做一点自己心里并不愿意做的事情，以此来磨砺、调控自己的心性，换一句话说，就是要经常强迫自己进入状态。这样，你便不会为那些真正需要你完成的义务而感到痛苦。久而久之，这种自律行为就变成习惯，主宰着你的行为。

也许有人不赞同做事要强迫自己的说法和做法。我们可以看到很多人持这种观点，就是认为一个人应该以一种愉悦、欢快的心情去学习、读书、写作、做事，说这样才符合心理学及大脑思维的规律，因为研究表明，人类的大脑只有在愉悦、快乐的状态下才能最好地发挥作用。

基于这种观点，更有人批判“头悬梁，锥刺股”式的苦读精神，认为如果困了就应该去睡上一觉，然后再悠闲自在地读上几页，这样才能更好地欣赏书中的内容。

这种观点乍一看，似乎也有道理，尤其有所谓心理学理论的支持。然而，这样的看法是比较片面的，只从纯粹的思维科学一方面来考虑问题，而不考虑人性的弱点及人的潜力、意志方面的因素。

其实人是一种十分矛盾的动物，强大的惰性与巨大的潜力在体内共存，在没有压力的情况下，人们就会显得十分懒散，做事拖拖拉拉，得过且过，十足一个平庸之辈。

而施加了一定的压力和强迫之后，不断朝向一个目标努力，人的潜力才会被激发出来，显现出不同于常人的地方。可以说，世上的许多事情是被“逼”出来的，许多人必须强迫自己，才能将自身潜在的才华和智慧发挥得淋漓尽致。

在《人间词话》中，王国维曾以几首词，来比喻古今之成大事业、大学问者，必经过的三种境界。

“昨夜西风凋碧树，独上高楼，望尽天涯路。”此第一境也。在这一境中，也可说是一个强迫自己的过程，于萧瑟的寒风中登高望远，以坚毅的精神勉力而行，在孤独中不断求索。

“衣带渐宽终不悔，为伊消得人憔悴。”此第二境也。这时对所做之事已有了浓厚的兴趣，心甘情愿地投入其中，食寝俱忘。

“众里寻他千百度，蓦然回首，那人却在，灯火阑珊处。”此第三境也。到了最后，生命之真性渐与事业融为一体，成功就是水到渠成的事了。

我们凡事多强迫自己，也许能获得意想不到的成功；如果能运用一些巧妙的方法，就能使强迫的过程变得更为轻松。

学会及时排解不良情绪

人在一生中会产生数不清的意愿和情绪，但最终能实现、能满足的却为数不多。对那些未能实现的意愿和未能满足的情绪，千万不能硬生生地压制下去，而是要千方百计地让它宣泄出来，这样既有利于我们的身心健康，又有助于提高工作效率。

一天，国防部长斯坦顿走进了林肯的办公室，怒气冲冲地对林肯诉说道，一位少将用侮辱的话指责他偏袒一些人。林肯听了，建议他写封信针锋相对地反驳，并说："你也可以狠狠地刺痛他一下啊。"斯坦顿立即写了一封措辞很强硬的信拿给总统看，林肯看后，大声说道："对了，对了。写得好！严厉地批评他一顿，这是个最好的办法。"

但是当斯坦顿把信叠好，准备放进信封时，林肯立即阻止了他，问道："你打算怎样处置它？""寄出去呀。"斯坦顿很自然地说道。

“不要胡闹，”林肯大声说，“你不应把信寄出，快把它扔进火炉中去吧。每次当我发火时，我就尽情地写封信发泄发泄，写完后就把它扔了。我每次都是这样做的，效果非常显著。当你花了许多时间把它写好后，怒气便已消了一大半了，变得心平气和了。那么现在请再写第二封信吧。”国防部长恍然大悟，十分感激总统的指点，他从林肯这里学会了通过宣泄控制情绪的好办法。

情绪的宣泄能够补偿自己失掉的面子，适当的宣泄如同心理排毒。当我们有愤怒、不满、抱怨等不良情绪时，及时的宣泄有利于身心健康，会让我们感觉到平心静气，面子也不再那么难堪，恼怒的事也不再那么讨厌。心理学上的“霍桑效应”指的就是一种情绪的宣泄，它源于一次著名的管理研究。

美国芝加哥郊外有一个制造电话交换机的工厂，称作霍桑工厂。这个工厂拥有较为完善的娱乐设施、医疗制度和养老金制度。但令人匪夷所思的是，这个工厂的员工经常对自己的待遇喋喋不休地抱怨，以致影响了工作效率。为了探寻原因，美国国家研究委员会于1924年11月组织了一个调查小组，对霍桑工厂进行了一系列的试验研究。在这些研究试验中，有一个被称作“谈话试验”的重要环节，即专家们在历时两年多的时间内，分别与工人们进行推心置腹的谈话，耐心倾听他们对待遇、环境等方面的意见和不满，并将他们的言论记录在案。

令人惊讶的是，经过“谈话试验”后，霍桑工厂的工人们不再抱怨，干活时更加努力，效率也大幅提高。原来，工人们在长期的工作中，对工厂的各种规章制度、福利待遇、工作环境等方面心生不满，这些不满情绪得不到及时宣泄，经过长年累月的积累后演变为抱怨、抵触等负面情绪。他们将这种情绪带到工作中，自然影响了工作的效率。而“谈话试验”使他们将这些不满都尽情地宣泄出来，从而感到心情舒畅、干劲倍增。于是，社会心理学家将这种奇妙的现象称为“霍桑效应”。

美国《读者文摘》中曾记载了这样一个故事：

一天深夜，一位医生突然接到一个陌生妇女打来的电话，对方的第一句话就是：“我恨透他了！”

“他是谁？”医生问。

“他是我的丈夫！”

医生一惊，于是礼貌地告诉她：“你打错电话了。”

但是，这位妇女好像没听见似的，继续说个不停：“我一天到晚照顾4个小孩，他还以为我在家里享福。有时候我想出去散散心，他却不肯，而他自己天天晚上出去，说是有应酬，谁会相信……”

尽管这位医生一再打断她的话，告诉她，他并不认识她，但是她还是坚持把自己的话说完。最后，她对这位素不相识的医生说："您当然不认识我，可是这些话憋在我心里很久了，现在我终于说出来了，我舒服多了。谢谢您，对不起，打搅您了。"

诚然，能否收放自如地控制自己的情绪，是判断一个人是否有涵养的标志。但是，一味压抑自己的情绪，不良情绪长期得不到宣泄，会使人们在心理上形成强大的潜压力，导致精神忧郁、孤独、苦闷等心理疾病。一旦这种心理压力超越了人们的承受能力，甚至会导致精神失常。当然，我们所说的情绪宣泄有一个最基本的前提，那便是不要为了自己的一时之快而伤害其他人的情绪和利益。情绪宣泄是一种较为私密的行为，尤其在公共场合不宜有过激的行为。

在日常生活中，我们如果需要情绪宣泄时，尽量不要将他人当作"出气筒"，不要将自己的不良情绪转嫁给他人，无端地斥责、谩骂对方。我们可以采取诉苦的方式，这样更容易博得别人的同情，我们的坏情绪也能得到及时的宣泄。此外，我们还可以采用转移注意力的方法。当我们极端愤怒的时候，不妨采取写日记、听音乐、散步等对他人无害的方式。

宣泄是为了获取更好的情绪。选择一个私密的空间宣泄掉所有的坏情绪，然后精神焕发地走出来。好的情绪能够帮助我们保持心情的愉悦，从而以最佳的状态投入工作和学习中。在人际交往中，我们还能将这份好心情传递给他人，获得好人缘。

不要轻易被情绪支配

国庆期间，我和闺密本来约好一起给高中同学当伴娘，结果婚礼前一天，闺密因为新娘没有妥善安排住宿问题和她大吵了一架。两个人当时都在气头上，谁也不肯让步，最后闹到不可开交，而我们当伴娘的事也只能就此作罢。

蔡康永曾写过一句话："好好说话，就是最基本的善良。"如果当时双方都能控制一下自己的情绪，也不至于闹到如此不堪的地步。

《荀子》里，有句话是这样的："怒不过夺，喜不过予。"意思是不能因为自己生气就对人过分处罚，也不能因为高兴就给人特别的奖励。

我们每个人都是有思想的，不该轻易被情绪支配，成为情绪的奴隶。

有人说愤怒会招致更大的愤怒，当你沉浸在不安里，你的行为也会随之变得慌乱，当你沉浸在痛苦里，你的行为就会随之失控。

拿破仑曾说：能控制好自己情绪的人，比能拿下一座城池的将军更伟大。

重庆公交车坠江事故，一个不守规则的乘客，两个控制不住情绪的人，一场无谓的争吵和打闹，最后演变成了一出无可挽回的悲剧。事故发生当天，由于城市道路改建，司机师傅按照规定告知乘客要提前一站下车，但乘客刘某因为自己的疏忽，没能提前下车。当她反应过来的时候，公交车早已过站，明知是自己有错在先，可刘某还是勒令司机师傅马上停车，她的不合理要求很快遭到拒绝。

但刘某并没有就此消停，而是开始了新一轮的骚扰，不仅在言语上对司机师傅进行侮辱，还对司机暴力相向。就在公交驶上大桥的时候，刘某还是不依不饶，气急败坏的她直接掏出手机砸向司机的脑门，司机师傅为了保护自己只能选择反抗，最后导致公交车逐渐偏离了正常轨道。很快，司机师傅意识到这个问题，开始重新打回方向盘，只可惜为时太晚，公交车迎面撞上红色轿车，坠入江中。

从刘某殴打司机到公交车坠江，其实不过短短3秒，却带走了车上15条鲜活的生命，其中也包括刘某自己。

梁实秋说："血气沸腾之际，理智不太清醒，言行容易逾分，于人于己都不宜。"

作为事故的始作俑者，如果刘某知道自己的一时冲动会造成如此严重的结果，想必她一定会试着控制好自己的情绪，而不是揪着这件小事不放。只可惜世上哪有那么多如果，有些事情一旦发生，就再也没有回旋的余地。

王小波有句名言是："人的一切痛苦，本质上都是对自己无能的愤怒。"发脾气这件事，每个人都会做，但只有那些能控制住自己情绪的人，才是真正意义上的成熟。

每个人都曾试图获得成功，而我们在成功这条路上，其实从不缺少机会，而是缺乏对自己情绪的控制。

小李经过多轮面试，好不容易进入一家大企业实习，结果工作不到一个礼拜就因为自己的暴脾气多次和领导发生矛盾，被辞退了。事后小李也很后悔，她说当时发脾气的时候就已经认识到自己的问题，但却控制不住情绪的爆发，正因如此，小李永远地与这个工作失之交臂了。

其实，无论是工作、学习、亲情，还是爱情，情绪对一个人的影响真的很大，如果一个人连自己的情绪都控制不好，那就注定无法掌控自己的人生。

然而，生活中像小李这种情绪不稳定的人真的不是少数。

心理学家弗洛姆，在处世哲学上提供了这样一条建议：

每天安静地坐上十五分钟，倾听你的气息，感觉它，感觉你自己，并且试着什么都不想。

很多时候，我们之所以无法控制自己的情绪，就是因为性子太急了，借助这种方式可以让一个人静下心来，其实也不失为调节情绪的一种方式。

如果你也会经常性出现情绪失控的时候，不妨试试这个办法：在手腕上套上一根橡皮筋，当自己想要发脾气的时候，就用皮筋弹自己一下，当你感受到疼痛的那一秒，其实就是在提醒自己学会冷静。

除此之外，做任何决定之前，都要“三思而后行”，在说话、行动之前，事先考虑后果，这样就不至于什么话都往外说，什么事都不计后果了。这并不是说我们不能有情绪，更不是说一定要压抑自己的情绪，我们要做的是要学会管理情绪，从此不再被情绪左右。

情绪可转换，心情可自控

现实中，人常常有这样的现象：有时候本来挺高兴，却突然会被某些事情搞得要么情绪低落，要么七窍生烟，要么闷生闲气，要么暴跳如雷。这是为什么呢？是因为情绪发生了变化，因为不痛快的情绪发于心，所以从“无气”变成了“有气”，情绪从平和转向负面。

一天，小修和小平去逛街，两个人嘻嘻哈哈的很开心，后来小修在一个大店铺看中了一件衣服，就去了柜台结账，而小平正看其他衣服，由于小修把包挂在衣杆上去柜台，没交代小平，店里另一名店员看见小修的包，问了周围两个人，后将小修的包放到了店铺内室以防被人拿走，后来店员因有其他事没有及时出来。小修交完钱发现包没了，问小平，小平说没看见，两人十分着急，刚才的好心情全都没有了，当那个店员出来后知道自己拿的是小修的包，赶快拿出来，小修两人才放下心来，但对那个服务员产生了不满，认为他没大声问问，令自己着急。店员解释自己这样做是出于好心，小修两人仍气鼓鼓的，最终小修还是把衣服给退了。

这就是典型的因为一件小事坏了心情的例子。

相反，有时候人们也会因为一些事情的发生而一扫心中阴霾。

张宇和爱人近来关系有些紧张。张宇家在外地农村，以前老家“事”比较少，最近老家却接二连三出现问题，父母相继进了医院，花了不少钱，张宇也跑了好几趟。爱人带孩子累，加之上班，对张宇有了微词，张宇心情本就沉重，听了爱人的话，更加不舒服，两人就这样开始了冷战。过了几天，爱人回了娘家，和父母说了这事，父母劝女儿说：“谁人没有父母，孝敬父母是大丈夫行为。”女儿本是明理之人，回家后，对张宇不再冷脸，而是关心备至，还主动拿出钱来让张宇寄给公公婆婆，张宇十分感动，拉着爱人的手，脸上一扫多日来的阴霾，露出了幸福的笑。

人在生活中遇有不快之事，导致心情不好时，要赶快转换心情，这样所有的“不快”就会烟消云散。

人都有心情不好的时候，但如果总是陷在里面，那就是一个“傻子”了。

安娜是朱力的母亲。她优点很多，缺点也很突出，比如爱抱怨。一天中，她一会儿说生活难过；一会儿说丈夫没能耐，挣钱少；一会儿又说朱力不听话，花钱太多；她还总是说自己身体不舒服。一天到晚她的抱怨声充斥家中，弄得丈夫、儿子都不愿在家待，这样的结果又让安娜的怨气更大了。

生活中，每个人都会对现状有多多少少的不满，只是有些人把眼光放在整个现状上，对“不满”会一分为二，很快转换情绪；而有些人则是把眼光放在自己“不满”的事情上，结果抱怨、难过等负面情绪全出来了。负面情绪是一种令人反感的情绪，如果不把它尽快消除，人的情绪就不会稳定，心情也会被负面情绪控制。

有这样的一个故事广泛流传：

罗勃·摩尔是一艘美国潜艇上的瞭望员。有一天清晨，他从潜望镜中看到远处的一艘敌舰正向自己舰艇逼近。之后，罗勃·摩尔所在潜艇下沉至水下83米深处。在生死难卜之际，摩尔不断地反问自己：“难道我的死期真的来临了吗？”寂静的船舱中，摩尔回想起自己以往生活中的一切——为买不起房子发愁、为一些生活琐事和妻子争吵、为孩子调皮生气、为工资少恨不能与老板吵架等。但现在面对死亡威胁，摩尔突然觉得那一切都不算什么，过去的回忆显得格外珍贵。大约15个小时之后，敌舰撤了，摩尔他们的潜艇重新浮上了水面。从此，摩尔更加热爱生命，开始珍惜生活的一点一滴。他说："对于生命来说，世界上的任何烦恼与忧愁都是那么的微不足道。"

每个人都难免会有情绪低落的时候，这是人们正常的心理反应，但若是"用情"过度就会伤及身体及心理。很少有人生来就能控制情绪，因此，人在日常生活中应该学会去适应环境，调节心情，在遇到情绪冲动时采取"缓兵之计"，让自己先冷静下来，分析事情的前因后果，然后再采取行动，尽量避免因情绪冲动而产生"史华兹效应"。

所谓的"史华兹效应"是指所有的坏事情只有在人们认为它是不好的时候才会成为真正的不幸的事情，所以，当人们情绪不好时，要及时从不好的情绪中摆脱出来，转换思路，让心态变得平和、积极。

中国古人早有转换思路看问题的智慧，老子曰：祸兮福所倚，福兮祸所伏。他认为福祸是相互依存的，因此，要正确看待事物的两方面，心情不要随着眼前的得失或者事情的好与坏而变化。因为坏事情也可能转化成好的局面，好事情也可能转化成坏的局面。

现今，许多人在祈求所谓的顺境和好运，殊不知，所谓的"逆境"和"厄运"如果能够正确对待，也可以有好的结局。塞翁失马的故事想必大家都不陌生，故事中的塞翁就是一个情绪能转换、心情可自控的积极之人，是一个面对困境充满人生智慧之人。

战国时期，北部边城住着一个老翁。老翁养了一匹马。一天，他的马忽然走失了。邻居们听说这件事，都跑来安慰，劝他不必太着急，年龄大了，要多注意身体。老翁见有人劝慰，笑了笑说："丢了一匹马损失不大，而且没准会带来什么福气呢。"邻居们听了老翁的话，心里觉得很好笑。马丢了，明明是件坏事，他却认为也许是好事，显然是自我安慰而已。谁知，过了几天，丢失的马不仅自动返回家，还带回一匹匈奴的骏马。邻居们听说了，对老翁的预见非常佩服，向老翁道贺说："还是您有远见，马不仅没有丢，还带回一匹好马，真是福气呀。"老翁听了邻人的祝贺，反而一点高兴的样子都没有，他忧虑地说："白白得了一匹好马，不一定是什么福气，也许会惹出什么麻烦来。"邻居们以为他心里高兴，有意不说出来，于是都散了。

老翁有个独生子，非常喜欢骑马。他发现带回来的那匹匈奴马顾盼生姿，身长蹄大，嘶鸣嘹亮，彪悍神骏，一看就知道是匹好马。于是他每天都骑这匹马出游，心中扬扬得意。一天，他高兴得有些过火，打马飞奔，一个趔趄，从马背上跌下来，摔断了腿。邻居们听说，纷纷跑来慰问。老翁却说："没什么，腿摔断了却保住性命，或许是福气呢。"邻居们觉得他又在胡言乱语。他们想不出，摔断腿会给人带来什么福气。不久，匈奴兵大举入侵，青年人被征召入伍，老翁的儿子因为摔断了腿，不能去当兵。入伍的青年都战死了，唯有老翁的儿子保全了性命。

故事中的老翁是一个情绪自控力很强的人，他能正确处理得与失的关系。然而日常生活中并不是每个人都能控制自己的情绪。比如，当遇到与自己有关的矛盾冲突时，要么立刻反唇相讥，要么双方“火”起争执，最终结果要么不欢而散，要么彼此伤了和气，甚至有人在暴怒之后后悔不已。因此，学会调控自己的情绪是一个人走向成熟的标志，也是在现实中迈向成功的重要基础。

在现实中，人们会遇到各种各样的事情，与此同时情绪也会跟着跌宕起伏。人在面对外界各种影响的时候，要做到自控情绪，不冲动，不着急，即使是遇到困难时也要保持冷静心态。因为，如果情绪起伏，就会产生不良情绪。而任由不良情绪发展，这种情绪就会变成阻碍人生航程的暗礁。所以唯有及时自控才能使自己理智，才能使人际关系更加和谐，也才能更好地维持自己的平和心态。

生活中能自控的人不论在什么时候都能感受到光明，世界在他们的眼中总是流光溢彩的。

现实是客观存在的，不管你喜不喜欢，都要接受并承认它，这是驾驭情绪的第一步。认真分析自己对事物的反应激烈程度，如果心中怒火已被引燃，此时要给自己的情绪降温，让头脑冷静下来，让情绪的火焰慢慢熄灭，让理智做出最佳的抉择。

在生活中，当我们遇到别人对自己说了一些刺伤、批评、羞辱的话时，是火冒三丈，气呼呼地骂回去，还是忍气吞声地压下来，然后越想越气，使整个情绪都大受影响呢？对于一个常人而言，很难在这种情境下控制住自己的情绪，但是对于一个能够自控情绪的人而言，他却可以心平气和地面对逆境，面对不逊之言泰然处之。

有一天，一个人在行经一个村庄时，因走错路误入一户人家，那家人口出秽言，认为赶路者打扰了自己。这个人站在那里仔细地静静地听着那家人的辱骂之言，然后说："对不起我走错路了，打扰你们了，我正赶路，今天必须赶到目的地。不过等明天回来之后我会有较充裕的时间，到时候如果你们还有什么话想对我说，我再过来听好吗？"

那家人简直不敢相信他们耳朵所听到的话，以及眼前所看到的情景，其中一个人问赶路者："难道你没有听见我们骂你的话吗？我们把你骂得如此激烈，你难道没有任何反应吗？"

赶路人说："没关系，你们说的话我都认真听了。但我不是情绪的奴隶，我是自己的主人。我不会跟随着别人的行为而使自己的情绪忽高忽低地波动。”

当一个人让别人掌控自己的情绪时，一定会觉得自己是受害者，他们对现状要么无能为力，要么抱怨与生气，而愤怒与反击成了他们唯一的选择。但一个能够自控的人却始终以平和的心态把控自己的思想，握住自己情绪的钥匙，不让情绪高低变换。这种人情绪稳定，忍让宽容，能以平和大度之心对待他人的“大不敬”，于人于己都不会带来任何精神压力，和这样的人在一起其实是一种大快乐。

训练你的情绪控制能力

托马斯·坎佩斯说："如果你能战胜自己，你将能战胜一切。"但是我们真的能驾驭自己的情绪吗？

情绪是一个人生命中最神秘的东西，也是最难了解的部分。当一个人情绪很好的时候，就会精力充沛；当一个人情绪低落的时候，就会疲惫衰弱。情绪就像是生命的晴雨表，随时显示着生命的状态。

我们有许多人，总是被各种糟糕的情绪困扰着，无法使自己停止胡思乱想，内心的风暴总也平息不下来。矛盾、困惑、焦虑、不安、愤怒、内疚、自责，陷在情绪的泥潭中无力自拔、痛苦异常。

他们对事情的看法总是出现偏差，时而过于乐观，时而又过于悲观，在事情的处理上非常情绪化。由于不能客观冷静地处理各种事情，情况变得越来越糟，心理压力也越来越大。不能驾驭自己的情绪，是失败者最显著的特征之一。

一个情绪失控的人，很容易被不幸事件击垮，也容易被别人轻易打败。善于驾驭自己的情绪，是一个人最重要的心理能力。驾驭情绪不是压抑自己的情感，而是不做出过激的反应，善于化解不愉快的感受。

生活中充满各种不确定性，谁也无法预知自己的情感变化，但这并不表示人们无力掌控自己的情感。但是大多数人对情绪采取了一种放任的态度，很少有意识地控制它，让自己保持头脑的冷静。如何才能让糟糕的情绪远离自己呢？如何才能让那些疯狂、无序、混乱的思想停止呢？如何才能让心灵恢复原有的宁静呢？

全神贯注于自己的梦想和行动吧，当你真正投身于行动时，那些乱七八糟的想法就会悄悄从你身边走开。不要过多地怀疑自己所做的事情，因为怀疑只能动摇你的信念。

相信情感是你自己的事情，与别人无关。不要把注意力放在他人的行为上、令人不快的事件上或自己无法控制的事情上。

无论面对什么样的情境，都要表现出丝毫不受干扰的平静。相反，如果因情绪失控而不小心说错了话，或者表现出内心深处的真实想法，会使自己的情绪变得更糟。

生活中有很多事情需要妥协，有时还得承担过多的义务，这些都会使人的情感受到压抑。在这种情况下的最好办法是，维护自己的权利和需要，但不要指责他人。

如果你能肯定自己的长处和生活，为已经拥有的东西感到满足，不受别人的影响，相信自己，不为无法改变的事情难过，时常从他人的角度看问题，在异常愤怒时，暂时离开，那你就可以驾驭自己的情绪了。

但是我们真的能改变过去习惯的情绪反应吗？人们对待某件事情的态度或情绪反应，都源自个人的心理习惯，而任何习惯只要你想改变，都可以改变。

其实，心理习惯是一种潜意识，也可以叫做下意识，就像是条件反射，不需要经过思考就能做出反应，但人却可以有意识地改变它。

就像我们学习跳舞、滑雪、开车一样，先是有意识地多次重复一个动作，直到它变成下意识的条件反射。当我们学会开车以后，可以一边闲谈一边开车，不需要经过任何思考就可以做出正确的反应。

这说明，一个行为只要不断地重复，就会变成一种习惯动作；同样一种思想只要不断地重复，也会成为一种习惯心理。例如，愤怒反应、嫉妒反应、自责反应、平静反应等，都是一种心理习惯反应，是多次重复的结果。

现在你可以主动选择不同的反应，假如当听到某个人背后说你坏话时，你可能每次都很生气，而且情绪激动。如果你每次都选择不生气，而是平静地对待，那么一段时间之后，你会惊奇地发现，情绪完全可以由自己控制，再也不会被别人所左右，这会让你感觉到自身的强大，最重要的是能让你得到内心的安宁。

心理学研究表明21天以上的重复，会形成习惯；90天的重复，会形成稳定的习惯。这些心理习惯的改变，大约要经历三个阶段：第一阶段：1到7天。在这个阶段，你需要十分刻意提醒自己，有时你可能会觉得有点困难。所以你需要每天重复那些对你有益的思想。第二阶段：7到21天。这时你可能已经不需要刻意提醒自己，但是遇到突发事情时，难免又回到过去的习惯反应。这时需要立刻提醒自己。第三阶段：21到90天。这时新的心理习惯反应已经初步形成。你会明显感到自己的变化，但还需要时时内省，巩固新的心理习惯。

不能控制自己的情绪，就别谈控制人生

有人说，你不会控制情绪，就注定被情绪所控制。

今天的心情不好，就没有好好工作；被小人暗箭算计，终日烦闷碌碌无为；遭遇苦难就思绪万千，想想自己一定是噩运临头。

关于经常发小脾气的这种人，在女生圈里常常被称为“公主病”，大概可以解释为对周遭的大部分不满意，恨不得全世界都按照她的意思去行走，遇到一丁点儿不顺心就感觉生活已经走到了绝境，常常做出些歇斯底里的反应。

我之前和一位“公主病”女生一起共事过。那一次，我们一起出差，到了机场过安检，她随身带的化妆水被扣住了，过去之后候机的时候就非常暴躁，一直在说安检员的不是。这个时候，我听到广播说我们的航班又晚点了半个小时，在后面多等待的时间里我一直听她抱怨，因此勾起了近期所有不满，一会儿生气一会儿失落。

然后到了飞机上，她想喝橙汁的时候刚好没有了，于是又换了一杯可乐，空姐递给她的时候，她愤懑地说最近谁都不想让她好过，一着急，接过杯子来失手洒在了自己身上。

晚上我们回到酒店休息，她给男朋友打电话，打了挺长时间对方才接起来，男朋友说开会去了。她就开始说自己最近多么多么不顺利，连男朋友都开始不接她电话了。

说到最后就毫无意外地开始争吵，她大喊大叫着摔了手机。

显然在她这样的状态之下，后来我们给客户做的活动也是情况不尽如人意。

成年人世界的残酷在于，大家对你的不满或许并不会表现得让你知道，但在别人的心中，你已经被贴上了不成熟的标签。

虽然回来后我什么都没有说，但是她过往的工作经历中，这样情绪化的表现也一直有。后来有个领导身体不适临时请假，需要有人去把这件事情扛下来，原本细节都是她去沟通的，但是老板担心她会因为情绪化把重要客户的事情搞砸，于是又从别的组叫来一个人做。“公主病”女生就失去了一个对接重要客户的机会。再后来，那个资历比她浅很多的人借着那一次出色的表现，顺利地通过了升职的申请。

那一次，“公主病”女生才渐渐反思起自己的不足，尝试着把自己的优势发挥出来，在工作中也学会了掌控自己的情绪，发展的机会也变得多起来。

小的时候，身边的家人和长辈大多是宠爱着你的，你可以撒娇任性，他们也许处处都会依着你。但是当我们有了爱情，有了工作，世界渐渐从自我走向外界。而外面的世界通常又是无奈的，那些不满的情绪立即发泄出来，自己是舒坦了，可是耽误了的时间和影响了别人的状态，最后的结果显然是得不偿失的。

在人人都愿意谈论独立的今天，我们也必须要承担独立的代价。学习处理即将爆发的情绪，把它们消解或者镇压，让自己可以清醒地思考，也是一项重要的能力。

在暴躁不安的时候，少一点抱怨，多一些理解；在烦闷抑郁的时候，试试大口呼吸或者外出散步。

记得以前，我有一位无论工作上遇到什么大差错都慢条斯理的女领导，她有次在会议上跟我们讲，我们遇到困扰，要做的不是做一些对人对己都无利的事情把坏情绪发泄出来，而是想想应该怎么做可以扭转局面让大家都开心。就像你在河边走，一下子踩到泥巴里了，不应该躺在泥巴上打滚，而是要赶快找干净的河水把裤子洗干净。

但凡观察一下那些能够成就大事业的人，真正能把控自己人生走向的人，他们向来都是喜怒不形于色的，一切以目的为导向，不会被小情绪干扰到。

没有人喜欢和不知道是不是下一秒就会爆发的人相处，成功也不会。

做一个可以掌控情绪的人，才有机会掌控人生，走在自己想要走的路上。

都说要做一个内心强大的人，并不是一切不在乎，一切都无所谓，而是在遇事时，可以在深呼吸后进行冷静的思考和妥善的处理。不做会后悔的事，不说会伤人的话，不要再过“失控”的日子。

你可以独立、优秀，但也要冷静且优雅。

成就完美人生

借口

刘磊　主编

红旗出版社

红旗出版社
HONGQI PRESS
推动进步的力量

图书在版编目（CIP）数据

借口 / 刘磊主编. — 北京：红旗出版社，2019.8
（成就完美人生）
ISBN 978-7-5051-4909-0

Ⅰ. ①借… Ⅱ. ①刘… Ⅲ. ①成功心理—通俗读物
Ⅳ. ①B848.4-49

中国版本图书馆CIP数据核字（2019）第161757号

书　名　借口
主　编　刘磊

出 品 人　唐中祥　　总 监 制　褚定华
选题策划　华语蓝图　　责任编辑　王馥嘉　朱小玲

出版发行　红旗出版社　　地　　址　北京市北河沿大街甲83号
编 辑 部　010-57274497　　邮政编码　100727
发 行 部　010-57270296
印　　刷　永清县晔盛亚胶印有限公司
开　　本　880毫米×1168毫米　1/32
印　　张　25
字　　数　620千字
版　　次　2019年 8 月北京第1版
印　　次　2020年 3 月北京第1次印刷

ISBN 978-7-5051-4909-0　　定　　价　160. 00元（全5册）

前言

FOREWORD

借口是指当事人以非真正理由或假托理由否认其应当承担责任，是自欺欺人的理由。很多人在遇到困难和问题时，总会寻找各种各样的借口来为自己开脱，寻找借口来掩盖自己的过失，推卸自己本应承担的责任。

借口让我们暂时逃避了困难和责任，获得了一些心理的慰藉，可借口的代价却无比的昂贵，它给我们带来的危害一点也不比其他任何恶习少。

找借口的直接后果就是容易让人养成拖延的坏习惯，找借口的人都是因循守旧的人，缺乏一种创新精神和自动自发工作的能力，因此期许他们在工作中做出创造性的成绩是徒劳的。借口会让他们躺在以前的经验规则和思维惯性上睡大觉。

当人们不思进取、找借口时，借口给人带来的严重危害是让人消极颓废。如果养成了找借口的坏习惯，在遇到困难和挫折时，他不是积极去想办法克服，而是去找各种各样的借口，其潜台词就是“我不行，我不可能”，这种消极心态会剥夺个人成功的机会，最终让人一事无成。

很多时候，遇到的问题和困难是对个人成长的考验。当遇到问题和困难时，只要我们敢于正视问题，就没有解决不了的问题，就可以不断前进。

我们成长的过程，就是一个不断发现问题、解决问题的过程。当出现问题时，最关键的是如何解决问题，如果我们找借口，推卸责任或者责怪他人，会使问题更加严重，根本不能解决问题，只会给犯错误的人更大的压力与挫折。最好的办法，就是做一个有心人，勇敢地承担起自己的责任，积极地寻找有效的解决途径。解决问题，痛，并快乐着；推卸责任，不但于事无补，反而搬起石头砸自己的脚，毁了自己的前程。

让我们改变对借口的态度，把寻找借口的时间和精力用到努力工作中来，因为工作中没有借口，人生中没有借口，失败中没有借口，成功中没有借口。

目录

CONTENTS

第一章 借口的实质是推卸责任

借口无处不在

一

今天是周一。小赵推开会议室的门，例会已进行过半。

领导正说到兴起处，立刻顿住，问小赵："怎么又迟到了？"小赵强作镇定地回答："地铁突然停了，我等了好一会儿才开。"

领导无话可说，点头示意小赵进来，小赵在同事们的注视下走到座位，他呼出一口气——幸好想了这条理由，要是说实话"起晚了"，领导还不发飙？

二

领导把头转向小钱："销售回款表呢？"

周五下午，领导让小钱把本月的销售回款情况做个表，周一早上开会用。周五没做完，周末两天，小钱忙着约会、逛街，把表格抛在脑后；虽然今天小钱一上班就打开电脑，敲击键盘忙活着，可到开会时也没完成。"就快做完了。"小钱说。领导脸一沉："就快做完了？！"

小钱嗫嚅着："我不是故意的……周末我做着表，家里断网了……"

领导挥挥手："我不想听你解释，这次是断网，上次是停电，上上次是你叔叔突然来北京，你要去接站！"

三

终于等到散会，各司其职，各就各位。

小孙接了个电话，他对着话筒说："我最近老出差，真是对不起，等我回来再说吧。"同事们都看着他，明明他人就在办公室啊！放下电话，小孙解释，他答应女友的叔叔去辅导女友的堂妹英语，可去了一两次觉得太耽误时间，就不想去了。现在女友叔叔问起来，小孙开罪不得，又实在不情愿，只好找个借口开脱。同事们听了，无不理解地点点头。

四

某同事突然叹了口气。

他正在和设计师小李在MSN（即时通信软件）上聊天，他催小李赶紧拿出设计方案。可小李说，他的车刚被追尾。某同事显得有些无奈，“我只能答应小李缓两天再交方案，可谁知道这回，他是不是又在找借口拖稿呢？”“上回，小李的理由是他要去香港参加展览，有一次，说他爱人骨折住院，还有一次说孩子病了……我究竟该不该相信他呢？”

五

大家七嘴八舌地讨论着，小赵、小钱、小孙三人却没加入。

能举的例子还有很多，比如，同事小周，他和朋友约好聚会，临了反悔，他发短信说：“加班，去不了。”几次爽约，朋友圈子里盛传小周不靠谱。又比如，刚才主持会议的领导小吴。小吴的体检报告上写着脂肪肝，刚向妻子承诺少喝酒，可是又大醉而归，他说：“这次情况特殊……”可下次照旧。不过下次的说辞变了：“老总在，我要替他挡酒！”直至有一天，妻子忍不住问小吴：“为什么每次你都有理由？”再比如……故事真的要说下去，百家姓恐怕也不够用呢！

六

理由无处不在，解释每一刻都在进行。赵钱孙李等人的故事中，总有一些你我的影子。

我们试着分析一下，所谓理由，能分成两种，一种是真的，另一种是假的，而假的或可称之为借口。当别人问我们“你为什么总是理由多多”时，更多的是指责我们的借口多。

那么，为什么要找借口呢?

（1）不想做什么时，找借口为了不做

小孙不想辅导女友堂妹英语，小周拒绝参加朋友聚会，都不约而同找了此类借口。此类借口的目标效应是两全，既解放自己，又不得罪对方。如果直接拒绝，岂不更有效?

（2）做错什么时，找借口以规避风险，逃避责任

小赵开会迟到，小吴有脂肪肝还喝得烂醉，不能说不是

错。领导的批评、家人的责问不能说不是烦恼。有个合适的借口，最好是不以主观意志为转移的借口，便犹如一把降落伞给予从高空抛下的人们以安全感。

而小钱没按时完成工作，设计师小李屡屡将方案交付的时间延期，这属于工作上的失误。找借口，则为失误找到除自己之外的另一方承担责任，起码是分担责任。

此类借口的目标效应很明显，有个合适的借口，显得情有可原、事出有因，即便错了，要接受惩罚，也可能落个从轻发落。

因此从目标效应来看，借口是将事情往利己的方向推进，而前提在于听我们说借口的人相信借口的真实性。问题的关键是，他们相信吗？

小赵开口解释前，领导问："怎么又迟到了？"可见此前，小赵迟到过，并曾做过类似解释，领导的言外之意——这次又有什么借口？

小钱的解释领导根本不想听，并举例"上次……上上次……"。

小李的借口涵盖甚广，涉及交通、医疗、文化等方面，情节近乎荒诞，以至接受解释的人不禁问："我究竟该不该相信他呢？"

……

由此可见，解释一次还行，解释多了，真的理由看起来也像借口，何况本来就是借口？

七

次次有借口，前提被动摇，借口的真实性一旦被怀疑，它的目标效应便会打折，而日积月累，直至借口的真实性被推翻。

我们可由此推论——

你最初找借口，为了不做某事，拒绝某人，为了不想得罪人。久而久之，你屡屡爽约，众人或口口相传，或心照不宣，都以为你是个不靠谱的人，不值得信任的人。所以，即使小孙真的因为忙，不给女友家帮忙，女友家人也会半信半疑，直至“他靠得住吗”。

你最初找借口，为了开脱自己，少承担点责任。久而久之，没有人敢委你以重任，你不知道会失去什么样的机会，也不知道那些机会原本会给你的人生带来多大的改变。所以，小钱只会被分配去做一些不重要的工作。

你最初找借口，为了让你做错、做得不好的事显得情有可原。久而久之，你穷尽想象，各式借口都用过一遍，当你真的某次做错、做得不好，有合情合理的理由时，没有人再相信你，也不再情有可原。所以，设计师小李的客户会越来越少，终止合作的次数会越来越多。

……

由此可见，找借口的最初目标和实际结果有点对不上了吧。

八

原来借口说了比不说糟。如何从一开始就避免借口的出现呢？那就是不靠谱的事情不要答应。

小孙和小周看起来最无辜。他们的错误在于不该事先答应了别人，再临时改主意，更不该改了主意，又怕得罪人，找借口推托。如果从一开始，小孙和小周就能考虑到所答应的事未必有完成的可能，不说满话，即便届时变卦，也比答应了再推托显得可信赖。

（1）既然答应了别人，就要尽量做到。信任是一种累积，哪怕在小事上。因为惰性而失去好口碑，得不偿失。天长日久，你会发现圈子里的人都把你当作一个靠谱的人，这是你意想不到的优势。

（2）真的做不到，就要陈述实情，直接拒绝。“拖”绝不是万能钥匙，一次让人不满意比多次让人不满意好，你觉得小孙给女友叔叔的回话“最近出差，回来再说”，会杜绝女友叔叔继续来电吗？小孙还会继续找借口，这些借口累积的负面效应比最初拒绝大多了。

（3）不要试图推卸责任。不是事出有因，就能得到原谅。只因你最想与之解释的那个人——大多在你们共处的事件中——与你呈对应关系。他想要的绝不是解释——为什么没做好，他想要的是问题的解决。所以，小钱把打印好的表格开会前就放在领导的办公桌上，小李把设计方案如期发送，比任何听起来合情合理的借口都有效得多。小吴从此滴酒不沾，小赵定好闹钟，提前出门，确保此后开会不迟到……这些不仅是避免借口出现，也是根治借口、消除借口带来负面效应的最终解决方案。

解决永远比解释重要，要不，领导怎么会对小钱咆哮“我不想听你解释”呢？

九

好钢要用在刀刃上，好借口呢？

国庆节假期，小郑打算回趟老家，自驾车。

某中学同学的表弟也在北京，无意间得知这一消息，打电话给小郑："大哥，捎我一起回吧，我行李多……女朋友也想跟我一起回去……"

小郑其实是把自驾车当作一场旅行的，他只想和家人在一起。再说密闭的空间多了两张不熟悉的脸，一对情侣间叽叽喳喳的说话声……小郑在第一时间拒绝了同学的表弟："不好意思，我要先送我的丈母娘回天津，在那住几天，再回老家！"

挂掉电话，小郑一身轻松。

我们的生活总需要一些借口删繁就简，所有的借口都是为了维护自己。而好借口的前提是合情合理，不涉及信任，也不涉及责任，偶一为之方显功效。

选择责任还是选择借口

一

在西点军校，不管什么时候遇到学长或军官问话，只能有四种回答：“报告长官，是。”“报告长官，不是。”“报告长官，没有任何借口。”“报告长官，我不知道。”除此之外，不能多说一个字，不能找任何借口。

这看起来似乎很绝对、很不公平，但是人生并不是永远公平的。

“没有任何借口”是美国西点军校200年来奉行的最重要的行为准则，是西点军校传授给每一位新生的第一个理念。它强化的是每一位学员要想尽办法去完成任何一项任务，而不是为没有完成任务去寻找任何借口，哪怕看似合理的借口。

西点军校这么做的目的是为了让学员学会适应压力，培养他们不达目的不罢休的毅力和承担责任的勇气。它让每一个学员懂得：工作中是没有任何借口的，失败是没有任何借口的，人生也没有任何借口；无论遭遇什么样的环境，都必须学会对自己的一切行为负责！

秉承这一理念，无数西点毕业生在各个领域取得了非凡的成就。有一组数字：二战后，在世界500强企业里面，西点军校培养出来的董事长有1000多名，副董事长有2000多名，总经理一级有5000多名。任何商学院都没有培养出这么多优秀的经营管理者。

二

在墨西哥市的一次奥运会马拉松比赛中，坦桑尼亚的奥运马拉松选手艾克瓦里吃力地跑进了奥运体育场，他是最后一名抵达终点的选手，而此时天已经黑了。

这场比赛的优胜者早就领了奖杯，庆祝胜利的典礼也早已结束，因此艾克瓦里一个人孤零零地抵达体育场时，整个体育场几乎空无一人。艾克瓦里的双腿沾满血污，绑着绷带，他努力地绕完体育场一周，跑到了终点。

在体育场的一个角落，享誉国际的纪录片制作人格林斯潘远远地看着这一切。在好奇心的驱使下，格林斯潘走了过去，问艾克瓦里，为什么要这么吃力地跑至终点？

这位来自坦桑尼亚的年轻人轻声地回答说：“我的国家从两万多公里外送我来这里，不是叫我在这场比赛中起跑，而是派我来完成这场比赛的。”

没有任何借口，没有任何抱怨，职责就是他一切行动的准则。

在责任和借口之间，选择责任还是借口，体现了一个人的工作态度。有了问题，特别是难以解决的问题，你可能会懊恼万分。这时候，有一个基本原则可用，而且永远可用，就是永远不放弃，永远不为自己找借口。

“没有借口”看似冷漠，缺乏人情味，但它却可以激发一个人最大的潜能。无论你是谁，在人生中，无须任何借口，失败了也罢，做错了也罢，再妙的借口对于事情本身也没有丝毫的用处。许多人生中的失败，就是因为那些一直麻醉着我们的借口。

三

有一个替人割草打工的男孩打电话给布朗太太说："您需不需要割草？"布朗太太回答说："不需要了，我已有了割草工。"男孩又说："我会帮您拔掉草丛中的杂草。"布朗太太回答："我的割草工已做了。"男孩又说："我会帮您把草与走道的四周割齐。"布朗太太说："我请的那人也已做了，谢谢你，我不需要新的割草工人。"

男孩便挂了电话。此时男孩的室友好奇地问他："你不是就在布朗太太那儿割草打工吗？为什么还要打这个电话？"

男孩说："我只是想知道我究竟做得好不好！"

多问自己"我做得如何"，这就是责任。

四

在日常生活和工作中，很多人在努力寻找借口来掩盖自己的过失，推托自己该做的事。我们经常听到很多借口，比如"路上堵车""闹钟没电了""这个电脑太破""任务太重""考题出得太偏"等。只要用心，总会找出借口的。

任何借口都是推卸责任，在责任和借口之间，选择责任还是选择借口，体现了一个人的工作态度。在这个世界上，没有不需承担责任的工作，但是，借口通常会让我们忘却责任。

优秀的员工从不在工作中寻找任何借口，他们总是把每一项工作尽力做到最好，最大限度地满足老板提出的要求，出色地完成任务；他们总是尽力配合同事的工作，对同事提出的要求，不找任何借口推托。

一个员工的工作能力和工作态度，决定了他的报酬和职务。那些工作效率高、率先主动并且甘之如饴的人，往往就是担任公司最重要职务的人。

责任意识会让我们表现得更加卓越。我们经常可以看到这样的员工，他们在谈到自己的公司时，使用的代名词通常都是"他们"而不是"我们"，"他们业务部怎么怎么样"，"他们财务部怎么怎么样"，这是一种缺乏责任感的典型表现，这样的员工至少没有一种"我们就是整个机构"的认同感。

责任感是不容易获得的，原因就在于它是由许多小事构成的。但最基本的是做事尽心尽责，无论多小的事，都能用心做到最好。比如说，该到上班时间了，可外面阴冷又下着雨，而被窝里那么舒服，你自身的惰性会让你选择被窝，选择温暖，可你的责任感会让你立即行动，尽职履责。

在工作中不要找任何借口

一位心理学家来到一所正在建筑中的大教堂，对现场忙碌的建筑工人进行访问。

心理学家问他遇到的第一位工人："请问您在做什么？"

工人没好气地回答："在做什么？你没看到吗？我正在用这个重得要命的铁锤，来敲碎这些该死的石头。而这些石头又特别的硬，害得我的手酸麻不已，这真不是人干的工作。"

心理学家又找到第二位工人："请问你在做什么？"

第二位工作无奈地答道："若不是为了每天50美元的工资，为了一家人的温饱，谁愿意干这份敲石头的粗活？"

心理学家问第三位工人："请问你在做什么？"

第三位工人眼光中闪烁着喜悦："我正参与兴建这座

雄伟华丽的大教堂。落成之后，这里可以容纳许多人来做礼拜。虽然敲石头的工作并不轻松，但当我想到，将来会有无数的人来到这里接受上帝的爱，心中就会激动不已，也就不感到劳累了。”

同样的工作，同样的环境，却有如此截然不同的感受。

第一位工人，是完全无可救药的。在不久的将来，他可能不会得到任何工作的眷顾，甚至可能成为工作的弃儿，完全丧失生命的尊严。

第二位工人，是对工作没有责任感和荣誉感的人。对他抱有任何指望肯定是徒劳的，他抱着为薪水而工作的态度，为了工作而工作。他不是企业可信赖、可委以重任的员工，必定得不到升迁和加薪的机会，也很难赢得社会的认可。

第三位工人，是最优秀的员工，是社会最需要的人。在他身上看不到丝毫抱怨的影子，他拥有一颗感恩的心，他是具有高度责任感和创造力的人，充分享受着工作的乐趣和荣誉，同时工作也会带给他足够的尊严。他体会到了工作的乐趣、生命的意义和实现自我的满足感。

而现实社会和生活中，我们大多数人活成了第二种人，为了薪水而工作。一个为了薪水而工作的人，工作对他而言毫无神圣之感。他看不到工资后面的成长机会，看不到从工作中获得的技能和经验对自己未来的发展的影响，永远也不会懂得自己真正需要什么。

“没有机会工作或不能从工作中享受到乐趣的人，不能完整地享受到生命的乐趣。”在工作中，艰难的任务能锻炼我们的意志，新的工作能拓展我们的才能，与同事的合作能培养我们的人格，与客户的交流能训练我们的品性。工作能够丰富我们的经验，增长我们的智慧。除了金钱，工作赋予了令我们终身受益的能力，而能力比金钱重要万倍。

许多成功人士一生跌宕起伏，有攀上顶峰的兴奋，也有坠落谷底的失意，但最终他们能重返事业的巅峰，俯瞰人生，原因何在？因为他们有能力。无论是创造能力、决策能力还是敏锐的洞察力，都不是一开始就拥有的，都是在长期的工作中积累和学习得到的。

工作中，最愚蠢的事情就是推卸自己的责任，而推卸责任最常用的手段就是寻找各种各样的借口。我们常常能听到许多借口，如“我没做过这项工作”“是他没有告诉我”“我试过了”“这样肯定不行”等。每个人都在努力寻找借口来掩饰自己的过失。但借口是滋生拖延的温床，是推卸责任的理由，更是失败的最终根源。

遇到困难，永远不要放弃，永远不要为自己找借口。任何借口都是推卸责任，在责任和借口之间，选择责任还是选择借口，体现了一个人的工作态度。我们要用热情去对待我们的工作。热情，就是一个人保持高度的自觉，就是把全身的每一个细胞都调动起来，完成他内心渴望完成的工作。所有的人都具备工作的热情，只不过有的人习惯于将热情深深地埋藏起来。很难想象，一个没有热情的员工能始终如一地高质量地完成自己的工作，更别说做创造性的业绩了。

走出“象牙塔”的大门，我们就不再是那个懵懂的少年，现实的残酷使我们在不断地成长改变着。作为一个工作人员，在工作上要时刻、处处体现出服从的态度和负责敬业的精神！昨天是一张被注销的支票，明天是一张尚未到期的支票，今天则是随时可运用的现金。

要不断学习各项专业知识，清楚自己的工作职责和岗位职责，清楚自己的岗位要求、有效规划自己的工作和完成领导交代的工作，并通过不断学习提高自己的工作能力。

执行力是企业获得完胜的一个必要条件，企业的成功离不开好的执行力。当你接受了上级的任务，就表示你对上级作出了承诺。如果不能完成自己的承诺，是没有任何借口可讲的。作为一个集体，作为一个企业，如果没有超强的执行力，就很难获得理想的结果。我们不必抱怨薪水低，抱怨老板为什么不给加薪，不要天天讲工作不好做，你又没处跳槽，那么你只能在这样的地方上班，工作最重要的是要心情舒畅，那样我们才能有十足的干劲，才能有真正的执行力。

既然你选择了一个职业，选择了一个岗位，就必须接受它的全部，而不是仅仅只享受它给你带来的益处和快乐，对工作的任何借口和抱怨都是没用的。

借口让我们暂时逃避了困难和责任，获得了片刻偷懒，但如果养成了寻找借口的不良习惯，当遇到困难和挫折时，就不会积极地去想办法克服，而是绞尽脑汁找各种各样的借口。长期如此会导致我们消极懈怠、一事无成，更会让一个团队丧失战斗力，让一个企业败落。

借口是阻止我们走向成功的最大敌人，聪明的人应该毫不犹豫地抛弃借口。成功凭借的是坚韧不拔的毅力和付出超出常人的努力！在工作中不要找任何借口，要对自己的言行负责，这是成大业者必备的素质。

工作就是不断地“被要求”

我们为什么喜欢在工作中找借口？其实很简单，因为我们心中有太多的“凭什么”！问题一出现，我们的第一个念头往往是：“凭什么让我来做？”“凭什么对我要求这么高？”

“凭什么”可能是我们用得最多的借口。心理上一不平衡，行动上就会大打折扣，工作自然不会有激情。但是，除非你不工作，既然你选择了工作，就选择了不断地“被要求”。

这世界上有没有一份让你拿着高薪，却对你没有任何要求、你想做什么就做什么的工作？肯定没有。

只要想明白“选择了工作就是选择了永远‘被要求’”这一点，我们就不会有那么多借口，就会主动地适应工作，甚至主动地给自己提出更高的要求。

提起年轻交警孟昆玉，北京人太熟悉了。他被网友称为“北京最帅交警”，中央电视台《新闻联播》曾报道过他的事迹，并配发了评论《奉献最帅气》。在评论中有这样一段话：“80后交警孟昆玉，让大家那么喜欢，就在于他的朝气和阳光、敬业和奉献。他爱自己的工作，平凡中挥洒激情，细微处展示青春和美丽，遇事替别人着想，别人也就成了他的粉丝。‘最帅交警’就是对他的尽职奉献最时尚的赞誉。”这就是这位阳光帅气的“80后交警”在平凡的岗位上熠熠生辉的根本原因。

交警工作并不好做，每天要面对尘土飞扬的恶劣环境，还必须具备很强的应变能力，与不同的人打交道，处理各种各样的突发事件。

刚开始的时候，小孟一站到马路上就犯晕，根本不知道该怎么做。但他想，既然选择了这份工作，就一定要做到最好。那么，他是怎样做的呢？说白了就是一句话：制定最高的工作标准。而这样的工作标准，并不只是根据单位要求制定，更是他根据岗位与群众的需要，自觉制定的。

第一，不仅要严格执法，而且要“智慧执法”。

对于交警来说，严格执法是基本准则，而如果懂得沟通的智慧，往往就能把矛盾降到最低，达到最佳执法效果。

有一次，小孟拦住了一位酒后驾车的年轻司机。刚要处罚，司机的父亲从车上冲了下来，揪住小孟的胳膊不让他开罚单，还嚷嚷说小孟执法不公。小孟一点也不恼，只是和颜悦色地问了一句："今天您坐在车上，您儿子开车您放心，明天您不在车上，他喝了酒再开车，您能放心吗？"

一句朴实的话，深深触动了这位父亲的心。他不仅接受了处罚，还一再感谢小孟的提醒。

第二，不仅按规定执法，而且想办法减少违法现象。

按照规定，为了保证道路畅通及乘客安全，北京市地铁沿线主路不允许出租车随意停靠，并设置了专门的停车位，但利用率不高，出租车违章的事情还是经常发生。但出租车司机也有苦衷："我不知道该在哪儿停啊！"

面对被处罚司机的满脸无奈，小孟心中一动，他利用业余时间，绘制出一份《宣武区地铁路段出租车停车位示意图》，把地铁口附近所有的出租车停靠点在地图上标示出来，每次执法遇到被处罚的出租车司机，他都会递上示意图。

这个做法立即受到广大司机的热烈欢迎。宣武支队马上批量印制，免费发给出租汽车公司。从那以后，该路段出租车乱停车的现象大大减少。

在工作中，小孟还发现和平门路口两边的公交车站牌越来越多，经常有乘客找不到要乘坐的公交车站，有时一天下来问路的群众甚至能达上百个。小孟就开始对周边的公交线路进行仔细走访，在队里的帮助下，他设计制作了4面公交线路指示牌，摆放在路口周围，大大方便了群众。

第三，不仅当交警，还当“医生”。

有一次，一位乘客在公交车上突发心脏病，公交车在路中间停了下来，造成了交通堵塞。就在大家手足无措的时候，小孟赶了过来，简单询问情况之后，马上拿出速效救心丸让乘客服下。由于抢救及时，这位乘客保住了性命。

事后，一起执勤的同事以为小孟有心脏病，否则怎么会随身携带着救心丸?

出乎他的意料，小孟说自己并没有心脏病，但曾经协助救护车将一名心脏病患者送往医院抢救。从那时起，他就自己买了药随身携带，万一有什么意外情况发生，或许能为患者争取时间。

8年来，小孟随身携带的速效救心丸拯救了5名患者的生命。在他的带动下，宣武支队为所有交警都配备了急救箱。

扪心自问，假如我们处在他的位置上，能够做到他的几分?

如果抱着“凭什么”的心理，我们就会给自己找出很多借口：“遇上那些蛮横的人，狠狠教训一通就是了，还讲什么道理！”“不按规定停车，逮一个罚一个就是了，还用得着画什么示意图！”“我又不是医生，管那么多干什么。再说，没有任何一条规定，交警还要自己掏钱买救心丸随身携带啊！”

但小孟认为，站在交警这个位置上，减少交通事故、消除违法现象是工作的要求和职责！对于那些不讲理的人，是可以训斥一通，但他口服心不服，下次酒后照样驾驶，真出了事故，造成的可能就是家破人亡的悲剧。如果能够把话说到人的心坎里，消除事故的隐患，何乐而不为呢？

事实上，小孟的努力并不仅仅是上述那些方面。当有人问到他干这些事情怕不怕累、怕不怕烦时，他说：“我在工作中，总是追求一种被群众需要的感觉。满足群众的需要就是我工作的价值，只要能满足他们的需求，我就浑身有干劲，怎么会怕烦和累呢？”

是的，这位优秀的80后青年，给我们提供了一个很好的榜样：不管在什么岗位，你都不要给自己找任何“凭什么”的借口，而要主动去适应岗位，并以最高的工作标准要求自己。工作，就是不断地“被要求”。

努力做好每一件事

一

小李的老公是出租车司机，但是她家的出租车不是自己买的，而是租公司的。她说老公一点都不上进，租车时间是白天八个小时，他都不肯开满时间，总要她三番四次地催他，他才肯出车去拉活。

如果这个男人只是懒一些，倒也无所谓，大不了少挣点钱，日子过得紧巴一些，关键是他总觉得自己是做大事的料，根本不想脚踏实地。他经常挂在嘴边的话是："我这个人就是运气差点儿，要是有谁谁的好运气，指不定我现在也身价千万了，哪还用得着这样起早贪黑呀？"

好高骛远也就罢了，他还觉得他老婆挡了他的财运，说他家女人一天到晚丧着个脸，看着就让他生气，财运怎么会来？

小李总是满目疲惫的样子，有时还眼圈红红的，她老公找借口的本事比他挣钱的本事大多了，对老婆的态度这么恶劣，还指望她笑得出来吗？

卡耐基在《人性的弱点》中写道：“对那些不成熟的人来说，他们永远都可以找到一些借口，以掩饰他们自身的某些缺点或不幸。”

生活中总会有这样一种人，他们把自己穷困潦倒的原因都归结在别人身上，总是为自己的失败找各种各样的借口，反正他自己是没有责任的。其实，越是喜欢给自己找借口的人，越是承担不起他们应该承担的责任，越是成功的机会渺茫，越容易成为生活的失败者。

二

读书的时候，老师就教导我们：“做人做事要脚踏实地，不要为自己的懒惰找借口，更不要为自己的失败找理由。”

小军深刻理解老师的话，是在初三上学期的期末考试后。那段时间班里开始流行武侠小说，每个同学都看金庸、古龙的小说。

小军本身就是一个书迷，但是也是第一次读到这种跟作文选和故事书大不相同的书，当然很快就沉迷在各种刀光剑影中不能自拔。很快，期末考试的成绩给了小军沉重一击，小军从稳坐班级第一掉到二十名，班主任都震惊得不知道说什么好。小军心里非常忐忑，知道逃不掉老师的批评，更少不了被父母收拾一顿，但是心里却给自己找借口，自己只是这一次没考好而已，又不是中考，还来得及的。

班主任找小军谈话，问他为什么成绩下降这么多，他很淡定地说："老师，我考试的时候身体不太舒服，下一次保证能考好。"班主任当时就怒了，差点儿拍碎了桌子。

"我让你找考不好的原因，不是要你保证下一次，还有下一次吗？下一次就是中考了，你还有机会下一次考不好吗？"

"你不要跟我这儿找借口，我也不要听你编理由，我是让你好好反省一下自己这段时间的行为，为考试成绩承担责任。"

老师的一番话如雷震耳，更让小军醍醐灌顶，让他知道做错了就是做错了，就要承担责任，而不是为自己的失败找借口。

从那以后，小军一直记得老师的话，即使后来走上工作岗位，他也时刻牢记一点，无论做什么事情，都不要为自己找借口，努力做好每一件事情才行。

洛克菲勒在《洛克菲勒留给孩子的三十八封信》中说："我鄙视那些善找借口的人，因为那是懦弱者的行为，我也同情那些善找借口的人，因为借口是制造失败的病源。"

是的，只有那些懦弱无能的人，才会找借口为自己开脱，让自己更加心安理得地指责别人，而不是反省自己的行为。

三

遇到问题，成功者会主动寻找解决问题的办法，失败者则会临阵脱逃、推卸责任，各种找借口，为失败辩解。有人说，别为你的累和懒找借口，你的一无所有就是你拼的理由。

张老师是音乐专业毕业，在一所小学当音乐老师，但是他不想只是当个音乐老师，他想自己创业，创办一个音乐培训学校。他一直忙着创业，每天处理着各种繁杂的事情。

刚开始时，他的培训学校规模很小，就是在家里摆一台钢琴，周末起早贪黑地给学生上课，可是一年下来收入不多，成绩不高，跟别的培训机构相比，也没有多大的竞争力。他开始出去学习，到大城市学习人家的音乐培训经验，可是看似成功的方法，到他们这小地方却行不通，家长根本不认可。为什么新教学方法行不通呢？

一般人肯定会认为是家长的层次跟不上，所以才会抵触这些新的方法，生怕孩子学不好。他不是这样想，他开始反思把人家成功的经验如何改善，才能适应他们这边的教学，并不断地磨合教学方法，提升教学水平。经过一年多的努力，他教出来的学生在各类比赛中拿奖，学生也喜欢他的教学方法，终于让他打开局面，学生越来越多。

为了筹集资金创办音乐培训学校，他更是想尽了办法。他从未被困难吓倒，更不会为自己找任何借口，他一门心思想着如何把学校办好。

现在，他的培训学校在他们那边已经是非常有名气了，但是他还是很努力，还在想着如何扩大规模，让更多的学生普及音乐教育。

安妮宝贝说："任何一件事，只要心甘情愿，总能够变得简单，不会有任何复杂的借口和理由。"张老师就是因为想要把音乐培训学校办好，所以遇到任何困难都没有退缩，想尽各种办法也要达成心愿，从来不会找借口搪塞自己。

四

喜欢为自己找借口，其实是缺乏责任心的表现。如何让自己坚持做好每一件事情，成为一个有责任有担当的人？

（1）学会反省自己，警惕自己是否下意识地找借口。每个人在遇到困难，或者是在一件事情失败的时候，大脑总会立即开启防御机制，想要为保护自己寻找理由。有这种想法很正常，但是我们更应该经常反省自己，问问自己这件事情做不到的原因是什么，多从自己身上找，而不是往别人身上推。尤其是当意识到自己正在为自己找借口的时候，更要多动脑思考一下，告诉自己不能为自己找借口，找借口对自己没有好处。

（2）勇于承担责任，做一个有责任有担当的人。应该自己做好的事情，那就努力去做好，如果没有做好，就应该承担起责任来，能弥补的尽力弥补，不能弥补的下一次一定要做好。百般推脱的行为，不仅不利于自己的成长进步，更会让别人远离你，因为没有人愿意跟没有责任感的人相处。做一个有责任有担当的人，哪怕有的时候责任很重，但是当你勇于承担起属于自己的责任时，你会发现，成功并不是那么难。

（3）以优秀的人为榜样，努力成为更好的自己。我们都想让自己成为更好的人，但是很多时候又会很迷惘，不知道自己到底应该如何做。给自己树立一个榜样，寻找你领域里的大咖，向他们学习成功的经验，反思他们失败的历程，这样可以让你少走很多弯路。当你开始努力向大咖靠近的时候，你就不会再为自己之前的失败找借口，因为你的格局已经提升，知道找借口不是通往成功的路径。

五

作家张爱玲说："要做的事情总找得出时间和机会，不要做的事情总找得出借口。"

我们过不好这一生的很大原因，就是很多时候我们总是下意识地为自己找借口。想一想，你想做什么事情，你想成为什么样的人。然后努力去做，不要为自己找任何借口，一心朝着你的目标去努力，总会有成功的一天，因为成功永远属于努力的人，不会青睐只知道找借口的人。

要想发展快，先不找借口

谁都想在事业上有最快的发展，而没有任何借口，就是实现这一目标的根本保证。一般都认为这个观点是领导和单位用来教育员工的理念，但这恰恰是很多人在职场中的切身体验。

小张大学毕业后的第一份工作，是给一位女老总当秘书，而她做好的绝不仅仅是本职工作而已。

这位女老总患了一种慢性病，严重时会影响工作，小张总是格外留心。

一天，她在上班路上发现一家大药店打出了广告，告知一种可以治老总病的特效药来了，于是她赶紧下车去买药。没想到这一耽搁，让从不迟到的她，晚到了20分钟。

正巧，老总急着找她要资料，对她的迟到很不客气地训斥了一通。那一瞬间，她很委屈，当即就想解释。但转念一想：不迟到是公司的规定，有什么理由不遵守呢？于是她赶紧道歉，一如往常地处理业务。

下班了，她悄悄地将药放到老总的桌上，准备离开。

老总发现了药，一下子反应过来。当得知真实情况时，老总对自己早上的言行很内疚，问她："你为什么不早说呢？"她只是诚恳地说："您对我的批评是对的，不迟到是每个员工都应该遵守的规定。无论出于什么理由，我都不能找任何借口。"

老总不禁对她刮目相看。不久后，又发生了一件事。

一天，老总请客户吃饭，叫她陪同并记录谈话要点。没想到结账时，老总发现自己竟然没带钱包，而小张带的钱也不够。这下脸可丢大了。老总只好临时打电话叫一位部门经理赶过来结账，耽误了近一个小时。

这次老总没有批评她，但是她却无法心安。她觉得自己作为秘书，没有尽到应尽的责任。于是连夜写了一封检讨书，第二天一早交给老总，同时主动提出罚自己500元。

此举大大出乎老总的意料，但小张说："这不是简单地向您道歉，而是从工作标准来要求自己。在这件事中，我想我有两个失误：一是出门时，应该提醒一下您是否带了钱包；二是自己预备一些钱，以免您疏忽。秘书的工作虽然琐碎，但是如果缺乏责任心，一出问题就可能是大问题。这次失误虽然没有造成什么大的损失，但是如果我放任自己，以后还有可能在工作中犯更大的错误，假如不对自己惩罚，怎么能更好地吸取教训呢？”

老总大为感动，于是收下了这500元罚金，从此也给了她更大的信任和机会。

一次，公司要与海外机构进行战略合作，有关主管人员都觉得没有问题，老总也准备签字了。但是，她经过反复研究，及时提醒老总，对方提供的合作条款中隐藏着很大的问题。老总立即高度重视，果然发现了问题。她的这一把关举措，帮单位避免了一次巨大的损失。

于是，她不仅受到老总的器重，也得到同事们的认可，并不断得到提拔——三年之后，这位才24岁的大学毕业生，成了该集团一家分公司的总经理。

她努力做着一般人的“四个做不到”：

第一个“做不到”：干好业务工作就行了，其他事跟你有什么关系？

第二个“做不到”：一心给领导办事，不表扬还挨骂；挨了骂还不申辩，还要做检讨。

第三个“做不到”：领导忘记带钱包，自己凭什么主动做检讨？

第四个“做不到”：做检讨也就算了，凭什么还主动掏钱认罚？这可是实实在在的利益啊！

不止一个人问她：“要做到这样，太难了，你为什么能做到呢？”

她微微一笑说：“其实我也只是转换了一下思考问题的角度而已。如果只从自己的角度与感受出发，当然做不到。但是，只要我们围绕工作应尽的责任来思考，就会觉得非做不可！因为一个对自己负责的人，是没有任何借口的！”

最后，她结合自己的工作体会，总结了一流员工如何做好工作的三句话：“心中有责，眼中有事，手中有活！”

她的故事充分说明：要想发展快，先不找借口。

能最快发展的人，就是“没有任何借口”的人！“没有任何借口”，也是一个团队打造超凡战斗力的关键。

谈起中国体育史上的辉煌，中国人最难忘记的团队之一，就是曾经创造了“五连冠”奇迹的中国女排。中国女排之所以能够创造这样的奇迹，是与这种“没有任何借口”的精神密切相关的。

当时中国女排的教练是袁伟民，他对女排队员要求很严。女排的主攻手是郎平，她不仅业务水平高，还主动关心和帮助其他队员。

有一次，郎平做完自己的练习后，主动留下来帮队友补课。不知是太累了还是没有全力以赴，她不像自己训练时那样到位。

没有想到，袁伟民对她的扣球尺度把得很严，让她练了一次又一次，甚至后来还被罚多做几组。郎平又气又累，抹起了眼泪。

照理，她主动陪练，应该得到表扬，可是她不仅没有得到表扬，反倒因为一时不到位而挨罚。这不是很不公平吗？但袁伟民认准了一点：为了锻炼出一流的团队，在强手如林的世界排球赛中夺得金牌，就一定要以最高的标准来要求队员。他并不为郎平的眼泪所动，而是对她的要求更加严格。

冷静之后，郎平充分认识到不论是自己训练还是帮助队员训练，都没有任何借口“打折扣”。她很快调整了状态，从下午5点到晚上9点，补出了一堂高质量的训练课。

可以说，女排的成功，正是整个团队没有任何借口、奋力拼搏的结果！

是的，不管是作为个人还是作为一个团队，我们在工作中，最需要拥有的精神就是“没有任何借口”！这是职业化最基本也是最重要的素养！是团队战斗力之根，是个人发展力之本！

寻找借口会让你更平庸

找借口进行解释，实际上是通向失败的前奏。寻找借口只会造就千千万万个平庸的企业和千千万万个平庸的员工。面对失败，是选择责任，还是选择借口呢？选择责任，你的路是向前的，责任会鞭策着你走得更远。选择借口，你的路是后退的，借口会牵引你原地踏步甚至后退。而你所要做的，你所想要得到的，却需要你永远向前迈进。

我们每个人的天性中都存在一颗“黑暗的种子”，那就是好逸恶劳、推卸责任。遇到事情时，人们往往会出于本能把好的事情往自己身上揽，把坏的事情往别人身上推。如果你不对自己这颗“黑暗的种子”严防死守的话，那么，就会很容易陷入找借口推卸责任的圈子里去。

北京一所重点中学，以对学生严格要求而闻名。有一天白天，校长发现有一盏电灯还在亮着，浪费电，就问一位学生这是怎么回事。学生顺口回答说："今天不是我值日。"校长狠狠地训了他一顿。在这个校长看来，这个学生首先要做的是马上关掉电灯，并且说："对不起，校长！我没有注意到，是我的错。"中国的传统文化里讲"天下兴亡，匹夫有责"，那么我们对公司、对团队负责，就必须要消除那种把责任往外推、寻找借口的行为。

许多人之所以平庸一生，其原因就在于他们万事皆找借口。学习不好，说遗传了父母；高考落榜，说发挥不正常；找不到好工作，说自己没后台；工作不顺利，说现在经济大潮不好……反正所有的失败都有借口。于是，他们便在一个个借口中开始沉沦，得到暂时的解脱，得到一种阿Q式的精神快乐，但这样只能让他们更加平庸！

解释，一个看似合理的行为，其实在它的背后隐藏的却是人天性中的逃避和不负责任。在事实面前，没有任何借口可以被允许用于掩饰自己的失误，而寻找借口唯一的好处就是把自己的过失精心掩盖，把自己应该承担的责任转嫁给他人或者公司。所以，只有勇敢地接受并想方设法地去完成一项任务，才是你力争成功的不二选择。

有这么一个故事：汉朝时期，有一天，汉武帝外出巡察，路过宫门口时看到一位头发全白的卫兵，穿着很旧的衣服，站在门口十分认真地检查出入宫门之人。于是，汉武帝就走上前询问起来。

老人答："我姓颜名驷，江都人。从汉文帝起，经历三朝一直担任此职。"

汉武帝问："你为什么没有升迁？"

颜驷答："汉文帝喜好文学，而我喜好武功；后来汉景帝喜好老成持重的人，而我年轻喜欢活动；如今您做了皇帝，喜欢年轻英俊有为之人，而我又年迈无力了。因此，我虽然经过三朝皇帝，却一直没有升官，惭愧啊！惭愧啊！"

颜驷几十年没有升职，难道真的就没有自己的原因吗？他历仕三朝，换了三种用人风格的皇帝，都没有升迁的机会，那就应该在自己身上找找原因了，怎么能总是怪时运不济呢？就好比一名公司职员，在三位上司手下工作过，却都不能得到赏识，能说全是上司的责任吗？

在工作中，面对没有完成的销售任务，面对没有做完的公司报表，很多人用时间不够、不熟悉程序、他人不肯合作等来给出一个看似合理的解释。看起来，好像很有道理，值得原谅。其实不然，因为这种解释不过是这些人从潜意识里给自己的工作失误寻找借口，而将自己的过失推脱掉罢了。这恰恰也是高效合作的工作团队中所不能容忍的。如果允许这样的情况存在，便是对团队的不负责，是对整个公司的摧残。因为，一群总是企图解释和寻找借口的员工只能带来低下的效率与失败的命运。

日本的零售业巨头大荣公司中曾流传着这样的一个故事：两个很优秀的年轻人毕业后一起进入大荣公司，不久被同时派遣到一家大型连锁店做一线销售员。一天，这家店在清核账目的时候发现所交纳的营业税比以前多了很多，仔细检查后发现，原来是两个年轻人负责的店面将营业额多打了一个零!

于是经理把他们叫进了办公室，当经理问到他们具体情况时，两人彼此面面相觑，但账单就在眼前，一切都是确凿的。在一阵沉默之后，其中一个年轻人解释说自己刚开始上岗，所以有些紧张，再加上对公司的财务制度还不是很熟，所以……而这时，另一个年轻人却没有多说什么，他只是对经理说，这的确是他们的过失，他愿意用两个月的奖金来补偿，同时他保证以后再也不会犯同样的错误。

走出经理室，先开口说话的那个员工对后者说："你也太傻了吧，两个月的奖金，那岂不是白干了？这种事情咱们新手随便找个借口就推脱过去了。"后者却只是笑了笑，什么也没说。但从这以后，公司里组织了几次培训学习，然而每次都是那个勇于承担的年轻人能够获得这样的机会。另一个年轻人坐不住了，他跑去质问经理为什么这么不公平。经理没有对他做过多的解释，只是对他说："一个事后不愿承担责任的人，是不值得团队信任与培养的。"

一个真正的成功者，一个真正优秀的员工，拒绝寻找任何解释与借口。美国历史上划时代的杰出总统富兰克林·罗斯福打破了美国传统，连任了4届总统职务，然而，他的身体状况很不好，他壮年时身患脊髓灰质炎症，下身瘫痪。他有很多借口去放弃、去依赖，然而他没有，他以自己的信心、勇气及全部的努力向一切困难挑战，最终成为一个真正的强者，成为自己的主人，主宰了自己的灵魂和命运。

人生应该是积极向上的，在前进的过程中要正确认识自己的缺点。正确认识到自己的缺点并改正它，需要靠自己的力量，这是别人无法帮你完成的，只有你敢于随时修正自己的缺点，你才会避免平庸走向成功。

现在的市场经济需要的是真正强大的公司和真正优秀的员工！我们要拒绝解释，拒绝借口！要让自己逐步变得强大起来！

消除“借口心理”

日常生活中，我们经常听到这样的话：“对不起，总经理，今天路上堵车，所以就迟到了。”“我真的已经尽力了，可为什么还不能达到您的要求呢？”“我真的想和你约会，但是今天实在是太忙了，下次怎么样？”“那个客户真的是太挑剔了，怎么做都不能使他满足，我实在无能为力！”……

类似这样的借口，数不胜数。因为不管是在生活中还是在学习中，当我们遇到一些麻烦事情的时候，总是会挖空心思来寻找各种各样的理由替自己掩饰，说白了，就是找借口来推脱、掩盖事情，这就是所谓的“借口心理”。不可否认，借口有时候也是一种“阿Q精神”，能够让自己在失意的时候得到慰藉，减少痛苦。也正是基于这个原因，很多人总是喜欢为自己的失意或者失败找各种各样的借口。

不过，你也应该明白，借口虽然能够让你暂时逃避问题和责任，但对于解决问题是起不了任何作用的；而且，为了这个借口，你可能要付出极其沉重的代价，因为当你挖空心思去寻找借口来掩盖自己已经犯下的错误时，解决问题的机会可能已经悄悄溜走了。

“没有任何借口”是西点军校奉行的最重要的行为准则，它要求每位学员要想方设法地去完成自己应该完成的任务，而不是为没有完成的任务寻找借口，哪怕是看似非常合理的借口。事实也证明，在西点军校毕业的学员中，有很多人是“没有任何借口”这一理念的最完美的执行者和诠释者，也正是秉持这一伟大的理念，西点军校造就了一批又一批的伟人和英才。

但是，生活中的我们，迟到了，我们会说“堵车”“有事”“闹钟不响了”等；完不成工作，我们会认为是“任务太重了”“之前没有接触过这类工作”“时间太紧了”等；销售业绩不高，我们会说“那位客户太挑剔了”“咱们的产品质量上不去”“忍受不了客户嚣张的气焰”等；梦想没有实现，我们会说“目标定得太高了”“我根本没有那么多的时间和精力”“我没有想到会遇到那么多的困难”等。

总之，不管遭受了什么样的打击和失败，我们总能够为自己找到辩解的借口和理由。找到借口，自己似乎就觉得心安理得了，“不是我不想做，是我实在做不到”。事实上，借口就是一个原谅自己、敷衍别人的“挡箭牌”，就是一台推卸责任、掩饰自己的“万能器”，是一剂麻木心灵、催生安逸的“安抚药”。

我们之所以认为事情很难，是因为我们没有尽到最大的努力，是因为我们没有发挥出最大的潜能。所以，遇到问题，遭到失败的时候，先不要为自己找借口，要先问问自己是否已经竭尽全力。世界上并没有“天大的问题”，也没有“天大的难题”，有的只是不努力造成的失败和遗憾。而许多成功者之所以能够成功，是因为他们在任何情况下都不存在“借口心理”。在他们的人生词典里，更没有“我办不到”这几个字。

别让找借口成为一种习惯

借口是推诿的挡箭牌，是无能的遮羞布，是懒惰的代名词。遇事找借口是工作中最大的恶习，一个总是为自己寻找借口的人，生活目标不明确、工作态度不积极、没有责任感、缺乏创造力，最终将会丧失挑战困难的勇气、错失抓住成功的机会。

既然借口不能给人带来任何的益处，那我们就应该做到任何情况下都不找借口，敢于承担工作所赋予的责任，敢于正视失败和出现的各种问题，不拖延、不逃避！

那么，怎样才能做到不让借口成为一种习惯呢？

（1）“借口”是百害而无一益的。找借口是一种主观的行为，看似简单，其实它体现了一个人很多深层次的东西。一个总是为自己寻找借口的人，他对生活工作的态度一定是消极、被动的，缺少自己的生活目标，工作也毫无计划，人生理想、生命意义等更是空谈；找借口是一种缺乏责任心的表现，是一种推卸责任的行为，在一个团体之中，这种推卸责任的行为，就是对于团体或同伴的不负责任，久而久之就会失去领导和同事的信任；找借口这种行为往往是在不经意之间形成，并且在经历了一段时间后就会慢慢成为一种习惯。

（2）端正工作、生活态度，树立正确的人生价值观。借口，在我们的周围实在是太多了，它使多少人变成了平庸之辈，使多少人从强者沦落为弱者，这都是借口一手造成的。每个人的人生都不可能是一帆风顺的，偶尔的烦恼、不顺，也是可以当作调料，为我们的人生增添生气的。工作中，如果我们把每一件事情都当成是自己的事情，积极主动、力求完美地去做，哪还有什么借口可言？给自己定一个长远的目标，充满工作激情，把工作的过程看成是一种自我实现的过程，这样，一切问题都不是问题，我们反而会在工作中获得进步和提高，真正实现自己的人生价值。

（3）正视失败与问题，敢于承担责任。失败与问题是不可避免的，面对失败与问题时，找借口为自己推脱责任不过是权宜之计，关键要勇于承担起自己的责任，做一个负责任、敢做敢当的人。在做错事或事情没达到预期效果时，一句“对不起”、一句“问题在于我”，远比那些冠冕堂皇的借口更容易让人接受。在出现错误与问题时，如何去改正错误、解决问题，才是我们最应该去做的，只有真正把错误改正了，问题解决了，别人才会真正地原谅你、理解你。反之，就算借口说得再漂亮，责任推得再干净，只要问题得不到解决，都无法再次得到别人的信任。因此，不给自己找任何借口的人，才是真正的强者。

（4）讲究工作方法，养成良好的工作习惯。养成良好的习惯对人生的意义是非常重大的，每一个良好习惯的形成都会为你开拓一方精神的疆土，把你带到一个崭新的境界。在工作中，制订好精细的工作计划，选择良好的工作方法，这样就可以提高自身的执行能力。在积极主动的前提之下，一个精细的工作计划和一种良好的工作方法，有利于工作的完成。由于找借口这种行为往往是一种不经意的行为，而且很容易成为一种习惯，所以我们在平时的工作中要加强对自己的监督，做到严以律己、静思己过，这样才能慢慢地改掉找借口这个坏习惯，搬掉这个阻挡我们成功的绊脚石。

在这个世界上，没有不需承担责任的生活，更没有无须承担责任的工作，工作需要的是一种负责、敬业的精神，一种服从、诚实的态度，一种完美的执行能力。如果你有自己系鞋带的能力，就有上天摘星的机会，工作中没有借口，人生中没有借口，失败没有借口，成功属于那些不找借口的人！

第二章

为自己的言行承担全部责任

不要为自己的错误找借口

小廖刚参加工作时，虽然没什么经验，但是特别勤奋努力，每天都是一副激情满满的样子。勤奋和努力，在职场上从来都不是坏事，尤其是对于职场小白来说。但是，小廖总是让人爱恨不得。

那个时候，所有人都觉得，只要小廖能够坚持，升职加薪肯定是指日可待的。然而，小廖的试用期还没有过，大家都开始怀疑自己当初的看法了。

同事签单忙不过来，喊小廖帮忙打个合同，小廖很是乐意。结果最后合同里面的金额打错了，差点造成五位数的损失。事后，同事善意地提醒小廖，以后做事小心点。本来是一番好意的提醒，结果当事人小廖却充满委屈地说："这个真不怪我呢，我明明记得检查了两遍，我也不知道怎么弄的。”好心的同事只能尴尬地一笑而过了。

在周例会上，领导对所有人的工作总结提出了问题并给与了部分建议。所有同事都没有异议，但是轮到小廖的时候，他依旧是一脸委屈的表情为自己分辩道：“我这个事情没有做好是因为那个，我那件事情没有及时完成是因为那个。”所有人都注意到了领导的脸色变化，只有小廖还在一本正经地为自己找借口。

同样的事情，总是一而再再而三地发生在小廖身上：早上迟到了，说车开到半路没油了；文件复印错了，说刚开始用打印机没有用习惯；邮件发错了，说邮箱不小心记混了；谈判失败了，说客户不够给力。

久而久之，所有同事都大概了解了小廖“凡事必有原因”的风格，慢慢自动疏远了小廖。于是，刚入职时被大家看好的小廖，莫名奇妙地就成了职场的边缘人。

一个人不成熟不可怕，可怕的是他一直想找理由来逃避和弥补自己的不成熟。在职场，能力高低是唯一的衡量标准，只有弱者才会不断地为自己的错误和失败去找借口。

与那些喜欢为自己找借口的人相比，那些主动承认错误、承担责任的人更让人尊重。

心理学术语“承诺一致原理”是指当我们做出一个决定和表态的时候，我们后面的言行就会不自觉地跟我们的决定和表态表现一致。而大多数情况下，承诺一致原理的思想已经根深蒂固地植入我们的大脑中，反之则会被人看成背信弃义，精神有问题。

我们总是喜欢找借口，为自己的行为或者处境找一个“自己心安理得”的解释，至于别人信不信不重要，只要自己心里舒服点就行。所以，职场中从来不缺乏小廖这样的人。

就像我们大家经常会在生活中或者电视上听到传销组织，在外人看来十分荒唐，一眼就能识破的骗局，但是为什么还是有那么多人去参加传销，难道他们就不知道上当受骗了吗？

有数据研究表明，其实传销中的大部分人知道自己被骗了，但是他们已经深陷其中并为此付出了很多，如果就此退出会被亲戚朋友嘲笑。

因为无法面对现实，最后只能为自己找借口留下来。就像电视剧《猎场》里，郑秋冬被骗去传销，精明的他一去就明白了是传销，最后却一直留了下来。并非他没有机会离开，而是抱着侥幸心理，以赚钱为借口铤而走险地留了下来。

找借口容易，找解决方案难；畏缩不前容易，勇往直前难；保守地过一辈子容易，折腾不止的人生难。聪明的人一辈子都在为自己找解决方案，而失败的人却总是在为自己找借口开脱。

别把时间花在编造借口上

小程是一个娇弱的女孩子，却连续三年在大区获得销售冠军。

当所有人都埋怨市场动荡、业务不好做的时候，她依旧能够在整个大市场低迷的情况下，保持跟平常持平甚至偏高的销售业绩。

有人说她是运气好，又碰到了给力的客户。她却平静地说："连续一个月，几乎没有休过假，周末基本不休息，每天忙得到处飞。"

这一个月里，领导给每个人都分配了差不多数量和质量的客户资源。当别人都在以市场低迷或者客户不给力为借口，来为自己业绩下滑开脱的时候。只有她一个人默默地理头啃这些客户资料：了解客户的需求，帮客户匹配合适的产品。在被客户一次又一次拒绝后，她继续维护客户。

没有人能随随便便成功，当你把时间花在编造借口的时候，优秀的人早就花时间去找解决问题的办法了。

电视剧《欢乐颂》里，富二代曲筱绡对创业青年王柏川说："大哥，我家这么有钱，我最有资格混吃等死，我照样拉着行李满世界找生意。过年算什么啊，有赚钱的机会，过年什么的都是浮云。"这段话的背景是，王柏川以过年休假为理由要推迟给曲筱绡报价方案的时间。

资源不好、市场低迷、客户不给力、过年没时间，能说出这些理由的人，其实要么是在为自己的失败找借口，要么是在为自己的不够努力找借口。然而，却总是有人能够竭尽全力做得非常出色。这种人眼里，没有任何理由和借口。与其把时间花在抱怨或者找借口上面，不如从睁开眼就想着荡平一切障碍，完成自己的任务和目标。

能力上的短板是借口的"内因"，提升能力是关键。职场上要有危机意识，结合自己的个性，努力拉长自己的短板。职场上只有肯干肯学，多方面向人求教，才能不断增长见识，提高自己的工作能力。把能力的短板补长，工作起来才能得心应手。

职业精神的缺失是借口的“催化剂”，责任感的提升很有必要。职业需要的是韧性、毅力和坚持。公司就是员工的船，是员工生存和发展的平台，员工和老板是合作关系而不是对立关系。英特尔总裁安迪·葛洛夫曾在某所学校演讲时，提出过这样的建议：“不管在哪里工作，都别把自己当成员工。应该把公司看作自己开的一样，积极主动地工作，不找任何借口。”

提前预判是避免失误和借口的最有力武器。对每一份工作提前做好整体预判，事前对事情进行充分地了解，把事情研究透彻。知己知彼，百战不殆。提前做好准备和预判，避免了所有可能会出现的失误，自然就不需要找借口了。

弱者总喜欢用借口来解释结果，而强者却习惯用行动来说话。所以，别想着靠找借口就能在弱肉强食的职场创造奇迹。借口只能是我们掩饰错误的一个遮掩物，而行动和解决方案才是职场升级通关的最佳装备。

每个岗位都有基本素质要求

2008年北京奥运会之前，在一家酒店发生过一个让人“啼笑皆非”的故事。

一天，该酒店的中餐厅来了一位日本客人，他看了看墙上的菜品照片，一个劲儿摇头，又看了看菜单，还是摇头。

一位新来的服务员看到这个情形，便主动询问他有什么需要帮助的。客人用日语跟服务员解释情况，还递过来一张地图和一支笔。

可服务员不懂日语，完全不明白他在说什么。

客人急中生智，将双手往两侧上扬，还转了几圈。

服务员似乎恍然大悟：“噢，你要去飞机场啊！”说完就拿过地图和笔，在上边画出了路线。

客人看到服务员那么自信地画出路线，非常高兴，立即拿着地图，出门拦下了一辆出租车。

根据这位日本客人指的路线，司机驾驶出租车飞快地往机场行驶。

当到达机场之后，客人惊呆了，这不是自己刚下飞机的地方吗？怎么忙活半天又回来了？

原来，服务员误解了客人的意思，客人表达的是烤鸭，可服务员理解的是飞机场。

怒火中烧的客人，再次返回酒店讨要说法。弄清事情原由之后，酒店经理立即向这位日本客人道歉，让另一名员工带客人去吃烤鸭，并对那位服务员进行了严厉的批评和处罚。

服务员觉得自己很无辜，虽然做了检讨，但抵触情绪很大。经理便让一位老员工给她做工作。

老服务员开导她说："经理批评和处罚你，不是怪你不该主动为客人服务，而是因为这次你犯了不该犯的常识性错误。客人如果要询问机场的路线，为什么不去前台询问呢？来到餐厅一般是点餐，你要考虑到他的做法应该是与吃东西有关。服务工作的基本素质就是要细心和灵活，你不会联系实际工作，出错是自然的了。"

年轻的服务员一听，心气稍平，可还是有些不服："他说话我听不懂，再说他表现的样子看着就是飞机嘛。如果他学鸭子嘎嘎地叫几声，或者像鸭子那样走几步，我就不会搞错了！这也不能全怪我吧？”

“这样想不对。我们的服务就是应该百分之百为客人着想，出了问题只能从自身找原因，责怪客人只是找借口而已！”

“可我刚参加工作不久啊，我拿不准……”

“这很简单，拿不准就问别人！总之，虽然你主动精神可嘉，但让客人白跑一趟机场，当然是你该承担的责任！你要总结教训，不要再找任何借口了！否则还会犯同样的错误啊！”

经过这些分析，这位服务员才真正意识到自己的错误。之后她不断向其他优秀的服务员学习，并自学一些基本的英语、日语，受到许多客人的称赞。

从这个年轻服务员的身上，你是否也能看出当今职场上的普遍现象，甚至还能看到某些自己的影子？

事实上，所有工作都有共同的基本素质的要求，每个岗位都有每个岗位的基本素质的要求，任何工作者都应该做到，没有任何借口去违反或打折扣！

懂得敬业，远离借口

当一个员工工作不认真、不敬业时，就已经种下了借口的种子，当结果与预期有差距时，给上司的种种理由是已经成熟的借口。懂得敬业的员工，对工作心存感激，没有任何借口，常常以一种难以想象的勇气去面对困难，常常以一种难以想象的毅力去支撑工作。

在一家销售公司，老板吩咐三个员工去做同一件事：去供货商那里调查一下皮毛的数量、价格和品质。

第一个员工10分钟后就回来了，他并没有亲自去调查，而是向别人打听了一下供货商的情况就回来汇报。半小时后，第二个员工回来汇报。他亲自到供货商那里了解皮毛的数量、价格和品质。第三个员工90分钟后才回来汇报，原来他不但亲自到供货商那里了解了皮毛的数量、价格和品质，而且根据公司的采购需求，将供货商那里最有价值的商品做了详细记录，并且和供货商的销售经理取得了联系。在返回途中，他还去了另外两家供货商那里了解皮毛的商业信息，将三家供货商的情况做了详细的比较，制定了最佳购买方案。

第一个员工只是在敷衍了事，草率应付；第二个充其量只能算是被动听命；真正尽职尽责地行事的只有第三个人。如果你是老板，你会赏识哪一个？如果要加薪、提升，作为老板，你愿意把机会给谁呢？答案是不言自明的。有不少员工就是因为养成了敷衍、马虎的不良习惯，以及对手头工作应付了事的消极态度，导致一生都处于职场的底层，永远没有成功之日。只有让敬业精神永存心中，你才能在职场上获得长足发展，实现与公司的共同成长。敬业是人的天职，是荣誉的象征，唯有生命可以承载职业。

敬业者的特点是拒绝任何借口，只有懂得兢兢业业的工作者才能永为第一。工作成绩与敬业精神是分不开的。员工、公司和老板是在一条利益链上，和老板在同一个屋檐下，将公司当成自己的家，是你实现梦想、成就一番事业的关键所在。

（1）多一些奉献，少一些索取。奉献是敬业者毕生在做的事。他们为工作奉献自己的智慧，奉献自己的激情与青春，奉献自己的一切。他们是令人尊敬的“奉献者”。

（2）多一些感恩，少一些抱怨。感恩是一种积极的心态，同时也是一种随时准备奉献的精神，更是一种力量。如果你对老板、对同事常怀一颗感恩图报的心，那么，请相信，你会工作得更愉快、更顺利！

（3）多一些务实，少一些浮躁。对员工来说，要想成就一番事业，就必须具有求真务实的精神。务实是成就一切伟大事业的前提，现在很多优秀企业都以务实作为评估人才的一项重要标准。

（4）多一些诚信，少一些虚假。诚信不仅仅是对一个人品行的证明，也是衡量一个员工是否敬业的尺子。在工作和生活中，只有诚实守信的人才会赢得别人的信赖，为自己创造更多的机会。

把困难和问题当成最好的机会

人的一生会遇到各种各样的艰难阻险，如何在困难中成长是现在我们每个人必须认真深思的问题。其实身处困境并不是一件可怕的事，关键看你是否能把困难和问题当成是对自己的一次机会和锻炼。

乌鸦喝水的故事告诉我们遇到困难的时候，要善于思考，多动脑筋，多坚持，只有这样，困难的事情才会迎刃而解。给自己一个机会，让自己通过不懈的努力和坚持，最终成功地喝到水，以解饮水之苦。

充分认识到困难和问题的积极作用，把困难和问题当成发展的最好契机，就是彻底消灭害怕困难的借口的一个很重要的途径。

伊利集团总裁潘刚，在刚毕业进入伊利集团时，只是一名普通的工人。

当时，单位有个新开发的地方——金川。这个地方很荒凉，交通不便，连住的地方都没有，许多人都不愿意去。但是，潘刚迎难而上，主动要求去那里工作。他借了一辆自行车，每天奔波在路上，在艰苦的条件下打下了成功的第一个烙印。

后来，集团收购了一个更偏远的倒闭工厂，条件更艰苦。潘刚又带着几个大学生，去那里将艰难的工作任务承担起来。

在工作中，他一直保持着这种“哪里困难，我就出现在哪里”的精神，这样一来，他不仅积累了丰富的工作经验，更是赢得了公司和领导的高度信任。

后来，30多岁的他，升任为伊利集团的“掌舵人”。选择潘刚担任这一重要职务公认的理由是：“潘刚是一个永远把解决单位的困难，当成自己工作中心的人；也是一个永远经得住问题与困难考验的人！”

生活中总是有那么一些人：一方面不愿意付出努力，看到单位的问题就躲避；另一方面，看到有人像潘刚这样被破格提拔就牢骚满腹。这些人是不是也该问自己一句：“我能像潘刚那样把解决单位的困难当成自己的工作中心吗？我能像他那样无怨无悔地付出吗？”

困难常与机会为伴，假如上帝要送一份最好的礼物给你，一定是用困难和问题做包装！

世界上的一切事物都值得我们去留心探索、去抓住，每一个逆境都将是我们成长的又一次蜕变，让我们用智慧的眼睛去发现问题的本质，不要慌乱，更不要放弃，抓住每一个在困境中的机会。当我们在尝试新工作，接触新环境，遇到困难的时候，我们要毫不犹豫地勇往直前，把每一个困境作为自己强大的动力，不要逃避，这样我们的生活才能够充满阳光，丰富多彩！

选择适合自己的目标

一

古时候有个渔夫，是出海打鱼的好手。可他却有一个不好的习惯，就是爱立誓言，即使誓言不切实际。一次次碰壁，也一错到底，死不回头。

这年春天，他听说市面上墨鱼的价格最高，于是便立下誓言：这次出海只捕捞墨鱼。但此次鱼汛他遇到的全是螃蟹，只好空手而归。上岸后，他才得知当时市面上螃蟹的价格最高。

第二次出海，他把注意力全放到了螃蟹上，可这一次他遇到的却全是墨鱼，他又空手而归。晚上，渔夫躺在床上，十分懊悔。于是他又发誓：无论遇到螃蟹，还是墨鱼，都捕捞。

第三班出海。渔夫都没有遇到墨鱼和螃蟹，他遇到的只是马鲛鱼。于是，渔夫再一次空手而归。

渔夫没有赶上第四次出海，就在自己的誓言中饥寒交迫地离开了人世。

这个打鱼的好手，为什么会在饥寒交迫中离开人世呢？原因就在于他定的目标不切实际，一次次碰壁，死不悔改。这世上也许没有如此愚蠢的渔夫，但是却有这样愚蠢的想法。

二

一天，弟子们和禅师一起在田里插秧，可是弟子插的秧总是歪歪扭扭，而禅师却插得整整齐齐，就像是用尺子量过一样。

弟子们感到很疑惑，就问禅师："师父，你是怎么把禾苗插得那么直的？"

禅师笑着说："其实很简单。你们在插秧的时候，眼睛要盯着一个东西，这样就能插直了。"

于是，弟子们卷起裤管，高高兴兴地插完了一排秧苗，可是这次插的秧苗，竟成了一道弯曲的弧线。这是怎么回事呢？弟子很是不解。

于是，禅师问弟子道：“你们是否盯住了一样东西？”

“是呀，我盯住了那边吃草的水牛，那可是一个大目标啊！”弟子们答道。

禅师笑着说：“水牛边吃草边走，而你在插秧苗时也跟着水牛移动，这怎么能插直呢？”

弟子们恍然大悟。这次，他们选定了远处的一棵大树。插完一看，插的秧果然都很直。

做事要选定目标，但如何选择目标，选择怎样的目标也是关键。要想把事做成，就要选择正确、合理的目标。只有这样，才能更有效率地把事完成，实现既定的计划。

三

每个人的内心深处都希望自己能够出人头地，能够高人一等。我们应当朝远大的目标努力，但这个目标必须是根植于自己的实际基础之上，才有可能开出艳丽的花朵。一味给自己树立过于远大的目标，只会让自己失望，产生找借口的想法，如果不及时调整，就会由失望而迷茫，最后失去学习的信心和动力。而选择一个适合自己的目标，就能让人在成功中增加信心，不断努力，最后取得更大的成功。

实现目标说到底只是一个阶段性结果，成功才是我们的最终目的。我们为什么不选择一种适当的手段去实现自己的最终目标呢？

别为当下的不努力找借口

一

小常似乎每天都过得很愉快。虽然前段时间她失业又失恋，身体也出了小问题，但整个过程中，她不闹腾，不丧气，不糟蹋自己。眼泪流过后，健身、养花、烹饪……喜欢做的事情还是一样不落。问她会不会为未来的生活发愁。她答非所问地说："要问我最快乐的时刻，那就是今天，活在当下的今天。"

很多时候，我们会觉得当下的生活不是自己最向往的生活。这种错觉一旦根深蒂固，是非常可怕的。它会让你捏造许许多多的借口去逃避当下的生活，更会让你忘记最初想要过的生活，然后随随便便地过着当下的每一天。

二

大学时，宿舍属于小姚的那块，永远都是凌乱不堪。书籍、垃圾、食物、衣服都乱七八糟地混在一起放着，甚至有一次在她书里竟然翻出一只没洗的袜子。

可从她光鲜艳丽的外表，人们难以想象，她的宿舍竟然如此凌乱。然而凌乱的宿舍环境也给她带来很多麻烦：经常找不到要找的东西，吃过的食物未及时扔掉引来大群的蟑螂，餐具未及时清洗而发霉……

舍友都称她那块是狗窝，不止一次叫她整理一下。她总说："宿舍太小只是睡觉的地方，要那么干净做什么。等以后租了房子，我会把它打理好的。"

大学毕业参加工作后，她"一掷千金"租了个环境不错的小复式。她的同学们强烈要求去参观"豪宅"，却发现小复式跟以前宿舍如出一辙地凌乱。大家看不下去，动手帮她收拾房子。可没过多久再去，发现又跟废墟一样。她也自觉尴尬，说："习惯了，好难改。"

你对当下生活抱着的态度，便是你对未来抱着的态度。生活遵循前因后果，当下你抱着什么态度生活，相应地，未来你的生活就会变成什么样。我们有权利选择当下怎么过，但没能力选择未来怎么过。谁都不可能在未来某个时间点上，立即脱胎换骨变成理想中另外一个自己。

就像小姚，浪费了四年的时间去捏造一个借口。四年的随意散漫、不爱整洁，并不会因地点的改变而改变，除非她改掉这个生活习性，从一点一滴去要求自己有条有序起来。

但我们身边也有很多人，一段时间不见后，生活愈发美好。似乎是时间善待了他们，并在他们身上施展了魔法。其实原因很简单：同样想做的事情、要过的生活，你有一千个放弃的借口，他们却有一千零一个坚持的理由。

三

小琳，一年前刚毕业参加工作，需要租房。工资不高的她没有像大多数毕业生选择低价的城中村将就着住。因为喜欢种花草，她挑了一个阳光很好又有天台的房子，但离地铁站和公交车站都很远，租金也不低。

对她而言，买房和租房是一样的。哪怕只住一个月，也要认真挑选，尽心把房子布置成自己希望的样子，任何一天都不能随随便便地过。

因为租房，她的生活发生了很大的变化：交通不便，每天都要早起，她必须改掉赖床的习惯；每天早起，睡眠不足，她必须改掉熬夜的习惯；租金是她一半的工资，为了节流，她必须自己做一日三餐才能养活自己；有了小天台，她开始种花养草，甚至还种菜，她的小日子过得惬意不已……

刚开始她也很苦恼交通和资金问题，但毕竟方法总比问题多。一点一点地计划好，坚持做下来后，她惊奇地发现，自己为了克服困难，不仅改掉了许多坏毛病，而且生活也越来越有滋有味。一年后的今天，她很感激当初自己的坚持，如今体验到了一个房子能带来的魔力，渐渐地把生活过得跟自己想象中一样。

四

万事开头难，你想做的事情、想过的生活，刚开始总是很困难的。从一千到一万不是最困难的，最困难的是从0到1。任何事情，一旦下定决心开始，你就会发现它其实并不像想象中的那么艰难。

所以从现在开始，别再为自己眼前的不努力找借口。不要拖拉，想做的事情就动手去做。这个社会永远不需要思想上的巨人、行动上的矮子。不要等时机，天时地利人和可遇不可求，只要你有足够的勇气，当下就是最好的时机。不要受不了苦，要永远记住，人生在世本来就是受苦的，不受这种苦，便受那种苦。不要怕失败，这个年纪本来就一无所有，失败了又能失去什么？不要期盼时间带来惊喜，期盼惊喜只会让你在期盼中过得十有八九不如愿。更不要想着未来再努力，我们当前每一分、每一秒所做的事情都会影响到未来。现在不努力，将来更加不会努力。

每个人心中都会有一张理想的蓝图，重要的不是你的蓝图有多宏伟，而是能活在当下，一点一点地去把心中的蓝图在现实中构建出来。

一个人只要不笨不傻、有远瞻，同时脚踏实地过好当前每一天，就能不慌不急地笃定前行。不要去和别人对比什么，相信自己的选择。时候到了，该有的都会有的。

想当一株向日葵，那么就该向着阳光而活，无论阳光是温暖的还是炙热的。再勇敢一点的话，就把每一天都当作世界末日来过。

别再为自己当下的不努力找借口，想做什么事情就去做吧，管它未来有没有诗和远方。比起只会空想未来的人来说，你至少离诗和远方会更近一点。久而久之，你会发现，诗和远方需要是把眼前的苟且都度过了才能拥有。

纵容自己就是毁灭自己

在这纷扰的社会中，我们不可能总是一帆风顺，不可能每个人都对我们笑脸相迎。有时候，我们也会被他人误解，甚至受到嘲笑或轻蔑。这时，如果我们不善于控制自己的情绪，就会造成人际关系的不和谐，对自己的生活和工作都将带来很大的影响。所以，当我们遇到意外的沟通情景时，就要学会控制自己的情绪，轻易发怒只会造成不好的效果。

有时候，一个人必须适当地控制自己，能够控制自己的人无疑是成功的人，不能很好地控制自己的人，往往要受到他人情绪或行为的影响，从而失去决定自己生活是充满着快乐还是悲伤、是高兴还是烦恼、是被重视还是被轻视的权利。而真正强大的人是不会依赖于外部世界的，他不会把自己的喜悲都表现在脸上，不会把内心的平静抛售给繁杂的世事，不会让爱与哀愁左右自己的情感、态度、语言和睡眠，而是保持身心的和谐与放松，他是自己的主人，他对自己负责，也负得了责。这样的人，他们有充分的自我控制能力。

善于自我控制，善于克制自己感情，约束自己的言语，控制自己的行为，心理学上称“自制性”，或称“自制力”，这是意志品质的一个方面。

人常常不能正确识别事情的实质，即便是在冷静的时候观察人或者事也很难得到正确的答案，通常人都是折中，都是在一定风险的情况下进行判断，如果这时候受偏执的情绪的干扰，那就可能会出现问题。很多人在自己混乱的情绪下做出了错误的判断。

人生最大的敌人，不是别人，而是自己，是对自己的纵容，纵容自己就是毁灭自己。成功者之所以成功，就是因为他们总是不断反省，永远自律。据哈佛商学院对120位成功人士的调查，发现一个共同的规律就是他们注重自律。

张伯苓是著名教育家，他长期担任南开大学校长，他责己严格，对学生的要求也是毫不放松。一次上“修身课”的时候，他看到一位学生的手指被烟熏得焦黄，便指责他说：“你看，吸烟把手指熏得那么黄，吸烟对青年人身体有害，你应该戒掉它！”但让他没想到的是，那个学生反驳道：“您不是也吸烟吗？为什么又来说我呢？”张伯苓被问得说不出话来，憋了一会儿，就把自己的烟一折两段，坚定地说：“我不抽，你也别抽。”下课以后，他又请同事将自己所有的雪茄烟全部拿出来，当众销毁，同事非常惋惜，舍不得下手。张伯苓说：“不如此不能表示我的决心，从今以后，我跟同学们一起戒烟。”从那次以后，张伯苓就再也没有抽过烟。

控制自己，不是一件很容易的事情，因为我们每个人心中永远存在着理智与感情的斗争。“做自己高兴做的事”，不顾一切地想要达到自己的目的，这并不是真正对人生和自由的追求。你应该有战胜自己的感情、控制自己命运的能力。一个人如果任凭感情支配自己的语言、行动，那就会让自己变成感情的奴隶。不能自我控制，往往会使自己做出一些错误的举动。自我控制，的确是一种智慧。一个能很好地控制自己的人，可以支配自己的激情，支配自己的命运。而一个人要想很好地自我控制，最重要的一点，就是不能放纵自己的欲望。如果为了寻求眼下的满足，而以牺牲未来为代价的话，那么这种代价所导致的损失将是你终身都无法弥补的。所以，自我控制是非常重要的。

从另一个方面来看，自我控制，就是能合理地控制自己的情绪、行为、语言，就是不排斥他人不同的观点、意见、习性等，要做到自我控制，关键的一点就是要多思考、多包涵，充分运用求同存异的交际艺术，妥善地处理自己与他人的关系，从而获得人生最大的快乐。一个成功的人在与他人交往的过程中，总是习惯地运用求同存异的智慧，而能够自如地运用求同存异的智慧的人，肯定是一个有高度自我控制能力的人。在与别人交往、相处的过程中，你要时刻记住“求同存异”的概念，就是尊重每一个人的独特性，如果你不允许别人与你不同，拒绝与他人在交往时求同存异，那么最终你只会把自己孤立起来。

第三章 不为失败找借口，只为成功找方法

没有想不到，只有做不到

如果只有想法，让目标停留在大脑中，不去用实际行动来证实，那么成功就只是说说而已。就像在河滩上沉思的人，不去潜到水里寻找河蚌，就很难得到那灿烂夺目的珍珠。任何事情，想要成功，并不是嘴上说说，而是要付出行动，只有实践了，才有资格摘下成功的果实。

在我们的工作与生活当中，常常会遇见这样的人，说起话来滔滔不绝，但是却不想动手去做，最后的结果也不会好到哪里去。与之相反的另一种人，对待工作是兢兢业业，把工作视为生命的一部分，有了想法，就立即行动，并且他们能够找到适合自己的工作方法，这样的人想不成功都难。

那些不想付出行动却幻想坐享其成的人，永远是被讽刺的对象。一个人如果仅仅停留在想法上，那他永远也踏不进成功的大门。我们每个人心中都有好的想法，却不愿或不敢行动起来，但我们又渴望获得成功。要知道发明大王爱迪生在发明灯泡的时候失败了成百上千次，但他还是继续努力，最终发明灯泡，给人类带来了光明。伟人的伟大之处是我们要学习的，是我们要发扬的。

有的人有自己的想法，并且也付出了行动，但是不能坚持下去，最终是半途而废。时间精力都花费了，却没有什么收获。这样的人或许是太急切想要成功，想要做出一番惊天动地之事，但这能行吗？我们应该明白，别人之所以能成功，是因为他们不仅仅有梦想、有信念，而且他们还有坚定不移的决心和坚持不懈的努力。

别指望天上能够掉馅饼，行动是通往成功的唯一途径。只有下定决心，去学习、努力、奋斗、成长，才能有资格摘下成功的果实。

上学的时候，我们都想以后考个好大学，毕业了我们都想找个好单位、有个好收入，但自己却没有行动起来，或者是行动了，却没有坚持下去，总是为自己的行为找借口。随着种种消极与不可能的思想衍生出来，慢慢地坠入了自我设定的场景中，背离了我们的初衷。

我们每天穿梭在繁华的都市大街，各行各业的人都在为自己的理想而行动着，如送快递的、做市场调研的等，都在用他们的行动来换取更大的收获。

想要成功，就立刻行动吧。从现在开始努力，并时刻告诫自己：绝不可守株待兔。因为好的机遇都垂青那些懂得把握现在的人。

相同的起点，不同的人生

在一家知名广告公司，策划部总监小苏和公司前台小陈都是历史专业毕业生。两人同一年毕业，进公司的时间也差不多，小陈毕业的院校甚至比小苏的还要出名一些。要知道，策划总监的工资可是前台员工的六七倍！

为什么会有这样大的差别呢？

小苏做起事来总是雷厉风行，是特别爱动脑筋的那种人，对于公司分配的任务，她相当上心，没有条件创造条件也要将策划文案做得漂漂亮亮，拿到的奖金是别人的好几倍，是一位极具“钱途”的知性女白领；相比之下小陈则懒散许多，前台的工作比较清闲，除了收发传真、接听电话和接待客人基本上就没什么事情可做了，所以大部分时间小陈在上网聊天，再不然就是逛淘宝，态度一点都不积极。

同事问小苏，大学读的历史专业，怎么想到做广告的?

小苏说：“历史可是公认的冷门专业，毕业时找工作那叫一个难，我投了好多份简历，但通知我面试的公司却少之又少，就算接到面试电话，也最多是走个过场，找到工作的机会相当渺茫。那时候我就不断地想办法把自己推销出去。后来我发现本专业的毕业生最爱往学校、史学编辑部等地方投简历，但那么多份简历投过去对方未必能仔细看，所以我就避开那些地方，开始留意其他行业，刚好这时候我发现咱们公司招实习生，就跑来应聘。

“开始公司不肯要我，说只要广告或者新闻专业的在校生，我就软磨硬泡，说自己可以先试用半个月，暂时不拿工资，如果公司觉得我不行随时可以开我。老总看我这么执着，就同意了。”

小苏还说，那半个月里她拼命表现，努力想办法让公司留下自己；转成实习生之后，她又努力地想办法转正，转正后又使劲儿想办法升职，交出好作品。“我就一直想办法啊想办法，其实只要你肯动脑子，就会发现什么专业啊，现实啊，都不能变成阻碍，你最终会美梦成真。”

小陈在和同事聊天时，抱怨说，自己当初读大学时偏偏报了个最冷门的专业，弄得找工作特别难，而且自己又是女生，现在的工作单位都青睐男生，女生求职最吃亏。还有就是现在这个社会处处需要关系，跟她同宿舍的女生就靠家人的帮忙进了一家事业单位，像她这种没背景没关系的女生，根本就无法在社会上立足……

谈到小苏也是学历史的，小陈说："没办法，有些人运气就是好，跟人家拼运气哪里能拼得过，当初要不是我爸妈逼着我读死书，我现在也不至于混成这样……"

由此我们就能明白，为什么两人在毕业数年之后会产生这样的差距？她们一个在努力想办法，琢磨着如何让自己变好，另一个则拼命找借口，为自己的无所作为开脱，并不断强化消极的自我认知，这样一来，高下立见分晓，战斗力自然不可同日而语。

多一点宽容，少一点借口

在所有关系中，人与人之间的关系，往往是最难处理的。于是，便有人慨叹："做事难，做人更难！"其实，只要你学会少去苛求别人，多去要求自己，再难处理的关系也能处理。

有人的地方就有关系，有关系，就得学会处理关系。对于员工来说，办公室中，最难处理的关系莫过于遇到一个与自己不合的领导。

从大学中文系毕业后，杨强进了一家机关宣传部坐办公室。机关的工作实在清闲，于是同事间钩心斗角，格外热闹。领军人物当是办公室里的一把手樊智。樊智喜欢喝酒，每每在酒桌上吹嘘："我是从给局长送一捆大葱开始，一点点爬到这个位置上的。"于是，当大家得知樊智喜欢喝酒，尤其喜欢喝小瓶百威后，小瓶百威就一箱一箱地往樊智家里搽。

杨强不会拍马溜须，也不会蠢到和樊智作对的地步。每期评报会上，同事们要么一言不发，要么大唱赞歌。只有他，直陈其弊，一针见血。不用多，这样一次两次，就把樊智得罪了。

在相当长的一段时间里，樊智不安排他采访，不安排他编稿，更没有签发过他写的任何一篇稿件。杨强在水深火热之中“修炼”着，终于熬过了4年，樊智在党风整顿中被撤职了。按理说杨强应该高兴才对，但不知怎么搞的，他无论如何也高兴不起来。杨强跑到五星级酒店订了一个大大的鲜奶蛋糕，上边写着“珍重”二字，送给樊智，这让樊智非常感动。

樊智走了以后，办公室里又来了一位新处长，他和樊智不同，比较欣赏杨强的个性和才华。而杨强的心态也变得平和多了，能够不浮不躁地工作和生活。以前的傲气和无知，由于阅历的积累，也终于不复存在了。

杨强送樊智蛋糕的事传开后，同事都觉得杨强正直、善良，有人情味，都乐于跟他亲近，杨强很快赢得了很好的口碑。

杨强在面对领导的刁难时，没有找借口抱怨自己的不顺利，当樊智被撤职的时候，他也没有去冷嘲热讽，杨强以其特有的方式，处理了自己与樊智，与同事之间的关系，并得到了大家的认同。

办公室中的人际关系，有时候会非常复杂，往往隐含在日常生活的一些小事情中。不找借口，不仅会带给你好人缘，还会给你带来晋升的机会。

（1）世界不是天堂，你也不是天使

只要你在工作，就免不了与人打交道。中国有句古话："人心是猫眼。"言下之意，人心善变，难以把握。甚至有人还这样说："人心之险，甚于山川。"这真让我们对人更加畏惧了。但是，要做好工作，我们就得和这些看来不好相处的人打交道。我们该怎么办呢？有不少人会找出种种理由："哎呀，那小子太糟糕了，我一辈子也不想和他打交道……""我不是这个料。与人打交道的事，让别人去做吧……"真的是这样吗？绝不是。只要我们消灭了种种借口，许多看起来难以处理的关系，也是可以处理好的。这个世界总有瑕疵，而我们每个人也并非完人，多一点宽容之心，心中就会少一点借口与抱怨。

尽管我们对这个世界充满了美好期望，但是，正如佛教所言："森罗万象许峥嵘。"世界上本来就有差别，它有自己运转的规则，有时还有一点不公平。我们面对的人，并不承担帮你认识世界的义务，更不承担让你开心的义务。这一切你都需要自己来承担。

与此同时，你要对自己有一个更客观更全面的认识，不要把自己看得过于高大。

事实上，所谓“难处理的人际关系”并不存在，只要你在内心深处彻底埋葬一个不切实际的幻想就够了。那个幻想就是——世界像天堂，我就是天使。

永远要记住：当我们期望世界是“天堂”，期望别人把自己当成“天使”时，我们与人交往中的种种借口，就找到了最好发展的土壤。我们便会不断以自我为中心，对外界要求越来越多，对自己要求越来越少，结果必然导致与他人的关系越来越糟。

把自己一放大，世界就变小；把自己一缩小，世界就变大！

（2）奇迹，从先改善自己开始

既然世界并不完美，而你又无法改变，那么就只能学着去适应，只有改变自己，让自己去适应，才能将“不可能”变为“可能”。第一，有问题，先从自身找原因。这是工作中常见的现象：有些人，一遇到问题，首先就责怪他人，从来不想一想是不是自己做得不够。第二，要改善，先对自己有要求。《圣经》里说：“与其介意别人眼中的斑点，不如去除我们眼中的光束。”只有首先改变自己，才能“影响”别人，甚至是“最难缠”的人！

（3）要圆通，不要圆滑

圆通即圆融无碍，而圆滑更为突出狡猾的意思，形容为人处世善于敷衍、讨好，各方面都应付得很周到。在办公室中与人相处，可以圆通，但不能圆滑。如果员工一味圆滑，就会失去自己的个性，这样的员工不能成为一个优秀员工。

以圆通的方法处理问题时，有一种很管用的方式——“三明治”方式。“三明治”方式是一种智慧地表达不同意见以解决问题的方式，它与平时大家吃的“三明治”类似：上面一块和下面一块是相同的，即在开始与结束时都要表示对别人的肯定或关心，而中间的那块“馅儿”，就是你要明确表达的意见。一般说来，中间的意见如果直接讲给对方，对方是难以接受的。但是，如果前面、后面都是对他的关心和肯定，那他就容易接受。

解决问题，体现自己的价值

问题是一块奇妙的石头，对不同人呈现不同的形状——在失败者面前，它是“绊脚石”，让他在工作与生活中栽一个又一个跟头，或者让他止步不前；在成功者面前，它是“垫脚石”，让他在收获胜利的同时，又踏上新的成功起点。

任何人只要不以问题的“难”为借口躲避，而是全力以赴地向问题发起挑战，甚至把困难和问题当成最好的机会，再“难”的问题也能解决，当初的“绊脚石”就能变为“垫脚石”。

在工作中，我们会随时随地遇到问题。面对这些问题，总有些人会找出各种冠冕堂皇的理由，如“困难太大了，没法解决”“条件不够，无法做到”等。

可耐人寻味的是，就在他们不断强调这些理由的时候，同样的问题，却被不讲这些理由的人解决了。这说明了什么？说明只要没有借口，不管多难的问题都可以解决！

优秀的人面对问题和困难时，没有任何借口，因为他们能够深刻地认识到：越能解决问题，越能体现自己的价值！

微软全球资源副总裁张亚勤说过这样一句话："不要害怕问题。工作就是解决问题，我们之所以有价值，就在于能够解决问题。"

比如，基层民警的工作就是不断解决问题，他们解决问题的能力越强，越能实现保障人民人身财产安全、建立和谐社会的职能。

王立新是山东省德州市公安局德城分局东地派出所民警，不仅被誉为当地最受欢迎的民警之一，也荣获了2008年山东省公安机关追逃工作先进个人，受到有关部门的表彰。

在总结如何能取得这样的成绩时，他提供了这样十分重要的经验：永远"热爱"问题，让自己的工作价值，通过解决一个个别人难以解决的问题体现出来。

一次，几户居民向他反映晚上休息不好，必须让他帮着解决。原来扰民的是一条陪伴70多岁的孤寡老太太的宠物狗，有点风吹草动，这只狗就叫个不停。尽管大家不满，但谁都觉得要自己出面解决这件事太为难。

要老太太的宠物狗不影响其他居民的休息，又要不伤害老太太的感情，这样的难题抛给了王立新。他该怎么办呢？

他立即到老太太家里，晓之以理，动之以情，说服了老太太，通情达理的老人恋恋不舍地把宠物送走了。

一般人做到这个地步也就行了，他们会认为用老太太一个人的寂寞换来周围邻居的安宁也值了。

然而第二天，王立新竟然抱着一只小京巴来到老太太家。原来，他虽然让老太太送走了那条扰民的狗，但是他看出老太太的难舍与寂寞。于是，他自己掏钱买了只小京巴送给老太太："小京巴叫声小又通人性，既不影响周围居民休息又能给您做个伴。"

看着可爱的小狗，老太太感动不已，紧紧地握着他的手说："你想得这么周到！我都不知道该怎样感谢你才好。"

而王立新所做的这样的事情太多了。正因为从来不以事情难办为借口，而是用心地去解决一个个群众需要解决的问题，他成了当地最受欢迎的民警之一。

在总结自己的经验时，他谦虚地说："这没什么，我的工作就是为人民服务嘛！不想尽办法为老百姓解决问题，怎么能体现自己的人生价值呢？"

王立新的话，总结出了所有优秀工作者的本质：他们是把自觉地解决问题，当作自己工作的价值来看待的！

遗憾的是，在工作中，我们经常会看到另外一种情况，某公司在开会，会议的主题是谈如何突破业绩瓶颈，大家纷纷发言，有人说："金融危机对我们影响太大了，还是放弃吧……"有人说："某某客户太刁蛮了，这个单我签不下来……"有人说："我们的竞争对手太强大了，我们根本无法与他们较量……"有人说："我的下属水平太差了，没有精兵良将，怎么能把那件事情办下来……"

假如你是这个单位的老总，你会说"大家说得很对，那么大家都不要努力了"吗？肯定不会。为什么？因为上述种种理由，往往都是躲避努力工作、挑战困难的借口！

一定要记住，大家就是为解决问题而聚集到公司来的，就是依靠解决问题而生存发展的，如果公司什么问题都没有，要大家干什么？问题永远都是解决不完的，当今天的问题解决了，明天新的问题又出现了，我们的眼界又开阔了，我们的目标又远大了，我们的标准又提高了，并且我们越发展遇到的问题就越多，问题的难度也越大！所以，我们一定不能被这些问题所吓倒，而是要想着怎么能解决掉，怎么迎接新的问题。我们每一个人都是解决方案的提供者！

只要是工作，就会有问题出现，我们解决问题的能力越大，就越能体现我们工作的价值！明白这点之后，我们就不再是挑剔问题的人，而是自觉解决问题的人！

方法总比困难多

一

有一家效益相当好的大公司，决定进一步扩大经营规模，高薪招聘营销主管。广告一打出来，报名者云集。

面对众多应聘者，招聘工作的负责人说："相马不如赛马。为了能够选拔出高素质的营销人员，我们出了一道实践型试题：想办法把木梳尽可能多地卖给和尚。"

绝大多数应聘者感到困惑不解，甚至愤怒：出家人剃度为僧，要木梳有何用？你们神经错乱了吗？要拿我们开涮吗？过了一会儿，应聘者接连拂袖而去，几乎散尽。最后只剩下三个应聘者：小尹、小石和小钱。

负责人对剩下的这三个应聘者交待："以10日为期限，届时请各位将销售成果向我汇报。"10日之后，大家都回到了原来的地方。

负责人问小尹："你卖出去多少？""只卖出去一把。""怎么卖的呢？"接着，小尹讲述了自己经历的艰辛，以及受到和尚的指责和追打的委屈。好在下山途中遇到一个小和尚一边晒太阳，一边使劲挠着又脏又厚的头皮。他灵机一动，赶忙递上了木梳，小和尚用后满心欢喜，于是便买了一把。

负责人又问小石："你卖出去多少？""我卖出去10把。""怎么卖的呢？"小石说，他去了一座名山古寺，由于山高风大，进香者的头发都被吹乱了。他便找到了寺院的住持："蓬头垢面是对佛的不敬，应该在每座香案钱放把梳子，供善男信女梳理鬓发。"住持听后，采纳了他的建议。那个寺院一共有10做香案，于是住持就买了10把。

负责人又问小钱："你卖出去多少？""我卖出去1000把。""你又是怎么卖的呢？"小钱说，他找到了一座颇具盛名、香火极旺的深山宝刹，朝圣者如云，施主络绎不绝。他找到住持说："前来进香朝拜者，都有一颗虔诚之心，宝刹应有所回赠以做纪念，以保佑其平安吉祥，鼓励其多做善事。我有一批木梳，你的书法超群，可先刻上'积善梳'三个字，然后便可做赠品。"

住持大喜，立即买下1000把木梳，并请小钱小住几天，共同出席首次赠送“积善梳”的仪式。得到“积善梳”的施主和香客很是高兴，一传十，十传百，朝圣者更多，香火也更旺了。

二

有一个关于大熊猫和北极熊的故事：多年前，一群熊欢乐地生活在一片树木茂密、食物充足的森林里。

有一天，地球上发生了巨大变化，这片森林被雷电焚烧，各种动物四散奔逃，熊的生命也受到威胁。一部分熊提议说：“我们北上吧，在那里我们没有天敌，可以使我们发展得更强大。”

另一部分则反对：“那里太冷了，如果到了那里，只怕我们大家都要被冻死、饿死。还不如去找一个温暖的地方好好生存，可供我们吃的食物也很多，我们会很容易生存下来。”结果谁也说服不了谁，后来一部分熊去了北极边缘，另一部分去四季温暖、草木繁茂的盆地居住了下来。

因北极边缘气候寒冷，熊们逐渐学会了在冰冷的海水中游泳，潜入水下到海水中捕食鱼虾，甚至敢于与比自己体积还大的海豹搏斗……长期下来，它们比以前更大、更重、更凶猛。这就是我们现在看到的北极熊。

另一部分熊到了盆地，发现肉食动物太多，自己根本无法和别的肉食动物竞争，便不吃肉改吃草。因食草动物更多，竞争更激烈，草也吃不成了，后改吃别的动物都不吃的东西——竹子，渐渐把竹子作为自己唯一的食物来源。因没其他动物和它们争抢食物，它们变得好吃懒动，体态臃肿不堪，最后演化成了我们现在看到的大熊猫。后来，竹林越来越少，大熊猫的数量也因此越来越少，濒临灭绝，只能被关在动物园里，靠人类的帮助才能生存。

在机遇面前人人平等。如果你甘于平庸的境地，认为守住自己的竹子就可以高枕无忧，那就大错特错了。你迟早也会和大熊猫一样被排挤甚至吃掉。原地踏步只能是死路一条。

所以说，压力越大，你的动力也就越大，你得到的也会越多。做一个靠人保护的大熊猫还是凶猛的北极熊，决定权都在你自己。

生活总是会给每个人回报的，无论是荣誉还是财富，条件是你必须转变自己的思想和认识，努力培养自己不怕困难的精神。一个人只有在具备了百折不挠的精神之后，才会产生改变一切的力量。

三

人之所以不成功，在于对困难的软弱和屈服。很多时候，我们将问题无限地放大，而将自己看轻。其实，只要你静下心来寻找方法，结果可能就大不一样。关键在于想与不想、做与不做。

要想成为一个一流人才，那么，当遇到困难时，就要主动去找方法解决，而不是找借口回避，找理由为胆怯辩解。方法总比困难多。

人的一生，就是不断遭遇新的困难并不断解决困难的一生。在学习、工作、人际、恋爱中，我们品尝着生活的甜蜜，也在一次次逆境中饱尝着落魄的滋味。演员贾玲在作品《女人N次方》中说过这样一句台词："生活嘛，不就是这样，无尽的挫折和希望。"的确，人生有希望，也有难以预料的失望，正是希望和失望的交错更替才勾勒出如此多彩的人生。喜悲难料，前方未卜，重要的是，希望还在，我们还在。

我们可能都曾经参加过很多比赛，也曾在比赛中赢得名次。但不得不说，每一次比赛都是一次残酷的优胜劣汰，唯有坚毅的内心才得以拨云见雾。如果面对对手时，胆怯放弃，就会永远与名次和荣誉失之交臂。即使在沮丧面前，也要抱有一线生机。而当我们沿着那一线生机不断地往上攀爬时，不知不觉之中，就会再一次看到光亮。你认为的无尽绝望，在另一个拐角却是满眼的希望。

郎咸平在《我们的日子为什么那么难》中写道："日子之所以这么难，大致可以分为三个原因：第一是自身因素，第二是国际环境，第三是因为国内环境。"其中"自身因素"是影响幸福之感的核心，也是我们所能调整和掌控的。国际环境以及国内环境也许并非我们所能触及和改变，但我们依然可以改变我们的内心。在沸水中做一颗咖啡豆，愈是滚烫，愈能散发出醉人的芳香。

还是那句老话说得好："只要精神不滑坡，方法总比困难多。"

找出失败的原因

小王是一位技术员，研究生学历，有学识，有经验。他应聘到一家中型企业的时候，厂长非常器重他，对他很信赖，技术方面的工作全部交给他，让他放手去干。结果，公司在技术方面却总是出现这样或者那样的问题，问题出现的根源直指小王。每次厂长找到他，他都有一条或数条理由为自己辩解，不是责怪厂里原来的技术员实际操作能力不行，就是责怪厂里的机器老化，说得头头是道。因为厂长并不懂技术，常被他驳得无言以对，理屈词穷。

这样过了一段时间之后，厂长发现厂里的效益急剧下降，自己却一直找不到问题的根源所在，而小王这个技术师又不肯承认自己的错误，厂长心里很是恼火，只好让小王卷铺盖走人。

工作失败找借口的人，除了无助于自己的成长之外，还会造成别人对其能力的不信任，这一点也是必须注意的。能坦诚地面对自己的失败，拿出足够的勇气去承认它、面对它，不仅能弥补错误所带来的不良结果，在今后的工作中更加谨慎行事，而且别人也会很痛快地原谅你。

松下幸之助说："偶尔犯了错误无可厚非，但从处理错误的态度上，我们可以看清楚一个人。"老板欣赏的是那些能够正确认识自己的错误，并及时改正错误的职员。

常言道："智者千虑，必有一失。"一个人再聪明，再能干，也总有失败犯错误的时候。一个人不可能一辈子一帆风顺，就算没有大失败，也会有小失败。而每个人面对失败的态度也都不一样，有的人不把失败当一回事，他们认为"胜败乃兵家之常事"，这种人也不一定会成功，因为如果他不能从失败中吸取教训，尽管有过人的意志也没用；有的人失败了，就拼命为自己的失败找借口，告诉自己，也告诉别人：他的失败是因为别人拖了后腿、家人不帮忙，或是身体不好、运气不佳等。

找借口为自己开脱、辩解，归根结底是人性的弱点在作怪。你认为找借口为自己辩护，就能把自己的错误掩盖，把责任推得干干净净，但事实并非如此。领导也可能会原谅你一次，但他心中一定会感到不快，对你产生"不敢负责任”“逃兵”的印象。为自己辩护、开脱，不但不能改善现状，所产生的负面影响还会让情况更加恶化。

一个人做错了一件事，最好的办法就是老老实实认错，而不是去为自己辩护和开脱，要坦诚地承认错误，勇于改正，并找到解决的途径。日本著名的首相鸿山由纪夫的人生座右铭就是“永不向人讲‘因为’”。这是一种胸怀，一种美德，也是为人处世最高深的学问。

在工作上，有人经常为自己的失败找借口，时间长了，他会把“为失败找借口”当成一种本能习惯，他不承认自己的能力有问题；也许很多失败是由客观因素造成的，无法避免，但他的大部分失败却是他的主观原因造成的。

尽管有的失败是因为客观因素，逃都逃不掉，但你也不要找借口，因为找借口会成为一种习惯，会让你错过探讨真正失败原因的机会，这对你日后的成功是毫无帮助的。

每个人在工作中都会犯或大或小的错误，犯了错误并不可怕，怕的是不承认错误，不弥补错误。你面对失败时，不要寻找借口，要找出失败的原因。总是为失败找借口的人除了无助于自己的成长之外，也会造成别人对你能力的不信任。最好的解决办法是坦然承认自己的错误，同时为自己争取一个弥补错误的机会。

挖掘潜能，“小草”成“大树”

没有一个英雄生来就是英雄，更没有一个伟人生来就是伟人。他们之所以取得超乎一般人的成功，就在于他们愿意付出超乎一般人的努力。说“我不行”的人，实际上只是以一种假谦虚的姿态作为借口，去躲避为成功而付出必要的心血和汗水。

假如你能自信地去做、踏踏实实地去做、永不自满地去做，当初认为“我不行”的你，有朝一日就能向世界宣布“我真棒”！

职场中有很多这样的人：一方面，他渴望自己能够脱颖而出，获得迅速发展的机会；另一方面，当别人真正要给他机会，让他挑担子的时候，他脱口而出的就是三个字：“我不行！”

为什么会这样？其实很简单，一旦说“我能行”，就意味着必须承担责任，必须付出努力。而说“我不行”呢？则恰恰相反，意味着把自己该尽的责任推给别人，该付出的努力不付出。

一句简单的“我不行”，对自己的期望没有了，对自己的信心没有了，当然，对自己努力奋斗的要求也就没有了，就可以让自己变得轻松、没有负担。

为了证明“我不行”，他们会给自己找出各种借口：“还是交给张三去做吧，他比我学历高。”“李四比我有经验，让他去做更适合。”“这样的目标对我来说太高了，以我的能力，肯定做不到。”

实际上，“我不行”不代表你谦虚，只能说明你心虚，因为这是在给自己的逃避、偷懒行为找借口。

不知道你有没有想过，说“我不行”，同时也是在拒绝自己的成长？没有试过、努力过，你凭什么断言自己不行？

当你在字典中删除了“我不行”之后，当你根本就不让“我不行”的念头冒出来的时候，你就不会给自己找任何借口，你就会发掘自己最大的潜能，哪怕你曾经是最不起眼的小草，都可以成为大树。

在人们的印象中，销售做得好的人，都是那种性格外向、能言善道、擅长与陌生人打交道的人，而且通常还能“上知天文、下知地理”，无论什么话题他都能谈得头头是道。

那么，如果是一个只有初中学历的农村孩子，性格又内向寡言，你认为他能成为年赚100万的销售高手吗？SOHO（中国大陆一家商用房地产公司）前销售副总监胡文俊就是这样一个人。

胡文俊以前从来没有做过推销。后来，他争取到一个机会，成了SOHO的楼盘推销员。

刚开始谈客户的时候，他紧张得两手冒汗，说话结结巴巴，对客户提出的问题一问三不知。当时有人不屑地说："像胡文俊这样的人能把房子卖出去，那真是撞到鬼了！"

在这种情况下大多数人可能都会想："我已经尝试过了，既然还是不行，那就算了吧。也许换个工作会更适合我。"但是胡文俊却没有用这种借口来让自己退缩。

胡文俊强迫自己看着陌生人的眼睛介绍楼盘，训练自己把话说流畅。当同事与客户交流的时候，他就在旁边认真地听，学习他们的销售技巧。此外，他还买了很多关于营销技巧的书来学习，每天睡眠时间不超过5小时。因为学得太刻苦，原来1.5的视力下降到了不足0.8，不得不戴上了眼镜。

1999年，SOHO公司大批业务精英被对手挖走，胡文俊认为公司一定更愿意重用忠诚的员工，而且精英尽去正好给了自己崭露头角的机会，于是留了下来。果然，胡文俊很快就脱颖而出，成了公司的顶梁柱。

经过不断锤炼，2002年底，胡文俊的销售额在公司排名第一。根据规定，销售业绩进入前五名的可以竞选销售副总监。胡文俊决定试试，结果他成功了。但是一个季度后，因为他带的销售组业绩是最后一名，胡文俊被撤了职。

以往，那些和胡文俊一样从副总监位子上撤下来的人觉得没面子，大多选择了辞职。但是胡文俊却想，从哪里跌倒就应该从哪里爬起来。他调整心态，又和从前一样拼命工作、刻苦学习。到了2003年最后一个季度，他又一次拿了公司第一名，又一次竞选当上了销售副总监。

这一次，他运用学到的管理知识，结合自己做销售的经验，潜心培养业务员。在他的言传身教下，他所带团队的业绩一直在公司名列前茅。

胡文俊勇于做梦，勇于不断发掘自己的潜能。他敢于为自己树立看起来遥不可及的目标，不仅做了销售员，还敢于竞选销售副总监。而我们的起点也许比胡文俊高，却未必敢像胡文俊一样为自己制定更高的目标。从勉强自己给行人发宣传单介绍楼盘开始，胡文俊就一直在不断地磨炼和提升着自己，从来没有认为自己已经到了极限，再没有潜力可挖了。

中国有句老话：“玉不琢不成器。”我们不挖掘潜能，就永远不会知道自己能创造怎样的业绩。

换个角度看问题

一头驴滑落枯井，本来是面临被埋葬的命运，但它却抖落身上的浮土，站在浮土之上，走出地狱之门。我们不禁对驴的智慧肃然起敬。其实我们很多时候也需要换个角度看问题。

每天生活在喧闹的城市中，很多人的心蒙上了悲伤的阴影。生活上他们遇到一点挫折就垂头丧气，单薄的心似乎承受不了一点点失败，也许他们已经忘记世界上还有“失败是成功之母”这句话。其实他们缺乏的，只是换一个角度看问题。

换一个角度看问题，你会发现爱迪生并不把前几百次的失败当作一种痛苦，一种无奈，而是把这些失败当作成功的垫脚石；换一个角度看问题，你会发现陶渊明并不把隐居当成一种苦闷，却是把它当作一种悠然自得的消遣；换一个角度看问题，你会发现齐王并不把邹忌的讽刺当作一种不敬，却是把它当作一口警钟。

西方有一句谚语说得很好："纵声欢唱的人会把灾祸和不幸吓走。"也就是说，面对灾祸和不幸，你要乐观。如果能够换个角度看问题，生活也就充满了希望和快乐。然而我们大多数人往往不能看到生活中积极和光明的一面，生活也因此暗淡无光。所以凡事学会换个角度看问题，你就会得到意想不到的成功。换个角度看问题，你就能乐观自信地舒展眉头，面对一切。而如果你一味地看到问题的负面，你就只能是郁郁寡欢，一事无成，最终成为人生的失败者。所以凡事多往好处想，换个角度看问题，你就会乐观地看待人生道路上出现的各种挫折和磨难，因为生活中不如意之事常有，如果你总是因为一些不如意的事情而担忧，那么你就永远也得不到快乐。因此当你处境不好的时候，不妨换个角度看问题。

当我们拿花送给别人的时候，首先闻到花香的是我们自己；当我们抓起泥巴抛向别人的时候，首先弄脏的也是我们自己的手。做错了事情却不肯承认，这是人性的弱点。当你遇见这样的人犯错误时，责备是无济于事的，甚至会起到相反的作用，只有试着去了解他，站在他的立场上去看问题，才是最聪明的做法。当一个人面对严重的问题时，如果他能从别人的角度来看待事情，那么就可以缓解压力，解决问题。如果你在日常生活中遇到了挫折或被别人误解，那么你就换个角度看问题吧！

生活每时每刻都有快乐和痛苦，失败和成功，这其中并没有多大区别，相差只是一线之间。当我们纠结于某种问题时，不妨换一个角度，换一种心态，说不定又是另一番天地。

我们曾努力地奔向一个目标而不屑回头，倍尝艰辛、几经付出，最终实现了梦想。但在我们前进的同时忽略了身边的美好风景。很多时候我们只看到了事物最耀眼最引人注目的一面，却忽略了背后的奥妙。

在人生的每个阶段，我们都有可能执着于某种追求，快要放弃的时候何不换个角度，让脑袋转个弯，不要死钻牛角尖，或许你会发现另一种解决问题的方法。

古人曰：祸兮福之所倚。福兮祸之所伏。罗丹说：“生活不是缺少美，而是缺少发现。”而这个“发现”就需要生活的有心人去换个角度思考事物。

第四章

保持一颗积极向上、永不放弃的心

正视问题，相信自己

美国成功学家格兰特纳说过这样一段话：如果你有自己系鞋带的能力，你就有上天摘星的机会！一个人对待生活、工作的态度是决定他能否做好事情的关键。很多人在工作中寻找各种各样的借口来为遇到的问题开脱，并且养成了习惯，这是很危险的。

在我们日常生活中，很多人都会努力寻找借口来掩盖自己的过失，推卸自己本应承担的责任。上班晚了有借口；考试不及格有借口；做生意赔了本有借口；工作、学习落后了也有借口……只要用心去找，借口总是有的。借口的背后隐藏的潜台词可能是不愿承担责任、拖延、缺乏创新精神、不称职、缺少责任感、悲观态度等。

你要经常问自己，你热爱目前的工作吗？你在周一早上是否和周五早上一样精神振奋？你和同事、朋友之间相处融洽吗？他们是你一起工作、一起游乐的伙伴吗？你对收入满意吗？你敬佩上司和理解公司的企业文化吗？你每晚是否带着满足的成就感下班回家，又同时热切准备迎接新的一天、新的挑战、新的刺激以及各种不同的新事物？你是否对公司的产品和服务引以为豪？你觉得工作稳定、受器重又有升迁的机会吗？你个人的生活如何，圆满吗？只要你对以上任何一个问题的回答中有一个“是”字，那么你“可以”热爱你的工作。这是第一步。你可以把日子过得新奇而惬意，因为你的生活充满各种机会和选择。

但是，你绝对没有时间尝试所有新鲜刺激的事。因此要满足你的愿望，先从“你”开始。你一定要先了解自己的特点、长处，以及哪些事是你轻松自如就能做得利落漂亮的。但你不必为了做到这一点再回到学校去，或者生活上作剧烈的变动，如辞职卷铺盖走人。

符合内心需求的工作就是最合适的工作。需求是一种力量、一种渴望、一种热情。每个人的生命都有一个中心轨迹，循着这道轨迹走你就会满足。需求会随着年龄的增长而改变，年轻时，追求的可能是光荣、显耀的日子，希望独立，希望在一个彼此毫无芥蒂、能够集思广益的团队里工作。然而，目前的工作不能提供这些条件，你只好在周末和朋友尽情玩乐以弥补心灵的空虚。但到了周一，你就会像个泄了气的皮球。

我们要有担负重任的决心和勇气，尤其是在年轻时求知和塑造自己的时期，要学会给自己加码，并以行动为见证，而不是编织一些花言巧语为自己开脱。我们无须任何借口，哪里有困难，哪里有需要，哪里就有我们。

遇到问题，如果千方百计地找借口，而不是积极、主动地加以解决，就会导致工作无绩效，业务荒废。事情一旦办砸了，就找一些冠冕堂皇的借口，掩盖自己的过失或取得他人的理解和原谅，借口变成了一面挡箭牌，但只会让你得到暂时的心理平衡。长此以往，人就会因为能够找借口开脱而疏于努力，不再想方设法争取成功，而把大量时间和精力放在如何寻找一个合适的借口上。

任何借口都是推卸责任。在责任和借口之间，选择责任还是选择借口，体现了一个人的生活和工作态度。消极的事物总是拖积极的事物的后腿。在工作过程中，总是会遇到挫折，我们是知难而进还是寻找逃避的借口？

有一幅漫画，在一片水洼里，一只面目狰狞的水鸟正在吞噬一只青蛙。青蛙的头部和大半个身体被水鸟吞进了嘴里，只剩下一双无力的乱蹬的腿，可是出人意外的是，青蛙却将前爪从水鸟的嘴里挣脱出来，猛然间死死地箍住水鸟细长的脖子……这幅漫画讲述了这样的道理：无论什么时候，都不要放弃。

寻找解决问题的办法，不要放弃，不要寻找任何借口为自己开脱，这是最有效的工作原则。很多有目标、有理想的人，他们工作，他们奋斗，他们用心去想、去做……但是由于过程太艰难，他们越来越倦怠、泄气，终于半途而废。再后来，他们发现，只要能再坚持一下，他们就会成功。所以，永远不要绝望，就是绝望了，也要再努力，从绝望中寻找希望。即使面临各种困境，你仍然要用积极的态度去面对。

保持一颗积极、决不轻易放弃的心，发掘你周遭人或事物最好的一面，从中寻求正面的看法，让自己能有向前走的力量。即使失败了，也要吸取教训，把这次失败作为向目标前进的踏脚石，而不是找借口，因为借口是你成功路上的绊脚石。

工作中有问题是正常的，也是不可避免的。回避问题，希望没有“问题”，是自身最大的问题。优秀的员工永远会为自己的工作负责，面对问题，他们会主动去解决问题；面对失误，他们会主动承担责任。实际上，问题往往没有我们想象的那样严重。只要我们战胜内心的恐惧，下决心去解决，问题就不再是问题了。

聪明的人面对问题想办法，愚蠢的人面对困难找借口。只有想办法才会有办法，办法总比问题多。当遇到问题和困难的时候，我们必须拥有一个好心态：正视问题，相信自己。勇敢地挑战问题，你一定会成功解决问题！

自我反省，自我矫正

西方哲学家卡莱尔说："人生最大的缺点，就是茫然不知自己还有缺点。"没有人会自大到说自己完美无缺，每一个真实的人，都有缺点。不去正视自身的缺点，那就是逃避现实。一个逃避现实、躲在自我欺骗的个人精神世界里的人是不会取得成就的。

春秋时，有一次，名医扁鹊去见蔡桓公。他在旁边端详了一会儿蔡桓公的气色，说："大王患有小病，疾病在皮肤的纹理之间，若不赶快医治，病情将会加重！"蔡桓公听了笑着说："我没有病。"待扁鹊走了以后，蔡桓公不无挖苦地对左右说："这些医生就喜欢医治没有病的人，然后把医好病这件事当作自己的功劳。"

十天以后，扁鹊又去见蔡桓公，说："大王的病已经发展到肌肉里，如果不加以治疗，病情还将会加重。”蔡桓公还是没有理睬。扁鹊走了以后，蔡桓公对此非常不高兴。

再过了十天，扁鹊又去见蔡桓公，说：“大王的病已经转到肠胃里去了，再不从速医治，就会更加严重了。”蔡桓公仍旧没有理睬。

又过了十天，扁鹊去见蔡桓公时，只看了蔡桓公一眼便转身就走。听惯了扁鹊那一套的蔡桓公觉得很奇怪，于是派使者去问扁鹊缘故。扁鹊对使者说：“病在皮肤的纹理处，用布包热药敷在患处可以达到治疗效果；病在肌肤，用针或石针刺穴位可以治好；病在肠胃，服用汤药就可以治愈。如果是病入骨髓，那就不再是医生有办法挽回的事情了。现在蔡桓公的病已经深入骨髓，我也无法替他医治了。”五天以后，蔡桓公浑身疼痛，赶忙派人去请扁鹊，扁鹊却早已经逃到秦国了。蔡桓公不久就死了。

有病不怕，只要治疗及时，一般的病都会慢慢好起来的。怕只怕有病说没病，不肯接受治疗。做人也是同样的道理，身上有缺点并不可怕，只要肯面对它，将它改正，就能取得进步。一个人的进步是在不断地自我反省和自我矫正中实现的，所以我们不应当隐讳自己的缺点。

克劳兹是美国某企业总裁，他奋斗了8年让企业的资产由200万美元发展到5000万美元。2005年，他被授予国家蓝色企业奖章。这是美国商会为奖励那些战胜逆境的中小企业而颁发的，那年只颁发了6枚奖章。

克劳兹可以算是一个成功的企业家了，可他的心中却有一个难言之隐，他将它深深藏在心里已经很多年了。白天克劳兹应接不暇地处理对外事务，好像是忙得没有时间去阅读邮件和文件。很多文件由公司的管理人员白天就处理好了，白天遗留下来的文件，到了晚上，由他的妻子莱丝帮助他处理，他的下属对他无法阅读这件事一直一无所知。

克劳兹的痛苦起源于童年。当时他在内华达的一个小矿区里上小学。“老师叫我笨蛋，因为我阅读困难。”他说。他是整个学校里最安静的小孩，总是默默地坐在教室的最后一排。他天生有阅读障碍，老师又责骂他，他在学校的学习变得更艰难了。1963年，他从高中勉强毕业，当时他的成绩主要是C、D和F（A是最高等级）。

高中毕业后，克劳兹搬到了雷诺市，用200美元的本金开了一家小机械商店。经过不懈的努力，1997年他已经成功开了5个分店，资产远远超过200美元。今天他的企业已经成为所在行业的佼佼者，公司每年至少有1500万美元的利润。

克劳兹害怕受到那些大多是大学毕业的首席执行官们的嘲笑和轻视。但是，当他告诉他们他不会阅读时，没想到他得到的是更多的支持和鼓励。“这使我更加佩服他获得的成功，这加深了我对他的敬意。”他的一个下属说。另外，他也赢得了雇员们的尊重。克劳兹说：“自从我下决心让每个人都知道这件事以来，我心里轻松了许多。”

从那以后，克劳兹聘请了一名家庭教师为他做阅读辅导。克劳兹最近正在读一本管理方面的书。他在所有他不认识的单词下面画线，然后去查字典，他读得很慢。他希望有一天他能像他妻子那样可以迅速地读完办公桌上所有的文件和信函。更重要的是，他希望他的故事能鼓励其他正在学习阅读的人。

当拥有自我反省和改正的勇气时，我们就不会害怕面对自己的缺点。缺点并不可怕，缺点并不等同于愚蠢和失败。有缺点没有什么羞愧的，自己不去正视缺点，那么缺点永远是缺点。诸葛亮说：“老子善于养性，但不善于解救危难；商鞅善于法治，但不善于施行道德教化；苏秦、张仪善于游说，但不能靠他们缔结盟约；白起善于攻城略地，但不善于团结民众；伍子胥善于图谋敌国，但不善于保全自己的性命；尾生能守信，但不能应变；前秦方士王嘉善于知遇明主，但不能让他来侍奉昏君；许子将善于评论别人的优劣好坏，但不能靠他来笼络人才。”人无完人，任何人都有无可避免的缺点，即使取得伟大成就，如商鞅、白起等人都有其能力上的缺陷。自我反省，正视缺点，然后去改正，是我们一生都应该做的事情。

正视自身能力上的短板

找借口是世界上最容易办到的事，狐狸吃不到葡萄，就找出一个完美的借口——因为葡萄是酸的。结果是狐狸的阿Q精神被我们所讥笑。

在工作中，很多人都会为自己不自觉地找借口："要是我有机会读研究生，我早就升职了。"这找的是没受到研究生教育的借口。"要是我运气好，哪还会是一般的员工？总经理的位置早就是我的了。"这找的是运气的借口。"我要是长得漂亮，就不用做这种粗活。"这找的是形象的借口。总之，找借口无处不在，毫不费劲，轻描淡写就能为自己找到合适的理由，于是很多人便心安理得地为自己解脱，安于现状。借口是美丽的谎言，是一种掩耳盗铃的行为。找借口，只能让人沉溺在惰性的世界里。很多人都会为自己的不成功找一些理由开脱，很少有人会真正地思考自己究竟努力了多少。

曾获美国职业篮球协会（NBA）最佳新人奖的德森·基德，小时候，常常跟随父亲去打保龄球。他打得不好，为此，他总是找各种借口和理由。有一天，当他再一次为自己找借口的时候，父亲毫不客气地打断了他："别再找借口了。你打得不好，是因为你不练习，又不愿意总结方法。假如你好好做，你就不会这样讲了。"这句话给了他极大的震动，此后他一发现自己的缺点，便想尽办法去纠正、弥补。不管是打保龄球还是后来打篮球，他都要求自己做到两点：第一，比别人投入更多的时间和精力去练习。第二，时刻总结经验教训，找出最好的方法提升自己。也正因为这两点，他成为了全美最优秀的球员之一。

现实中，当面对没有完成的工作或没有达成的目标时，一些人总喜欢从天时、命运等方面来找借口，而从没意识到造成这一切的原因，只是自己没有强烈的责任心以及能力上的不足。如果说责任感是一个人成功的支柱，那么能力就是一个人成功的资本。在工作当中，假如一个人的能力跟不上，工作效率就会大打折扣，这时你若是不能正视自身能力上的"短板"，各种各样的借口就有了极好的藏身之地。

要杜绝借口，首先就要认识自身的能力缺陷。只有这样，我们才更愿意主动去改进，而不是花功夫去找借口逃避责任。

面对自己的缺点和不足时，那些只顾着找借口、却不在自己身上找原因的人，在借口的圈子里打转，只能在原地踏步。而那些能放弃借口、正视自己的能力短板并通过不断学习去弥补自己的不足的人，最终将会走向成功。

白岩松在大学毕业后，到了《中国广播报》当记者。1993年，中央电视台推出《东方时空》，白岩松便跑去兼职做策划。制片人见他思维敏捷、语言犀利，便让他试试做主持人。

白岩松不是学播音出身，经常发音不准，读错字。当时，台里规定主持人念错一个字罚50元。有一个月，白岩松被罚光了工资，还倒欠几十块钱。

为了过普通话的难关，白岩松从字典里将一些生僻字和多音字挑出来，注上拼音，嘴里含一颗石头，练习绕口令……白岩松终于靠自己的勤奋努力，在栏目组站稳了脚跟。两年后，他获得了“金话筒”奖。也就是这一年，白岩松正式调入中央电视台。

白岩松并没有为自己的普通话不达标找任何借口，而是刻苦练习，把能力的短板补长，最终脱颖而出，成为央视的一张名嘴。

一个人找借口的原因，很多情况下是因为自身能力不足。只有能力均衡地发展，将不足的能力补齐，才能不找借口，自信地承担任务。

管理学中有个木桶原理：一只沿口不齐的木桶，盛水的多少，不在于木桶上最长的那块木板，而在于最短的那块木板。要想提高水桶的整体容量，不是去加长最长的那块木板，而是要下功夫加长最短的木板。

加长了短板，才能不找借口，才能将工作做得更好。只有正视自己的能力，进行自我检查，才能发现自己的能力短板在哪里。一个人想要保持竞争的优势，就要看他能否突破薄弱环节，能否拉长自己的能力短板。要拉长自己的能力短板，首先要突破自己的心理禁锢，彻底放下面子，然后把差距缩小，缺哪块补哪块。当劣势变成优势以后，自然就有更大的能量投入到工作中。

拒绝借口，立即行动

人们总是习惯于做事找借口往后拖延，经常在行动之前先让自己享受一下安逸。而在休息之后又想继续享受，就这样直到期限已满，行动也未开始。事实就是，拖延直接导致行动的失败。

当你下定决心要克服睡懒觉的毛病时，计划每天早上六点半起床。第二天，闹钟准时响了，但是你根本就没有精神起床，就对自己说："再多睡10分钟，今天最后一次，明天绝对不再这样。"于是按掉闹钟，继续睡觉。直到忽然醒来，发现马上就要迟到，匆匆忙忙地起床。接下来，再一次重复以前的错误。

这就是因为找借口拖延，没有立即行动的后果。谁都知道拖延会带来不利的影响，可一旦付诸行动，总是不自觉地找各种借口为自己拖延，有的以“条件还不齐备”为借口，有的以“已经来不及了”为借口，有的以“这是我讨厌的事情”为借口。

（1）以“条件还不齐备”为借口

如果所有的行动都像发射火箭一样，在发射之前所有的设备、程序等条件必须全部到位；行动只在发射瞬间，那么这个理由的确是合理的。可是，在我们的许多行动中，若要等到全部条件具备齐全以后才开始行动，那很可能会丧失机遇。比如，某一企业准备生产一批紧缺产品，但是各种材料数额有限，需要从外地运输。如果你是这家企业领导，你会等到材料全部凑足才开始生产吗？显然不会，你会利用已有的材料生产，一边生产一边运输材料。如果等到材料全部凑足才动工，可能紧缺商品已成为滞销商品。

以“条件不齐备”作为借口不行动的人，并非已有的条件完全不充足，这种人要么是做事呆板，墨守成规者，要么就是给自己的懒惰找借口。不管怎样，其结果只会延误时机，丧失机遇。这种情况的解决办法是，利用当前已有的条件先开始行动，一边行动，一边寻找或等待条件的成熟和齐备。

（2）以“已经来不及了”为借口

有人会这样说："不是不想行动，只是行动也于事无补，那行动还有什么意义呢？"在还没有行动就拥有这种消极的想法，只会使人放弃最后的补救机会。行动在任何时候都不会晚。我们行动的目的是为了找回失去的机会或条件，弥补损失和过错，让事态恢复到正常水平或者为行动提供条件。

行动真的来不及吗？有的人只是太悲观，失去了信心，才出此言。比如字写得不好的人，在坚持练一段时间后，会发出这样的感叹："字已成形，来不及了。"如果这样放弃，那就是永远的失败。没有不可能的事情，也没有来不及的行动。

"来不及"是消极的心态，只有相信自己有能力补救失去的东西，才有成功的希望。只要从现在马上开始执行，并坚持下去，就会看到奇迹的发生。

（3）以"这是我讨厌的事情"为借口

收拾屋子、洗碗拖地是一般人都讨厌的事情。可是，我们总不会看着又脏又乱的屋子而无动于衷吧？面对讨厌的事情，人们很难有行动的兴趣。可有的事情尽管讨厌，我们还是不得不去做。

对付讨厌而又必须完成的事情，最好的方法，就是在想它有多讨厌之前，就立即行动把它做完。否则，你越拖延，厌恶感越强，做起来越烦躁。所以，不如趁厌恶感还未滋生或比较弱的时候赶快行动，完成必须完成的事情。比如，讨厌洗碗，在吃完饭以后别休息，不去想这活儿有多累，马上把碗洗掉。立即行动既省事又省心。

综上，要改掉找借口拖延这个坏毛病，我们唯一的选择就是立即行动，不要给自己留退路。千万不要说“时间还没到”“以后再执行”之类的借口，找借口拖延只会消耗我们的热情和斗志。

现代的生活是快节奏的，我们每个人都要加足马力往前冲，如果你还想歇一歇，那只能等待被淘汰。时间就是生命，时间就是效率，时间就是金钱，拖延一分钟，就浪费了一分钟。我们要做到“今日事，今日毕”“起而行动，方能评定心中的惶恐”“成功不是等待，我现在就付诸行动”。立即行动吧，不要再为拖延找借口，只有立即行动才能挤出比别人更多的时间，比别人提前抓住机遇。成功者必是立即行动者。

培养积极乐观的心态

20世纪70年代，英特尔公司的总裁安迪·葛鲁夫创造了半导体产业的神话。但人们对他的了解只停留在他是美国巨富，却很少有人知道他的一些人生经历。

在安迪·葛鲁夫第三次破产后的一个下午，他独自在家乡的河边漫步，看着眼前河水源源不断地流淌，他的脑海中呈现的都是一些不幸之事，从早逝的父母，想到了自己艰苦创下的产业一次次的破落，内心充满了阴霾。悲痛不已的安迪·葛鲁夫在号啕大哭一番后，萌生了一个可怕的想法：如果就这样跳下去的话，很快就会得到解脱，世间的一切忧愁都与自己无关了。就在此时，安迪·葛鲁夫看到对岸走来一位轻松惬意的青年，他背着一个鱼篓，哼着歌从桥上走了过来。

安迪·葛鲁夫被青年的情绪所感染，于是问道：“先生，你今天捕到了很多鱼吗？”青年回答说：“我今天一条鱼都没有捕到。”他边说边将鱼篓放了下来，里面果然是空空的。

安迪·葛鲁夫接着不解地问道：“你既然一无所获，那为什么还这样开心呢？”青年笑了笑说：“我捕鱼不全是为了赚钱，而是为了享受捕鱼的过程，你难道没有察觉被晚霞渲染过的河水远比平时更加美丽吗？”这句话让安迪·葛鲁夫豁然开朗。

后来，这个对生意一窍不通的青年，在安迪·葛鲁夫的再三央求下，成了他的贴身助理，这个青年就是拉里·穆尔。

没过多久，英特尔公司奇迹般地再次崛起，安迪·葛鲁夫也成了美国巨富。这期间，公司的股东和技术精英不止一次地问道：“那个毫无经商才能，而且不懂半点半导体知识的拉里·穆尔，真的值得总裁如此重用吗？”

每当安迪·葛鲁夫听到这个问题时，他总是坚定地说：“没错，他确实什么都不懂，但和我这个既懂得技术，又有经商智慧的人相比，他却优秀得多，因为他具有一个人最可贵的个性——在面对不合心意的困境时，总会用一种豁达的心胸和乐观的态度去笑对人生，而正是他的这种积极的心态和乐观态度，总能让我受到感染而不致做出错误的决策，而且还让我体会到了从未体会过的轻松和快乐。”

积极情绪有助于人们奋发向上，获得成功，而消极情绪只会在你争取成功的路上增添各种障碍，阻挡你前行的脚步。所以，要想成功，就要努力释放积极情绪，调控消极情绪，这样才能保持自己生命的健康成长，激励自己踏上成功的人生之路。

随着社会发展越来越快，我们承受的压力也越来越大，在这种快速的节奏中，我们应该怎样培养积极乐观的心态呢？对于外界不好的事情我们怎样才能做出良好的反应呢？

（1）要学会控制自己的情绪。不要因为偶然的得失而影响我们的情绪。我们都无法避免生活中的不良影响，但是面对挫折，我们拥有决定权，我们可以决定这一天是否愉快地度过。如果我们不能开心地度过这一天，那么就是浪费了它。当遇到事情不顺利的时候，我们应该把眼光放得长远一些，放松心情，想想近来发生的事情，告诉自己应该怎样做出积极的反应。不要总是发脾气，因为当你发脾气的时候，周边都是灰暗的，没有朋友愿意忍受你，你自己又怎么能开心？当你实在忍无可忍时，先别开口，冷静下来想一想。

（2）要学会放松自己。可以通过适当的运动、充足的睡眠、看场电影、出去爬爬山等行为，使自己放松一下，减轻自己的压力，保持对生活的激情与对生活的新鲜感，要积极有效地调节情绪，保持积极健康的生活态度。

（3）不要总是给自己消极的心理暗示。人生难免会有不如意的事情发生，我们可以有片刻的消极和不开心，但是不要让自己的消极情绪持续太久，要积极地调节自己，保持良好的心态。否则，会影响你今后的生活，甚至会影响身边的朋友。

（4）不要让他人的消极思想影响自己。我们要控制自己的情绪，不要让自己的消极情绪影响到他人，但是同时，也不要让他人的消极思想影响到自己。当他人处于消极状态时，我们要去开导他，但是自己不能陷入其中。

（5）树立积极乐观和宽容豁达的良好心态。这样才能获得心灵的宁静和人生的快乐，以及事业上的成就和生活上的美满幸福。我们要学会欣赏生命中的每一个瞬间，要热爱生活、热爱生命，相信未来一定会更美好。生活中要既能接受自己，又能接受别人，还要善于接受现实。

（6）要学会适应。有句话是这样说的：当我们不能改变环境时就必须去适应环境，不能改变别人时就改变自己，不能改变事情时就改变对事情的态度，不能向上比较时就向下比较。这就是说，我们要学会适应，要随着时间、地点、环境的变化，不断地去调整自己的心态。不要说人们不接受你，不要说环境不适合你，不要说事情太难做，只能说是你的心态没调整好。

（7）要学会忘记、谅解、宽容。要原谅别人的过错，更要学会感恩、欣赏和给予，这样你就会觉得你所做的一切都是对他人的一种回报。

（8）无论你从事什么职业，都要勇敢面对。只有勇敢面对的人，才能有魄力去完成自己的理想和愿望；只有积极的人生，才能取得最后的成功。

在一个团队中，领导者积极乐观地面对一切，才能做到彼此沟通与协作，才能使工作顺利，并收到良好的效果。积极主动吸收正面的能量，把正向暗示传递给团队的其他成员，才能使这个组织迸发战斗力。

心态很重要，心境更可贵。所以，只有保持积极乐观的态度，才能更好地去做自己想做的事情。

自信如此简单

一

有一位女歌手，第一次登台演出，内心十分紧张。想到自己马上就要上场，面对上千名观众，她的手心都在冒汗：“要是在舞台上一紧张，忘了歌词怎么办？”越想，她心跳得越快，甚至产生了打退堂鼓的念头。就在这时，一位前辈笑着走过来，随手将一个纸卷塞到她的手里，轻声说道：“这里面写着你要唱的歌词，如果你在台上忘了词，就打开来看。”她握着这张纸条，像握着一根救命的稻草，匆匆上了台。也许是因为有那个纸卷握在手心，她的心里踏实了许多。她在台上发挥得相当好，完全没有失常。她高兴地走下舞台，向那位前辈致谢。前辈却笑着说：“是你自己战胜了自己，找回了自信。其实，我给你的，是一张白纸，上面根本没有写什么歌词！”她展开手心里的纸卷，果然上面什么也没写。她感到惊讶，自己凭着握住一张白纸，竟顺利地渡过了难关，获得了演出的成功。在以后的人生路上，她就是凭着握住自信，战胜了一个又一个困难，取得了一次又一次成功。

二

一天，几个白人小孩正在公园里玩，一位卖氢气球的老人推着卖货车走进了公园，白人小孩一窝蜂地跑过去，每人买了一个，兴高采烈地追逐着放飞在天空中色彩艳丽的氢气球。在公园的一个小角落里，站着一个黑人小孩，他羡慕地看着白人小孩在嬉戏。他不敢过去和他们一块玩耍，因为自卑。白人小孩的身影消失后，他才怯生生地走到老人的货车旁，用略带恳求的语气问道：“您可以卖一个气球给我吗？”老人用慈祥的目光打量了一下他，温和地说：“当然可以。你要一个什么颜色的？”小孩鼓起勇气说：“我要一个黑色的。”脸上写满沧桑的老人惊诧地看了看小孩，随即给他一个黑色的氢气球。小孩开心地拿过气球，小手一松，黑气球在微风中冉冉升起，在蓝天白云的映衬下形成一道别样的风景。老人一边眯着眼睛看着气球上升，一边用手轻轻地拍了拍小孩的后脑勺，说："记住，气球能不能升起，不是因为它的颜色、形状，而是因为气球内充满了氢气。一个人的成败不是因为种族、出身，关键是你的心中有没有自信。"

三

珍妮是个总爱低着头的小女孩，因为她一直觉得自己长得不够漂亮，很没自信。有一天，她到饰物店去买了只绿色蝴蝶结，店主不断赞美她戴上蝴蝶结挺漂亮。珍妮虽不信，但是挺高兴，不由昂起了头。因为急于让大家看看自己的新形象，出门的时候与人撞了一下都没在意。珍妮走进教室，迎面碰上了她的老师。"珍妮，你昂起头来真美！"老师爱抚地拍拍她的肩说。那一天，珍妮得到了许多人的赞美，她想一定是蝴蝶结的功劳。晚上回到家，她急切地想看看新买的蝴蝶结，可往镜前一照，头上根本就没有蝴蝶结。

四

自信，是一个人最美的气质。自信的人，对待生活的态度更为从容自在，能够坦然面对生活的起伏，顺应环境的变化，从容应对遭遇到的困难和不幸，展现人性最美的一面。生活中，每个人都会有自卑的时候，或许是因为长相、身高、体重，或许是因为家庭背景、出身条件、本身经历的一些事。这些因素固然很重要，但不值得因为其中任何一个原因丢失了相信自己的心。无论是贫穷还是富有，无论是貌若天仙还是相貌平平，只要你昂起头、挺起胸，怀揣一颗自信的心，快乐就会使你变得可爱。

人生路上，失败在所难免，但只要有自信，坚持不懈，自立自强，砥砺前行，就总有机会赢得成功。如果缺乏自信，一直做一些好像没有自信的举动，就会越来越没有自信。

大多数自卑的人会因为自己的缺陷而总是忘记自己优点的存在。自信的人并不是不会自卑，而在于他们能扬长避短，找到自己的优点，接纳自己的不完美，展现自己的优势，并能逐步扩大自己的优势，这样就会慢慢自信起来。每个人都有自己擅长的事，找到自己的优点和特长，然后专注于你擅长的事，把事情做好的过程，会让你变得越来越自信。

当一个人自信的时候，他会把事情做得更好，表现得更出色，然后得到正向的结果，自信心就真的建立起来了，那么他离成功也就不远了。

工作激情决定人生成败

人生成败与工作激情密切相关。没有燃烧的激情，不仅不能创造辉煌的事业，人生也会因此而黯淡无光。

拥有燃烧的激情不容易，拥有长久的激情更不易。面对工作中的许多困难、问题与压力，很多人以各种各样的借口放弃了激情，归于平庸。要创造永久的辉煌，就应该“剿灭”各种各样的借口，让生命的激情不断燃烧！

如果问什么是工作的最好动力，毫无疑问是激情。激情不仅能促使一个人去努力创造事业的辉煌，更能促使人体现和创造最大的人生价值。观察一下那些成功的人，你会发现他们有一个共同点：激情饱满、斗志昂扬！

有一位成功人士，33岁就已经掌管了一个年销售20亿元的企业。问他成功的秘诀是什么，他的回答是：永葆激情。

他从工作的第一天开始，每天早上六点三十分都会听着贝多芬的《命运交响曲》起床。在激昂的乐曲声中，他对自己说："新的一天又开始了，你要用全部的激情去迎接和拥抱它！"无论是巅峰还是低谷，这样积极的自我心理暗示，都给了他勇往直前的勇气。

遗憾的是，大多数人的工作状态是下面这样的：工作一年，干劲冲天；工作两年，心不在焉；工作三年，混一天是一天。

"工作时间一长，难免会有职业疲劳""面对这么没有价值的工作，傻瓜才会有激情"……这些都成了他们的最好借口。但对生命而言，这样又能收获什么呢？只能是平庸的生活与心灵的烦恼罢了！

重视生活品质的你有没有想过，工作也需要品质。没有品质的工作，就像没有品质的生活一样，不过是虚度和浪费。而激情，就是提升工作品质最好的途径。

凤凰卫视总裁刘长乐曾经提到：凤凰卫视企业文化的要诀之一，就是从领导到员工都永葆激情。他生动地表述说：凤凰卫视是一个"疯子"带着500个"疯子"。那么，激情为何对工作有这样大的价值？他引出一项人类学调查：一项针对世界500强企业前100名和100名以后的CEO（首席执行官）所做的情商调查显示，这些人在智商、知识层次上没什么差别，真正的差别在激情方面。根据“情商之父”戈尔曼先生的分析，饱含激情的自我激励，是情商的第一要素，排前100名的CEO与排100名以后的CEO相比，前者的情商明显高于后者。

刘长乐还讲过这样一段话：“小时候我读前苏联小说《船长与大尉》，里面有两句话一直记忆犹新：一句是‘探求奋斗，不达目的誓不甘休’；另一句是‘永远做一个出类拔萃的人’。出类拔萃不见得就是出人头地，但在某种意义上讲，一个有追求的人就是出类拔萃的人。”

人类因梦想而伟大，因梦想而实干。动物只为生命所必需的食物所激动，而人，却懂得为遥远的星辰——那毫无功利主义的光线所激动。

毛姆说过：“假如你非最好的不要，十之八九能如愿以偿。这可能是我们做事的因，也是成事的果。”

可能很多人都会说：“谁愿意一上班就无精打采？谁愿意一遇到问题就往后退？我也希望有激情，我也希望创一番辉煌的事业，可问题是，我到哪里去寻找激情？”有一点需要提醒你：永远别指望激情主动来找你，激情不来自于外在，而来自于你自己的心里。

还有很多人说：“我也知道工作的价值和意义，但我已经这个岁数了，要改变哪那么容易，还是得过且过吧。”其实只要你愿意改变，什么时候都不晚。哪怕今天是工作的最后一天，也起码还有8小时属于你。

中央电视台著名主持人敬一丹，33岁才进入中央电视台经济部工作，对于主持人来说，这样的年龄已经不小了，但母亲的一句“人的命运掌握在自己手里，真要想改变自己，什么时候都不晚”给了她挑战自己的勇气。

40岁时，看着镜中渐渐老去的自己，她内心的危机感和失落感与日俱增。

这时，母亲的一句话再次打开了她的心结，母亲说：“每一个人都不可避免会变老，有的人只是变得老而无用，可是有的人却会变得有智慧有魅力，这种改变不是最好的吗？”

这让敬一丹豁然开朗，心态一调整，工作的热情又回来了，领导依然把挑大梁的重任交给了她。

就像敬一丹说的那样：“年龄对一个人来说，可以是一种负担，也可以是一种财富。”

别给自己找“年纪大了，干不动了”“让年轻人多干一点”“多少年都是这样，我不想改变了”之类的借口吧！这世界上有20岁的“老头”，也有80岁的“年轻人”！

当你缺乏激情，你就未老先衰；当你激情不灭，你就青春永驻！

工作，就是不断“被要求”——人们的需求就是对自己的要求，如何满足这些需求，就是自己的工作标准，就是自己永葆激情的根本。

正因为人们的需求没有止境，所以自己的提高也没有止境，我们的激情也永不会枯竭！

世上无难事，只怕有心人

天无绝人之路，只有自己会把路堵住。“穷则变、变则通。”这句话之所以能流传千古，不是没有道理的。只要遇到问题时肯去寻找方法，总会有一个解决问题、取得成功的机会。人们都渴望成功。那么，成功有没有秘诀？其实，成功的一个很重要的秘诀就是寻找解决问题的方法。俗话说：“没有笨死的牛，只有愚死的汉。”任何成功者都不是天生的，只要你积极地开动脑筋，寻找方法，终会“守得云开见月明”。世间没有死胡同，就看你如何寻找方法，寻找出路。

一

有一年，山丘市经济萧条，工厂和商店纷纷倒闭，商人们被迫贱价抛售自己堆积如山的存货，价钱低到1元钱可以买到10条毛巾。那时，林松还是一家纺织厂的小技师。在商人们贱价抛售的时候，他马上用自己积蓄的钱收购低价货物，人们见到他这样做，都嘲笑他是个蠢材。林松对别人的嘲笑一笑置之，依旧收购抛售的货物，并租了很大的货仓来贮存。他母亲劝他不要购入这些别人廉价抛售的东西，因为他们历年积蓄下来的钱数量有限，而且是准备给林松办婚事用的。如果此举血本无归，那么后果便不堪设想。

林松安慰她说："3个月以后，我们就可以靠这些廉价货物发大财了。"

林松的话似乎兑现不了。过了10多天后，那些商人即使降价抛售也找不到买主了，他们便把所有存货用车运走烧掉。他母亲看到别人已经在焚烧货物，不由得焦急万分，便抱怨起林松。对于母亲的抱怨，林松一言不发。终于，政府采取了紧急行动，稳定了山丘市的物价，并且大力支持那里的经济复苏。

这时，山丘市因焚烧的货物过多，商品紧缺，物价一天天飞涨。林松马上把自己库存的大量货物抛售出去，一来赚了一大笔钱，二来使市场物价得以稳定，不致暴涨不断。

在他决定抛售货物时，他母亲又劝告他暂时不忙把货物出售，因为物价还在一天一天飞涨。他平静地说："是抛售的时候了，再拖延一段时间，就会后悔莫及。"果然，林松的存货刚刚售完，物价便跌了下来。

后来，林松用这笔赚来的钱，开设了5家百货商店，生意十分兴隆。如今，林松已是当地举足轻重的商业巨子了。所以只要你肯想，问题就能解决。

二

老王是当地颇有名气的水果大王，尤其是他的高原苹果色泽红润，味道甜美，供不应求。有一年，一场突如其来的冰雹把将要采摘的苹果砸打了许多伤口，这无疑是一场毁灭性的灾难。然而面对这样的问题，老王没有坐以待毙，而是积极地寻找解决这一问题的方法，不久，他便打出了这样的一则广告，并将之贴满了大街小巷。

广告上这样写道："亲爱的顾客，你们注意到了吗？在我们的脸上有一道道伤疤，这是上天馈赠给我们高原苹果的吻痕——高原常有冰雹，只有高原苹果才有美丽的吻痕。味美香甜是我们独特的风味，那么请记住我们的正宗商标——伤疤！”

从苹果的角度出发，让苹果说话，这则妙不可言的广告再一次使老王的苹果供不应求。

三

王明在一家广告公司做创意文案。一次，一个著名的洗衣粉制造商委托王明所在的公司做广告宣传，负责这个广告创意的好几位文案创意人员拿出的东西都不能令制造商满意。没办法，经理让王明把手中的事务先搁置几天，专心完成这个创意文案。

连着几天，王明都在办公室里抚弄着一整袋的洗衣粉想着：“这个产品在市场上已经非常畅销了，以前的许多广告词也非常富有创意。那么，我该怎么下手才能重新找到一个切入点，做出既与众不同、又令人满意的广告创意呢？”

有一天，他在苦思之余把手中的洗衣粉袋放在办公桌上，又翻来覆去地看了几遍，突然间灵光闪现，他想把这袋洗衣粉打开看一看！于是他找了一张报纸铺在桌面上，然后，撕开洗衣粉袋，倒出一些洗衣粉，一边用手揉搓着这些粉末，一边轻轻嗅着它的味道，寻找感觉。

突然，在射进办公室的阳光下，他发现了洗衣粉的粉末间遍布着一些特别微小的蓝色晶体。审视了一番后，证实了的确不是自己看花了眼他便立刻起身，亲自跑到制造商那儿问这到底是什么东西。他被告知这些蓝色小晶体是一些“活力去污因子”，因为有了它们，这一次新推出的洗衣粉才具有了超强洁白的效果。

了解了这个情况后，王明回去便从这一点下手，绞尽脑汁，寻找到了最好的广告创意，因此推出了非常成功的广告。

王明的例子给我们这样一个启示：解决问题的关键不在于问题本身，而在于我们解开自己的心结，在于我们用心去“想”。

四

世上无难事，只怕有心人。面对问题，如果你只是沮丧地待在屋子里，便会有禁锢的感觉，自然找不到解决问题的正确方法。如果将你的心锁打开，开动脑筋，勇敢地走出自己固定思维的枷锁，你将收获很多。

“与其诅咒黑暗，不如点起一支蜡烛。”这句话是克里斯托弗斯的座右铭，它也应当成为指导我们工作和生活的一条准则。诅咒和抱怨，并不能解决问题，黑暗和恐惧仍然存在，而且还会因为人们的逃避和夸大而增加解决的难度。

然而，如果我们果断地采取行动，及时寻找解决问题的办法，哪怕我们只做了一点点努力，也会是我们朝着克服困难、解决问题的方向迈进一步。同时，我们还可能在积极努力的过程中寻找到不同的、更便捷的解决问题的方式，因为，解决问题的方法就在我们自己身上。

面对挫折，不要轻言放弃

曾有人做过一个实验，将一只凶猛的鲨鱼和一群热带鱼放在同一个池子，然后用强化玻璃隔开。最初，鲨鱼每天不断冲撞那块看不到的玻璃，这只是徒劳，它始终不能到对面去，而实验人员每天会放一些鲫鱼在池子里，所以鲨鱼也没缺少食物，只是它仍然想到对面去，想尝试那美丽的滋味，每天仍然不断地冲撞那块玻璃，它试了每个角落，每次都是用尽全力，但每次都被弄得伤痕累累，有好几次是浑身破裂出血，持续了好一阵子。每当玻璃一出现裂痕，实验人员就马上加上一块更厚的玻璃。

后来，鲨鱼不再冲撞那块玻璃了，对那些斑斓的热带鱼也不再关注，好像它们只是墙上会动的壁画，它开始等着每天固定出现的鲫鱼，然后用它敏捷的本能进行狩猎，好像回到大海不可一世的凶狠霸气，但这一切只不过是个假象罢了，实验到了最后的阶段，实验人员将玻璃取走，但鲨鱼却没有反应，每天仍是在固定的区域游着，它不但对那些热带鱼视若无睹，甚至当那些热带鱼逃到那边去，它都会立刻放弃追逐，说什么也不愿再过去。实验结束了，实验人员笑它是海里最懦弱的鲨鱼。可是遭遇过挫折的人都明白，那是因为痛。

很多人都像这条鲨鱼一样，在多次的挫折、打击和失败之后，就逐渐失去了勇气。激情死了，梦想死了，剩下的只有黯淡的眼神和悲伤的叹息、无奈、无助和无力。

生命只是沧海之一粟，然而却承受了太多的力不从心，太多的情非得已。人生之路，不仅有枝繁叶茂的树和鲜艳夺目的花，还有险峻的高山和荒凉的沙漠。面对生活中遇到的困难和挫折，我们是迎难而上还是找借口选择放弃？在挫折面前信念坚定、积极进取的人，最终都能战胜困难，发挥他的潜能，从而获得成功。而在挫折面前意志不坚定的人，不仅不能勇敢地面对，而且身心还会受到打击，阻碍人生的成长和发展。

汉朝时，汉元帝的宰相匡衡，小时候家里很穷，白天要干很多活，只有到了晚上，他才能坐下来安心读书，不过，因为穷，他买不起蜡烛，天一黑就无法看书了，匡衡内心非常痛苦。他的邻居家很富有，一到晚上好几间屋子都点着蜡烛，把屋子照得通亮。有一天，匡衡鼓起勇气对邻居说："我晚上想读书，可买不起蜡烛，能否借你们家的一寸之地呢？"邻居恶毒地挖苦道："既然穷得买不起蜡烛，还读什么书。"匡衡听后很气愤，下决心把书读好。回到家中，悄悄在墙上凿了一个洞，邻居家的烛光就从这个洞中透过来。匡衡就是这样勤奋学习，最后终于做了汉元帝的宰相，成为西汉时期有名的学者。

人的一生不可能是一帆风顺，总会有些挫折和磨难。除了你自己，没有任何人和任何事物可以给你带来平静。人生要学会独立行走，没有人可以陪你完整的走完一生，总有一段属于你一个人自己的路。面对挫折，除了你自己，没有谁可以不离不弃护你到老，你若不坚强，软弱给谁看？困难和折磨对于人来说，是一把打向坯料的锤，打掉的应是脆弱的铁屑，锻成的将是锋利的钢刀。

人的一生中，坎坷出现的几率远远大于所谓的运气。不要抱怨生活给你太多的磨难，不要抱怨生活中有太多的曲折，不要抱怨生活中存在的不公。当你阅尽世事，你会明白，这世界比你想象的宽阔，你的人生不会没有出口，你会发现自己也有一对翅膀，不必经过任何人同意就能飞翔。

一朵花的凋零荒芜不了整个春天，一次挫折也荒废不了整个人生。遇到坎坷时，不要找借口，要勇敢地挑战自我，战胜挫折，经过洗礼，风雨后就会看见绚丽的彩虹。人生的道路上，坚强的意志就是最大的力量，即使跌倒一百次，也要一百零一次地站起来。自己打败自己是最可悲的失败，自己战胜自己是最可贵的胜利。

成就完美人生

社交恐惧

刘磊　主编

红旗出版社

图书在版编目（CIP）数据

社交恐惧 / 刘磊主编. — 北京：红旗出版社，2019.8

（成就完美人生）

ISBN 978-7-5051-4909-0

Ⅰ. ①社… Ⅱ. ①刘… Ⅲ. ①心理交往—通俗读物 Ⅳ. ①C912.11-49

中国版本图书馆CIP数据核字（2019）第161756号

书　名　社交恐惧
主　编　刘磊

出 品 人	唐中祥	总 监 制	褚定华
选题策划	华语蓝图	责任编辑	王馥嘉　朱小玲

出版发行	红旗出版社	地　　址	北京市北河沿大街甲83号
编 辑 部	010-57274497	邮政编码	100727
发 行 部	010-57270296		
印　　刷	永清县晔盛亚胶印有限公司		
开　　本	880毫米×1168毫米 1/32		
印　　张	25		
字　　数	620千字		
版　　次	2019年 8 月北京第1版		
印　　次	2020年 3 月北京第1次印刷		

ISBN 978-7-5051-4909-0　　定　价　160. 00元（全5册）

前言

FOREWORD

想要成为社交高手，就必须要掌握优秀的表达力，优秀的表达能力可以提升个人魅力，帮助你实现人生目标。

说话是一门艺术，善于表达的人不仅能够成为人们关注的焦点，还会因此而平添更多的个人魅力，善于表达的人犹如一个拥有强大吸引力的磁场一般，极易成为核心人物。为什么这么说呢？答案非常简单，因为社交能力是在长期磨砺中历练出的一种智慧，社交能力越强的人，智慧越高深，个人魅力也越巨大。社交能力为沟通注入了活力和快乐，让沟通变得更加轻松和顺畅且高效。

竞争激烈、人际关系复杂，以及快节奏的学习和工作环境，要求我们必须具有智慧、锐气以及灵活的表达力，才能在不同场景中与不同的对象进行有效沟通，而且话题新鲜、有趣、有料。

作为想要成为社交高手的一个现代人，应该具备强大的说话技巧，社交过程中良好的沟通技巧可以让你更轻松地说服和感染他人。一个懂得说话技巧的人，一定要懂得“先爆点”，激起别人想要继续听下去的兴趣，抓住听者的心，然后再讲述那些细枝末节，绝不可以本末倒置。

强大的社会交往能力是一种生活艺术，同时也是人们在社会生活中智慧与技巧的表现形式。在日常工作、生活中要积极地进行自我锻炼，养成社会交往的好习惯。这样才能让听你讲话的人更高效地接受你的谈话信息。

本书通过大量的翔实案例和深厚理论，深层挖掘不会表达的原因，打破不会沟通的障碍，帮助你建立强大的表达能力，让你迅速从不会社交变成社交高手；从沟通话语枯燥无味到妙趣横生令人赞叹；从不断点头“被人说服”到“说服别人”被人称赞；从无人问津的平淡无奇到众人瞩目的获得成功……

本书将会帮助你打造属于自己的说话之道，让你不再畏惧社交，消除你的社交恐惧，使你在生活中获得幸福感，在工作中获得认同感，成为一个优秀的社交高手，收获自己的幸福人生。

目录
CONTENTS

第一章

读懂内心，提升社交能力

诚实是获得信任的前提条件

对于谎言，往往令人无法接受。谎言之所以被称为“谎言”，是因为它是虚假的、不真实的、骗人的。做人的基本原则就是诚信，也只有这样，才能获得别人的信任。一个人如果经常谎话连篇，久而久之，他的人格就会受到周围人的怀疑。

为人必须诚实，这是对他人的尊重，也是获得信任的前提条件。社交生活中也是如此，没有人愿意活在他人的欺骗和谎言中，但万事没有绝对和唯一。针对恶意的谎言，我们绝对要拆穿。但如果对方的谎言是善意的，我们应另当别论，甚至应该为对方守住这美丽的谎言。

其实，有这样一句话：善意的谎言是美丽的。当我们身边的朋友为了他人的幸福和希望适度地撒一些小谎的时候，谎言即变为理解、尊重和宽容，具有神奇的力量。这样的谎言，我们不该拆穿；当我们的老师为了鼓励成绩差的同学而故意撒些小谎的时候，我们也不该拆穿；当我们发现交际圈中有些人有生理缺陷，而故意采取一些遮掩措施时，我们更不该拆穿……

如果我们帮对方守住这个小秘密，会让对方感觉到我们的善解人意，并因此感激我们，这无疑是加深彼此感情的有效方式。在通常情况下，拥有共同秘密的两个人关系更紧密。

约翰和往常的每个周末一样去银行取钱，然后去市区买一些家用的东西。而且，他还会给地铁里那个所谓的“艺术家”10美元。

那是一个40多岁的男人，虽然潦倒，但似乎和其他的乞讨者不一样，他收拾得很干净，也不说任何乞求路人给钱的话，只是身边放着一把吉他，偶尔有路人施舍一点钱。事实上，这个男人从未演奏过。约翰知道，他只不过是为了自尊，他并不会演奏，而约翰从未点破这个男人的谎言，反而对他说“你的这把吉他真漂亮”“我相信你的演奏能力一定不错”，而且，给他10美元，这已经成了一种习惯。

但这次，约翰进入地铁后发现，那个男人不见了。

在接下来的一个月时间里，约翰再也没见到那个男人。约翰想，他是不是换地方了，还是因为生病不幸去世了？

当约翰在地铁里徘徊着寻找那个熟悉的身影时，一个陌生男人对他说："我们老板找您，这一年来，您一共给了他500多美元，他很感激您，而您和其他施舍者不一样，您知道他自尊心很强，那把吉他只是个借口，而正是您的鼓励，他才能有勇气重新返回商界。请您跟我来。"

原来，那个乞讨者是因为生意失败而落魄潦倒，但在商业伙伴的帮助下，他很快便重振雄风。

其实，约翰看穿了那个乞讨者的谎言，那把吉他只不过是个摆设。事实上，这是一个美丽的谎言，但约翰并没有拆穿他，而是维护了那个男人的自尊，让他有勇气重新来过。

人生在世，谁都有不愿被提及的事，可能涉及自尊、面子和亲情等。为此，他们可能会撒谎，将事情的真相掩盖过去。对此，我们要给予理解，但这并不是纵容谎言，而是成全对方，这样更容易得到对方的信任。

总之，我们要记住，如果开诚布公、直截了当是一种错误，那么你不妨选择谎言；如果真情告白、坦率无忌是一种伤害，那么你不妨选择谎言；如果谎言能减少对方的痛苦和忧伤，那么多一点谎言又何妨？

赞许是送给别人的最好礼物

每个人都渴望得到别人和社会的肯定与认可，我们在付出了必要的劳动和热情之后，都期待着别人的赞许。

赞许别人的实质，是对别人的尊重和评价，也是送给别人的最好的礼物和报酬，是搞好人际关系很好的一笔投资。它表达的是我们的一片善心和好意，传递的是你的信任和情感，化解的是你有意无意间与人形成的隔阂和摩擦。对人表示赞许，你何乐而不为呢?

世界上的人大都爱听好话，没有人打心眼里喜欢别人来指责他。就是相濡以沫的朋友，你批评几句，对方脸上也往往有挂不住的时候。

美国哈佛大学专家斯金诺的一项实验研究结果表明，连动物在收到鼓励的刺激后，大脑皮层的兴奋中心都开始起劲调动子系统，从而影响行为的改变。同样的道理，人作为万物的灵长，期望和享受欣赏，是人类最基本的需求之一。日本的社会心理学家在细和孝就说过："人们对你赞誉、佩服或表示敬意时，除非显而易见地是溜须拍马，即使是应酬话，你也许还是觉着舒坦。可是，听到他人对你的批评、不中听的言语时，即使他没有恶意中伤，而且又部分符合实际，你也可能长期对他抱有反感。"

在细和孝的话恐怕不仅仅是对日本人而言的，在一定程度上，是参透了人性在对待赞许和批评方面的真谛而发的透彻议论。中国也有相同的经验之谈，不过言简意赅，没那么具体。"多栽花，少栽刺"，就是这方面既来得直接，又富含哲理的良策警语。

每个人身上，都有着难以察觉的闪光点，而这些正是个人价值的生动体现。而一个伟大的领导者，往往独具慧眼，是赞颂别人的专家。比如，罗斯福的才能，就表现在对正直人给予恰当的称颂上。他也因此获得了别人丰厚的回报和热情的支持。

人们在交际中既有明显的个性心理，也有普遍的共性心理。如果能针对人们的共性心理切入交际活动，就可以获得满意的交际效果。为了满足对方的心理需求，赢得对方的好感，在日常的交往中，可参考如下建议：

（1）多加赞扬，满足人的称许心理

人们都有一种显示自我价值的需要。真诚的赞扬不仅能激发人们积极的心理情绪，使之得到心理上的满足，还能使被赞扬者产生一种交往的冲动。

（2）勤于求教，满足人的自炫心理

人们对于自己具备的技能都有一种引以为荣的心理，如果想同这些人结识相交，求教法是最有效的手段。

（3）表示欣赏，满足人的自信心理

一个人往往对自己所崇信的对象或采取的做法坚信不疑，有时宁愿相信自己一向认定的事实，也不愿意接受来自他人的纠正。他所喜欢的东西如果能够得到你的欣赏，你便能得到他的认可。

（4）强调共性，满足人的共趣心理

生活中我们常常听到这样的话：谁与谁说不到一块去，一见面就顶牛；谁与谁很投缘，恨不得能穿一条裤子。说不到一块去，就是没有共同的兴趣和爱好；很投缘，就是情趣相投。人们一般都喜欢和那些与自己有“共同语言”的人交往，而情趣相左的人交往则往往不大容易成功。那么，如果你希望交际成功，就可以从寻找共同情趣切入。

（5）主动问候，满足人的尊敬心理

社会交往中，获得尊重既是一个人名誉地位的显示，也表明了他的德操、品行、学识、才华得到了认可。无论是年长者还是年轻者，位尊者与位卑者，都期望别人尊重自己。因此，那些懂得尊重别人的人，人们对他产生好感就是情理之中的事了。而主动问候就是最便捷、最简单的表达自己的敬意的交际行为。从问候切入交际活动，十有八九会有一个圆满的结果。这是博得别人好感的基础。

赞美要别出心裁

虽然人都爱听赞美的话，但是并非任何赞美都能使对方高兴。所以说，赞美一个人时，一定要有策略性，可以赞美他的一些“身外之物”，也可以赞美他的一些不为人知却自以为得意的事。只有别出心裁，才能打动对方的心。

有一个男孩，长得很像某位电影明星。当他和朋友一起出来玩时，首次见到他的人总是说他和某个明星长得很像。通常被认为与某个名演员很像时，人们大多不会生气，但这位老兄听着心里就是不舒服。

也许朋友们在说这句半奉承、半开玩笑的话时，并没有特别的含义。但是，事实上这种赞美的方法实在不怎么高明，因为那位电影明星专演冷酷反派的人物。因此，别人说他们相像，虽然是赞美，却也等于在指责他的缺点。

赞美也是门大学问，就像上面的例子。男孩自认为是缺点的事，却被别人拿来“夸赞”，当然让他有些难以接受。所以，当你想赞美别人时，首先要引出对方更多的话题，看出对方希望怎样的赞美，然后再对症下药，一矢中的。也就是说，你的赞美要能满足对方的心理需要。具体地说，在赞美别人的时候，要把握以下要领：

（1）欣赏他人的爱好与情趣

事实上，我们在赞美他人的时候，无须在对方的人品或性格上下功夫，而应该针对其过去的事迹、行为或身上的优点等，即对成型的具体事物作适当的赞美。如果你对对方说：“你真是好人啊！”你的赞美也许同样是发自肺腑的，但在初次见面的短时间内，你的判断理由又是什么呢？因此，你的赞美便可能易引起对方的怀疑和戒心。但若是夸奖对方的事迹或行为情况就不同了。因为对既成事实的赞美，与交情的深浅没有太大关系，对方也比较容易接受。比如对方是女性，那么她身上的衣服与首饰，便是我们赞美的最好题材。

知道了这样赞美的效用后，与其毫无准备地面对一个初识的人，倒不如先准备好赞美的材料。有了这样的准备，对方往往会因为你的一句赞美而毫无保留地打开心扉，与你成为朋友。

不过，任何赞美的话都一定要切合实际。到别人家做客，与其乱捧一场，不如赞美房子布置得别出心裁，或赞美一个盆景的精巧，或赞美装饰得精致，要注意欣赏他人的爱好与情趣。

主人喜欢养金鱼，你应该试着去欣赏那些鱼的美丽；主人爱养花，你应该去赞美他所养的花草。赞美别人最近取得的工作成绩，赞美别人心爱的宠物，要比说上无数空泛的客气话有效得多。

特别关注别人的某一件事物，一定能使人在欣喜之余还觉得感激。士为知己者死，女为悦己者容。钟子期死后，伯牙不再鼓琴，其感恩知己至如此者，原因不外乎子期能懂得并欣赏他的琴声，并能给予他恰如其分的赞美。所以，有好口才的人，常常会因为一句赞美的话说得恰到好处，从而为前途打下基础，这并非奇怪之事。

（2）间接赞美更显诚意

真诚坦白地直接赞美别人，固然能取得效果，但如果用词不当，就可能使赞美之词沦为阿谀奉承，给对方留下不好的印象，让人觉得你的赞美之词太露骨、太肉麻。如果你担心出现这样的结果的话，那么最好采取间接的赞美方式，着重表达自己对某一类人或物的赞美，同样会收到不错的效果。这样，无论使用怎样的溢美之词，都不会显得过于露骨和肉麻，而对方又能同样领会到你的赞赏之情。

（3）背后赞美他人

在《红楼梦》中有这样一段描写：史湘云、薛宝钗一起劝宝玉好好学习，以后做官，宝玉对此大为反感，对着史湘云和袭人赞美黛玉说："林姑娘从来就没有说过这样的混账话！要是她也说这些混账话，我早就和她生分了。"

恰巧黛玉此时走到窗下，听到了宝玉对自己的赞美，"不觉又惊又喜，又悲又叹"。之后，宝玉和黛玉二人互诉衷肠，感情倍增。在黛玉看来，宝玉是在背后赞美自己的，而且不知道自己会听到，这种赞美就不是刻意的。如果宝玉当着黛玉的面说这样的好话，生性多疑的黛玉可能会认为宝玉是在讨好她或打趣她。

由此可见，背后说别人好话要比当面恭维别人效果明显好得多。你完全不用担心你所赞美的人会听不到你的赞美；在很多情况下，你对对方背后的赞美，很容易就会传到对方的耳朵里，对方也会因此对你另眼相待。

德国历史上著名的"铁血宰相"俾斯麦，当时为了拉拢一位敌视他的议员，便故意在别人面前赞美这位议员。俾斯麦知道，那些人听了自己对这位议员的赞美后，一定会将话传给他。果然不久，这位议员和俾斯麦成了不错的政治盟友。

（4）以面代点式的赞美

这种赞美方式也是不直接赞美对方，而是针对对方的优点，赞美其优点所在的层面。这样以面代点，言在彼而意在此的赞美，不露痕迹，却能让对方如沐春风。

钱钟书先生所著的《围城》中的方鸿渐就是这样一位高手。他经苏小姐介绍认识了苏小姐的表妹唐晓芙。唐晓芙说自己是学政治的，这让方鸿渐了解到了一个自己还算内行的信息。因此，他对唐晓芙夸赞道："女人原是天生的政治动物，虚虚实实，以退为进，这些政治手腕，女人生来就全有。女人学政治，那正是以后天发展先天，锦上添花了。曾有一种说法，说男人有思想创造力，女人有社会活动力。所以，男人在社会上做的事该让给女人去做，男人好躲在家里从容思想，发明新科学，产生新艺术。我看此话甚有道理，女人不必学政治，而现在的政治家要想成功，都得学女人。政治舞台上的戏剧全是反串。老话说，要齐家而后能治国平天下。请问，有多少男人会管理家务的？管家要仰仗女人，而自己吹牛说大丈夫要治国平天下。把国家社会全部交给女人有多少好处。"

方鸿渐的一席好话说得唐晓芙是心花怒放，喜不自禁。显然，他这样以面代点式的赞美，比直截了当地吹捧唐晓芙更含蓄，效果也更好。

要令你的赞扬真实可信

我们的基本原则是：不要说些可有可无的客套敷衍话，要令你的赞扬真实可信。应让对方明白，你对他的赞赏是经过认真考虑的肺腑之言。为此，如下原则不可不知：

（1）要独树一帜

在称赞别人的时候，要明白无误地告诉他，是什么使你对他印象深刻。你的赞赏越是与众不同，就会越清楚地让对方知道，你曾尽力深入地了解他，并且清楚地知道自己现在有此表达的愿望。

称赞对方具备某种你所欣赏的个性时，你可以列举事例为证。比如，他提过的某个建议或采取过的某一行动：“对您那次的果断决定，我还记忆犹新呢。这个决定使您的利润额上升了不少吧？”

应尽量点明你赞赏他的理由。不仅要赞赏，还要让对方知道为什么要赞赏他："当时您是唯一准确地预料到这一点的人。"

数据能使你的赞赏更加确实可信："有一回我算了一下，用您的方法可以节省多少时间，结果是……"

如果可能，不妨有选择地给你的一些客户或合作伙伴书面致函，表示你对他们的欣赏。只要你有充足的理由，完全可以把你的赞美之辞诉诸笔墨。书面赞赏的效果往往非常好。"赞扬信"不会被对方丢弃。如果你的文笔既有深度又与众不同，对方还会百读不厌。

（2）不可言过其实

请注意，你的赞赏要恰如其分。不要借一件不足挂齿的小事赞不绝口，大肆发挥，也别抓住一个细枝末节夸张地大唱颂歌，这样太过牵强和虚假。

你的用词不可过分夸张，不要动辄言"最"。当对方用五升装的大瓶为你斟酒时，你可别故意讨好："这绝对是最好的葡萄酒。"

小心别让对方觉得你对他的称赞是例行公事。你当然应该比现在更经常地对你的伙伴表示赞赏，但可别在每次谈话时都重复一遍，特别是在对方与你经常见面的情况下，更要牢记这一条。最重要的一点是，不要每次都用一模一样的话来称赞对方。

（3）注意因人而异地使用赞赏

即使是因为相同的事由，你也不应以同样的方式来称赞所有的人。不要去找任何时间、场合下对任何人都适用的“赞赏万金油”，它不存在。应尽量避免给对方留下“这人对谁都讲那么一套”的坏印象。

在很多人的聚会中，你千万不要搬出前不久刚称赞过其中某一位的话再次恭维其他人。还是仔细想一想，这个人与他人相比，到底有何突出之处，这样就能因人制宜、恰到好处地赞扬别人。

（4）赞赏他人要利用恰当的机会

不要突然没头没脑地就大放颂词。你对对方的赞赏应该与你们眼下所谈的话题有所联系。请留意你在何时以什么事为引子开始称赞对方。对方提及的一个话题，讲述的一段经历，也可能是他列举的某个数字，或是他向你解释的一种结果，都可以用来作为引子。

要是他没有给你这样的机会，你就自己“谱”一段合适的“赞赏前奏”，使得对方不致感觉这赞扬来得太突然。不妨用一句谦恭有礼的话来开头：“恕我冒昧，我想告诉您……”“我常常在想，我是不是可以说说我对您的一些看法……”

这种“前奏”还有两大功用：一是唤起听话者的注意力，二是使你的称赞显得更加恳切诚挚。

（5）采取适宜的表达方式

重要的不仅是你说了些什么，还有你是怎样来表达的。你的用词，你的姿势和表情，以及你称赞他人时友善和认真的程度都至关重要。它们是显示你内心真实想法的指示器。

你应直视对方的眼睛，面带笑容，注意自己的语气，讲话要响亮清晰、干脆利落，不要细声慢语、吞吞吐吐，也别欲语还休。

小心不要用那种令人生厌的开头：“顺便我还可以提一下，您的……还算不赖。”这让你的称赞听起来心不甘、情不愿，又像是应付差事。

如果合适，你甚至可以在称赞的同时握着对方的手，或轻轻拍拍他的胳膊，营造一点亲密无间的气氛。

（6）集中精力，不要中途“跑题”

赞赏对方的机会几乎总是出现在偏重私人性的谈话中。大多数时候在谈话中你一定会谈及其他事情。但你对对方的称赞应始终是一个相对独立的话题和段落。赞赏对方的这个时刻，你越是集中注意力，心无旁骛，赞赏的效果就会越好。所以，在这一刻你不要再扯其他事情，要让这一段谈话紧紧围绕你的赞赏之辞，不要中途“跑题”。

同时，要让对方对你的赞美之辞有一个“余音绕梁”的回味空间，不要话音刚落就硬生生地谈其他双方有分歧的事，弄得对方前一刻的喜悦心情顷刻化为乌有。

敢于向别人推销自己

美国第二十八任总统威尔逊曾说过：“如果你想握紧了拳头来见我，我可以明白无误地告诉你，我的拳头比你握得更紧。但如果你想对我说：‘我想和你坐下来谈一谈，如果我们的意见相左，我们可以共同找出问题的症结所在。’这样一来，我们都会感到我们之间的观点是非常接近的，即使是针对那些不同的见解，只要我们带着诚意耐心地讨论，相信我们不难找出最佳的解决途径。”

生活中，我们常会对一些问题产生不同的意见，当我们想发表异议时，怎样才能表现诚恳，使人高兴地接受你的意见呢？为了消除对方的抗拒心理，顺利地达成自己的目的，在你力图向别人推销你自己和你的主意的时候，一定要注意以下技巧：

（1）一定要强调利益

如果你想兜售你的主意，不要没有先陈述它的利益就提议行动起来。假设你这么和你的老板说：“我想要接手彼特的业务。”那是你想要兜售的主意，但是你还没有给老板看到这个主意好在哪儿。你补充道：“我能够充分利用我和彼特的良好关系，使得这项业务回到正轨上去。彼特先生会和我一起工作，去找到一项大家都能接受的解决方法。”在你尝试推销你的任何主意之前，考虑你能带到桌面上的全部利益，以你的主意的重要结果来向别人建议，这样往往能够增加成功的机会。

（2）探索分歧的原因

当你试图推销主意、点子之类的东西的时候，对方肯定会生出天生的抗拒力，你需要减少这种抗拒力。当他们提出异议的时候，你肯定会有所反应，但是只有在你理解了异议背后的原因之后，你才能做出反应。你应试图回答这样的问题：“他们提出异议背后的原因是什么？”当某些人不同意你的时候，异议的原因是他们的想法和你的想法可能对不上。在你找到解决方案以前，其实你已经完成了对这个问题的诊断了。最好的方法，就是你能揭开那些反对意见背后的原因，看看这些原因从何而来。

当人们不同意你的观点时，找一下他们表示异议的原因。我们有一个自然的倾向，就是在对话中为了尽量消除反对意见，会马上对它发表一个看法。问题是，反对者们在他们表述过反对以后，可能就不会继续聆听了，他们一直考虑的是，能再说一些什么，以坚定他们的异议。为了使他们能把他们的想法和你的想法挂起钩来，问他们一个关于异议的问题，也能使你确切地了解为什么他们表示反对。你不得不对他们的反对刨根问底。假设你正在向一些人推销一种新的节省时间的工作方法，他们却回答："那样做太复杂了。"如果不知道他们说的"复杂"是什么意思，你如何反驳他们呢？刨根问底的另外一个益处，是你表现出对异议很大的兴趣。

（3）先退让一步，再提出反对的意见

在表示不同意见时，应该先退让一步，表示自己在某些方面同意对方的意见，也很仔细地考虑过他的意见；然后再说明自己的建议，这样将使对方更容易接受你的观点。你不妨这样说："我考虑过你的提议，这个建议很好，不过，有些问题可能还需要再商量。""我十分同意你的意见，只是我有一些建议，希望你能听听看。"

（4）请对方再斟酌考虑一下

在表示反对之前，你不妨以慎重的态度，请对方再斟酌考虑一下，让不愉快的情绪降到最低，然后再提出你的意见。你可以这样说："你提的问题很重要，是否可以重新再仔细地讨论一下，你觉得如何？""你是否可以再想想，有没有更好的办法或建议，我的看法是这样应该也不错……”

这种态度不仅表明你愿意考虑接受对方的意见，而且表明你对他的意见很感兴趣，可使对方乐于跟你讨论，接受你的意见。

（5）在和谐的气氛中否定对方的意见

在提出反对意见前，你不妨告诉对方，有一些人也和他有同样的观点。把批评性的话先以表扬的形式讲出来，这样可以帮助你在和谐的气氛中否定对方的意见。你可以这样说：“你提的意见很好，不少人和你有同样的看法，不过……”“我明白你的假设很正确，在理论上是完全可行的，但是在实行方面……”

（6）重复对方的意见，以提醒对方再次考虑他的意见

在发表不同意见的过程中，许多人说话时往往粗心大意，所说的话可能不够完善，这时你不妨用询问的口气、适宜的语调重述对方的意见，表示希望得到再次的证实，使对方能重新思考，加以修正。比如，有一人在座谈会上批评学校管教学生不严时说：“学校对于学生太过溺爱，使学生越来越放肆。学校应该要学生做他们不喜欢的事，至于任何要求都可以。”另一个对此有异议的人便问：“您认为学校如何对待学生最合适？要训练学生做其不喜欢的事就好了吗？”这番话会使先前提议的人重新修正他有失偏颇的言辞。

（7）证明你的结论有理

当你做出一个结论的时候，要陈述为什么你认为这样的结论是正确的。如果你给出了结论的基础，将会大大地提高自己的可信度。你要认识到，如果有一些人不知道你是如何得出结论的，他们会变得非常多疑，最后甚至会认为你自己都不知道自己在说些什么。为了打消这种疑问，你可以说："根据我展示给各位的数字，我相信执行我的想法是非常合适的。你们怎么想呢？"通过加上"你们怎么想"这样的问题，你给了别人一个机会，让他们选择同意还是反对你的结论。如果他们不同意，你最起码知道了他们是抱着异议的，这样就可以恰当地采取对策。

最好的策略就是使异议让步。一个有所松懈、让步的异议，常常是建立在不坚定的基础之上的，甚至就是建立在假象之上的，但你对此很难判断。假设那个和你谈话的人告诉你，他不喜欢你的主意，因为他认识的人告诉他你的主意不起任何效果。你不得不反问他："你认识的人尝试过执行我的主意吗？他们拥有什么和我的观点有关的专业知识？他们给过你为什么我的主意不起效果的具体说明吗？"一旦你发现异议之中的犹豫不决之处，就可以刨根问底地追究下去，直到说明为什么这个异议是不正确的。

让别人主动接受说服的秘诀

密苏里州一家大的电子产品制造公司的副经理凯利·瑞安来曾这样介绍自己在成功说服别人方面的体会：

“我发现，让一个人改变他的工作方法或者工作程序的最好方法，是让这个人认为这一切都是他自己想出来的。我让他对这种改变负有全部责任，我表彰他的主观能动性和预见性，他也相信那全都是他第一个想到的。这样对我们双方都有好处，他会感到自己的工作更重要、更安全，而生产效率也得到提高，这是我所期望的。但是，我也遇到过不大容易接受这种方法的人。就拿我们的生产监督员为例吧。上星期五我对他说：‘杰克，我认为如果我们把三号切割机搬到那边去，然后再加两个电动卷绕站的话，我们的生产速度还能提高。我想听听你是怎么考虑的。’一天后，他来到我的办公室说：‘凯利，这个周末，我有了一个最好的主意，如果我们把三号切割机搬到这里，然后再加两个电动卷绕站，我们在组装线上就能少走不少冤枉路，这样我们的生产效率能提高5%到10%。我们不妨试试看。’”

“那正是我想让他发生的变化，这种方法要比告诉一个雇员去做什么好得多。人们都不喜欢被别人告诉怎样去做他们的工作。他们喜欢按照自己的方法做事。这种建议的方法每次都非常见效，每次我都如愿以偿。雇员由于提出了新的方法受到嘉奖，这样，我们双方都感到很愉快。”

卡耐基指出，对于这种方法只有一个特殊的要求：时间和耐性。要慢慢地去做，切勿急躁。经那个人花费一定的时间去理解和消化你的思想，让它一点一点地变成他自己的思想。切记：你的工作是播种，让他去收割，给它生根发芽的机会。当你这样做了以后，你会得到巨大的好处。

口才专家总结了许多让别人主动接受说服的秘诀，有些是很值得借鉴的，主要有以下几点：

（1）以事喻理

道理的“理”性愈强，愈要注意让事实讲话、佐证，否则就会因教育对象缺乏感性体验，影响对“理”的理解、消化和吸收。用事实充实大道理，既可以联系实际把道理讲实，还可以避免说大话、空话。现在一些大道理之所以让人听不进，就在于讲得虚。

（2）以小见大

思想是有差别、有层次的，讲道理也应有层次。缺少层次，一下子跨越几个台阶，会让人感到道理离得很远，接受不了。讲者应擅长于小事情中讲蕴涵着的大道理，于近边事情中讲可望及的远道理，于浅表事情中挖掘可触摸的深道理。

（3）反诘设问

把大道理分解成若干个问题，用问话提出。一则引发兴趣，启发大家共同思考；一则用以创造一种平等和谐的气氛，使人觉得不是在灌输大道理，而是在共同探讨问题。这种方法，变听为想，变被动接受为主动反思，在抛砖引玉、换位思考中，让“系铃”人自己“解铃”。

（4）迂回引导

正面一时讲不通，不妨搞些“旁敲侧击”。讲好大道理很重要的一点是要学会剥茧抽丝，逐步引导，层层深入，最后“图穷匕见”，将大家的思想统一和升华到一个新的高度。有时也可借题发挥，讲出“醉翁之意不在酒”的道理。这样可以避免把讲道理变成简单的演绎论证，使教育对象易于接受。

（5）理在情中

有时讲大道理，教育对象并非对道理本身不接受，而是与讲道理的人感情上合不来。这时讲道理的人要善于联络感情，要注意反省自己有无令对方反感的地方，及时克服和纠正。尤其当对方抵触反感情绪较大时，首先要以诚相待，要在理解、尊重、关心的原则基础上，再讲道理。

（6）巧用名言

一句含有哲理的名人格言可以发人深省，给人以启迪。现在有不少青年人，对名人与名人名言有一种崇拜感。把大道理与名人名言巧妙地结合，可以把大道理讲得耐人寻味，富有吸引力。

（7）谈心渗透

“大锅饭不觉香”，讲大道理仅靠在课堂上和公共场合讲，受当时环境气氛的影响，有些朋友可能听不进。出现这种现象，有时就要开“小灶”，选择一个恰当的场合，与对方真诚、平等地谈心交流。

（8）语言感染

以适应对方的“口味”为出发点，充分发挥口语的魅力，把道理讲得有声有色、生动活泼。美妙的语言是大道理磁石般的外壳，它能吸引听众去深入理解“内核”。要做到这一点，首先，要树立自信心，相信正确道理的威力；其次，要注意语言的训练，努力提高表达的技巧。

（9）点到为止

话讲得啰唆就让人厌烦，听不进。有些人生怕别人听不懂，翻来覆去地讲一个道理，结果适得其反。正确的方法应该是，视情况因人出发，针对实际把握要讲的内容，该讲的一定要“点到”，同时又要注意留下充分思考的时间，让对方去领悟、消化。

（10）言行结合

有时对方之所以不服，很重要的一条就在于讲道理的人自己做得不好。“做”得好才能赢得“讲”的资格。把单纯地讲道理变成见诸行动的边讲边做，让人在“看服”中更好地信服，自觉地接受大道理。只有这样，才能收到“此时无声胜有声”的最佳效果。

用间接的方式让人转变

俗话说："不看你说的什么，只看你怎么说的。"同样一个意思，不同的人有不同的说法，不同的说法有不同的效果。与人交流时，不要以为内心真诚便可以不拘言辞，我们还要学会委婉艺术地表达自己的想法。人际交往中的真诚不等于双方直接简单、毫无保留地相互袒露；它要求我们本着善意和理性，把那些真正有益于对方的东西，以最得体的方式送给对方。

1940年，处于前线的英国已经无钱从美国"现购自运"军用物资，一些美国人看不到唇亡齿寒的严重势态，便想放弃援英。罗斯福总统在记者招待会上宣传《租借法》，以说服他们，为国会通过此法成功地造设了舆论氛围。卡耐基评论说："我们佩服他的政治远见和面临重重障碍也要坚持正确主张而说真话的坚定品格，也不得不叹服他高超的说话技巧。”

罗斯福并未直接指责这些人目光短浅（这样只能触犯众怒而适得其反），而是妙语连珠以理服人。他用通俗易懂的比喻，深入浅出，通情达理，轻松自如，贴近人心，使人不得不服：“假如我的邻居失火了，在四五百英尺以外，我有一截浇花园的水龙带，要是给邻居拿去接上水龙头，我就可能帮他把火灭掉，以免火势蔓延到我家里。这时，我怎么办呢？我总不能在救火之前对他说：‘朋友，这条管子我花了十五元，你要照价付钱。’这时候邻居刚好没钱，那么我该怎么办呢？我应当不要他十五元钱，我要他在灭火之后还我水龙带。要是火灭了，水龙带还好好的，那他就会连声道谢，原物奉还。假如他把水龙带弄坏了，他答应照赔不误的话，现在我拿回来的是一条仍可用的浇花园的水龙带，那我也不吃亏。”

用通俗易懂的比喻说服别人，常常能取得异乎寻常的效果。

18世纪70年代初，北美十三个殖民地的代表齐聚一堂，协商脱离英国而独立的大事，并推举富兰克林、杰弗逊和亚当斯等人负责起草一个文件。于是，执笔的具体工作，就落到了才华横溢的杰弗逊头上。

他年轻气盛，又文才过人，平素最不喜欢别人对他写的东西品头论足。他起草好《宣言》后，就把草案交给一个委员会审查。自己坐在会议室外，等待着回音。过了很久，也没听到结果，他等得有点不耐烦了，几次站起来又坐下去；老成持重的富兰克林就坐在他的旁边，唯恐这样下去会发生不愉快的事情，于是拍拍杰弗逊的肩，给他讲了一位年轻朋友的故事。

他说，有一位年轻朋友是个帽店学徒，三年学徒期满后，决定自己办一个帽店。他觉得，有一个醒目的招牌非常有必要，于是自己设计了一个，上写："约翰·汤普森帽店，制作和现金出售各式礼帽。"同时还画了一顶帽子附在下面。在招牌送做之前，他特意把草样拿给各位朋友看，请大家"提意见"。

第一个朋友看过后，不客气地说："帽店"一词后面的"出售各式礼帽"语义重复，建议删去；第二位朋友则说："制作"一词也可以省略，因为顾客并不关心帽子是谁制作的，只要质量好、式样称心，他们自然会买，于是，这个词也免了；第三位说："现金"二字实在多余，因为本地市场一般习惯是现金交易，不时兴赊销，顾客买你的帽子，毫无疑问会当场付现金的。这样删了几次以后，草样上就只剩下"约翰·汤普森出售各式礼帽"和那顶画的帽样了。

"出售各式礼帽？"最后一个朋友对剩下的词也不满意。"谁也不指望你白送给他，留那样的词有什么用？"他把“出售”画去了，提笔想了想，连“各式礼帽”也一并“斩”掉了。理由是：“下面明明画了一顶帽子嘛！”

等帽店开张招牌挂出来时，上面醒目地写着：“约翰·汤普森”几个大字，下面是一个新颖的礼帽图样。来往顾客看到后没有一个不称赞这个招牌做得好的。

听着这个故事，自负、焦躁的杰弗逊渐渐平静下来——他明白了老朋友的意思。结果，《宣言》草案经过众人的精心推敲、修改，更加完美，成了字字金石、万人传诵的不朽文献，对美国革命起了巨大的推动作用。关于起草者的这个故事，也因此而流传下来。

说服人时如果直接指出他的错误，他常常会采取守势，并竭力为自己辩护，因此，最好采用通俗的比喻，用间接的方式让他了解应改进的地方，从而让他达到转变的目的。

与陌生人交谈的沟通技巧

虽然有电影警告我们“不要与陌生人说话”，但事实是我们一生的“非陌生人”，哪一个又不是源于“陌生”？

运用称谓，看起来似乎是一件再简单不过的事。其实，它在语言艺术中，却是不可掉以轻心的一个关键。

有一次，一位心理学家应邀到一处少年管教所为犯错误的青少年辅导。当他面对年纪轻轻的罪犯时，一时间不知道该怎样称呼对方。

如果称对方为犯人，必然会让对方产生反抗心理，对辅导教育反而是不利的；称先生，显然也不合适，最后他用了“误触国家法律的年轻朋友”这一个特别的称呼。谁知，这一称呼竟收到意想不到的效果，这些青少年罪犯听到这一称呼时都专注地凝视着他，有的还激动得哭了。辅导自然收到了很好的效果。

我认识一位善于演讲的作家，他曾和我分享一个令他印象深刻的心得：针对不同的听众对象（不同职务、性别、年龄等），选用适当的称呼，要比千篇一律地称“朋友们或听众们”的效果好得多。

如果面对的是青年听众，那么“青年朋友们”的一声称呼，就是把自己和青年置于平等的地位之中；对大学生称之为“未来的××师，××家”，确实更能激发他们的自豪感；把护士称之为“白衣天使”，尊敬之情溢于言表。

凡此种种，随情适景的称谓，无疑会使双方在感情上更为接近。

在人际交往中，“我”字是经常会讲到的。但“我”字怎么用，却大有学问。

“我”字讲得太多，过分强调，就会给人突出自我、标榜自己的印象，这会在对方和你之间筑起一道防线，形成障碍，影响来往的深入。因此，会说话的人，在语言传播中，必须掌握“我”字运用的分寸。

方法之一是少用“我”字，多运用复数或省略主词。譬如：“我对我们公司的员工最近做过一次调查统计，（我）发现有40%的员工对公司有不满情绪，（我认为）这些不满情绪来自奖金的分配不公，（我建议）是不是可以……”

第一句用了“我”，主词已经很明确，那么后面几句中的“我”不妨统统省去。这对句子意思的表达毫无影响，且能使句子显得更简洁，避免不必要的重复，还能使“我”不致太突出。

方法之二是配之以平稳和缓的语调以及自然谦和的表情动作。具体而言，讲“我”时，“我”字不要读成重音，语音不要拖长，目光不要咄咄逼人，表情不要眉飞色舞，神态不要得意扬扬，语气也不要过分渲染。应该把表达的重点放在事件的客观叙述上，而不要突出做这件事的“我”，更不要使听的人觉得你高人一等，是在吹嘘自己。

方法之三是以“我们”一词代替“我”。以复数的第一人称代替单数的第一人称，可缩短双方的心理距离，促进彼此情感的交流。

在与不熟悉的人交往的过程中，巧妙的提问不仅能起到投石问路的作用，还能使交谈随着自己希望的方向一层层展开，达到相互沟通的目的。

有的人问话一出，便立即打开了对方的话匣子，双方相见恨晚，成了好朋友；有的人问话一出，却使对方无言以对，使场面变得尴尬，双方只得以“再见”收场。可见，发问也是一种说话艺术，对“拉近”双方的关系起着很重要的作用。

一家饭店招聘服务员，有两位年轻人来应聘。

第一位应聘者这样招呼光临的顾客：“您好，您吃鸡蛋吗？”顾客摆了摆手，似乎答不出来，对话就此结束了。

第二位应聘者这样招呼光临的顾客：“您好，请问您吃一个鸡蛋还是两个鸡蛋？”顾客笑着回答：“一个鸡蛋。”

可见，第二位应聘者的说话策略相当成功。他在这里运用的是限制性提问。这类提问有两个特点：一是在提问中便限制了对方可能做出的回答，有意识、有目的地把对方的思路引向提问者所希望的答案上。二是这类发问能使对方从中感受到提问者的诚意，在心里有融洽、亲切之感，觉得盛情难却，不好意思拒绝，即使原来想拒绝，也会不由自主地改变主意，顺着问话人的意思做出答复。但这类提问一般只适用于预期目的十分明确的情况下，如果情况不很了解又无明确的目的，就不宜用这类提问方式。

情况不是很了解又无明确目的的时候，提问的范围宜大不宜小，宜活不宜死，必须给对方的回答留有自由选择的余地。这时，暗示性提问也是常被采用的方式。

如果你住在学生宿舍，别人用了你的洗脸盆，用完后忘了把水倒掉，于是你便很有礼貌地问了一句：“请问您……洗脸盆还要用吗？”那效果总要比直接问“你怎么还不把洗脸水倒掉”，或者说“请快点把洗脸水倒掉”好得多。

暗示性提问的特点在于婉转含蓄，不会使对方感到难堪，可以因此避免许多误解和矛盾，有时还会使对方觉得你很有礼貌、有教养，进而产生好感，从而使双方的来往更加密切。

在人际交往中，除了上述谈到的投其所好、寻找对方感兴趣的话题以外，与其相类似的还有“借力使力”法。你可以因人因事因物，就地取材、就近取材，以特定的物和事作为引发交谈的“因子”。

比如一个陌生人手里拿着一份报纸，你如果想结识他，便可以以报纸作为媒介，对他说：“对不起，打扰一下。请问您手里拿的是什么报纸？有什么重要新闻吗？”这样，你与他的对话就有了触发的可能。

在与陌生人打交道的过程中，常常会遇到鸡同鸭讲的状态，这时就需要灵活应变，另辟蹊径，寻求话题的转机。

1984年美国总统里根访华前夕，根据顾问们设计的步骤，他先与一位大学毕业的中国留美学生通过电话，告诉对方他将访华的消息，问对方有什么需要他转告母校的。

这位学生在毫无心理准备的情况下，突然接到里根总统本人的电话，顿时慌张失措，紧张得说不出话来。

里根知道“此路不通”，立刻调转话头，亲切地问：“你来美国有多长时间了？生活过得习惯吗？”

对方顺着里根的问话，从这些日常小事谈起，情绪逐渐平静下来。里根接着再趁势自然地把话题转回到原来的话题上，这位学生也很高兴地请总统转告他对祖国人民及母校师生的问候。这个电话发展至此才获得了预想的结果。

转换的话题能否起到“山重水复疑无路，柳暗花明又一村”的效果，其关键在于当事者能否善于从第一回合的接触中撷取经验，做出正确的判断，弄清楚对方的心理、性格、素养等特点，找出能被对方接受、理解，又能为谈话打开出口的话题。

因此，话题的转移不是随心所欲的，也不仅仅是为了无话找话说，而必须是为展开原来的话题创造有利条件、铺平道路。因此，新话题的切换，必须有的放矢、目标明确，加上通盘考虑，才能达到事半功倍的效果。

一般来说，处于不平等地位的人际往来，在接触的初始，往往会具有一种紧张的心理状态。

这种状态的存在常常成为双方接近的障碍，但是只要通过适当的语言，转移对方的紧张情绪，便能消除这种障碍。

消除对方紧张心理的方法有很多，如前面列举的美国总统改变自己的态度和使用鼓励性的言语，就成功转移了对方的紧张情绪；而幽默风趣的话语只要运用得当，也能在自己和不熟悉的人之间架起一座桥梁，使双方的情感很快建立起来。

转移紧张情绪的方法尽管很多，但如果没有对人的平等和尊重的思想感情作基础，就很难收到好的效果。

在日常交往中，如果遇到一个并不十分熟悉的人能叫出你的姓名，你就会对那个人产生一种亲切感。相反的，如果见了几次面，对方还是叫不出你的名字，便会产生一种疏离感、陌生感，增加双方的心理隔阂。

在人们的心目中，唯有自己的姓名是最美好、最动听的。许多事实也已经证实，在公关活动中，广记人名，有助于公关活动的展开，获得成功的机会也比较大。

有一个人叫小吉姆·法里。此人从来没有上过中学，但是在他46岁时，已经有4所学院授予他荣誉学位，他也成为民主党全国委员会的主席，美国邮政总局局长。

卡耐基去访问小吉姆·法里，请教他成功的秘诀。他说："工作卖力。"卡耐基说："别开玩笑啦。"

小吉姆·法里接着反问卡耐基："那你认为理由到底是什么？"卡耐基回答："我知道你可以叫出一万人的名字。"

"不。你错了，"他说，"我能叫出五万人的名字。"不要小看了这一点，法里先生的这个能力帮助罗斯福进入了白宫。

美国前总统罗斯福在一次宴会上，看见席间坐着许多不认识的人，他找到一个熟悉的记者，从记者那里一一打听清楚了那些人的姓名和基本的信息，然后主动和他们接近，并准确地叫出他们的名字。

当那些人知道他竟是著名政治家罗斯福时都大为感动。从此以后，这些人都成了罗斯福竞选总统时的忠实支持者。

与不同人沟通需要区别对待

在人际沟通中，如果你稍微留心一下，就可以把人们分成三种：爱说话的人、爱听不爱说的人、不爱说也不爱听的人。

下面我们来具体讨论一下如何应对这三种人。

一 爱说话的人

这种人最容易应对，你只要用一两句话逗引他，他便会一直说下去。对这种人，你要有足够的忍耐功夫，不管他说得怎样，你都要耐心地听着，哪怕你一句话不说，他也会把你当作知音。

二　爱听不爱说的人

这种人比较难应付。他生性虽不爱说话，却十分喜欢听别人说话。本来人是少说话为好，因为听话容易，而说话能讨好别人却不容易。但如今你碰到了对头，你要不说，这场面就难以维持下去，那么你就得小心了。

你可以由头到尾包办说话，但你要牢记，你是说给对方听，不是说给自己听。因为，问题在于你不能只图自己痛快，而必须顾全到对方的兴趣，你要为听者着想。

首先，你要先探出对方有没有兴趣（用几个回合的对答就可以探出来了），然后选择有兴趣者谈下去。一般人愿意听你的谈话，大多因为你有某种可值得听的东西，比如，你刚从外地带回来很多消息，你的某些经验值得学习，你知道一些特殊的新闻，你对某一问题具有独特的见解……所以他才愿意耐心听你说。

但有一点要注意，说一个题材时要适可而止，不可拖长，否则会令人疲倦。说完一个题材之后，就要另找新鲜题材，如此才能把对方的兴致维持下去。

其次，在交谈当中，你必须时常找机会诱导对方说话，像说到某一部分征求他的意见，或谈到某个问题时请他发表自己的见解等，要使对方不至于呆听，才不失为一个善于说话的人。

自己包办了大半的发言机会，是不得已时才偶一为之的方法，要是以为别人爱听自己讲话，或不管别人爱听与否，便随兴地说下去，那就违背谈话艺术之道了。

三　不爱说也不爱听的人

这种人通常坐在客厅的一个角落里，当偶然听见别人的哄笑声时，他也会跟着笑，但这笑显然是在敷衍，因为笑容随即收敛，他的眼光已经移到窗外或是墙上的一张字画上去了。

这是最难应付的一种人。虽然这种人绝对不会单独来看你，但要是在别人的家里遇到，或在宴会上刚巧他坐在你身边，那样你就不能不想个办法了。

首先你要明白，不爱听也不爱说的人是没有的，要是真有这种人，他一定终年躲在图书室或实验室里，不会出来交际应酬。为什么这种人如此落落寡合呢？大概有两种原因。

一个原因是，他可能是在一伙人当中年纪较大或较小，或学问兴趣不合，而同时在座的其他人则比较世俗一点。谈天说地，问题无非是饮食男女，可能会言语粗俗，言不及义，使比较有修养的人望而却步，所以他才独自躲坐一角。只要你知道症结所在，应付是不难的。你可以从几句问句中探明他的兴趣是什么，然后和他谈论下去。他见你谈吐不俗，在满堂混浊中一定会以你为知己，如此一来，僵局就打开了。

另外的一个原因是，他的思想并非特别高深，不过生来有点怪癖，与人难合，你用几句话探出其原因后，就可以采取另外的一种方法去应付他。

“贝克汉姆近来技术不行了！”比方你知道他对足球颇有兴趣，这一句是很好的激将法，因为十个足球迷有九个拥戴贝克汉姆，如此一来，他必不肯善罢甘休，你当然要在后来表示屈服，不过在战略上你已经胜利了。

这种激将法，同样可再用在对付学问高超，但生性却古怪的学者身上。“如果要提高中学生的语文水准一定要加强文言文的教育。”对于一个提倡白话文学的学者，这一句话是不能忍受的。于是你的目的又达到了。

在任何场合中，遇到任何人，谈话的方法都是要有成竹在胸，以备随机应变。

第二章

克服社交恐惧，培养倾听的技巧

善于倾听

善于倾听的人会赢得更好的朋友，因为你分享了他的欢乐、分担了他的忧愁。善于倾听的人，能够明白别人的意图，找到合适的应对之法。善于倾听，也意味着慎言，避免流言，不伤害自己，也不伤害他人。

大部分听人说话技巧高明的人，能不着痕迹地配合对方的喜怒哀乐。对方说到伤心处就随着哀痛，对方高兴也随着欣喜，整个人的感情都专注于对方身上，几乎抹杀了自己的个性。

环顾四周的人，其中一定有人值得你信赖，而你愿意向他吐露心事。这些人不仅会分享你的快乐、忧愁，而且会为你出主意或纠正你的错误。正因这些人能设身处地为你着想，你才会坦然将自己的心里话说出来。

的确，在得到对方肯定前，自己必须先肯定对方，多表明站在对方立场的态度，一定能听到对方更多的心事。心意是否能传达给对方，同时被对方所接受，完全掌握在你手上。

这是杨先生首次生产电插座时所发生的故事。当时对推销产品完全外行的杨先生，不了解自己所生产的插头能卖什么价钱，于是就请教某批发商如何直接定价。

他老实说自己不懂得价钱，所以无法决定，而批发商十分热心，帮助他算出零售价，并购买他的插头。如果这个批发商心怀不轨，一定会狠狠敲一笔，然而他并未如此做，反而表示："你的产品不错，可以卖这个价钱。"

杨先生对于批发商的态度十分感激，感到社会仍是温暖的。不过社会上也有黑暗的一面，有很多人因为上过当，从而养成处处防范他人的心理，这真令人痛心疾首。

不信任别人的人，对自己或周围的人均无益处，这是杨先生的看法。他还说过，我相信人间到处有温情，只要以诚待人，一定能获得相同的回馈。直至今天他仍然感谢那位批发商。由此可见，是"信任别人"的信条奠定了杨先生事业的基础。

而这信条也适用于听人说话方面。当对方热衷谈论经验时，你却以怀疑的口吻反问："是吗？"或凭自己的意思判断对方，甚至漫不经心。这种态度当然会影响对方，使对方逐渐减低谈话兴趣，并很快地结束谈话。

任何人都不会对不信任的人表白真心，顶多是说些无关痛痒的话，这种损失实在难以弥补。所以，我们必须相信对方，没有一丝作假，那么，对方自然会敞开心扉，表露出真实的一面。

沟通中插话有技巧

有位主持人曾在他自己的著作中提到“谈话与礼节”这个问题。书中表示，一般年长的人说话都倾向于“说教”，但仍须虚心地听。即使长辈表达得不完整，也应避免中途打断。

书中描述到有一天，我们聚在一起闲谈，天南地北扯不完。记得一位长辈向我问话时，我不待他问完即打断，说：“你是不是要问我……”对此，他并未显露出不悦的表情，只是暂时打住问题而听我说。

他掌握时机分秒不差，不由得叫我佩服得五体投地。他配合当时的情况，先让给我发表意见的机会，然后才由自己继续未完的问题，听人说话技巧的确高人一筹。毫无疑问，说者往往会受听者的礼节与情感所引导。

交谈中需相互交换意见，才能进行顺利。应在坦诚谈话并表示了解后，才陈述自己的意见。倘若不遵守这原则，可能会造成各说各话的情形，以致谈话不投机，有害人际关系。

然而，我们常因热衷于谈话，而忽略了这个原则。虽然完全没有恶意要抢先，却会发生打断对方谈话的情形。比方说，对方正在提问题时，你打岔说："是啊，我也正想提这点呢。"或者对方反问之际，你连忙矢口否认："不！不！我将于这月中提出完整的计划。"打断对方而发表自己的意见。

像这样的谈话方法，最容易引起对方不满。应等候对方说完，才正式提出自己的意见。在表达本人看法前，必须用心听讲，充分显露出尊重的态度。应特别注意，听话有礼节是提高说话技巧的要素。

尤其是面对长辈或顾客时，更需具备这种礼节。举例来说，在发问中，对方说道："关于这点……"你应立刻停止发言而专心听对方说，这表示自己愿意帮助对方尽早解决疑问，决不能打断对方的话题。当然，更重要的是从对方谈话中掌握对方的意向。

倾听讲话要尊敬对方

人是理性的动物，同时也是具有感情的动物。在人的行为中，理性与感情哪一方面所占的比例大？关于这点，我们来听听美国某行为学专家的看法："人有时是理性的动物。但大部分行为是被冲动或偏见所支配，甚至是由胃痛或贫血等身体症状来决定行动的。"

根据这种看法，人的行为大致是由感情所支配，这点从日常生活中就能证实。例如，一般人与人交谈时，多以当时当事人的态度判断谈话内容的好坏，而不以谈话内容本身衡量。同样的谈话内容，如果谈话者态度良好，就认为"嗯，这个人说的很有道理"，但如果态度恶劣，便会产生类似这样的批判性反应："这个人光说不做……"

从这种心态看来，赢取欢心是使对方肯定自己谈话的必备条件。即使对方的谈话再无聊，也须装出很用心听的样子，因为人都对肯听自己说话的人有好感。

某位名噪一时的相声大师曾接受杂志访问，记者问：“大师，你说相声已久，听众们对你拿手的段子也都耳熟能详。如果你在说相声时，听众席传来嘘声‘怎么又是这出……’那么你做何感想？”这位相声大师莞尔一笑，不慌不忙地答道：“这对我来说根本无关痛痒，因为这表示听众对我的相声仍有兴趣。”

原来，大师最担忧的是听众不肯听他说相声而打呵欠。假如在表演中看到听众张大嘴巴打呵欠，一定令他当场愣住，再也说不出一个字。难怪有人说：“杀死相声大师不需刀，只需打三个呵欠即可。”

不仅是相声演员，一般人说话也同样会介意听者的态度。当对方眼神专注时，必然以为“他一定觉得我的话很有意思”。相反的，当对方转开脸，自然会想“他可能感到十分枯燥吧”。说者往往会以听者的态度衡量他对自己的感情。

因此，纵然说者言语无味，也决不烦躁、发出嘘声或打断，而应耐心地听完。如此必能打动说者的心，自然而然对你产生好感。起初，你或许会感到很没趣，但仔细听后，反而会接受对方，进而了解对方。一旦双方建立良好的人际关系，对方也能明了你的话。

而这种人际关系同样适用于家人之间。

大部分家长都会问子女："你喜欢爸爸还是妈妈？"据了解，以"我喜欢妈妈"这个答案居多。这是由于母亲时常听孩子说话的缘故。反观父亲，当孩子想自由自在地发表意见时，父亲可能会禁止："吃饭时不要讲话！"渐渐地，孩子就会疏远父亲。

最后再提醒一次，想要博取别人好感，不妨尝试多听对方谈话。

等待时机也是一种深交技巧

有位小提琴教授，他的教学方法独树一帜，对初学琴的学生不发给乐器，而要求他们默默地“听”人练习拉琴，直到学生的学习意愿达到顶点时，才让他们接触乐器练习，结果大部分学生能在短期内表现优异。

像这种情形也可运用于语言沟通方面。有些人急于表达自己的意见，却因表达不完整而焦躁。这时，听者与其不停地催促，不如静静地等候，如此反而能帮助说话者表达清楚。

为什么这种方法能奏效？我们都知道，听同样一个人说话，听者的反应常因说者当时的状况及谈话内容而改变。同理，说者的反应也会随着听者而起伏。如果听者反应太强烈，完全不考虑说者的立场，往往只能听到索然无味的内容。

好比鱼类和蔬菜有盛产期一般，说话也讲究时机。等待时机也是听话的技巧之一。齐女士为某杂志社撰写专栏，她教育子女很有一套，值得我们借鉴。关于孩子的服装或礼貌她从不干涉。比方说，上幼儿园的儿子毛衣前后穿反时，其他孩子妈妈一定加以纠正："赶快穿好，不然其他小朋友会笑你的。"但她却置之不理，就让儿子去上学。结果儿子放学回家时，毛衣已穿好，与早上出门时不同。这是因为儿子从其他小孩身上发现自己的错误而自动改正。有一次，儿子的裤子又前后穿反，由于没办法上厕所，第二天自然就穿对了。

的确，由自己发现错误并纠正，便不会再犯相同的错误。说话与穿着或礼貌相同，都需耐心等候时机到来，这点是不容怀疑的。

要是能等待，而不是催促说者，这样保证能疏解说者的紧张，听者当然就有耳福了。

专心听对方说话是一种高级沟通术

年轻人对松下集团的创始人松下幸之助大都不陌生。松下之所以成功，在于建立了庞大的销售网络。然而，在建立目前稳固的销售体制前，他也曾经历了几次经营上的危机，所幸他都克服了。

松下所经历的危机中，尤以1965年开始的经济低迷期最严重。那次危机连带影响松下电器销售行和代理店，使之都陷入困境。当时，松下为改善情况，决定彻底检讨整个销售体制。但却遭到部分销售行和代理店的反对，而且反对的声浪日渐高涨。

于是，松下召集1200家销售行的负责人，由持反对意见的负责人一一发表意见。然后才轮到他本人发言，他采取温和的态度，详细说明新的销售方式。由于松下谦和的应对，终于获得全体与会负责人的支持，同意推行新方案。

日本前首相田中角荣是“名嘴”，他同样具有特殊的说服力，尤其在地方上做街头演说时，更是倾倒所有在场的听众。

为什么他的演说如此具有魅力呢？仔细加以分析，是由于他有“听话”的涵养。

据说，他十分重视民意，每天都会接见陈情的百姓，而且对每个人一视同仁，再细微的事也会照办。但真正使演说成功的因素，却是专心倾听意见与谦虚的态度。

不可否认，唯有听人说话，别人才能接纳自己的看法。如此双方必能产生信赖关系，使说话具有说服力。以上两个例子告诉我们，听别人说话，是与人沟通时必须采取的基本态度。

“听”出对方的“话外之音”

每位推销员都经过严格的职前训练，他们都熟知如何抓住顾客的心理。除非把他们挡在大门外，否则很容易掉进陷阱，卷入一场拉锯战中。

一般对商品知识完全外行的家庭主妇，碰上口才高明的推销员只有听的份儿，加上推销员利诱，如什么永久售后服务、可获赠品等，到最后一定会掏出腰包。而推销员决不放过任何机会，所以顾客难逃他们的算计。

“也不知道是为什么，他说得头头是道，一不留神就买下了。”这位太太似乎很后悔，后悔不该买下产品。为避免发生这种情形，听者与说者之间应保持适当距离。

尤其是顾客更须冷静，然后竖起耳朵，仔细听推销员说些什么，而避开不谈什么。推销员当然是强调优点为主，消费者本身须听清楚，便于判断是否要买。

比方说，该产品的使用价值、性能等，当然还要考虑是否真正需要。一切都确定后才能买下，如此才不至于为买到不用的东西而懊恼。

不仅对待推销员如此，应对一般人也必须掌握这个原则。因为有些人说话常拐弯抹角，而不直接表白，使听者需连蒙带猜才能明白。举个简单的例子，原本直接说明真相可能会遭受指责，但以其他言词代替，情况可能有所转变。

推敲说者真正的意思，也是学习听话技巧的方法之一。只要集中精神听人说话，自然能听出内容以外的意义，也能认清对方的真面目。

不久前，某著名百货公司因经营不善而宣告破产。据了解，该公司的董事长作风独裁，由于是白手起家，对别人要求也特别严格，尤其是对待属下。长此以往，属下为避免董事长的责备，经常隐瞒事实，只报告董事长所喜欢的。

像这种情形，最常见于老板独裁的公司。属下为讨老板欢心，通常只上呈有利于自己的报告，等到老板发现时，公司或许已濒临危机。这当然与老板的听法有关，他无法区别报告中的“真实性”与“主观性”。

注意真实性

人们在发言时难免会掺杂主观成分，所以听者须注意其中的真实性。例如向上司作报告，任何人都想获得好评，往往会在事实的基础上，加上自己的观点。

又如汽车公司推销员，预先报告销售成绩是常有的事，这是因为想博取上司赞赏或向同事炫耀。

基于这种心理，听者听人说话时，应从对方谈话中确定是否可靠。倘若无法区分真伪，不妨要求对方提出证据，这样就能辨明真伪。

当然，年轻朋友之间闲聊，可不必介意是真是假，但如果是重要的工作报告，务必向对方取得证据，以确保内容的真实性。

不可先入为主

此外，听人说话前不可抱着先入为主的观念。上司听属下报告时，时常会出现这样的情形：“这家伙的话不能相信，我要特别当心。”如果采取这种态度对待属下，结果往往会犯下严重的错误。

关于这点，再以刑警和新闻记者为例。按常理，他们须到现场勘察，再对整个事件做分析整理。不过，如果事前已听到属下或同事谈起，再到现场时，不免就会先入为主，误认事实的真相。

连这些受过专门训练的人都可能会犯这种毛病，何况是一般未接受专门训练的人，误认事实的比例当然更高。

据此，判断说者的话或报告书之前，必须先区分哪些是事实，哪些是主观臆想，同时须一面听一面整理，才能掌握真实的内容。

对方谈兴正浓时，别打断

喜欢炫耀嗜好或专长是一般人的心理。然而，炫耀之心被人看穿后却会腼腆，并且想尽办法保护自己的良好形象。因此，即使想大声炫耀时，也会谦虚一番才开始谈论。

如果能利用这种心理，让对方开心地谈，对自己也有好处。例如在洽谈生意时，不妨让对方畅谈自己的癖好，而你则拼命点头称是，表现出敬佩的样子，在对方获得心满意足后，自然可促成交易成功。

在工作上普遍受人欢迎的人，多是具有听话技巧的人。老王是某公司的职员，他就是因此而人缘极佳。例如，星期一上班时，他看到上司晒黑了，便自然地比划出握网球拍的动作，两人的话匣子就此打开。刚开始时，上司可能会不好意思而客气地说“其实我昨天收获不错”，但很快就进入情况，不时会露出得意的表情。

由于老王是如此善解人意，大多数同事乐于找他谈话，他不但不厌烦，还会给予精神上的支持，难怪会大受欢迎。他就是以“听话”增加与人的亲密感的。

接着，谈谈听话技巧，与人交谈时，应扮演听众的角色，不要炫耀自己。比方谈到运动，听者同样善于此道时，但仍需耐心听完，如果从中插嘴，自吹自擂一番，将使对方因泄气而没兴趣再说，甚至会嘀咕“这家伙不可等闲视之”或“年纪轻轻的就这样神气”，从而引起反感。像这样的谈话态度，肯定不能与人和睦相处。基于这点，在谈论对方擅长的话题时，听者应暂时保持沉默，安静地听完，而不宜中途插嘴，摆出强者的姿态，否则只会一时感到得意，却可能会损失无价之宝——友谊。

第三章

克服社交恐惧，培养谈吐内涵

社交的前提是注意自己的知识积累

每个人的经历不同，各有一个生命仓库，这个仓库储藏了我们的记忆、经历和感情。无论是写文章还是说话，都要仓库里有货。要想提高自己的说话能力，首要任务是充实自己的生命仓库。

胸无点墨的人，不可能对答如流。学问是一种利器，有了这宝贝，一切都会迎刃而解。平常的说话，并非必须要对专业学问有精湛的研究，但是所谓“常识”却是必须具备的。有了一般“常识”的学问，再加上巧妙运用，跟任何人聊10分钟就不难。

每天的时事新闻，每月的知名电影，市面的畅销图书，都是必须了解的，这是基本的准备工作。如果你想在谈话中给人留下深刻印象，世界的动向、国内政治形势、一般经济状况的趋向乃至科学界的新发明、新发现和世界所注目的地方或新闻人物，以及艺术名作、流行思潮的转变、电影戏剧新作品的内容等等，也都必须有所了解。

切忌对每一种人都谈同样一件事情。一个研究科学的人通常不会对做生意产生兴趣；同样，对一个生意人谈哲学道理，十有八九会冷场。遇到屠夫就谈猪肉，见了厨师就谈烹调，如果屠夫和厨师都在座，不妨谈排骨的几种食用方法，这样保证不会冷场。可见，为了应对社会上形形色色的人，你就要具备多方面的知识。

如果你能做到这一点，那么应对各种人物自然轻松愉快。虽非样样专长，但运用全在你自己。你不懂法律，但遇到律师你不妨和他谈最近发生的某件案子，你提供案情（这可能是你从公众号上读到的），其余的专业法律问题让他说好了。

有一家美容院，生意兴隆为当地行业之冠。有人去了解其中的奥秘，店老板坦白承认，完全是因为他的美容师在工作时善于和顾客攀谈。但怎样使美容师善于谈话呢？

“简单得很，”店主人说，“我规定美容师每天下班后都要阅读几个有趣的公众号，涉及最新趣闻、最新电影评论，在每天的早会上我会抽查三四个，说不出来的要做100个俯卧撑。这样坚持了一个月后，他们都懂得了很多新鲜有趣的话题，服务时能跟顾客聊得非常开心。”

这不过是千百个例子中的一个。知识是任何事业的根本，你要使谈吐能适应任何人的喜好，就要多读书报杂志，把天地间的知识储备在你脑中，到用的时候，则可选择整理，与人对答。

选择良好的说话素材让谈话更加高效

有时候短短一句话，能凸显一个人一生的准备。

对于谈话的题材和素材，一方面要懂得去吸收，另一方面要懂得去应用。懂得去运用，即使是一句普通的话，往往也能收到惊人的效果。

百扣柴扉十扇开

从前有个教育家，为了要按他自己的理想办一所学校，他动员他的朋友们帮助募捐。

开始时，募捐是很困难的。他的一个朋友打算放弃这项工作，并且引用“十扣柴扉九不开”来说明募捐困难的情形。“十扣柴扉九不开”真是把募捐困难的情形形容得恰到好处。听起来，让人多么灰心丧气啊。

但这位教育家把这句话从另外的角度去阐述，于是便得到完全相反的效果。

他说："不错，我们现在的情形是'十扣柴扉九不开'，可是这也就是说十扣柴扉有一扇是开的。那么，我们要敲开十扇门，只要努力一点，多敲几十扇门就是了。"

于是他把"十扣柴扉九不开"这句话，改为"百扣柴扉十扇开"，以此来鼓舞他的同人，最终完成了募捐建校的任务。

这个例子可以帮助我们学会如何去应用材料启迪我们的思维，使它灵活起来。

不要把学到的东西像背书一样复述

当我们说一句话的时候，并不是像背书一样把记得的话像鹦鹉学舌一样地复述出来，而是要应用这些话来表示我们的看法和态度，这样别人才不会觉得我们是书呆子。

你每日所遇见的各种可以作为谈话的题材和资料，绝不仅仅是一种谈话的题材和资料而已。每一件事，每一句话，都在向你说明些什么，都在向你提供一些对人对事的看法，都在影响你对人生的观点与态度。在你吸收它们的时候，你可能是毫无主见地去吸收，而在你应用它们的时候，你就不应该是毫无选择地去应用。

在你吸收它的时候，你是用你的观点和态度去衡量它。你的耳朵听到一句话，你的心立刻对它表示了态度：喜欢它或不喜欢它；同意它或是不同意它。

同样，在你应用它们的时候，你也必须加入你本人的看法。你对人对事的看法会在不知不觉中渗透到你的谈话中。

训练口才与应用口才，也是要看你对整个人生的态度，并没有常例可依循。

善于运用说话素材

存在于“冷场大师”“尬聊专家”之中的一个最普遍的误解是：以为只有那些最不平凡的事件才是值得谈的。

当你想与人交谈时，你会在脑子里苦苦地搜索，想找一些怪诞不经的奇闻、惊心动魄的事件，或是令人神经错乱的经历，以及令人兴奋刺激的事情。

当然，这一类事情，一般人会很感兴趣。能够在谈话的时候讲出如此动听的事，对听的人或是对讲的人，都是一种满足。

可是这一类的事情并不多，一些轰动社会的新闻（例如美国9·11事件、安徽毒奶粉事件等），不用你来讲，别人已经听过了。即使你亲身经历过的比较特殊的事件，你也不能拿它到处一讲再讲。还有在某一个场合很受欢迎的故事，在另外一些人的面前，并不一定会受欢迎。

因此，如果你认为只有那些最不平凡的事情才值得谈，那你就会经常觉得无话可谈。

其实，人们除了爱听一些奇闻轶事之外，也很愿意和朋友们谈一些日常生活中的普通经验。例如，小孩长大了，要选哪一家学校比较好；花木被虫子咬了应该买什么样的杀虫剂；这个周末有什么好电影看。这些都是很好的谈话题材，也都能使谈话双方产生兴趣。

所以，当你的脑子里并没有准备好一些奇闻怪事时，你也不必保持缄默。日常生活里充满了可以谈话的题材，只要你关心一切日常生活的事情，你就不难找到使大家都有兴趣的谈话题材。

不少人有一种误解，以为必须谈些深奥的、有学问的题材，才能够受人尊敬。他们常常想跟别人谈一些很抽象的哲学理论或是什么高科技的问题。但这些问题，即使你准备得很充分，也很难找到和你有同样兴趣的谈话对象。因此，在大多数的场合，你就会觉得无话可说了。

事实上，几乎任何题材都可以是良好的谈话资料：

你可以谈足球、篮球和其他运动；

你可以谈食物、谈饮料或谈天气；

你可以谈生命、谈爱情或谈理想；

你可以谈同情心、谈责任感或谈真理；

你可以谈证券市场、谈所得税或谈流行的服装；

你可以讨论书籍、戏剧、电影、广播的节目，国际上的新闻，或地方上的问题；

你可以交换一下关于某个故事或是某个人物的意见；

你可以复述一下你在某个杂志上面看到的一篇论文的要点。

诸如此类，都是很好的谈话题材。这里只是略举一些以引发你的想象，实际上，谈话题材比这里所提到的何止多上千万倍。

忠言不必逆耳说

青年人大多眼里容不下一粒沙子，口里藏不住一句话，看到认为不对的事情就忍不住大加鞭挞，并自己安慰自己，说什么“良药苦口，忠言逆耳”。

其实，有时候良药未必苦口，忠言也未必逆耳。把良药弄成苦口，以致病人怕吃，是医学不发达的表现；把忠言弄成逆耳，以致使犯错的人不能接受，是说话之人的过错。

我们都有这种经历，并不是不愿意听取别人的批评，也不是不能接受批评。有时，还真希望有人来指点指点，我们看书请教别人，我们做了事情、说了话、写了文章，自己不会或不敢下判断，这时候我们何尝不希望有人能站出来告诉我们哪点好，哪点坏。有的时候，因为别人能够忠实地、大胆地指出我们许多错误，而对他感激涕零，永世不忘。

可是，有些批评，我们听了却觉得难受、委屈和气愤，感到自尊心、自信心都大受打击。

同样是批评，为什么会产生两种效果呢？关键是别人对我们的同情与了解的程度深刻与否。我们始终欢迎的是那些了解和非常同情我们的人，对我们进行坦诚而又充满热忱的批评。卡耐基在《美好的人生》中就有这样一句话："如果你是对的，就要试着温和地、技巧地让对方同意你。"

苦口的良药和不苦口的良药放在一起，每个人都会选择不苦口的良药。逆耳的忠言和悦耳的忠言比较起来，悦耳的忠言也许永远占上风。

近来医学发达，大概苦口的良药渐渐被淘汰了。有些仍然是苦口的，但在苦口的良药外面，大多也有一层"糖衣"。而我们的逆耳忠言外面，一样地需要加一层"糖衣"。那就是同情和了解，坦诚和热忱。

其实，用"糖衣"来比喻同情和了解不太恰当。"糖衣"虽然是甜的，但"糖衣"底下仍然是苦的，把苦药放在口里多嚼一会儿，"糖衣"被口水溶化了，下面仍然是苦得使你要把它吐出来的良药。

而对人的同情与了解，和我们的忠言的关系，绝不同于"糖衣"和苦药的关系。"糖衣"与苦药是一种表里的关系，而同情与了解，和我们的忠言却是交融在一起的。同情与了解是我们忠言的核心。

忠言，是建立在对人的同情与了解的基础上，你的忠言，被人听进耳，记入心，咀嚼得越透，领会得越深，别人就觉得你对他的了解越透彻，觉得你对他的同情越深厚。

可以这么概括地说：对别人的忠言，我们不必计较它“苦不苦”“逆耳不逆耳”，只要它的确是“忠言”。而我们自己讲给别人的忠言，还是尽可能包上“糖衣”。因为在沟通中，也非常需要“严于律己，宽以待人”。

第四章

克服社交恐惧，三思而言

回话因人而异，考虑对方性格

在沟通中，回话没有固定的模式，要考虑到沟通的相关因素，沟通对象的性格，就是其中很重要的因素。对待不同性格的人，在回话上应该有明显的区分。

有的人性子慢，有的人性子急。慢性子的人随和稳重，不急不躁，做起事来慢条斯理，就是俗语说的“火上房不着忙”。在回话的方式上，就要针对对方“慢”的特点，回话时考虑的时间可以加长，而不是对方一说完，你就马上回答，否则，容易给对方造成压迫感；而急性子的人，一般做事风风火火，注重效率，不喜欢拖泥带水，所以，遇到急性子的人，回话就要快一点儿，不要拖拖拉拉、拐弯抹角。

有的人性格腼腆，自尊心很强，遇到这样的沟通对象，回话时就要含蓄委婉，不能口无遮拦，更不能开一些过火的玩笑，这样会让对方觉得伤了面子，甚至对你产生反感；有的人生性随和，大大咧咧，不拘小节，遇到这样的沟通对象，回话就可以直接一点儿，甚至可以调侃逗趣，因为对方不会生气，反而会觉得你合乎他的脾气，把你当作知己。

春秋时期的教育家孔子就已经认识到回话要考虑对方的性格，他在回答不同学生的提问时，就非常注意考虑对方的性格。

《论语》里记载着这样一个故事：

有一次，学生子路问孔子："老师，听到了什么就要马上行动起来吗？"孔子回答说："不能。父亲和哥哥还在，怎么能马上行动呢？应该请教一下父亲或哥哥。"学生冉求也问孔子同样的问题："听到了什么，就要马上行动起来吗？"孔子回答说："那当然，听到就要马上行动，怎么能拖延呢？"孔子回答两个学生的话被公西华听到了，公西华感到非常疑惑，就问孔子："子路问听到什么就行动起来吗，您说'有父亲和兄长在世'，不能马上行动；冉求问听到什么就行动起来吗，您却说'听到什么就要马上行动起来'。我不理解您对两个人说的话为什么正好相反，所以冒昧地请教老师。"孔子说："冉求做事不够果断，喜欢退缩，所以，我用肯定性的回答给他壮胆，鼓励他自信勇敢一点儿；子路好胜心强，胆大勇为，所以，我用否定的回答劝他谦退，让他做事要三思而行。"

这个故事告诉我们，在回话的时候，要讲究因人而异，根据不同的性格来决定回话的内容。如果不注意因人而异，就很容易说错话，达不到沟通交流的目的。

凡一是一位年轻的销售员，平时说话不太注意说话方式，不管对方是谁，是什么性格，他总是大大咧咧，嬉笑调侃，百无禁忌。有一次，外地一个客户给他打来电话说："凡一啊，好长时间没联系了，是不是很忙啊？我上次进你的那批货已经卖完了，什么时候能给我再发一批货啊？"凡一一听是宁波的张老板，想也没想就大大咧咧地说："哈哈哈，是你小子啊！要补货怎么不早和我说呢，你不说我怎么知道那批货什么时候卖完啊！"事实上，张老板年纪比凡一大了十多岁，性格也比较古板，凡一居然毫无礼貌地叫他"你小子"，这让张老板听了很不高兴，但他还是强忍着说："我整天帮你卖货，我是为你打工啊，你也得多关心一下我们这些零售商啊！"凡一说："不就是补货吗，你小子别说没用的，就说补多少吧，我还忙着呢！"张老板一听，再也受不了了，"啪"的一下就把电话挂了。从此，凡一失掉了这个客户。

其实，凡一在接到张老板电话之前，刚和另一位客户聊完，那位客户就是个不拘小节的人，很爱开玩笑，凡一也是这类人，所以，他和那位客户聊得特别愉快。当他接到张老板的电话时，还沉浸在之前那种回话氛围里，可张老板是个讲文明、懂礼貌、自尊心强的人，凡一没大没小、粗俗随便的说话方式，最终惹恼了张老板，其代价就是失去了一个客户。

回话一定要看对象。凡一就是因为不懂得根据对象来回话，才失去了一位老客户。这个故事再次告诉我们，回话一定要看对象的性格，不要用同一种方式对待所有的顾客，俗话说“人过百，各种各色”，回话因人而变才是最好的选择。

在生活中，有一种人自我意识很强、自尊心很强，最听不得别人公然反对，觉得这样有损自尊心，让自己没面子。对待这种人，我们在回话时，就应多一些认同，多一些委婉的劝说，而且一定要保持礼貌的回话态度。这样才能与对方愉快地沟通。

即使对方的观点没什么道理，你最好也别直接否定他，不要说“你的想法错了”“我的办法更好”等，不妨说“你说的不无道理”之类的话，积极地接受对方的意见。

性格内向的人往往不太爱讲话，尤其是当你和他不熟悉时，他可能沉默寡言，这个时候你不用太着急，不妨多一些引导，一步步地激发他谈话的积极性。相反，同性格外向的人谈话，你就可以多一些倾听，鼓励他说话，在回话中多提一些问题，多开一些玩笑，营造轻松的谈话氛围。

或雅或俗，注重知识层次

佛教自东汉传入我国以后，迅速传播。东汉末年，有个叫牟融的学者，他对佛经有很深的研究。但是当他给儒家学者宣讲佛义时，却总是用儒家的《论语》《尚书》等经典来阐述道理，而不直接用佛经来回答。儒家学者对他的这种做法表示异议，牟融心平气和地回答：“我知道你们都熟悉儒家经典，而对佛经是陌生的，如果我引用佛经来给你们做解释，不就等于白讲了吗？”接着，牟融给他们讲了一个故事，进一步表明自己的观点：

古代有一位大音乐家公明仪，他对音乐有很高的造诣，弹得一手好琴，优美的琴声常使人如临其境。有一天，风和日丽，他漫步郊野，只见在一片葱绿的草地上有一头牛正在低头吃草。这清静怡人的氛围激起了音乐家为牛弹奏一曲的欲望。他首先弹奏了一曲高深的“清角之操”，尽管他弹得非常认真，琴声也优美极了，可是那牛却依然如故，只顾低头吃草，根本不理会这悠扬的琴声。公明仪很生气，但当他静静观察思考后，明白了那牛并不是听不见琴声，而是实在不懂得曲调高雅的“清角之操”。于是，公明仪重又弹了一曲通俗的乐曲，那牛听到好像蚊子牛蝇、小牛叫声的琴声后，停止了吃草，竖起耳朵，好像在很专心地听着。

这就是对牛弹琴的故事，比喻对不懂道理的人讲深刻的道理。现在也用来讥笑说话不看对象。人的知识水平、理解程度都不一样，所以说话也应该分清对象，针对对方的知识层次选择恰当的回话方式。

古时候，有一位书呆子，说话不看对象，总是咬文嚼字。

有一次，书呆子晚上被蝎子蜇了，疼得大叫起来：“毒虫袭吾，吾妻，速燃银烛，捕而杀之。”

妻子没听懂，疑惑地问：“你说什么？”

秀才说：“尔夫为毒虫所袭也，速燃银烛。”妻子眨巴着眼睛，半天还是没明白丈夫在说什么。

秀才急了，生气地说：“老婆！我让毒虫蜇了，快点灯看看是什么东西！”

妻子这才听明白。

这个故事提醒我们，说话一定要区分对象，要充分考虑沟通对象的知识水平、理解能力和接受能力，否则就无异于对牛弹琴，不但白费力气，难以顺利沟通，甚至还会出现偏差。孔子曾经说过：“中人以上，可以语上也；中人以下，不可以语上也。”意思是，和中等资质以上的人说话，可以告诉他深奥的道理；和中等资质以下的人说话，说深奥的道理他就很难理解了。

孔子带着他的学生周游列国，一路上十分辛苦。这一天，孔子一行人来到一个村庄，他们在一片树荫下休息，正准备吃点儿干粮、喝点儿水，不料，孔子的马挣脱了缰绳，跑到庄稼地里去吃人家的麦苗。一个农夫上前抓住马嚼子，把马扣下了。

子贡是孔子最得意的学生之一，一贯能言善辩。他凭着不凡的口才，自告奋勇地上前去说服那个农夫，意图争取和解。可是，他说话文绉绉，满口之乎者也，天上地下，将大道理讲了一串又一串，尽管费尽口舌，可农夫听得和他大眼瞪小眼，就是不明白他说的是什么。

有一位刚刚跟随孔子不久的学生，论学识、才干远不如子贡。当他看到子贡与农夫僵持不下的情景时，便对孔子说：“老师，还是我去试试吧。”

这位学生走到农夫面前，笑着对农夫说：“你并不是在遥远的东海种田，我们也不是在遥远的西海耕地，我们彼此靠得很近，相隔不远，我的马怎么可能不吃你的庄稼呢？再说了，说不定哪天你的牛也会吃掉我的庄稼哩，你说是不是？我们该彼此谅解才是。”

农夫听了这番话，觉得很在理，也就不再固执了，于是将马还给了孔子。旁边几个农夫也互相议论说：“像这样说话才算有口才，哪像刚才那个人，说起话来云山雾罩的，让人听不明白。”

通过这个故事，我们更加明白，说话必须看对象，否则，你再能言善辩，别人不买你的账也是白搭。

回话之所以是一种艺术，就在于灵活多变。在回话时，绝不能只按照自己的思路走，还要看对方是否听得懂，是否愿意听，听了之后是否愿意和你聊，这就不得不考虑对方的知识水平、接受程度。看对象的知识水平回话的人，才是有智慧的沟通者。

与人说话要区别听话人的知识水平。知识水平与人的经历、职业、文化教养等是紧密相关的。回应知识水平高的人时，就有必要在选词用句上下功夫，这既不影响对方的理解和接受，又能体现出一个人的知识水平，有利于拉近谈话者之间的距离。

弄清身份，小心直言贾祸

任何人在说话的时候都要考虑到彼此的身份。不分对象，不看对方的身份，都用一样的口气说话，是一种幼稚无知的表现。虽然身份的不同不会妨碍人际交流，比如下级对上级，晚辈对长辈，学生对老师，普通人对有名气、有地位的人，等等，不必表现得屈从、逢迎，但在言谈举止上有必要表现得更加尊重一些。在不是十分严肃隆重的场合，身份较高的人对身份较低的人说话越随和风趣越好，而身份较低的人对身份较高的人说话则不宜太过随便。尤其在职场上，下级对上级，回话时切不可肆无忌惮。

清朝乾隆皇帝有一次到镇江金山游览。当地的方丈派了一个能说会道的小和尚做向导。当乾隆皇帝上山时，小和尚边走边说："万岁爷步步高升。"乾隆听了很高兴。一会儿，下山了。乾隆皇帝有意试试小和尚的口才，便问：“你在上山时说我步步高升，现在你看我怎样？”小和尚不假思索，立即答道：“万岁爷后步更比前步高！”

乾隆的问话潜藏着陷阱，一旦说错话，小和尚就可能使龙颜不悦。小和尚很聪明，回话让乾隆无懈可击。下山时后面的脚当然比前一只脚要高，所以也暗含着“步步高升”的意思。这个小和尚能注意说话对象的身份地位，恰当用语，体现了他随机应变的智慧。

如果我们明知对方的身份和地位，还不注意回话的方式方法，那就大错特错了。

回话除了要看对方的身份和地位，还要看对方的年纪、职业，因为年纪、职业与身份联系紧密。

一个具有敬业精神、勇于开拓创造的人，喜欢听事业、工作方面的具体指导和建议；生活困难、穷困潦倒的人喜欢听扶贫济困、发财致富的信息。身份地位不同的人有不同的“兴奋点”，只有抓住这个“兴奋点”，才可以激发出话题焦点的“火花”，进而产生思想感情上的共鸣。

有的放矢，抓住对方心理

了解听者的心理，是掌握回话技巧的基础。我们只有在了解听者心理的基础上，才能正确地选择在某个场合该讲什么，不该讲什么，哪些话能够打动听众的心坎，能使听众产生共鸣，真正使谈话达到水乳交融的境地。

人的心理捉摸不定，较难把握，但是，在有些场合，人内心的东西又常通过各种方式而外露。善于观察听者的一举一动，并能据此加以分析和推测，那么，基本上就可以掌握听众的心理和情感。譬如，在讲话时，听者发出嘘声，说明听众不喜欢那些话；如果听者两眼注视，说明说话的内容非常吸引人；如果听者左顾右盼，思想不集中，说明他心里可能有其他事。当然，有许多人善于抑制自己的感情，不让它外露，但是，有时也会露出蛛丝马迹。

战国时，魏文侯和一班士大夫在闲谈。魏文侯问他们："你们看我是怎样的一位国君？"许多人都答道："您是仁厚的国君。"可一位叫翟璜的人却回答说："你不是仁厚的国君。"魏文侯追问："何以见得？"翟璜有根有据地答道："你攻下了中山之后，不拿来分封给兄弟，却封给了自己的长子，显然出于自私的目的，所以我说你并不仁厚。"一席话说得魏文侯恼羞成怒，立刻令翟璜滚出去，翟璜若无其事地昂然离去。魏文侯仍不甘心，他又接着问任痤："我究竟是怎样的一个国君？"任痤正在考虑如何化解魏文侯和翟璜的矛盾，听到魏文侯问他，就借机答道："您的确是位仁厚的国君。"魏文侯更加疑惑了。任痤说："我听说过，凡是一位仁厚的国君，其臣子一定刚直，敢说真话，刚才翟璜的一番话说得很直，而不是阿谀奉承之词，因此，我知道他的君主是位宽厚的人。"魏文侯听了，觉得言之有理，连声说："不错，不错。"立即让人把翟璜请了回来，而且拜他为上卿。

在这则故事中，我们可以看出任痤的机巧聪明，他善于抓住魏文侯愿意被人尊为仁厚之君的心理，从同一事件中巧妙地引出了有利的结论，化解了魏文侯和翟璜之间的矛盾。

每个人都有自尊心，而自尊心扭曲后即为虚荣心，有些人在虚荣心的奴役下生活，总是被虚荣心牵着鼻子走，最终失去自我。通常情况下，说一个成人自尊心特别强，往往带着一些贬义。而说一个小孩子自尊心很强，则一般是指这个孩子上进心很强。对于孩子而言，他们的自尊心无非就是想获得更多的进步，想得到父母或者老师的称赞，也想得到小伙伴们的羡慕。实际上，成人的自尊心偶尔也会表现出孩子的特点。在这种情况下，如果能够适当满足成人的自尊心，也许就能顺利征服他，让他对你心服口服，从而采纳你的意见或者建议。

当你面对的交谈对象是一个自尊心很强的人时，如果对自己又没有什么实质损害，那就没必要与其针锋相对，完全可以顺水推舟，适当满足对方的自尊心，也许很多难题就会迎刃而解，对方也会因此更加信任你、信服你。

露西是一家汽车公司的销售人员。这天，她接待了一个看车的顾客。这位顾客40岁左右，是一名女性，穿着非常普通。经过一番闲谈，露西得知这位顾客是一名家庭妇女，每日就在家做做家务，练练瑜伽，倒也逍遥自在。得知顾客姓张，露西便称呼她为张姐。张姐初次过来看车，只是走马观花。没过多久，露西打电话给她进行回访，她漫不经心地说："哎哟，你是露西啊。你看，我这几天忙着在做美容、逛商场，你要是不给我打电话，我都把买车的事情忘记了。"原本，露西很想说："你的心也太大了，买车居然还会忘记？"但是，她一想到顾客是全职家庭主妇，平日里一定很少有机会实现自我价值，就咽下了这原本要说的话，以温和的声音回应道："张姐，没关系的，你什么时候有空就过来，提前告诉我，我一定等着你。"直到半个月之后，张姐才又带着几个女性朋友来到汽车公司，而且也没有提前通知露西。得知张姐到了，原本休息的露西临时打车赶到单位，热情地接待张姐和她的朋友们。张姐对朋友们说："这就是露西，我和你们说过的。她服务态度特别好，你们要是买车，都来找她。"说完，张姐又装腔作势地对露西说："露西，你可别小看我这些朋友，她们个个都是富婆。"露西笑着说："张姐，您就算不说，我也不敢怠慢啊。我第一次见您，就觉得您气质高雅，料定不是凡人。果然，今天再看您这些朋友，每个人都是那么不同凡响。您放心吧，我一定竭诚为每一位姐姐服务。"露西的话让张姐开心极了，她和姐妹们在露西的接待下，看了几款车，又离开了。没过几天，张姐就给露西打电话，说要来交钱定车。原本对张姐觉得希望渺茫的露西，感到非常意外。后来，张姐才对露西说："露西，你是我见到的最有涵养的销售员，而且很给我面子。尤其是我上次带朋友来的时候，她们都说我运气好，遇到你这样像朋友一样的销售。你不知道，我去好几家汽车销售公司看过车，那些销售员不是对人爱答不理，就是说话阴阳怪气。你放心吧，以后只要是我认识的人买车，我都介绍给你。"露西很清楚，她之所以能够赢得张姐的认可，就是因为她始终真诚地为张姐服务。

在这个事例中，张姐就是典型的家庭妇女。露西的成功就在于她准确地把握了张姐的心理，从满足张姐被人尊重的需求出发，最终在给足张姐面子之后，赢得了张姐的心。

以情动人，减小沟通障碍

每个人都容易被真情所打动。在说服他人时，以情动人，说话才会更具说服力。

一位诗人在游览普陀山时捡到一本笔记本，扉页上写着一副对联："年年失望年年望，处处难寻处处寻"，横批："春在哪里"。再翻一页，竟是一首绝命诗。后来，这位诗人找到了这副对联的作者——一位神色黯然的姑娘，原来她考大学连续三年名落孙山，生活上又遭受挫折，感到悲观失望，准备"魂归普陀"。诗人先是称赞对联有文采，接着问："我替你改一改，你看如何？"然后深情地吟道："年年失望年年望，事事难成事事成，横批是'春在心中'。"听了这位诗人所改的对联，姑娘体会到长辈的关怀，向他倾吐了心中的郁闷。诗人邀她同游普陀，边走边热情地与她交谈，使这位姑娘重新鼓起了生活的勇气。

这个故事教给我们一个说服人的好方法，那就是以情动人。这位姑娘之所以绝望，就是感到天地之间没有真情，只有冷酷，因此萌生了轻生的念头。可是，她从诗人那里感受到了人间的温暖，她对未来的生活又充满了信心，由此可见“动之以情”的说服力。

战国时期，秦国攻赵，赵国向齐国求援。齐国要求赵国送赵太后的小儿子长安君到齐国做人质，否则将不会发兵救赵。可是赵太后深爱自己的儿子，执意不肯。满朝文武极力劝谏，却一点儿用也没有。最后，赵太后宣布：“谁要是再来劝我，我就把唾沫吐到他的脸上。”后来左师官触龙希望觐见赵太后，赵太后知道他也是来规劝的，于是就怒气冲冲地等着他来。

触龙小跑着来到宫中，向赵太后谢罪道：“我的脚有毛病，行动不便，因而好久没有来看赵太后，心里十分惦念，所以今天特来拜见您。”赵太后道：“我现在也得靠车子才能行动。”触龙又询问了赵太后饮食、饭量等其他一些情况，这个时候，赵太后见触龙不提要长安君做人质的事，怒气才有所缓和。之后，触龙又向赵太后请求能允许他的小儿子在王宫卫队里当一名侍卫。赵太后满口答应。“他今年多大了？”赵太后问道。“今年15岁了，尽管他现在年纪还小，我却希望在我死之前把他托付给您，为他安排好立身之处。”赵太后问道：“男人也疼爱他的小儿子吗？”触龙答道：“比起女人来，有过之而无不及。”赵太后笑着说道：“女人格外疼爱小儿子。”触龙说：“我私下认为您对您的女儿燕后的爱怜超过了长安君。”赵太后说：“您说错了，我对燕后的爱远远赶不上对长安君啊！”触龙说：“父母疼爱自己的孩子，就必须为他考虑长远的利益。当年燕后远嫁，您与她依依惜别，难舍难分。但每次祭祖的时候却祷告让燕后留在燕国，不要回来，这难道不是为她做长远打算，使其子女世世代代为燕王吗？”赵太后说：“是啊。”触龙接着说道：“但是，从这一代往上推到三代以前，一直到赵国建立的时候，赵王被封王的子孙的后人还有在的吗？”赵太后说：“没有。”触龙说：“不光是赵国，其他诸侯国君的被封侯的子孙还有在的吗？”赵太后说：“我没听说过。”触龙接着说：“难道是这些人君之子一定都不好吗？这是因为他们地位尊贵，却无功于国；俸禄优厚，却毫无功绩，而他们又持有许多珍宝异物，这就难免危险了。现在您使长安君地位尊贵，把肥沃的土地封给他，赐给他很多宝物，可是不趁着现在使他有功于国，有朝一日您不在了，长安君在赵国凭什么立身呢？我觉得您为长安君考虑得太短浅了，所以我认为您对他的爱不及对燕后的爱啊！”至此，赵太后完全接受了触龙的劝说，说道：“好吧，就按照你的意思把他派到那里吧。”于是，赵太后为长安君准备了上百辆车子，护送长安君到齐国去做人质。齐国也随即发兵救赵，从而击退了秦国的大军。

在封建时代，臣下进谏，稍有不慎就会招致祸殃，而触龙却能以巧妙的方式达到进谏的目的，确实令人称道。

触龙很理解赵太后的心情，他也深入地分析了当时的情形。所以，他在回话时努力营造出一种和谐的谈话气氛。如果触龙此时开口便谈让长安君做人质的事，很可能落入被赵太后唾面的尴尬境地。因为人生气时，是最不理智的，不但难听取他人的意见，而且很有可能把对方当作发泄的对象。精明的触龙避而不谈长安君之事，而是先用“缓冲法”，从请安和询问赵太后饮食入手，这就使赵太后放下戒备的心理，从而使赵太后怒气缓和，形成了和谐的谈话氛围，触龙游说的第一道障碍被巧妙地克服了，陈述自己意见的条件也就成熟了。接着触龙不失时机地用“引诱法”，以父母疼爱儿女的人之常情为契机，先从自己爱怜少子，想为他谋差事为话题，然后渐渐地引入赵太后爱女儿胜过儿子，当赵太后告诉触龙自己更爱儿子时，触龙便用具体事实说明赵太后更爱自己的女儿，懂得为女儿的将来着想，可是对于儿子就不是如此。经过一番陈述比较，赵太后明白了触龙的良苦用心，也接受了他的游说。就这样，赵太后答应将儿子送往齐国当人质。

由此可见，以情动人，确实是说服人的好方法，运用得好时，可以为自己赢取说话的优势，减少障碍。没有人是完全的冷血无情，没有人是真正的铁石心肠，人人都有一种渴望与人亲近的心理，只要你真诚地与他人沟通，定能化解那些不愉快的情绪，成功地达到沟通的目的。

第五章

委婉含蓄，轻松解决问题

迂回委婉，更易让人接受

生活中，谁都会有需求别人帮助的时候，即使你的需求是别人应该做的，在提出的时候，也要讲究技巧。同样的一句话，用迂回委婉的方式表达出来，有时就会比直白生硬的表达更容易让人接受。

对别人提出需求，必须讲究时机和技巧，否则可能会引起别人的反感，甚至被理解为无理取闹。只有有技巧地说出自己的要求，你的目的才更容易达到。

某银行有一名叫约翰的出纳员，他讲过一个自己通过迂回的方法赢得了一位比较固执的客户的故事。

有一次，银行来了一位年轻人，他要开个户头，约翰递给他几份表格让他填写，但这位年轻人断然拒绝填写有些方面的资料。约翰并没有生硬地强调这是银行的规定，而是循序渐进地引导这位年轻人，让他逐渐地认可银行的这些要求。

约翰先同意这位年轻人的观点，对那位年轻人说："说实话，那些你所拒绝填写的资料，其实并不一定非写不可。"接着，约翰话锋一转，"但是，如果你遇到什么意外，你想不想银行把你的存款转给你所指定的亲人？""当然想。"年轻人想也没想就回答说。"可是，我们不知道你亲人的名字，能按着你的意愿把钱转给你的亲人吗？"年轻人摇摇头说："不能。""是啊，"约翰说，"那你是不是应该把你亲人的名字告诉我们，以便我们到时候能够依照你的意思处理，而不致出错或者拖延？"年轻人点点头回答说："是的。"这个时候，年轻人的态度已经缓和下来，他认识到这些资料并非仅仅为了银行而留，而是充分考虑了客户的利益的。所以，他不但认真填写了所有资料，而且在约翰的建议下开了一个信托账户，指定他母亲为法定受益人。同时，他也填写了所有与他母亲相关的资料。

在这个事例中，聪明的约翰在客户拒绝填写一些资料信息时，不是以银行规定来要求客户填写，而是采取迂回委婉的方式，慢慢引导，让客户自己认识到填写这些资料信息的必要性，最后，客户高高兴兴地填写了资料信息。假如，约翰以银行的规定强迫这个客户，也许就会引起这个客户的反感，甚至拂袖而去，从而失掉一个客户。所以，我们在对别人提出需求时，如果迂回委婉，逐步引导，让人自发认可，就能为自己的意见争取主动权。推销商品也好，其他一切需要他人信服、支持的事情也罢，这一方法是很有效的。

曾经有一位年仅25岁的法国将军，他竟然能够让衣衫褴褛、饥肠辘辘的意大利士兵听命于他，这位将军就是拿破仑。拿破仑是如何做到的呢？

起初，拿破仑抓住了士兵们对衣食上的迫切需求，开始鼓励他们："兄弟们，你们现在正处于衣不蔽体、食不果腹的水深火热之中，我要把你们带出去，带到全世界最富足的地方去，在那儿有繁华的城市，有富饶的乡村，你们可以过上衣食无忧、逍遥自在的生活。"在占领了一座重要城市之后，士兵们的生活状况改变了，拿破仑又转换了角度，用热烈而优美的演说赞美士兵们："兄弟们，你们是历史的创造者，你们是家乡的英雄！当你们荣归故里的时候，你们的乡亲会敬佩地指着你们，说：'看，他曾经服役于那伟大而英勇的意大利军队。'"

由于他总能够把军事计划和士兵们的欲望紧紧地联系起来，所以他的军队一直都支持他、效忠于他，英勇作战，义无反顾。

拿破仑不是直接鼓励士兵英勇作战，而是另辟蹊径，抓住士兵们不同情况下的心理，迂回出击，从而激起士兵们的斗志，让士兵们英勇作战，义无反顾，并最终获得了整支部队的支持与效忠。所以，路德维希在给拿破仑写传记的时候就说："在这次意大利的进军中，一大半的胜利，都是由他的说话魅力获得的。"

所以，当我们想要借助别人的力量时，如果不知道如何才能说服对方支持你，可以通过观察他的兴趣和思想，来让他支持和帮助我们。

委婉恰当，不能伤人面子

在日常生活中，有些人说话直来直去，心里想什么嘴上就说什么，觉得这才是直率。其实，完全不顾对方的感受，不分时间地点，口无遮拦，只管自己痛快的说话方式并不可取。

有句俗话说得好：到什么山唱什么歌。语言表达是否恰当，要看你能否在恰当的时间及适当的场合用得体的方式表达你的观点。当你在表述自己的观点、维护自己的立场时，使用一种委婉含蓄的语言，将使你的表达效果更好。

有人说话就是“竹筒倒豆子，直来直去”，并认为自己没有恶意，殊不知，这种直来直去的“真话”已经伤害到了别人。

有一位妇人走进一家服装店，售货小姐看了看这位妇人，发现妇人长得很胖，就对她说：“大娘，您太胖了，我们店里没有您能穿的衣服。”这位妇人正想反驳，售货小姐又加了一句："其实人老了还是胖一点儿好。"这位妇人气得说不出话来。这时，老板娘从后面走出来，这位妇人说："我今天是招惹谁了，怎么才进店，你们的店员就说我又胖又老？"老板娘很不好意思地赶紧赔不是，她说："不好意思！我们这店员是新招来的，特别不会说话，但说的都是真话。"老板娘的话，再次伤害了妇人，老妇人只好气冲冲地走了。

英国思想家培根说过："交流时的含蓄与得体，比口若悬河更可贵。"在人际交往中，说话委婉恰当是一种处理问题的态度和方法。灵活地运用委婉恰当的语言，在表明人们的立场、感情和态度的时候，不但能让对方乐于接受，达到说话的目的，又可增强语言的形象性和生动性。

在美国经济大萧条时期，有个17岁的姑娘好不容易才找到一份在高级珠宝店当售货员的工作。在圣诞节前一天，店里来了一个30岁左右的男子，他衣着破旧，满脸哀愁，用一种奇怪的目光盯着那些高级首饰。姑娘要去接电话，一不小心把一个碟子碰翻，6枚精美绝伦的钻石戒指落在地上。她急忙去捡散落在地上的戒指，但只找到其中的5枚，第6枚怎么也找不着。这时，她看到那个30岁左右的男子正向门口走去，顿时意识到戒指可能被他拿去了。当男子的手将要触及门柄时，她柔声叫道："对不起，先生！"那男子转过身来，两人相视无言，足有几十秒。男子脸上的肌肉在抽搐，问道："什么事？”“先生，这是我头一份工作，现在找个工作很难，想必您也深有体会，是不是？”姑娘神色黯然地说。男子久久地审视着她，终于一丝微笑浮现在他脸上，他说：“是的，确实如此，但是我能肯定，你在这里会干得不错。我可以为你祝福吗？”他向前一步，把手伸给姑娘，那枚钻石戒指就在他的手上。“谢谢您的祝福。”姑娘立刻也伸出手，戒指戴在了她的手指上，姑娘用十分柔和的声音说：“我也祝您好运！”

故事中的这个小姑娘是非常聪明的，她给对方留了情面，没有开门见山地索要戒指，而是委婉地指出了男子的错误。先说出了自己的难处，找工作不容易，不能因为这枚戒指丢了工作，让男子认识到自己的错误，进而主动交还戒指。

委婉是一种既温和婉转，又能清晰表达思想的谈话艺术。从心理学的角度来看，委婉含蓄的话不论是提出自己的看法，还是向对方劝说，都能照顾对方心理上的自尊，使对方容易赞同、接受你的说法。

韩昭侯平时说话不大注意，往往在无意间将一些重大的机密泄露出去，使得大臣们周密的计划不能实施。大家对此很伤脑筋，却又不好直言相告。有一个叫堂谿公的人，自告奋勇到韩昭侯那里去，对韩昭侯说：“假如这里有一只玉做的酒器，价值千金，它的中间是空的，没有底，能盛水吗？”韩昭侯说：“不能盛水。”堂谿公又说：“有一只瓦罐子，很不值钱，但它不漏，你看它能盛酒吗？”韩昭侯说：“可以。”于是，堂谿公接着说：“这就是了。一个瓦罐子，虽然值不了几文钱，非常卑贱，但因为它不漏，却可以用来装酒；而一个玉做的酒器，尽管它十分贵重，但由于它空而无底，因此连水都不能装，更不用说人们会将美酒倒进里面去了。人也是一样，作为一个地位至尊、举止至重的国君，如果经常泄露臣下商讨的有关国家的机密的话，那么他就好像一件没有底的玉器，即使是再有才干的人，如果机密总是被他泄露出去，那么计划也无法实施，因此就不能施展他的才干和谋略了。”一番话说得韩昭侯恍然大悟，他连连点头说道：“你的话真对，你的话真对。”从此以后，凡是要采取重要措施，大臣们在一起密谋策划的计划、方案，韩昭侯都小心对待，慎之又慎，连晚上睡觉都是独自一人，因为他担心自己在熟睡中说梦话时把计划和策略泄露给别人，以致误了国家大事。

堂谿公是一个善于表达的人，能通过日常生活中的小事引出治国安邦的大道理，委婉地批评韩昭侯，而不是直接指出来，这样一来，既没有伤韩昭侯的面子，又达到了劝谏韩昭侯的目的，韩昭侯自然能够接受了。可见，说话含蓄恰当，不仅不会得罪人，而且能使别人更容易听进去，最终还能达到目的，这样无疑是说话说到心里去的一种表现。

含糊其词，巧用“弹性语言”

在日常交际中，总会有一些不便、不忍直说的话题，这就需要迂回委婉使语意软化，从而使听者容易接受。

委婉的表达，可以对自己要说的话起到“缓冲”的作用，让本来也许是困难的交往，变得顺利起来，让听者在比较舒服的氛围中接受信息。所以，“委婉”是表达中的一种“软化”艺术。

在社会交际生活中，处处需要含蓄委婉的表达艺术。学会含蓄，懂得委婉，可增强你的交际效果。在使用委婉含蓄的语言时也要注意，委婉含蓄并不等于晦涩难懂。含蓄，是一种巧妙和艺术的表达方式。委婉含蓄是一种魅力，含蓄有时能帮助我们避免尴尬。

有时，即使动机好，如果语言不加讳饰，也容易招人反感。比如，一位腿有残疾的旅客上了车，售票员说：“请哪位同志给这位‘瘸子’让个座位？”尽管有人在售票员的提醒下让出了座位，但这位残疾人也没有得到售票员对他应有的尊重。如果这句话换成“这位朋友腿脚有点儿不方便，请哪位热心人给让个座”，当有人让出座位时，这位残疾人就会对售票员表示感谢，并愉快地坐下。

《人到中年》的作者谌容访美，在某大学演讲时，突然有人问道：“听说您至今还不是中共党员，请问您对中国共产党的私人感情如何？”谌容说：“你的情报很准确，我确实还不是中国共产党员，但是我的丈夫是个老共产党员，而我同他共同生活了几十年尚无离婚的迹象，可见……”

谌容并没有直言表达自己如何如何爱党，对党如何有感情，这样的表达可能流于空洞，流于格式化。而谌容巧妙地通过自己“能与老共产党员的丈夫和睦生活几十年”来间接表达自己与中国共产党的深厚感情。这种委婉表达比直接表达更有力，也更生动有趣。

在交流中，有时候运用适当的含糊，也是一种语言艺术。办事需要词语的模糊性，这听起来好像很奇怪。但是，在有些场合或者情况下，含糊的表达是非常必要的。

例如，某经理在给员工做报告时说：“我们企业内绝大多数的青年是好学、要求上进的。”这里的“绝大多数”是一个尽量接近被反映对象的模糊判断，是主观对客观的一种认识，而这种认识往往带来很大的模糊性，因此，用含糊语言“绝大多数”比用精确的数学形式的适应性强。即使在严肃的对外关系中，有时也需要含糊语言，如“由于众所周知的原因”“不受欢迎的人”等等，究竟是什么原因、为什么不受欢迎，其具体内容、不受欢迎的程度均是模糊的。

平时，你要求别人到办公室找一个他所不认识的人，你只需要用模糊语言说明那个人矮个儿、瘦瘦的、高鼻梁、大耳朵，便不难找到了。倘若你具体地说出他的身高、腰围的精确尺寸，反而很难找到这个人。

1962年，我国在自己的领空击落美国高空侦察机，在记者招待会上，有记者突然问外交部一位领导：“请问中国是用什么武器打下美国U-2型高空侦察机的？”这个问题涉及国家机密，当然不能说，更不能乱说，但对记者的提问，又不能不答。于是这位领导来了个闪避：“嘿，我们是用竹竿把它捅下来的呀！”用竹竿当然不可能捅下来侦察机，但大家都心照不宣，哈哈大笑一阵便罢了。

在表达中，有时候，有些话不方便说，或者根本不能清楚明白地说出来，这就需要运用模糊语言。借助于表意上具有“弹性”的模糊语言，随机应变，避免无法交流时的尴尬。

提出批评，让人心悦诚服

在日常生活中，有不少批评人的场景是剑拔弩张、火花四射。造成这种状态的原因就是批评者的说话方式有问题。会说话的人即便是批评别人，也会很巧妙地使用说话的方法，让对方心悦诚服地接受批评。

晋悼公是春秋时期晋国的一位著名君王，他十四岁时，堂叔晋厉公被人刺杀。他在众臣、国人的拥戴中，走上朝堂，正式继晋侯之位，是为晋悼公。晋悼公年少聪明，善于用人。他在位期间，重用魏绛、赵武等贤臣，整顿军纪，爱惜民力，严明法纪，弘扬礼仪。晋国在他的治理下，国势鼎盛，很快就成了当时的霸主。但晋悼公喜欢打猎，甚至到了痴迷的程度，有时还因为打猎而误政事。很多大臣劝说他，但不见成效。

有一天，魏绛和晋悼公谈完政事以后未走，晋悼公问魏绛还有什么事情。魏绛说最近看了后羿的故事，觉得不错，想说给晋悼公听。晋悼公一听是后羿的故事，非常感兴趣，就催他快讲。魏绛说："远古时候，夏朝衰落了，取代夏朝的就是有穷氏的后羿。但是，后羿并没吸取夏朝灭亡的教训，整天只知道打猎，也不考虑如何让老百姓过上好日子，所以，贤臣都离他而去，只有一些奸佞之臣围绕在他周围。最终，后羿和他的儿子都被自己的家臣杀害了，后羿的妻子也被别人夺走，整个有穷部落被消灭了。后羿以及有穷部落的悲剧就是因为他贪图打猎享乐导致的，所以，就算打猎，也不可太过。而且以前周朝有个大臣叫辛甲，他就让所有的大臣都对周王进行劝谏。希望主公……"魏绛的话还没讲完，晋悼公就笑了，他明白了，魏绛讲这个故事，就是在劝自己不要沉迷于打猎。从此以后晋悼公就逐渐减少打猎了。就算偶尔打猎，也不会耽误正事。

一个说话高手，不管是劝说自己的上司，还是批评自己的属下，都会运用委婉含蓄的表达方式，这样，不但不会引起对方的反感，还会让对方心悦诚服地接受批评，同时在以后也很少再犯此类错误。

第二次世界大战期间，英美盟军决定在1944年6月6日渡过英吉利海峡，在法国的诺曼底登陆，展开对德国的全面反攻。6月5日，英国首相丘吉尔突发奇想，觉得诺曼底登陆这一天意义非凡，如果自己和国王坐上舰艇，随同部队一起渡过英吉利海峡，亲眼看见这一历史盛况，将是难得的人生经历。

显然，这个决定不够理智。但没想到以成熟冷静著称的丘吉尔，竟然真的向国王发出了邀请信。当时的英王乔治六世更是一个浪漫主义者，一直都很羡慕那些率领军队战斗的古代国王，一接到丘吉尔的邀请信便立刻欣然答应了。这样一来，英国的国王和首相就要共同参加一场出于浪漫目的的冒险了。

这事被英王的秘书阿南·拉西勒斯知道了，阿南·拉西勒斯感到万分震惊。他知道对德作战是一场严酷的战争，万一出现什么变故，将直接威胁到英国的两位领导者，后果不堪设想。于是，阿南·拉西勒斯火速前去面见乔治六世。他很清楚乔治六世是一个天生的浪漫主义者，此时又正在兴头上，自己直言劝阻，恐怕他未必听得进去。因此，他想了一个巧妙的办法。

阿南·拉西勒斯见到乔治六世后，问他道："国王陛下，我听说您明天要和首相一起前去观看诺曼底登陆，这真是件让人兴奋的事情。不过，我想提醒陛下，在您临走之时，您是不是应该对伊丽莎白公主交代一些事情？因为万一您和首相同时遭遇不测，王位由谁来继承？首相的人选是谁？”

听到阿南·拉西勒斯的话，正在兴头上的乔治六世像是被兜头泼了一盆凉水。他立刻清醒地意识到自己和首相的想法都实在是过于不负责任了，忽略了可能出现的严重后果。于是，他马上给丘吉尔写信，宣称自己收回成命，并且，他也劝首相不要这样做。丘吉尔最终也接受了他的劝告。

能够避免批评他人便尽量避免；必须要批评的时候，也要动动脑筋，选择恰当的方式。尤其在劝谏领导的时候，我们通常不好直接反驳领导的意思，而站在领导的角度考虑问题才是最好的方式，也是最有效的方式。

曲折隐晦，让人自己领会

在社会交际中，人们总会遇到一些不便直言的事情或场合，这就要求我们要掌握委婉含蓄的说话技巧，即在交谈或论辩中，不直说本意，而是采取曲折隐晦的方式表达，就好似打哑谜一样，让听者自己领会。

第二次世界大战以后，一位记者问萧伯纳："请问在当今世界上你最崇敬的是什么人？"萧伯纳回答说："要说我所崇敬的第一个人，就是斯大林，因为他带领苏联红军打败了德国法西斯，拯救了世界文明。"记者接着问："那么第二个人呢？"萧伯纳回答说："我所崇敬的第二个人是大科学家爱因斯坦先生，因为他发现了相对论，把科学推向一个新的境界，为我们的将来开辟了无限广阔的前景，他对人类的贡献是无可估量的。"记者又问："世界上是不是还有阁下崇拜的第三个人呢？”萧伯纳微笑着说：“至于第三个人嘛，为了谦虚起见，请恕我不直接说出他的名字了。”

仔细揣摩一下，听者就会明白萧伯纳的本意——第三个人，就是他自己。记者们心领神会，不但得到了想要的答案，对萧伯纳含蓄幽默的说话技巧也是由衷地佩服。

有时候，当你发现领导或者长辈确实犯了错误，但因为种种原因，又不便直言相告时，那么，最好的办法就是借助含蓄的语言加以劝导。

齐景公滥用酷刑，百姓怨声载道。晏婴一直想找机会劝一劝齐景公。一天，齐景公对晏婴说：“先生的房子离集市太近了，不但狭小潮湿，还乱哄哄的，我想给你换一处好房子，怎么样？”晏婴推辞说：“不用换，君主的先臣就住在这里，臣不足以继承先臣的业绩，这对臣已经过分了。况且，房子离集市近，也有好处，买什么东西出门就到，再说怎么敢烦劳众乡里帮我盖房搬家呢？”齐景公笑了笑，说：“你离集市近，了解市价行情吗？”晏婴点点头。景公说：“那你说说现在市场上什么东西贵，什么东西贱。”当时齐景公刑名繁多苛严，其中经常使用一种刖刑，就是砍掉双脚，因此市场上卖假脚的很多，于是晏婴趁机说：“为受过刖刑的人制作的鞋卖得贵，普通人穿的鞋卖得十分便宜。”齐景公听了晏子的话，意识到了自己的过错，从此取消了刖刑这种酷刑。

为了避免产生误会，造成隔阂，也为了能让对方真正地接受建议，对一些特殊人物可采用婉言批评的技巧。

曹禺的《日出》中，方达生和陈白露有这样一段对话：

方达生：竹均，怎么你现在变成这样？

陈白露：这样什么？

方达生：呃，呃，这样的好客——这样的爽快。

陈白露：我原来不是很爽快吗？

方达生：（不肯直接道破）哦，我不是、我不是这个意思……我说，你好像比从前大方得——

陈白露：……我知道你心里是说我有点儿太随便，太不在乎，你大概有点儿疑心我很放荡，是不是？

在这段对话中，方达生的目的是要批评陈白露“太随便”，但直接说肯定会给陈白露带来伤害，而使用“好客”“爽快”“大方”等词语，婉转含蓄地进行批评，虽然没有直言，但足以让陈白露警觉，从而认识到自己的错误。

当你不愿、不必或不需对一些错误言行进行直言批评时，运用含蓄的语言进行委婉、间接的批评，既可以给被批评者留面子，又能一语点透。永远要记住，如果你不采用含蓄的语言进行委婉、间接地批评，而是声色俱厉地批评别人，很长一段时间后，也许你早就忘记了这回事，可是被你伤害的那个人却永远不会忘记。

顺水推舟，轻松借力胜敌

武术上的借力打力、四两拨千斤之说，在与人交流时，也值得借鉴。很多时候，交谈时不和对方做正面抗衡，而是顺着对方的话说下去，借力胜敌，也就是顺水推舟，也能成功达到自己的目的和产生幽默感。在交际活动中，有时自己处在尴尬的情况下，也可用这种方法，顺水推舟使自己摆脱困境。

有一天，一位顾客闯进一家乳制品工厂。他找到厂里的负责人，气冲冲地对厂里的负责人说："先生，我买了你们生产的乳制品，却在里面发现了一只苍蝇，致使我大倒胃口，以后也不敢轻易买乳制品了，你们要对这一后果负责，赔偿我的精神损失。"然后这位顾客提出一个天文数字的赔偿数目。

这位工厂负责人马上就知道这个顾客是在讹诈，因为厂里对生产线的卫生管理非常严格，为了防止乳制品发生氧化反应而变质，每次都要将罐内所有的空气抽出，然后灌入一些无氧气体后再予以密封，在这种严苛条件下生产的乳制品，里面不可能出现苍蝇。由于这个事件关系到公司的商誉，立即揭穿那人的谎言，可能会发生冲突。于是，负责人很有礼貌地把这个顾客请到会客室里，那位顾客吵闹不休，还不时地破口大骂。但这位负责人很有风度地为对方倒了杯水，然后慢慢地说："先生，看你被气得这个样子，应该真有你说的那么回事，这显然是我们的错误，你放心，你会得到合理的赔偿。可是，这个问题事关重大，我们决对不能草率行事，这样吧，你稍等一下，我马上命令关闭所有的机器，以查清错误的来源。因为我们公司有规定，哪一个生产环节出现失误就由哪个环节的负责人来负责，待我把那位失职的主管找出来，让他给你赔礼道歉，然后再具体商谈给你赔损失的问题。"说到这里，负责人一脸严肃地命令一位工程师："你马上去关闭所有的机器，虽然我们的生产流程中不应该会有这种失误，但这位先生既然发现了，我们就有义务给顾客一个满意的答复。"那位顾客本来只是想用这个借口来诈骗一些钱，但他没有想到自己的话会引起如此严重的后果，顿时担心自己的花招被拆穿，那样一来他会被要求赔偿整个工厂因停工而造成的损失，那么即使他倾家荡产也赔不起。于是他开始感到害怕，并且嗫嚅道："既然事情这么复杂，我想还是算了，只是希望你们以后不要再发生类似的事情。”就这样，他给自己找了一个理由想拔腿便走。那名负责人叫住他，诚恳地对他说：“感谢您的指教，为了表示我们的感激，以后您购买我们的乳制品均可享受八折优待。”这位顾客没想到会因此得到意外收获，从此他就成为了这家公司的义务宣传员，让更多的人肯定这家公司产品的品质。

面对顾客的讹诈，如果矢口否认，顾客可能吵得更厉害；直接戳穿顾客的谎言，也可能让冲突升级，这都对工厂不利。但那位聪明的负责人先假定顾客说的是真的，然后下令大力查找原因。关闭所有机器，让工厂停工，这将造成巨大的损失，如果顾客说的是谎言，他就要承担责任，因此，顾客畏惧了，只好主动服软。负责人很好地掌握了对方的心理，揭穿了对方的骗局，而且还反过来给那位顾客八折优惠，最后，不但棘手的纠纷轻松化解，那位顾客从此以后还成了公司最有效的广告宣传员。这位负责人用的就是“顺水推舟”这个策略。

有时候，有些人执拗于某一错误道理或者荒唐的念头，常是由于思维逻辑出现了错误。面对这样的情况，你只需顺水推舟地指出他的逻辑错误，问题就会迎刃而解了。

东方朔是西汉大臣、著名的文学家，以幽默多智而著称。

汉武帝即位之初，征召天下士人，东方朔写了三千片竹简的内容上书，这些竹简要两个人才扛得起，汉武帝花了两个月的时间才读完。在给汉武帝的自荐书中，东方朔用了许多溢美之词夸奖自己，他说自己能文能武、学富五车，并且“目若悬珠，齿若编贝，勇若孟贲，捷若庆忌，廉若鲍叔，信若尾生”。汉武帝看后很感兴趣，就把东方朔召入朝中。

东方朔性格诙谐，言词敏捷，很讨汉武帝的喜欢，汉武帝就留他在身边。东方朔则常在汉武帝面前谈笑取乐，用幽默的方式劝谏汉武帝的过失。

汉武帝晚年迷信长生不死，四处寻求仙丹妙药。据说有一次，一个方士献给汉武帝一坛“仙酒”，说喝了可以长生不死。汉武帝十分高兴，准备斋戒后再好好享用。谁知东方朔知道了此事，竟然偷偷把这坛酒给喝掉了，汉武帝得知后龙颜大怒，下令将东方朔斩首。

东方朔却表现得毫不畏惧，反而大笑不已。汉武帝惊问道：“你死到临头，为何发笑？”

东方朔说：“陛下想一想，如果那酒真是‘不死之酒’，那么陛下就无法将我杀死。如果那酒是假的‘不死之酒’，那么陛下喝它又有什么用处呢？”

汉武帝想了想，觉得言之有理，就赦免了东方朔。

东方朔偷喝“仙酒”，目的显而易见，就是为了破除汉武帝对长生不死的迷信。

在这个故事中，聪明的东方朔采用“顺水推舟”的方法使自己免去一劫。在交谈中，他顺着汉武帝的话茬，先假定喝的是仙酒，自然就得出了不会死的结论；接着说自己如果被杀死，那么，酒就不是长生不死的仙酒，汉武帝喝了也没有用，皇帝怎么能因为东方朔喝了一坛普通的酒就杀他呢？东方朔顺水推舟，谈话始终向着有利于自己的目标发展下去，最后显示出，说那坛酒是长生不死酒存在着逻辑错误，使对方不得不心悦诚服。

其实，运用“顺水推舟”法，能达到许多目的。既可以婉言批评，又可以消除尴尬。

当然，顺水推舟也要把握时机，不把握住机会，说话的效果就会大打折扣。

指出错误，讲究方式方法

俗话说，尺有所短，寸有所长。一个人犯了错误，并不等于他一无是处；反之一个人做了件好事，也不能说他做的每件事都是那么完美。所以，我们在发现别人犯了错误，并要批评或指出时，一定要注意方式方法，不能过于急躁，也不能批评过火，过急或过火都可能引起对方的反感，也难以达到批评的目的。批评得轻描淡写，也不可取，因为批评得过轻，对方则可能根本意识不到错误。所以，含蓄地提出批评，才能发挥应有的作用。

美国成功学家、“成人教育之父”戴尔·卡耐基曾经讲过一个与孩子有关的故事。卡耐基家附近有一座公园，他经常去公园里散步、骑马。公园为周围人的生活带来了很多乐趣。附近的孩子们也经常跑到公园里去玩，他们喜欢在公园里野炊，但野炊处理不当很容易引发火灾。因此，卡耐基只要看到孩子们在野炊，就过去劝阻他们。但是，孩子们根本不听他的劝告。

有一次，卡耐基实在气坏了，就采取了恫吓的方法，扬言要把孩子们交给警察。孩子们似乎有点儿害怕，停止了玩火。但是，过了不久，孩子们似乎忘记了卡耐基的恫吓，只要没人看见，他们还是会生起火来野炊。后来，卡耐基决定改变教育孩子们的方法。当他再看见有孩子玩火时，就亲切地走过去对他们说："孩子们，这样野炊非常惬意，是吗？我小时候也非常喜欢玩火，现在也喜欢，但你们可知道，在公园里玩火是很危险的。我知道你们会很小心，但是，别的孩子可能不会像你们一样小心，他们看见你们玩火，也过来玩火，回家时也不把火扑灭，以致发生火灾、烧毁树林。因为玩火，我们可能毁掉了树林，你们也可能被拘捕入狱。我不是要剥夺你们的快乐，我希望你们快乐，但是为了避免造成火灾，请你们现在把火堆周围的树叶弄开一些，离开时，用土把火盖起来。下次要取乐时，请你们在山丘那边的海滩上生火，好吗？那里不会有危险。"看到孩子们按着他说的去做，卡耐基还高兴地对孩子们说："多谢了，孩子们。祝你们快乐！"后来，孩子们渐渐地不去公园玩火了。

每个人都有缺点，但谁都不是一无是处，所以，在日常生活中，如果批评别人，只提对方的短处而不提他的长处，对方就会感到心理上的不平衡、感到委屈，甚至产生怨气。为了避免这种情况，批评别人时，也可以先讲一讲自己的缺点和过错。

你讲出你的错误，就会给对方一种心理暗示：你和他一样是犯过过失的人，这就会激起他与你的共鸣。在此基础上你再去批评对方，他就不会有“损害面子”的顾虑，因而也就更加容易接受你的批评。

有这样一个民间传说：汉武帝的奶妈在皇宫住了几十年，不愿离开皇宫到外面去生活，但汉武帝嫌她啰唆、好管闲事，打算把她迁出宫。奶妈无可奈何地找到汉武帝的贴身红人东方朔，请他帮忙说句话。东方朔安慰她说：“当你向皇上辞行的时候，只要多看皇上两次，我就有办法了。”辞行这天，奶妈叩别汉武帝，热泪盈眶，边走边回头看汉武帝。东方朔乘机大声说：“奶妈，你快走吧！皇上现在已用不着你喂奶了，还担心什么呢？”汉武帝听了，如雷轰顶，感到十分内疚，于是收回了成命，留奶妈继续住在宫里。

这个传说中，奶妈辞行这天，东方朔看上去顺水推舟，让奶妈不要担心，尽管放心地离去，实则批评汉武帝忘恩负义，但汉武帝却能欣然接受，这是因为这个批评委婉而含蓄，无损于君王的尊严和体面。

每个人都是有自尊心和荣誉感的，有的人之所以不愿接受批评，往往也是因为批评触及了他的自尊心和荣誉感，为此，我们在批评别人时，如果寻找到一种间接批评的方式，反而更能达到使其改正错误的目的。这种方式便是含蓄地批评他人。批评首先忌讳的是批评者大发雷霆，伤害被批评者的自尊。另外，批评不应在公众场合进行，尤其是不要当着他所熟悉的人的面，否则批评就无法收到良好的效果。

和风细雨，不要伤人自尊

在工作中，谁都免不了犯错误，如果你想纠正别人的错误，必须要注意场合。否则，即使你出于一片好心，即使你态度温和，你的批评也有可能伤及被批评者的自尊，自然也很难达到批评的目的。

有一次，卡尔走进他的一家被服厂，撞见几个工人正在吸烟，而在那些吸烟者背后的墙上有几个非常醒目的红色大字——“禁止吸烟”。看到这种情景，卡尔很气愤，但他看看周围，发现不断有工人经过，于是，他很快地让自己的情绪稳定下来。他走到这几位工人面前，拿出烟盒，给他们每人发了一支烟，然后请他们到厂里规定的吸烟处去抽。工人们马上意识到是自己违反了规定，从此以后再也没人在“禁止吸烟”的地方吸烟了。

无疑，卡尔先生的批评是非常成功的，如果在人来人往的地方批评这几个吸烟的人，被批评的人可能会因为伤自尊而产生抵触情绪，所以，他采取了含蓄的表达方式，没有说一句言辞激烈的话，他的员工就意识到了自己的错误。这种含蓄的批评更能让人接受。

米拉是一家商场的经理，有一次，她看到一位顾客等在柜台前，但没有一个店员接待他。米拉四下一看，原来，负责这个柜台的店员正在一个角落里跟另一个同事聊天。米拉没有喊那位店员，只是静静地走到柜台后，亲自帮那位顾客挑了东西并结了账。店员发现经理帮自己接待顾客，非常尴尬，也认识到了自己的错误，后来，负责这个柜台的店员主动到米拉那里承认错误。米拉却说："也不全怪你，是我的管理工作没做好。"那个店员听了，更加羞愧了。从此，米拉在商场里再也没有看到店员怠慢顾客的现象。

我们看到，米拉既没有声色俱厉地批评，也没有展开长篇大论对那个店员进行思想教育，可是对方却完全意识到了自己的错误，并马上纠正了自己的错误。米拉的批评很有艺术，既没伤害店员的面子，又切实解决了问题。

不管在什么人面前，批评都应含蓄委婉，不要暴跳如雷、疾风骤雨，也不要打击挖苦、冷嘲热讽，要让受批评者充分感受到被尊重与被认可，这样才能使受批评者从心里更好地接受批评，从而改正错误，加强双方的沟通。

阿尔莱曼是一家大学的著名学者，影响力非常大。当地人一般在举办重要活动时，习惯请他参加。有他出现的场合，主人往往会觉得非常有面子。

有一次，阿尔莱曼收到好朋友的邀请，希望他能在自己儿子公司的开业典礼中，到台上去讲几句话，以烘托现场的气氛。这位朋友是阿尔莱曼多年的老友，两个人不但交情很深，而且相互珍惜，多年来被他人视为知音佳话。接到朋友的邀请后，阿尔莱曼当然欣然接受，他与妻子说："我一定要用心写一篇演说词，绝对不只让朋友满意，更要让听到我演说的人也快乐不已。"

于是，阿尔莱曼利用晚上的时间，非常认真地写了一篇演说稿。因为太过重视，所以他反复修改，还特意对稿子进行润色处理。早上吃早餐时，他又特意读给妻子听，以期望得到妻子的意见反馈。但是很可惜，妻子认为这篇演说写得一点儿都不精彩，感觉像一篇评论稿，所以毫不留情地说："阿尔莱曼，你写的实在不怎么样，完全不符合那种场合，我觉得，听演说的人肯定会在听的过程中睡着的。你这么有学问的人，怎么会写出这样的演说稿呢？你是想要让自己的名声一败涂地吗？"

听完妻子的话，阿尔莱曼一脸不高兴，直接看了妻子一眼，什么也没说就出门了。妻子却在背后追着说："一定要改，这样绝对不行，你要注意自己的名声。”阿尔莱曼心里郁闷极了，生气地说：“我不会改的，我可不怕什么名声扫地。”

当阿尔莱曼来到学校后，还是心情不好。休息时，同事也看出了他情绪不佳，便问：“今天天气这么好，你为什么会觉得不高兴呢？”“唉，熬了半宿，可收到的却是打击，怎么能心情好呢？”阿尔莱曼摇着头，把事情与同事讲了一遍。同事问：“能让我看一眼你的演说稿吗？”

阿尔莱曼很爽快，直接拿出来给了同事。同事认真看完之后，笑着说：“阿尔莱曼，这么棒的稿子，如果发给评论杂志社，他们会非常高兴的。”阿尔莱曼听完想了想，笑了起来，说：“看来我真的要回去修改一下，这可不是给评论社写的稿子啊。”就这样，阿尔莱曼将稿子进行了修改，并且在后来的演说中，得到大家的一致欢迎。

同样是批评，一针见血的指责就会让人觉得是攻击，所以就算你说得非常正确，被批评的人也往往会跳起来极力反击，因而，聪明的人总是将批评的语言婉转地表达出来，这样就会让人心服口服，并愿意接受其批评。

第六章

圆融通达，和谁都能畅聊

转换话题，摆脱尴尬境地

在和别人交谈的时候，谁都希望有一个融洽、和谐、欢快的交际氛围，不愿意出现尴尬的局面。然而，实际情况往往不是像我们希望的那样，在有些时候，常常会因为一些人的惊人之语和奇谈怪论而把整个交际场合带入比较尴尬的境地。

当尴尬发生时，原本热闹的交谈就会戛然而止，参与交谈的人就会面面相觑。遇到了这种情况，如果我们巧妙地转换一下话题，转移一下众人的注意力，往往可以轻松地化解难堪的局面。

在一次同学聚会上，久别重逢的老同学都十分高兴，亲热地聊起了天。或许是酒喝多了的缘故，一位男士对一位女士开玩笑地说："当初你追求我的时候，我拒绝了你，现在你是不是还对我念念不忘呀？"这本来是一句玩笑话。但是，这位女士可能是因为心情不好，听到之后竟然勃然大怒，指着那位男士大骂："你神经病啊！你也不看看你那副德行，哪个人会瞎了眼追求你这种人？"她的声音很大，压过了别人的谈话，顿时热闹亲切的氛围一下子冷了下来，大家都感到异常的尴尬，那位女士也觉得自己做得有点儿过分，但又拉不下脸道歉。这时候，另外一位女士站了起来，笑着说道："多年不见，我们的公主还是脾气没变呀，她喜欢谁，就说谁是神经病，说得越是刺耳，就说明喜欢得越厉害，我说得没错吧？"这番话说完，大家就很自然地想起了美好的大学生活，不由得七嘴八舌地相互开起玩笑来，刚才的不快就像没有发生一样，一场风波就在短短的几句话中得以平息。

无论在什么场合下，谁也不愿意遇到窘迫与难堪。但是，在实际的交谈场景中，由于事先没有做好充分的准备，一些意外还是会发生。在这个时候，追究谁对谁错是最愚蠢的选择，唯一能做的是想方设法扭转话题改变尴尬的局面。转换话题是一个行之有效的好办法，不过，在使用这种方法的时候，我们需要注意一下，要在不动声色之际转移话题，这样既不显得太突兀，又能够巧妙地将他人的注意力转移到其他的事情上去。

课堂上，一位实习的老师正在黑板上写板书，刚刚写完几个字之后，突然有学生大叫起来："实习老师写的字比我们李老师写的字好看多了！"

此言一出，语惊四座。有口无心的学生不会想到，坐在后排听课的李老师是多么尴尬，心里是多么不舒服。而这位实习老师，第一次走上讲台，就碰到了这样让人尴尬的场面，实在让人头痛，如果处理不好的话，很可能影响她和李老师之间的关系，让两个人在实习期里都会因为心里的疙瘩而不好打交道。这个时候如果用谦虚的话来贬低自己并不能很好地解决问题。这位实习的老师在情急之下灵机一动，装作什么也没有听见，继续写板书，头也不回地说："是谁不安安静静地看课文，在下边大声喧哗？"

此言一出，让后座的李老师长吁一口气，感觉自己的颜面得以保全，顿时轻松多了，尴尬的局面也就随之得以消除。

这位实习老师可谓是转换话题的高手。在尴尬的场合下，她能够避实就虚，躲开学生的夸奖，而是很自然地告诫学生不要在课上大声喧哗。从表面上看，她是在训斥学生，可从实际上看，却是在告诉坐在后排的李老师"我根本不知道学生说了些什么"，同时又制止了学生继续称赞的兴趣，从而避免了再次造成尴尬的局面。

遇到尴尬并不可怕，可怕的是你不知道怎样化解它。在尴尬发生的时候，如果你把所有的精力都集中到尴尬话题本身的话，只能让这种难堪的气氛持续发酵，带来更大的窘迫。为了避免发生这样的情况，我们就要巧妙地转换话题，化尴尬于无形之中。

层层发问，轻松说服对手

在日常交流中，要想说服听众接受自己的观点、看法，有时候要善于运用发问的方式来引导对方，使对方的观点与你达到“高度一致”。这样一来，你的说话目的自然也就达到了。

战国时期，苏秦是一位有名的纵横家，游说各国，很有成就。苏秦辅佐燕昭王，为燕国从齐国要回十座城池。可是当他返回燕国时，却很受冷遇，没有一个人去迎接他。因为一些人向燕昭王进了谗言，说苏秦是个反复无常的人，他这一去齐国，准会被齐王收买，所以苏秦回来之前，已被燕昭王罢了官。

苏秦自然不服，于是找到了燕昭王说：“微臣本是乡下小民，未立功时，您热情待我，恩赏有加；今日要回了十座城池，您却罢了我的官职。这一定是有小人向您讲了我的坏话，说小臣是不忠不信的人啊！不过，说实话，小臣也确实有点儿不忠信。”

燕昭王一听，很是吃惊，忙问道：“此话怎讲？”

苏秦回答说：“大王知道，曾参以孝顺闻名，尾生以忠信著称，伯夷以忠于亡君而受人称赞。可是若让这三人来辅助大王，大王以为如何呢？”

燕昭王笑了笑说：“有他们三人，那就足够了！”

苏秦说：“那可不见得呀！要是都像他们，就不会有人来辅佐您了。曾参为了尽孝，日夜不离父母，能背井离乡来燕国吗？”

燕昭王说：“不能。”

苏秦说：“伯夷为了忠于灭亡的商朝，宁肯饿死在首阳山，这样的人能替您出使齐国吗？”

燕昭王说：“不能。”

苏秦说：“尾生讲信用，跟一个姑娘约会，姑娘没有来，大水先到，他宁肯抱着柱子淹死也不躲避，这样不知变通的人能替您到齐国去办事情吗？”

燕昭王想了想，说：“不能。”

苏秦接着很有感慨地说：“小臣还有老母亲在洛阳，我投奔您，就没有受那些忠信的束缚，在我看来这才是最大的忠，既然这样，我会背叛大王吗？”

燕昭王摇了摇头说：“不可能呀。”

苏秦说：“从前有个邻居，男主人出远门谋生，女主人有了外遇，当男主人回来后，女主人准备了毒酒。女主人让女仆给男主人倒酒。女仆知道酒有毒，让主人喝了，等于杀了主人，但揭发实情，又怕被赶走，于是就心生一计，假装不小心，摔了一跤，把酒全洒了，男主人大怒，责打了女仆。大王想想，女仆本是好意，她这一摔，既保了主人，又保了主母，这么忠信但结果如何呢？不是反倒挨责打吗？”

燕昭王听完后，频频点头，忙道歉说：“是我听信谗言的过错啊！”燕昭王马上决定恢复苏秦的官职。

苏秦的这番话既有层次性，又有说服力。他针对燕昭王的心理，先承认自己不够忠信，用来稳住对方，使燕昭王能坐下来听自己讲的话。接着举曾参等三人为例分析，说明自己讲的是大忠信。再举邻居的例子，借喻自己讲忠信而得不到理解。苏秦通过层层发问，迫使燕昭王不得不承认自己的糊涂，从而改变原来的决定。

俄国“十月革命”胜利后，革命军攻占了象征沙皇反动统治的皇宫。当时，俄国的农民们大喊大嚷，发誓要将其付之一炬，以解他们的心头之恨。见此情状，工作人员纷纷出来劝说，但都无济于事。

列宁得知此消息后，立即赶到了现场。这时候，义愤填膺的农民还在呐喊：“烧掉皇宫！烧掉皇宫！为什么不让我们烧掉皇宫？”

列宁很恳切地问那些农民："农民兄弟们，你们为什么要烧掉皇宫呢？"

农民们立刻静下来思索。列宁接着问："因为这里原来住的是沙皇统治者，这是沙皇的老巢吗？"

"对！"农民们响亮地回答。列宁说："那皇宫又是谁修建的呢？是不是咱们人民修建的？"

"是我们流血流汗，辛辛苦苦修起来的。"农民们大声回答。

"那么，既然是咱们人民修建的，我们该不该烧掉呢？是不是应该让咱们的人民代表住呢？"

农民们听后都连连点头。

列宁最后问："皇宫现在还烧吗？"

"不烧了！"农民们齐声回答。皇宫终于保住了。

在这场对话中，列宁通过接二连三的发问，对广大民众循循善诱，不仅巧妙地清除了他们心中的障碍，更是成功保住了这座举世闻名的建筑。在日常交流或商业谈判中，如遇到有争议的问题，同样可以运用问话的方式来引导听众思考，并最终让对方接受自己的观点和看法。

劝说需要循循善诱，而巧问是引导的关键环节。问得好，就能把对方引到预设的情境中，最终使其自觉认识到自己的错误，心悦诚服地接受正确意见。

幽默沟通，化解对立情绪

幽默是生活的调料，是人类智慧的火花，是属于艺术性的口语。幽默能用生动形象、鲜明活泼、委婉、含蓄、机敏、确切的口头语言，巧妙地提出自己对现实问题的见解，使人们在愉快的情境中、欢乐的笑声中接受批评教育，从而改正自己的缺点和错误。

一天，刘老师主持班会，班会的主题是让学生们提出半个学期以来班上出现的不良现象以及对不良现象的改正意见。班会课在刘老师的主持下有条不紊地进行着，学生们针对班上的不良现象积极发言，并提出了不少有建设性的建议。刘老师对此很开心，觉得学生们都很热爱班集体，有主人翁精神，也为自己作为班主任能从学生们的发言中得到不少有助于管理好班级的信息而开心。然而，正当刘老师高兴的时候，有位学生站起来说："老师，我觉得我们班上体育课时的纪律不太好，特别是课前集队，有的同学太拖拉了，总是要等几分钟才把队伍排好。"听了这个学生的发言，刘老师很重视，因为在他看来，排队只不过是一件很简单的事，而学生竟然排上好几分钟，这有点儿太不像话了！而且之前体育老师也曾向刘老师反映过这种情况，现在正好借此机会拿到班会上解决这个问题。于是，刘老师当着全班学生的面严肃地说："以后体育委员要在一分钟之内把队伍整理好！""许多同学没到，怎么能那么快就整理好队伍啊？"体育委员小峰回答。"他们不来你就不会去把他们叫上啊？"对于小峰这种推卸责任的态度，刘老师很恼火，当即声音就提高了八度。这下小峰就像被惹火的狮子一样，抓住刘老师的话柄怒吼："你又要我一分钟之内把队伍整理好，又要我去叫他们来排队，难道我可以分身啊？"看到学生如此顶撞自己，刘老师也来气了，大声反问："为什么不可以？""他们有的在睡觉，有的上了厕所，有的在其他地方，我又要站在队伍前整理队伍，又要跑去找他们，那我该做什么啊？"小峰指出问题的症结。听了这话，刘老师一时也有些反应不过来。小峰说得没错，他不可能分身有术地把每个人都拉来吧！自己刚才太冲动了，不应该那么大声对小峰说话，更不能把这件事的责任都推到他的身上。这时，全班静悄悄的，学生都看着刘老师，教室里弥漫着一片紧张的气氛。刘老师安静下来，一反刚才气愤的态度，幽默地说："经调查，我认为刚才对小峰同学的指控不能成立。经本人慎重考虑后决定，接受该同学的上诉，撤销原判，为小峰同学彻底平反昭雪。"学生们听后都笑了，小峰也憨憨地笑了。然后，刘老师把目光转向其他学生，认真而诚恳地说："刚才我对小峰同学的批评是因为自己不够了解情况，错怪了他。为此，我向小峰同学表示歉意。""老师，我的态度也不好，我也向你道歉。我是体育委员，把队伍集合好是我的职责，以后我会履行好自己的职责的。"小峰不好意思地挠挠头。刘老师趁机对全班学生说："同学们，体育课排队拖拉并不全是体育委员的责任，更多的是我们当中某些纪律懒散的同学的责任，希望那部分同学注意一下，我不希望由于个别的同学而影响到全班的整体形象。"学生听了此话，都点头表示愿意听从教育。

在日常交际中，谁都难免会有情绪，会冲动，导致说出一些过激的话，这时，最好的办法就是通过幽默的语言来化解双方对立的情绪。

刘老师就是因为小峰推卸责任而有些恼怒，气愤之下声音也提高了；小峰当众受到批评，再加上心里感到委屈，于是当众顶撞了刘老师。这时，沟通出现了问题，刘老师立刻冷静下来，开始思考问题的所在及解决方法。最后，在刘老师夸张诙谐地说明后，课堂又出现了热烈的场面，刚才的不快随之消失，师生之间丝毫没有因为刚才的小风波而影响到感情和关系。这就是幽默沟通的妙处。

叫出名字，获得对方好感

曾有人问一位心理学家：“世界上最美妙的声音是什么？”心理学家回答说：“听到自己的名字从别人的口中说出来。”

是啊，当别人听到你亲切地叫自己名字的时候，他不仅感受到你的尊重，同时也获得了温暖、友谊、生活或工作的热情。

有人问一位美国著名的推销员，你为什么能获得成功呢？他回答说：“记住对方的名字！”戴尔·卡耐基也说：“一种简单但又最重要的获得好感的方法，就是牢记别人的名字。”

所以，记住别人的名字，在交流中尤其重要。在这方面，大教育家阿莫纳什维利给我们做出了榜样。

新学年开学前，阿莫纳什维利把他即将教的全部学生的人事案卷拿回了家，他想在见到孩子们之前，就尽可能了解他们的有关情况。

晚上，阿莫纳什维利把学生们的相片从案卷中取出来，一张张地排列在桌上，宛如学生们就站在他的面前。每一张照片上都是纯真的笑容，孩子们在对着阿莫纳什维利微笑，教育家也注视着学生们的笑脸，并在心里赞叹道："多漂亮的孩子！多么快乐的笑容！"对着照片，教育家在思考：学生们，你们期望从我这儿得到什么呢？你们对自己的老师是这样的慷慨和信任，你们还没有见到过我，可是就已经给我送来了如此迷人的笑容，并以如此信任的眼光注视着我。你们想要我做些什么？"我们生来都是善良的学生，请不要把我们当作凶恶的学生！"教育家从照片中的笑容里，仿佛听到了学生们的声音。于是，教育家心里便开始产生一种神圣的责任感。

他拿起一张张相片，看背面写的学生的名字，同时对着照片的正面开始记每一个学生的名字。阿莫纳什维利这样写道——

我拿起第一张相片。"捷阿"——在相片背面写着这个向我微笑的女孩的名字。应该记住她的脸，以便明天见到她时能够认出她，叫出她的名字。在另一张相片的背面写着——"戈恰"。他留着这样子的一头卷发！我不必要求家长给他剪发。就让他这个样子吧！戈恰在笑，我好像已经听到了他清脆的笑声。"你等着吧，孩子，明天我就要在36个学生中认出你！你不是一个爱跟人打架的学生吧？你不调皮捣蛋吧？”“尼娅”——我念着下一张照片上的名字。她微笑着，不——她咧着嘴在笑，因此，我一眼就看出，她的门牙全掉了。也许，有很多语音她将很难正确地念出来。不过，这也没有关系，我一定不允许任何一个孩子讥笑她。“尼娅，请告诉我，你不会毁谤他人吧？请记住，学生们，在我们的班上，严禁互相毁谤！”我把他们的相片像在教室里给学生排座位一样地排列起来。也许，吉哈个子较高，列拉个子也较高，他们可以坐在最后一排。玛里卡坐在左边第一排座位上。让维克多靠窗坐……这样，在我的面前就呈现了一幅学生们济济一堂的教室的图景。我站在黑板前。“学生们，你们的笑容是多么可爱！请你们明天不要迟到。我对你们每一个人都很喜欢，我急切地期待着你们的到来！”我在想象中同我的学生进行的会面结束了。我把他们的相片放回到人事案卷里。

就这样，在开学的前夜，阿莫纳什维利把全部学生的名字都记住了！第二天，阿莫纳什维利来到教室，那里已经站了几个早到的学生了。“你们好！”阿莫纳什维利向他们说，“你们为什么来得这么早呢？”学生们面对陌生人还有些拘束，默不作声。他们还不知道，眼前这位便是他们的第一位老师。阿莫纳什维利笑眯眯地问其中一个男同学：“你叫吉哈，是吗？”那个男同学露出十分惊异的神色，说：“是的，我叫吉哈……您怎么会知道的？”“你好，吉哈！”阿莫纳什维利伸出手把男同学的小手紧紧地握住。然后，他对一个女同学说："你叫玛里卡！"并握住了小女孩柔软娇嫩的小手……结果可想而知，阿莫纳什维利肯定会受到学生们的欢迎。阿莫纳什维利老师深谙"叫出对方名字"的魅力，因此他把记住每一名学生的名字，当成是最快乐的事，并将它作为必须完成的作业来练习。

记住别人的名字，能让对方感受到你对他的重视和尊重。如果在和别人交谈的时候，别人对你十分熟悉、热情洋溢，而你却叫不出对方的姓名，这不仅会让你十分尴尬，更会让别人对你感到失望。

所以，要想在人际交往中迅速拉近和对方的关系，那就多在记住别人的名字上下点儿功夫吧！这样一来，你所做的只不过是记住一个名字，但得到的却是他人的好感，天底下好像没有比这更便宜的事了。

心平气和，常怀宽容之心

苏霍姆林斯基说过：“有时宽容引起的震动比惩罚更强烈。”关于宽容，他讲过这样一个故事：

小时候，苏霍姆林斯基家附近有一间杂货店，杂货店的老板是个慈祥的老人。苏霍姆林斯基每天都能看到大人把某种东西交给杂货店老板，然后从杂货店老板手里换回自己需要的物品。有一天，苏霍姆林斯基想出一个坏主意，他将一把石子递给老板“换”糖，杂货店老板迟疑一下后收下了石子，然后把糖换给了他。

苏霍姆林斯基说：“这个老人的善良和对儿童的理解影响了我终身。”这位杂货店老板不是教育家，但他拥有教育者的智慧：他没有用成人的逻辑去分析孩子的行为，而是从孩子的角度，用宽容理解维护了一个儿童的尊严。

宽容是美德，宽容是胸怀，宽容是智慧，宽容是人类文明的考核标准之一。“宽以济猛，猛以济宽，政是以和”“治国之道，在于猛宽得中”，古人以此作为治国之道，表明宽容在社会中所起的重要作用。

最近，薛老师班上经常有同学丢钱，孩子们都来找她诉苦，但薛老师却一直找不到那个有“隐身术”的小偷，她感到极为苦恼。一波未平一波又起，接连几天，班级中许多孩子有东西“不翼而飞”了。一天，有孩子向薛老师举报：中午在学校食堂用餐的小强午间放学时经常一个人赖在班上最后一个走；吃过午饭后，孩子们都到图书室去看书，而小强却总是找借口不去，留在班上……这一重要线索让薛老师的内心难以平静，她暗暗下定决心：好你个小强！真是家贼难防，竟干这种事，我要好好“修理”你；先谈话，再写说明书，喊家长，退回赃款……她在心里盘算着。

又到了阅读课的时间，薛老师继续带领着学生按照惯例诵读起课外书——《爱的教育》中的“十二月”之“小石匠来访”：“安利柯啊，你要记住：当你看到一个刚刚劳动归来的人时，不管他身上沾了多少尘土，你千万都不要说‘这个人是肮脏的’，你应该说‘他身上留下了辛苦的痕迹’。记住我的话吧，你要爱小石匠，他既是你的同学，又是劳动者的儿子！”读完这段，薛老师借题发挥说：“同学们，你们怎么理解‘肮脏’这个词？”小辉说：“‘肮脏’是形容人的身上存在着许多污渍。”小勇举手接话说：“我觉得‘肮脏’不单单是指人外在的整洁、干净程度，还用来形容人的恶劣品质。”“我同意！真正的‘肮脏’不是身体表面的，而是灵魂中的，比如偷人家东西的行为……”小民高声地应和着……学生们你一言、我一语地讨论着“肮脏”，薛老师也观察着小强的神色，只见他骤然间低下了头，满脸通红，眼圈也微微地泛红了。薛老师更加坚信了当初的判断。中午要放学时，薛老师来到班级，小强正端坐在座位上看着《爱的教育》。他见到薛老师，有礼貌地轻喊了一声：“薛老师好！”眼睛一直不敢与老师对视。薛老师来到讲台前，整理了一下桌子上凌乱的课本，随口还说了一句：“这是谁捡的10元钱，怎么乱扔在这里呢？我们班不是有储蓄罐吗？”便随手将钱搁在了书架上的储蓄罐内，转身走了。下午，薛老师检查储蓄罐，发现里面的10元钱又没了。经过调查，只有小强单独在教室待过。薛老师将小强叫到了办公室，严肃地说：“听说你常常翻人家的书包，拿别人的东西，有这事吗？”“没有！”小强红着脸辩解着。“你再想想！”薛老师正视着他。小强眼神有些慌乱：“我……我……我是翻了别人的书包，但我保证没有拿人家的东西。”“真的吗？今天你拿了什么东西了吗？”“老师，我真的没拿东西。”薛老师温和地说：“小强，我们刚刚读了

《爱的教育》，也理解了‘肮脏’这个词的意思，我相信你愿意做一个好孩子，不愿意自己身上存在污点，对吗？”听了老师的话，小强的眼泪止不住滚落下来！“做人要诚实！拿人家的钱没有？”薛老师继续问。小强打了一个哆嗦。时间凝固了，大约过了一分钟，小强开口了：“我拿了小陈的10元钱！”“还有吗？把自己犯下的错误统统写出来！”薛老师说。一会儿，小强的说明书写好了：拿了同学小陈的10元钱，拿了同学小张的5元钱，拿了同学小韦的两本书……“钱都到哪儿去了？书又到哪里去了？”“书我还回去了！钱被我用来买了学习用品，买了午饭，还坐了车！”“你的问题很严重！打电话喊你家长来吧！”薛老师递过手机！“哇”的一声，小强惊天动地地哭了起来：“老师，求求你了，不要请家长！”薛老师问：“为什么？你有什么难处吗？说出来，让老师帮你想想办法，好不好？”小强边哭边哽咽着说：“我爸爸从工地高处摔下来，腿摔断了！我妈妈在医院照顾他！我喜欢看书，又没有钱买。我也没有钱吃饭，回家的路费也没有了……”薛老师愣住了，她非常自责，觉得自己对小强关心不够。

又是一次阅读课，薛老师继续带领学生诵读《爱的教育》，她说：“同学们，著名的作家夏丏尊谈到读这本书的感受时，说了这样的一段话：‘我在四年前始得此书的日译本，记得曾流了泪三日夜读毕，就是后来在翻译或随便阅读时，还深深地感到刺激，不觉眼睛润湿。’因为什么原因呢？因为书中所叙述的爱。”薛老师停了停，接着说，“上次我们讨论了‘肮脏’的含义。最近同学们丢失了许多钱，假使这些钱是帮助了一位有困难的人，你们有什么看法？”小静说：“那我再也不为自己丢钱而愤怒，反而感到快乐！”小杞说：“我也这么认为，助人为乐，这是多么令人开心、愉快的事情呀！”薛老师又一次注意到了小强，他的脸上泛起了微红，低下了头。“同学们，前面丢失的钱，我已经找回来了。我发现这些钱时，它们静静地躺在我的办公桌里，我已经清点过了，一分不少。我为这位‘有借有还’的临时‘小偷’而感到高兴！”话音刚落，小强猛地抬起头，惊愕地看着薛老师。事后，小强当着薛老师的面彻底地承认了自己做“小偷”的错误，并且写了保证书，由父母签字后连钱一起交给了薛老师。从此，做“小偷”的事也成了小强和薛老师之间的秘密。

薛老师给犯错的学生足够的尊重，保护了学生的自尊，同时也是给了学生一个反省和改过的机会。

如果薛老师当众粗暴地批评小强，小强就会在同学们心中留下难以消除的坏印象。也许会导致小强破罐子破摔，或者招致小强的终身记恨，肯定难以取得良好的教育效果。

孔子说：“恭则不侮，宽则得众。”宽容是一种无声的教育。一个说话宽容的人，一定会赢得别人的好感，拥有很多朋友。

生活中我们在做事和对人两个方面都要有颗包容的心，俗话说：退一步海阔天空，让三分心平气和。宽容并不是无能的表现，而是处理问题的一种有效方法。

宽容是一种无声的教育。它的教育力量常常超出我们的想象，在这个事例中，这位教师以一种积极有效的高层次的教育态度包容了学生，让学生有胆识直面错误，改正错误，尝试新的事物。

只有我们有了包容之心，才能全面了解事物发展的规律，并且按照事物的发展规律来做事情，不违背规律做事自然能使事情向和谐的方面发展，与别人的沟通才会更加通畅。

谨言慎行，细节决定成败

20世纪世界著名的建筑师密斯·凡·德罗说过：“魔鬼在细节。”他认为，不管你的建筑设计方案如何恢宏大气，如果你对细节的把握不到位，就不能称之为一件好作品。有时，细节的准确、生动可以成就一件伟大的作品，细节的疏忽则会毁坏一个宏伟的规划。由此可见，艺术的魅力体现在细节中。同样，一个人的语言魅力也体现在细节之中。

刘强和一家公司商谈合资办厂的事。公司经理王俊在会客室恭候，并准备了烟茶水果。为了不失礼节，王俊特意安排他的助理在门厅等候。刘强走进公司大门时，迎候在门厅的助理迎上去，和刘强握过手以后，顺手一指三楼，说：“走吧，我们总经理在上面，他叫你上去谈。”刘强一听，当即愣住了：他叫我去谈？他是谁啊？我又不是他的属下，又不是求他合作，他凭什么叫我？于是刘强说了一句：“不好意思，我不上去了，贵公司如果有合作的诚意，叫你们经理到我住的宾馆去谈吧。”说完拂袖而去。

那位助理说话不注意细节，“他叫你上去谈”这句话语气中有一种高高在上的意味，这让刘强感觉不被尊重，因此拂袖而去。也许一个合作项目就因为这一细节问题而毁于一旦。假如助理说“请您去会客室谈”，或许会有不一样的结果。

王先生是四川人。有一次，他去广州出差，晚上和朋友到一家餐厅吃饭，因为习惯，他随口喊服务员：“小妹，拿菜单。”可是，被喊的服务员根本没理他。他以为服务员没有听见，又高声叫道：“小妹，拿菜单！”没想到，那位服务员干脆一甩手走开了。王先生正要发作，忽然发现周围很多顾客都以厌恶的眼光看着他。这时候，坐在他身边的一个朋友扯扯他的衣服，悄悄地说：“老弟，别喊了，‘小妹’这个称呼在广州有鄙视的意味，你喊‘小妹’，服务员肯定也不高兴。”王先生这才明白称呼人家“小妹”受到了冷遇的原因。

“天下之难事，必作于易；天下之大事，必作于细。”在生活中，细节包含在人的一言一行之中，细节决定成败。高情商的人说话，无一不注重细节。

有一位女士一只脚大，一只脚小。有一次，她去鞋店买鞋，试了很多双鞋都不合脚，这位女士很郁闷。这时，营业员板着面孔说："这根本不怪鞋，是您的一只脚比另一只脚大。"这位女士一听，很不高兴，气冲冲地走了。

这位女士到了另外一家鞋店，试了几双鞋以后，站在一边的老板发现了问题。他微笑着对这位女士说："太太，别急，我觉得这是因为您的一只脚比另一只小巧，所以一时找不到合适的尺码。"女士听后十分高兴，并在老板的建议下买下大小不同的两双鞋走了。

"横看成岭侧成峰，远近高低各不同。"同样是卖鞋，同样是提醒顾客，但一个让顾客气冲冲地离去，一个让顾客买了两双鞋。不同的说话角度，不同的说话方式，就得到了不同的效果，这是语言魅力在细节中的体现。实践证明，说话注意细节，就会越聊越顺畅，反之，如果不注重细节，口无遮拦，就会使本来容易沟通和解决的事情陷入被动。所以说，如果你想要恰当地表达，让人听着舒服，就要注意说话的细节。

成就完美人生

自　律

刘磊　主编

红旗出版社

红旗出版社
HONGQI PRESS
推动进步的力量

图书在版编目（CIP）数据

自律 / 刘磊主编. — 北京：红旗出版社，2019.8
（成就完美人生）
ISBN 978-7-5051-4909-0

Ⅰ. ①自… Ⅱ. ①刘… Ⅲ. ①自我管理—通俗读物
Ⅳ. ①C912.1-49

中国版本图书馆CIP数据核字（2019）第161754号

书　名　自律
主　编　刘磊

出品人　唐中祥　　总监制　褚定华
选题策划　华语蓝图　　责任编辑　王馥嘉　朱小玲

出版发行　红旗出版社　　地　址　北京市北河沿大街甲83号
编辑部　010-57274497　　邮政编码　100727
发行部　010-57270296
印　刷　永清县晔盛亚胶印有限公司
开　本　880毫米×1168毫米 1/32
印　张　25
字　数　620千字
版　次　2019年8月北京第1版
印　次　2020年3月北京第1次印刷

ISBN 978-7-5051-4909-0　　定　价　160.00元（全5册）

前言

FOREWORD

自律，就是自我约束，指在没有人现场监督的情况下，通过自己要求自己，变被动为主动，自觉地遵循法律法规，约束自己的一言一行。也指不受外界约束和情感支配，根据自己善良意志按已颁布的道德规律而行事的道德原则。

自律是一种不可或缺的人格力量，没有它，一切纪律都会变得形同虚设。真正的自律是一种信仰、一种自省、一种自警、一种素质、一种自爱、一种觉悟，它会让你发觉健康之美，感到幸福快乐、淡定从容、内心强大，永远充满积极向上的力量。

自律的人都善于反省自己，知道自己有诸多不足，所以将更加自律。每一个人身上都有着无尽的潜能，也有诸多的缺点，只有时刻反省自我、看清自己的优势和劣势，才能发挥自己的优势、纠正自己的不足，时时提高自己、超越自己。

因为你的一言一行都不是走过场，你的每一个动作、每一句话都会影响你身边的人，也会影响他们对你的看法。所以，你的一言一行都需要靠自律来约束，越是感觉良好的时候，越要谨言慎行。

只有管住自己，才能获得成功。管住自己，看起来不是什么难事，然而管不住自己的却大有人在。有的人常常找客观原因，认为大环境好一点儿，自己就不致如此。虽然，大环境的确能对人的思想行为产生很大影响，但为什么别人能做到诱而不动心、惑而不乱意，而你自己却把握不住呢？说到底还是自己的问题，还是自己的素质不高、自律能力不强。

自我管理是一个不断自我克服的过程，作为自我的主人，无论环境如何，管好自己是做人的义务，管好了自己的目标、言行、时间、习惯、情绪、心态，你就是自己真正的主人，你的人生就会由你来掌控。

目标是对于所期望成就的事业的真正决心，是对成功的一种渴望。一个人如果没有目标，就很容易在人生的旅途上徘徊甚至迷失自己。所以，我们一定要树立自己的目标，以自律作为实现目标的依托，朝着成功迈进。

时间对于每个人来说都是平等的，每个人一天的时间都是24小时，没有人会多一分钟或少一分钟。所以，决定个体生命高度和质量的，不是时间本身，而是把握时间的能力大小。如何才能在最有限的时间内做最多的事情，是我们一生都要思考的课题。

情绪是可以管理的，通过对自身情绪的认识、协调、引导和控制，可以充分挖掘我们的情绪智商，培养驾驭情绪的能力，从而确保我们拥有良好的情绪状态，每一种情绪背后都蕴藏着强大的力量。所以，不要忽视自己的情绪管理。良好的情绪是成功的一大因素，它能让你在困境面前永不放弃，坚忍而又勇敢，它也终将把你引上成功之巅，让你成为一个卓有成就的人。

心态看不见、摸不着，但是却实实在在地影响着我们每个人的命运。有什么样的心态，就会有什么样的人生。如果没有一个积极的心态，人就不可能做到自律。积极的心态可以使我们学到处世的智慧和做人的道理，使我们的人生之路越走越宽、生命的价值越来越大，成就事业、获得幸福。

只有自律的人，才能掌控自己的生活。生活对每个人都是公平的，自律之人必然出众，不自律，就注定会被淘汰出局。

目录

CONTENTS

第一章

你有多自律，就有多自由

自律是一种能力

很多人会说自己还没有自律这种习惯，或是说自己需要养成自律的好习惯。他们认为自律是一种习惯。其实，自律并不是一种习惯，而是一种能力。

习惯是什么？如果一个人养成了一个习惯，比如，早上准时6点起来或每个下午都去跑步，那么无论这个习惯是怎样的，这个人都会自动自发地去做，如果不去做，就会觉得不自在。比如我们每天早上都习惯了刷牙洗脸，如果有一天早上你没刷牙，那么你一天都会觉得不对劲，好像少了什么东西似的。

而一个人有了一个习惯，我们的评价标准，是看他是否按照规律——每天、每周、每月——去完成一件事，也可以用“自觉”来说明习惯的本质。自律就不一样了。自律的评价标准不只看是否完成，还要看有没有去解决问题和问题解决得如何。

一个人即使有很强的自律能力，也不一定能够做到事事完成、事事完美。因为，自律能力的强弱是要看对象的。即使一个人在工作上很自律，他在社交、娱乐上也不一定能自律，也许他不过是在用工作来逃避来自家庭或是社交的压力；也许他面对来自家庭的事情的时候，能做到很自律，但是面对工作的时候就不能自律，总是想偷懒。

如果自律是一个习惯，那么我们面对来自感情的问题的时候，只要依照惯性去完成就好，为什么这些感情问题还是会纷纷扰扰、扰乱我们的内心呢？这说明自律是一种能力。

平时我们处理任何事情都能很自律，但是面对感情问题的时候，却不胜其烦，犹犹豫豫，甚至会去逃避，无法做到自律。这说明自律是看对象的。

我们会说一些人没有毅力，那是因为这些人往往面对一个问题的时候，只能坚持一时的自律，而无法坚持长期的自律，三天打鱼两天晒网。这说明自律不一定具有长期性。

分享一下我坚持跑步的经验。记得我刚开始下定决心去跑步的时候，每次去跑步都必须经过一番心理挣扎，跑完之后，还得经历另一番心理挣扎——从“我该不该去跑”到“我明天还跑不跑”，几乎每天都会问自己这个问题。但是经过一段比较长时间的坚持之后，也就是经过一段比较长时间的自律之后（时间是两个多星期），我发现，我不用心理挣扎都会自觉地去跑步。显然，刚开始的时候，我必须不断地自律，让自己去跑步，然而到了最后，自律就变成了自觉，也就是养成了习惯。

所以说，习惯，其实是面对同一个问题，经过不断的自律，行为得到固化的结果。自律其实是一种能力，这种能力让我们在不断自律之后，将自律转化为自觉，从而养成习惯。

自律的四个原则

自律是解决人生问题的最主要的工具。彼得·德鲁克曾经说过：管理者的第一要务是自律。作为企业领导，首先培养自律的心性，也就是以自己积极的态度去承受痛苦，解决问题。自律有四个原则：推迟满足感、承担责任、忠于事实、保持平衡。

一 推迟满足感

有一次，给一个两岁的孩子吃夹心饼干，他吃第一块时，是一口一口地很快吃完。又给他第二块时，有趣的事情发生了，他发现夹心饼干中最好吃的是中间的夹心，于是他掰开饼干，用舌头去舔中间那一层甜甜的奶油夹心，直到把奶油舔干净，他才去吃那两层饼干。后来，他每次吃夹心饼干都是这样吃。

优先享受最美味的食品、优先完成最容易的事等，这是人的天性。但是，人不可能永远都是两岁，这个天性如果不加以引导和节制，成年后就会遵循“先享受，后付费”的信条，逃避问题，不肯付出努力。要正面引导孩子面对痛苦，这意味着把满足感向后推迟，放弃暂时的安逸或程度较轻的痛苦，去体验程度较大的痛苦，这才是面对问题和痛苦最明智的办法。

1968年，心理学家沃尔特·米歇尔在位于美国斯坦福大学的比英幼儿园主持了著名的“棉花糖实验”。在32名成功参与了实验的孩子中，最小的3岁6个月，最大的5岁8个月。实验开始时，每个孩子面前都摆着一块棉花糖。孩子们被告知，他们可以马上吃掉这块棉花糖，但是假如能等待一会儿（15分钟）再吃，那么就能得到第二块棉花糖。结果，有些孩子马上把糖吃掉了，有些等了一会儿也吃掉了，有些等待了足够长的时间，得到了第二块棉花糖。

18年之后的跟踪调查获得了意外的发现：当年“能够等待更长时间”的孩子，也就是说当年“自我延迟满足”能力强的孩子，在青春期的表现更出色。1990年第二次跟踪的结果提供了更客观的依据：延迟满足能力强的孩子，SAT（美国高考）的成绩更优秀。

推迟满足感，就是不贪图暂时的安逸，先苦后甜，重新设置人生快乐与痛苦的秩序：首先面对问题，并去感受痛苦；然后，解决问题并享受更大的快乐。

二 承担责任

人生是一场艰辛之旅，我们要经历很多艰难甚至痛苦的转变，才能达到自我认知的最高境界。心智成熟者能够直面问题，但大多数人却缺乏这样的智慧。

面对责任时，我们往往会出现人格失调症和神经官能症两种状态。人格失调症的表现是不愿承担原本属于自己的责任，总把错误归咎于旁人。比如，问题出现时，理想状态下的表现是："这是我的问题，应该由我来解决。"但现实生活中，逃避问题的人比比皆是，他们总是自我安慰"问题出现不是我的错，而是别人的缘故，或是我无法控制的因素造成的，应该由别人或者社会来负责，总之这不是我的问题"。

我们每个人都知道自己是在积极主动解决问题，还是在消极回避问题；作为老板，他也知道他的手下有几人敢于承担责任；作为家长，他也知道他的孩子为什么突然间言辞闪烁……是的，所有逃避者，都在阻碍自己心智的成熟，他们错失了解决问题、推动心灵成长的契机。我们要让自己认识到，人生的问题和痛苦具有非凡的价值。勇于承担责任，敢于面对困难，才能使心灵变得健康。

而神经官能症患者则恰恰相反，他们常常为自己强加责任，与外界发生矛盾时，总认为一切错在自己。比如，有些孩子会把自己承受的痛苦看成罪有应得，缺少关爱的孩子自惭形秽，认为自己不够可爱，缺点大于优点。

神经官能症患者把责任揽给自己，把自己弄得疲惫不堪，而人格失调症患者却总是责怪他人。心理学界有一种公认的说法："神经官能症患者让自己活得痛苦，人格失调症患者让别人活得痛苦。"

其实，每个人都可能患有不同程度的神经官能症或人格失调症。我们每个人都或多或少有逃避责任的倾向，对生活感到乏力，是因为我们放弃了自己的力量。我们推卸责任时，可能会感到痛快，但心智无法成熟，问题始终存在。

三　忠于事实

我们需要实事求是，杜绝虚假，因为虚假与事实完全对立，我们越是了解事实，处理问题就越是得心应手，对事实了解得越少，思维就越是混乱。虚假、错觉和幻想只能让我们不知所措，我们对现实的观念就像是一张地图，凭借这张地图，我们才能了解人生的地形、地貌和沟壑，指引自己的道路，如果地图准确无误，我们就能确定自己的位置，知道自己要到什么地方，怎样到达那里，如果地图信息失真，漏洞百出，我们就会迷失方向。

为了在人生的旅途上顺利行进，我们需要努力绘制自己的地图，我们的努力程度越高，对事实的认知越清楚，地图的准确性越高。停止成长的人，可能在生命的早期就放弃了对心灵地图的绘制。永远在创新、不断成长的人，他们会不断地绘制新的地图，不停地探索扩大和更新自己对于世界的认识，直至生命终结。

那么，如何做到忠于事实呢？

第一，我们要用一生的时间不间断地自我反省。曾子说："吾日三省吾身。"他每天要反省几件事情，为人谋而不忠乎？与朋友交而不信乎？传不习乎？其实反省带来的快乐，远远大于痛苦。

我们通过自身与外界的接触来认识世界。我们不仅要观察世界本身，也要对观察世界的主体（我们自身）进行反省。如果我们自身认识世界的角度有问题，那么修改的地图也会产生问题。用客观的眼光审视自我，观察自我认知世界的方法。

拥有智慧意味着能将思考与行动紧密结合起来。在自我反省的过程中，我们对内心世界的观察，往往大于观察外在世界的痛苦。观察内心世界，是去寻找自身的缺点与不足，反思过往的认知，而这是反人性的，人都是自恋的动物，不善于主动承认自己的错误。而观察外在世界，是寻找他人的错误与缺点，这让我们更有自信，所以很多人逃避前者而选择后者。实际上，认识和忠于事实带给我们的非凡价值，将使痛苦显得微不足道。自我反省的快乐，甚至远远大于痛苦。

第二，要敢于接受外界的质疑和挑战，这是唯一能确定我们的地图是否与事实符合的方法。要想确定自己的地图是否符合真实世界，就必须将它打开，让外界看到，而不是仅通过自我反省，默默地修正地图，而不让外界去验证。通过外界的反映，我们才知道地图的正确性。不管个人还是组织，要想接受质疑和挑战，必须要真正允许别人来检视我们的地图。

修订地图的痛苦，让我们倾向于逃避。我们对孩子说："不许顶嘴，我们是你的父母，在家里我说了算。"我们对配偶说："我们就这样维持现状吧。你敢来说我的不是，我会大发雷霆，让你后悔莫及。"我们老了对别人说："我这么大岁数，你居然还要对我指手画脚，我晚年不开心，都是你的责任。"我们对下属说："你竟然有胆量怀疑我，还要向我挑战。你最好想清楚，别再让我知道，否则有你好看。"

第三，要保持诚实。我们需要一辈子保持诚实，我们必须不断自我反省，确保我们的言语能够准确地表述出我们所认知的事实。诚实是一个难得的品质，诚实可能带来痛苦，人们说谎，就是为了逃避质疑带来的痛苦。我们有时候对别人撒谎，也会对自己撒谎。对别人撒谎违背良知，会有内疚感，为了逃避内疚感的痛苦，我们会对自己撒谎，自欺欺人的花样不可胜数。长时间的自欺欺人，就会出现心理疾病。只有在诚实坦然的氛围下，我们的心灵才能得到释放。当然，这并不代表你可以口无遮拦，其中的说与不说的平衡，并不是一件容易的事情。

四　保持平衡

自律是一项艰苦而复杂的任务，需要我们有足够的勇气和判断力。我们要以追求诚实为己任，也需要隐瞒部分事实和真相。我们既要承担责任，也要拒绝不该承担的责任。我们既要学会推迟满足感，先苦后甜，把眼光放远，同时又要尽可能过好当下的生活，让人生快乐多于痛苦。换句话说，自律需要把持得当，我们称之为“保持平衡”。这也是自律的第四条原则。

“保持平衡”我们听起来都会有些耳熟，中国文化的中庸之道能更高明地阐释这个问题。《中庸》：“喜怒哀乐之未发，谓之中；发而皆中节，谓之和。中也者，天下之大本也；和也者，天下之达道也。”意思是心里有喜怒哀乐却不表现出来，被称作中；表现出来却能够有所节制，被称作和。我们常说的“过犹不及，不能走极端”，就是表达这个意思。中，是稳定天下之本；和，是为人处世之道。

保持平衡，意味着确立富有弹性的约束机制。例如，当我们的心理或生理遭到侵犯，或某人某事令我们伤心失望时，我们就会生气。从不生气的人，未必就是健康的。我们表达生气的情绪时，一定还要有控制脾气的能力：有时需要委婉，有时需要直接；有时需要心平气和，有时不妨火冒三丈。同时还要注意时机和场合。这也就是中庸所说的“发而皆中节”。相当多的人，直到青年乃至中年才能掌握如何生气的本领，而有些人一辈子都没有学会如何生气。

自律的四个原则是推迟满足感、承担责任、忠于事实、保持平衡，这些原则并不复杂，不过有时候，即使贵为一国之君，也会因为忽略它们而遭遇失败。实践这些原则，关键取决于我们的态度，我们要敢于面对痛苦而不是逃避。对于那些时刻都想逃避痛苦的人，那么很抱歉，这些原则不会起任何作用，你也绝不会从中受益。

自律，是爱自己的最好方式

一

小张今年33岁，是某家大企业的程序员，在工作中沉默寡言。过长的工作时间让他体态发福、满脸油腻，长时间坐着敲击代码使他过早患上了脊椎病。

后来，他报了一个90天的训练营，和团队成员一起做一些看似简单，却一直都被放在“明天”去处理的事。比如：每天给远方的妈妈打一个电话；每天早起半小时，给自己做一顿简单的早餐；每天少玩1小时游戏；每天步行1万步……或许在很多人看来，这些都是非常简单的事情，甚至可以说是举手之劳。但在小张看来，这份计划充满了挑战，因为90天的时间充满了变数，任何无关紧要的细节都有可能浇灭他仅存的信念，没有自制力的人根本无法坚持。最后，他做到了！

90天说长不长，说短不短。有志者事竟成，90天的时间，那个沉默寡言、一身富贵病的小张不见了，取而代之的是一个朝气蓬勃、积极健康的阳光男孩。90天的自律，让他从此爱上了运动，爱上了生活，更是爱上了自己。因为90天自律地践行生活，让他养成了各种良好的习惯，从此告别低迷的人生，过上了自己想要的生活。

许多人把自律当成了一种苦修，认为自律让自己的生活变得没有自由，不能随心所欲地过自己想要的生活。然而对于小张来说，自律反而是爱自己的一种最好方式，因为自律让他摒弃了更差的自己，让自己朝着更好的方向前进，让自己蜕变成更优秀的自己。

当自律成为一种习惯，让自律成为自己的一种生活方式，才是爱自己的一种表现，才能让自己得到更好的成长。

二

小余对于减肥一直抱着某种执念，她认为只有瘦的女孩才有未来，拍照好看，穿衣有样，而美，永远都是女孩子的第一生产力。因为这套理念，在最近这五年里，她几乎都在不间断地践行着减肥这件事。朋友约她一起吃晚饭，她常常信誓旦旦地说：

"我在减肥，不吃。"可没过几天，她又给朋友发微信："想吃火锅、烤羊腿，想吃一切有肉的东西，你要不要陪我？"

朋友问她："你不是在减肥？"她沮丧地说："饿了两周，体重都没怎么减，肚子里的馋虫倒生出来不少，不如先吃了再说。"于是，这一轮的减肥宣告失败，不久之后，又会开启第二轮，这样循环往复，不知折腾了多少次。

但这一次，她减肥成功了！当问她为何变化如此巨大，她略显感慨地说："因为之前失败了太多次，失败到连自己都讨厌自己了。所以，这一次，绝地反击，为了变成自己喜欢的人。"她接着说道，"其实，别人指责你、不喜欢你都不可怕，可怕的是，失败的次数多了，连自己都不喜欢自己了。所以，这一次下狠心减肥，更像是跟自己赌气，还好，我赌赢了。那种我终于做成了的感觉，真的太棒了！原来，真正的爱自己，是自律，是管得住自己，然后把自己变成那个想要的人。"

从她眼神里透出来的骄傲，可以看出，减肥这件事真的让这姑娘脱胎换骨了，不仅收获了美好的容颜、婀娜的身姿，更重要的，她收获了一种难能可贵的自信。这种自信，让她遇到困难不怯懦，敢去勇敢挑战；这种自信，让她有力量尝试未知领域，去收获更多意外的精彩，从而慢慢走向那个理想的自己。

三

我们每个人的内心深处，都有一个想成为的自己。然而，这一切，都不是一句“放纵不羁爱自由”所能实现的，都需要持久的耐心与努力，聪明地经营与取舍，才能一点点靠近那个想成为的自己。

而这条路上，自律是最不可缺的伙伴。自律，是爱自己的表现，是为了成为更好的自己而自愿做出的改变。

人生，就是一场修行。在这场修行当中，有的人或许沉溺于当下所能获取的最直接的快乐，放纵不羁，爱自由；有些人却宁愿苦修自身，在一次次的突破和改变自己，从而成为自己想要成为的人。

爱自己，是一步步把自己变成那个最渴望的自己，超我的满足，才是我们一生真正所求。它不会在朝夕之间形成，唯自律相伴才可。自律，便是引领你走向更美好、更想要的自己的最好的工具和武器。

自律，才是爱自己的最好方式！

自律的人往往更能成功

自律是一种品行，也是一种精神。“不经一番彻骨寒，怎得梅花扑鼻香。”自律是一个成功人士必须具备的关键素养之一。

据说史蒂夫·乔布斯年轻时每天凌晨四点起床，九点前把一天工作做完。他说：自由从何而来？从自信来，而自信则是从自律来。

自律是对自我的控制，自信是对事情的控制。先学会克制自己，用严格的日程表控制生活，才能在这种自律中不断磨炼出自信。

鲁迅先生自幼勤奋好学，天资聪慧。在他十三岁的时候，父亲病重，他因为要去给父亲抓药，导致上课迟到了几分钟，被老师挖苦道：“都那么大的人了，下次再迟到，就别来学校了。”面对老师的误解与讽刺，鲁迅并没有急着为自己辩护，而是悄悄地回到自己的座位上，用小刀在桌上刻了一个“早”字，以此提醒自己，以后不管什么原因，都绝不能再迟到。正是因为鲁迅先生从小就保持着这种严于律己的精神，才支撑起他在现代文学界、思想界的不朽地位。

李嘉诚以勤奋自律著称，他的作息时间非常有名：不论几点睡觉，在清晨5点59分闹铃响后起床；随后，读新闻，打一个半小时高尔夫；然后，去办公室开始工作。数十年如一日，自律几近自虐。

其实，生活中自律的人，才能得到真正的自由。有人认为，自律就是不能放纵自己，不能随性做事，那就没有自由。要知道，这里的随性是指跟随本身的惰性。那么，你可能会为了一时的随性，而毁掉一辈子的自由。

人都有赖床的惰性，但是为了上班，你不得不按时起床。你原本计划好，周末早点休息，早点起床去跑步锻炼身体，空出更多的时间来学习看书，累的时候可以午休，这样做既对身体有益，又能提升自己。但是你不能自律，到了周末，就想一直赖在床上，你自己也知道赖床不好，也知道睡眠时间已经足够了，继续睡下去不但浪费时间，对身体也不好，但你依旧赖床一整天。

萧红说过：生前何必久睡，死后自会长眠！

对于那些一事无成、贫穷的人来说，他们更没有资格白天睡大觉，不然有一天生活将逼迫他们不得不用睡觉的时间来求生存。他们上班工作的时间只能算是求生存，下班之后的时间才能求发展。有句话是这样说的：“一个人有没有出息，就看他下班之后怎么利用自己的时间。”为了长远的发展，他们只能利用下班之后的时间来做一些零边际成本的事情，要么多赚点钱，要么学习提升自己。不然，只能打一辈子工了。但是，如果不能自律的话，这一切都是空谈。

好吃懒做是人的天性。很多人一旦失去了制度的约束，自律性不强的话，就容易顺从自己的惰性，给自己找无数的借口，导致该做的事情没有去做，白白浪费了时间，等到想做点正事的时候，睡觉时间又到了，想想还是算了，明天再努力吧，没想到第二天还是一样，如此循环。

有的人，在没有时间的条件下反而能把事情做好，一旦有空余的时间反而做不好，这就是自律性不强、意志力薄弱的表现。导致计划好的事情不能按时完成，一旦完成不了，又会产生挫败感，更没有信心去执行计划了。

对于意志力薄弱的人来说，在刚开始自律时，这个过程是非常难熬的，但是一旦忍过去了，把自律变成一种习惯，那么自律就会变成一件非常愉快的事情，而且你会成为自律的受益者。

唯有自律，方得自由。因为没有自律的话，顺着自己的惰性，那叫懒惰。一个懒惰的人，注定是一事无成的。当你没有能力再去工作的时候，那么生活将会逼迫你不得不去勤奋，但是到了那个时候，一切都已经晚了，后半生只会为生存而挣扎，到那时候，更没有自由可言。

人们常说："年轻吃苦不是苦，是福气。"这不纯粹是鸡汤，这是有逻辑基础的：年少吃苦是种逆风飞扬的快乐，年老吃苦是风中残烛的悲哀。先苦后甜，可以忆苦思甜；先甜后苦，只能垂泪抑郁了。

一个懂得自律的人，无论在生活中，还是在工作中，都会有条不紊地去做自己想做的事情，一个有执行力的人，一定不会一事无成的。

唯有自律，才能空出更多的时间来做自己想做的事情。你不能自律，你就空不出更多的时间来学习，来提升自己。你不能自律，说明你意志力薄弱，执行力差，办不成事。你不能自律，说明你将会浪费很多时间，一个没有时间观念的人，一生能有什么作为呢？

所以，唯有自律，方得自由；唯有自律，方有作为；唯有自律，方得善终。

自由从自信而来，自信从自律而来

乔布斯说："自由从自信而来，自信从自律而来。"当你对工作效率有很强的控制力时，自信自然就会出现。

克服困难比战胜自己相对容易，所以有人说："我"是自己最大的敌人。战胜自己取决于自信，当人们有信心时，就会产生力量。如果你想改变自己，你需要时刻保持自信。

通过控制自我情绪和专注力提高工作效率，你将有更多的自由时间，然后把这些时间用来培养其他的爱好，提高自己的技能，可使你进入积极的正能量循环。通过不断地磨炼自己，成为一个更优秀的人。

许多年轻人说，他们的工作效率极低，只有加班才进入状态。加班结束后，一般都是晚上9点多了，当他们回家洗漱时，已经快11点了，一天结束了。拖着疲惫的身体上床睡觉，第二天睡眼惺忪地去上班，重复着前一天的状态。白天效率不高，晚上累得瘫痪。从长远来看，觉得自己越来越像一台机器，被困在一个死循环中，几乎没有时间留给自己。

其实，工作本身没有那么累。与几十年前不同，现在唯一让你感到疲劳的可能是你的心很累。劳累的原因，可能是工作枯燥、任务要求很高、甲方要求过多等。但是还有另一方面的原因，那就是你的效率不够高。当你抛开那些消极的抵触情绪，专注于工作本身时，你的效率自然会大大提高。

无论工作是否枯燥，领导是否严厉，甲方是否有很多要求，当你开始认真做事和解决问题时，你会发现，让你头疼的问题实际上并不像你想象的那么困难。当效率提高时，一切都会好转。你还会发现，工作逐渐使你产生一种成就感，领导也不再那么挑剔，与甲方的合作也非常顺利。

要提高效率，没有自律是不行的。我们可以借助一些手册、时间管理书籍以及很多列表应用程序来列清单，计划时间，制定时间表。我们应该学会安排自己的事情，与时俱进，远离时间不足的抱怨。

李嘉诚以近乎苛刻的自律著称。不论几点睡觉，他都会在清晨5点59分闹铃响后起床，读新闻，打高尔夫，然后开始工作。成功的人有很多共同点，他们可以严格控制自己的时间，懂得节制，从不放纵自己的本能欲望。如果你克服了惯性，在一天内安排好工作和其他爱好的比例，就会有时间放松。只有当你有空的时候，你才能谈论自由和生活质量。

一个年轻人从国外留学回来，在一家小公司工作。虽然工资很高，但工作内容很枯燥，所以他每天磨磨蹭蹭，导致每天没时间吃饭，胃都有问题了。不同的工作环节，总是有问题，所以他总是要在周末回公司弥补他在工作中的错误。他对此很不高兴，其实，他的老板更难过。他的老板以为招了一个高质量和有才华的员工，却发现这个年轻人总是做错事，需要一次又一次的返工。而且老板发现这个员工从来不积极主动地去解决问题，说一句动一步，不说就什么也不干。

自由不是别人给你的，而是你自己给自己的。作为一个成年人，我们需要依靠自己的手脚和大脑为自己谋生，这样才能在社会上站稳，而不被淘汰。只有把工作做完之后，我们才有资格谈论那些诗和遥远的地方。

实现自由的方法很简单，那就是培养自律品质，提高工作效率。不要在尝试前就认为自己做不到，或者在受到一点挫折后就放弃。你必须清楚地知道，你别无选择，只有成长才能拥有一名优秀专业人士的必备素质。你的工作条件和生活质量实际上取决于你自己。

学会为自己安排一切，和谐相处，远离时间不足的抱怨。把你的生活想象成一本书，当你遇到困难时，告诉自己只是你碰巧来到了这一章。现在说结局是悲剧还是喜剧，还为时过早，并且结局完全可以由你自己来改写。

我们都热爱自由，讨厌被束缚，但是自律和自由并不矛盾；相反，自律的品质可以帮助你更快达到自由的状态。你可以做一个实验，用几个月的时间，试着过一种完全不受控制的任意的生活。最后你会发现，极度的自由只会让你的生活一团糟，你会失去控制，就像蒲公英随风飘散一样。自律的生活就像放风筝，不管风筝飞得多高或多远，风筝线都在你的手中。

服从自己的意志，按自己的意志完成自己的工作。不要总认为自己是在为老板工作，你应该摆脱被迫工作的感觉，努力成为一个品牌。渐渐地，在自己的控制之下，我们可以面对一切和每一项任务。

你有多自律，就有多自由

自律者方得自由。所谓自由，不是随心所欲，不是那种“每日回家就倒在床上，休息日恨不得一天都在床上度过”的生活。有人说：“人生需要自由，生活需要放纵，人生苦短，要及时行乐。”但是，毫无节制带来的自由和松懈真的会让你感到轻松快乐吗？答案是否定的。

谁都知道努力工作、学习提升、坚持锻炼是很累人的事情，躺在家里、止步不前、吃吃喝喝、幻想未来是最舒服的。但是你终将打开家门，走出封闭的自我，独立面对人世间的跌宕坎坷，在滚滚红尘里身披铠甲单枪匹马地战斗。社会不会留太多时间让你缓慢成长，它只会裹挟着所有人踽踽前行。

优秀的人，往往早就清晰地认识到了这一点，将自律变成了一种习惯。正是这种根植于肢体与大脑的无意识的习惯，使那些混沌度日的人被远远地甩在了身后。

自律带来的自由，是自我主宰。如果你想生活得更高级，更随心所欲，那么，自律必不可少。自律是可以培养的、最有益的习惯。李开复说："千万不要放纵自己，给自己找借口。对自己严格一点儿，时间长了，自律便成为一种习惯、一种生活方式，你的人格和智慧也因此变得更加完美。"

不自律，会慢慢摧毁一个人的心智、外貌，甚至是人生。因为从本质上来讲，你想拥有的自由的限度，取决于你自律的程度。简而言之，你想要自由，首先得自律。

一

《元史·许衡传》里有这样一段记载：许衡做官之前，一年夏天外出，天热感觉口渴难耐，刚好道旁有棵梨树，众人争相摘梨解渴，唯独许衡不为之所动。有人问他为何不摘，他回答说："不是自己的梨，岂能乱摘！"那人劝解道："乱世之时，这梨是没有主人的。"许衡正色道："梨无主人，难道我的心也无主吗？"终不摘梨。

面对饥渴之诱惑，许衡因心中有"主"而不为所动。许衡心目中的"主"无疑就是自律，有了这种"主"，便会洁身自好，才能牢牢把握住自己。

放纵自己的欲望是最大的祸害。不管你是出于什么原因，一时的放纵会带来无法挽回或者很难改变的后果，不放纵自己随欲望起伏的人才是真正的活着，不随着世间的韵律起舞的人才是真正的存在。

正如康德所说："假如我们像动物一样，听从欲望、逃避痛苦，我们并不是真的自由，因为我们成了欲望和冲动的奴隶。我们不是在选择，而是在服从。唯有自律，自律使我们与众不同，自律令我们活得更高级。"

二

老张是一位优秀的作者，他从小到大都就读于名校，毕业之后在知名律所就职，后来在大型国企任法务。尽管每天的工作已经十分劳累，但他还坚持在下班之后写作、在微信群进行各种英语知识和技巧分享。

他博览群书，出口成章，有着很好的文化知识底蕴。这一切并非一朝一夕就能够拥有的，这是他长久以来不断充实自我所收获的成果。他选择将每天的生活过得有意义，因而他就拥有优渥的薪酬和高品质的生活。

他从不抱怨生活，遇到难题也只是温文儒雅地说一句："我最近遇到了一些问题，不过没关系，我可以解决。"很多年轻的作者写文章喜欢敷衍了事，但他选择认真对待每一篇文章。他会精心选择架构，经过再三思量确认无误之后，才会将完整流畅的作品发表出来，谦虚地说希望大家多多指点。

他对每一天都充满了期许，尽其所能做好每一件事，不给明天留问题，不给将来攒麻烦。在他身上，我们仿佛看到了一股神奇的能量，这种能量会让他比我们普通人更容易达成目标，也更容易成功。

三

老马从2014年开始跑步，至今已坚持了两年之久，开始跑步是因为他无法忍受对肥胖的厌恶，渐渐地，跑步给他带来了更重要的启发，让他意识到自律带来的力量。这种时时与自己的惰性做斗争，又在一次次斗争中超越自己的过程，正是自律带给他的阶梯式进步人生。

村上春树也如此形容过跑步为自己带来的意义："人本性就不喜欢承受不必要的负担，因此人的身体总会很快就对运动负荷变得不习惯。而这是绝对不行的，写作也是一样，我每天都写作，这样我的思维就不至于变得不习惯思考。于是我得以一步一步抬高文字的标杆，就像跑步能让肌肉越来越强壮。"

老马说："以我自己两年里的亲身体验来说，跑步是训练一个人‘自律’能力的很好方式。我曾是一个吃无节制的人，又喜欢过度消耗自己，但跑步让我成为一个自控力极高的人，令我可以坚持每天早起，准时踏上跑步机，拒绝拖延工作内容，在无论多热爱的食物面前也能够控制自己想要放纵的念头。”

并且，在老马所结识的跑者中，几乎所有人的生活都是自律的。大部分人有着规律的作息时间，保持着健康的饮食习惯，甚至对时间也极为珍惜。这种自律，成为很多自由的基础，也成为很多成功的基础。

跑步或者自律是很多成功人士的特点之一：苹果公司CEO（首席执行官）蒂姆·库克凌晨4点半开始发邮件，之后就去健身房；奥巴马每周坚持至少锻炼6天，每次大约45分钟，只有星期日才会休息。马克·扎克伯格是每天跑步1英里，除此之外他每个月读两本书，坚持学中文。

托马斯·科里创造出“富有的习惯”这个短语，他用5年时间研究了177个富人的生活，发现其中76%的富人每天坚持有氧运动30分钟以上，也有一半以上的人每天至少在工作前3个小时起床，这大概也是自律的某种形式。

严歌苓总结起自己读过的经典文学作品，也说过：“我发现这些文学泰斗——无论男女——都具备一些共同的美德或缺陷。比如说，他们都有铁一样的意志，军人般的自我纪律，或多或少的清教徒式的生活方式。”

四

小青谈过两个男朋友，第一个是她的学长，相处半年之后，小青提出了分手。学长大惑不解又气愤不已，让小青给一个合理的解释，小青只好安慰他说因为自己和他在一起压力太大，感觉配不上他，不得已才选择分手。

小青后来跟我们道明真相，说这位外表如此风流倜傥的学长却有着极不规律的邋遢成性的生活习惯。小青每次去他宿舍都能看到穿了一个星期还没洗的内衣袜子，和攒了不知道多少天还没丢的垃圾。小青每次都帮他收拾，提醒他注意个人卫生，可是他只是笑笑，从来不改。

小青觉得，一个男人究竟值不值得自己托付终身一起生活，与平时生活习惯的好坏也有很大关系。“我不想和一个如此邋遢、不懂节制的人长期生活在一起，坏习惯是很容易传染的，我也不想成为一个每天为丈夫收拾残局过度操心的家庭主妇，这种日子只会越过越糟，最后两人可能因为长期不可调和的生活矛盾而分崩离析。”小青感叹道。

小青的第二个男朋友，现在已经成为了小青的先生。小青一提起自己老公就赞不绝口：“我刚认识他那会儿，他就每天 6 点半准时起床去小区晨跑，跑上 1 个小时回来洗澡、换衣服、吃早餐、回邮件，然后 9 点半准时去上班。晚上下班回来整理一天的工作记录，收拾房间，之后看两个小时的书，11点半准时上床睡觉。我觉得和这么自律的男人在一起一定不会错。”

不得不说小青看人极准，小青的先生今年刚过而立，却已经是年入百万以上的外企高管，同时因为热爱写作，出了两本书，光是版税就足够夫妻俩生活得很滋润了。而那位当年英俊潇洒的学长，在去年的校友聚会上，让小青大吃一惊，他已经成功地让自己胖成了一个球，当年的风度翩翩如今已经找不出一点痕迹，不用说，这些年学长的坏习惯和懒惰散漫的天性终于在日积月累中让他逐渐变得粗糙鄙陋。

五

小宗今年已经三十多岁了，他喜欢抱怨工作、喜欢质疑领导、喜欢教育新来的实习生，但他自己却故步自封，将自己的成长发展依旧维持在原地。他来公司已经六七年了，但还在重复之前的工作内容。他严格要求实习生，却唯独对自己宽容。公司要求的上班时间是8点半，但他从未准时出现过，他常常11点之后，甚至下午两点之后才出现。

白天睡到天昏地暗，夜里失眠睡不着，颠倒的作息使他看上去比同龄人老了许多。迟到带来的一系列工作上的负面影响，则让他心情更糟糕。同事和领导们也对他早有成见，他看不到事业的进展，于是开始迷恋打游戏。由于他将精力过分地投入到游戏上，交往多年的女友经常为此与他发生争吵，最终毅然决然地离开了他。

拖延于事无补，抱怨只会加重生活的烦恼。如果他不改变自己的作息习惯，不改变自己的心态，不调整自己生活和工作的目标，可想而知，未来馈赠给他的，将会是一份怎样的“礼物”。

一个长期对自己毫不节制，对生活随心所欲的人，只会在一团糟的环境中，让自己活得越来越痛苦，体会不到丝毫自由的快乐。

六

真正的自由，来源于保持长久自律的努力！只有控制自己的欲望，远离一切坏习惯，找到前进的方向，跟随自己的节奏，坚持下去，这样，你才能从世俗的纷繁中解脱出来，才能真正地拥抱自由。

生活中，有一些人会选择将每一天安静平淡地度过。当然，这也是人生的一种选择，只是这种选择会让未来缺少很多的可能性。也会有一些人选择将每一天的生活过得混沌不堪，他们寻求“今朝有酒今朝醉”的快乐，这样的生活方式就像我们透支信用卡一样，只不过这是在透支未来的幸福感罢了。

过不好一天，过不好一个月，过不好一年，最终，我们想要的生活会和我们挥手再见，渐行渐远。时间对每一个人而言，都是公平的，我们每人每天都拥有24小时，这每个24小时串联起来的就是我们的一生。对身体不负责，就会昼夜颠倒、神经衰弱；对工作不负责，就会潦草结束任务，升迁无望；对感情不负责，就会任由游戏占据本该陪伴恋人的时间，最终与恋人分道扬镳。如果我们选择自律，就是对自己负责，对工作负责，对恋人和家人负责。

没有一个人的人生可以拥有绝对的自由。如果你想将来获得相对多的自由，那么请管束自己，让自己养成自律的习惯。

自律者出众，不自律者出局

年轻时的曾国藩，也曾与千千万万个平凡的青年人一样，既没有定力，又没有能力。不仅如此，他身上还有许许多多顽固的陋习，如妄语、懒惰。怎么看都是个资质平庸的普通人，注定成不了大器。

为了改正那些陋习，他下定决心记日记。他在日记中反省一天当中的过失，以此来警醒自己。这日记一记便是几十年，与他寄给亲人的家书一道，形成了内容丰富的《曾国藩家训》，成为世人信奉的行为准则。

为了改正妄语，他听从别人的建议，每天静坐一小时，修身养性。这样的打坐，他雷打不动地坚持了一辈子。硬生生把自己尖锐毛躁的性子打磨得处变不惊。

为了改正懒惰，他数十年如一日坚持读书。曾国藩一生无一日不读书，就算晚年读瞎一只眼，依然不曾间断。

曾国藩正是凭借极致的自律，最终实现了人生逆袭。从天赋平常的笨小孩，变成了世人眼中的“完人”。可见一个人只要能够做到自律，就已经走上了正确的人生轨道。而那些放纵自我的人，就只能在生活的泥沼中苦苦挣扎。

生活就像是一场马拉松，大多数人不是倒在终点线前，而是半途而废，走到中途就已经停下了脚步。高喊着口号说要自律的人很多，但是真正能够做到自律的人却很少。人与人之间的差距，就是这样一点一点拉开的。古今成大事者，不仅要有旷世之才，更要有坚韧不拔的意志。那些青史留名的成功人士，绝大多数是高度自律的人。

只有自律的人才能掌控自己的生活。生活对每个人都是公平的，自律之人必然出众，不自律，就注定会被淘汰出局。一个连自己都管不住的人，凭什么要求生活优待你？

王小波说：人的一切痛苦，本质上都是对自己无能的愤怒。

自律，是解决人生问题的必要条件，也是消除人生痛苦的重要手段。只有当你尝试做到自律，在恰当的时间、地点，做好自己该做的事，既不拖延，也不懈怠，你的生活才能真正受你支配。

这样来看，只有自律的人，才能获得真正的自由。就像生活中，我们行车走路都要遵守交通规则。人人都很自觉，道路就会畅通，行车也更自由。人人都不自觉，道路就会拥堵，个人安全利益也得不到保障。

放弃自律、放纵自我的人，得到的只是暂时的自由，最终将会付出惨痛的代价，损人不利己。

人生是马，自律是缰。信马由缰，必将偏离轨道，甚至会有粉身碎骨的风险。人生是舟，自律是水。以水推舟，方能自在扬帆，驶向自己人生价值的彼岸。越自律，越幸福。饮食上自律，身体好；运动上自律，身材好；时间上自律，精神好；脾气上自律，人缘好。

愿我们每个人都能做到自律，修炼成理想的自我，享受着向往的生活。

自律不等于自虐

自律并不是一味地自虐，一味地否定自己，而是需要以循序渐进的方式，让身体和心理有一个接受和适应的过程。你要始终不离不弃地站在自己身边，陪伴自己的每一步成长，在自律的路上，只有你才能成就你。

小夏为了过上她向往已久的自由生活毅然辞职，然而不到半个月，她突然找朋友哭诉："我活得越来越混沌了。"原来，一开始，她给自己制订了密密麻麻的计划，从早睡早起到坚持运动，从看书学习到精进厨艺，日子过得有模有样。可没过几天，因为没有早起的压力，她的起床时间慢慢推迟到了中午，也开始懒得出门，再也没去过健身房，厨房没进几天，就开始偷懒。她满腹焦虑地对朋友说："再这样下去，我就要废了。"

小夏这样的人，我们身边比比皆是。

一

很多同龄人的励志故事，比如上大学时天天早起占座去图书馆，备考时每天雷打不动做题八个小时，上班后凭勤奋三个月做到部门业绩最好……让我们意识到：不会管理时间的人不配谈生活，不自律的人终将一事无成。

从什么时候开始，“自律”成为了一个人的核心竞争力？

我们所有的美好生活只有一个前提：自律。可是，大部分自律过的人知道，自律有多难。

在满腔鸡血的激励下，坚持看了一本书，吃了两顿营养餐，跑了三天步，去了四趟健身房，好了，就此打住，这时，很多人就会问自己：为什么要这么虐自己？于是觉得，还是朝九晚五、夜宵追剧、躺着打游戏的生活更爽。然后，直到下一轮危机意识和焦虑来临，再重复一遍这样间歇性自律的节奏，周而复始，像一个死循环。

由此，在每一次循环里，很多人会经历一次又一次的打鸡血和自暴自弃，然后自我怀疑：我这样的人是不是天生注定如此懒散扶不起？

为什么别人都能做到持续性的自律，你只能间歇性自虐？

（1）对事物归因的影响。从心理学的角度来讲，人们对于事物的归因往往分为内因和外因。

信奉内因决定论的人，往往更相信自我意志的力量，相信自己有改变命运的能力和可能。这样的人在生活里也更容易以自律的态度处事，因为他们知道自己的付出一定会有意义。

而信奉外因决定论的人，会更加突出和强化外界因素的影响，这会让他们潜意识认为自己的努力没什么作用，也更容易把事物的责任归咎于外界和他人。

在职场，大多数人会抱怨领导苛刻、同事奸猾、晋升无望，一般对自己的问题却避而不谈。但事实上，我们自己在性格、能力、心态各方面其实还有很多需要改善的地方。所以，如果你看不到自己对于事物的决定性影响，觉得自己努不努力都无法改变事实，那你也很难真正对自己下狠手，只能徘徊在间接性自虐的状态里。

（2）消极的心理暗示。很多人会习惯性说出："这件事我肯定做不到。""我一定坚持不下去。""我天生不是做这件事的料。"

去年我们一帮朋友报名英语学习的课程，需要每天打卡才能最终领到实体书。活动开始没几天，有个姑娘便天天在我们耳边念叨："完了完了，我这个记性迟早有一天会漏掉打卡。"果然，没过多久她确实不再打卡，并且理所应当地对我们说："看，我就说我坚持不下去吧。"

然而，当我们做一件事，如果总是抱着这种自我贬低的丧气态度，其实很容易成为一种自证，潜意识里为了验证对自己的评判而成为自己以为的那种样子。很多时候，不是你没有能力做到这件事，而是你自己内心压根不相信自己能够做到。

（3）错误的方式。我们经常看到一些人决定坚持早起，于是立刻把起床时间从早上八点突然调到五点，然后因为生物钟转变太大，而使接下来的一天都在昏沉里度过，直到最终因为身体吃不消而放弃。也有一些人决定坚持跑步，于是开头几天就是每天十公里的节奏，然后腿疼气喘累到崩溃，最终弃之。

其实自律并不是一味的自虐，而是需要以循序渐进的方式，让身体和心理有一个接受和适应的过程。太过急功近利，急于看到成效，其实很容易消耗自己对这件事的热情和耐性。所以一时的自律并没什么用，只能证明咸鱼还有翻身的欲望，长时间的坚持才能拉开人和人的差距。

把自律作为一种持续性的生活态度，往往更能为我们带来身心状态的积极转变，这样的故事也有很多。

小磊本来190斤，为了在婚礼上以更好的形象示人，一个月前下定决心减肥。这一个月来，他每天坚持写减肥日志，科学饮食，以及下班以后雷打不动跑7公里。现在他已经足足瘦了40斤，整个人的精神状态也焕然一新。

二

长远来说，自律确实能带来更多成功的可能性，如果你为自律所苦，或者根本自律不了，但还是想自律起来，首先你需要明白：有一种满足，叫延迟满足；有一种自律，叫力所能及；有一种自律，叫成就自己。

（1）延迟满足。很多人提到自律，无论主观上是否愿意去做，还是会下意识觉得这是一件痛苦的事。早起、看书、运动、节食，每一件都痛苦。人的本性都是趋于安乐的，谁都喜欢享受，都想活得轻松快乐。当你逼着自己去做违背人性的事，就会本能地心生排斥和抗拒。因为内心不接纳这件事及其带来的痛苦，所以坚持太难。

但事实上，自律并不仅仅是让你一味压抑自己的需求和感受，而是让你延迟当下的满足感，更长远地看自己的愿望和目标。比如，三个月后的好身材，半年后的阅读量，一年后的健康身体，这些都是你延迟的幸福，在自律之前，先想想自律带给你的痛苦和幸福哪个更大。

延迟的满足感，能让你更加主动地承受那些看似痛苦的事，这就是持续性自律带来的快乐。

（2）力所能及。有时候，我们很喜欢给自己画一个大大的饼，恨不得一口吃成胖子。但理想越美好，实现的过程也越艰难，很多人就在这个过程中耐性耗尽，怠惰放弃。所以，如果想要养成长期自律的习惯，首先，去做一些力所能及的事。看书，先每天翻三十页书，一周至少可以看完一本书。跑步，先每天慢跑三公里，再循序渐进，累积叠加。每天的看得见的进步，一天天变得越来越好，才是自律真正的意义。

（3）成就自己。当你想要成为一个自律的人，最重要的是，首先你要发自内心的相信自己一定可以成为这样的人。无论之前你有过怎样的挫败经历，都不要影响你对自己未来的定位和评判，更不要轻易给自己贴一些消极的标签。

其实，想养成自律的人，对自己的这种期望已经很了不起了，至少说明你对自己有要求，有自我管理的决心。所以，你要始终不离不弃地站在自己身边，陪伴自己的每一步成长，在自律的路上，只有你才能成就你。

自律并不仅仅只是带给我们痛苦的体验，一味地自我压抑也很容易让人感到焦虑。相比盲目的自我虐待，也许更重要的是，你有没有看清自己真正的需求，有没有找到适合自己的节奏。

愿每一个想要自律的你，都能成为更好的自己。

第二章 反省自己，完善自己

要不断反省和总结

“金无足赤，人无完人”，世界上没有十全十美的人，每个人都会有缺点和错误。一个自律的人应该经常检查自己，对自己的言行进行反省、纠正错误、改正缺点，这是严于律己的表现，是不断取得进步的重要方法和途径。有错误或缺点并不可怕，可怕的是无视它，不去改正它。

反省，就是检查自己的思想和行为。反省是一面镜子，它能将我们的错误清清楚楚地照出来，使我们有改正的机会。我们要时常静下心来反省自己，在认清自己的得失、成败、优缺点基础上来提升自己。

生活中，许多人面对问题时总是会说“我不是故意的”“这不是我的错”“本来不会这样的，都怪……”找借口、指责别人已经成为很多人的习惯，反思自己却比登天还难。人人都犯过错误，但很少有人能反省自己。

大多数人就是因为缺乏自省习惯，不知道自己这些年以来的转变，才会看不清楚自己的本质。而一个不知道自身变化的人就无法由过去的演变经验来思考自己的未来，当然只能过一天算一天。

一个人如果能随时诘问自己过去的转变，就可以找出以往看待事物的观点是对还是错。若是正确，往后当然可以继续以此眼光去面对这个世界；万一是错的，也可以加以修正，如此就可以帮助你以正确的观点去看待周围的事物。

苏格拉底曾说："没有经过反省的生命是不值得活下去的。"有迷才有悟，过去的"迷"正好是今日"悟"的契机。因此经常反省、检视自己，可以避免偏离正道。

小海每个月的月底都会给自己放一天假，沏壶茶，静静地卧在沙发里，他会利用这一天的时间好好反省自己在这一个月内做得不好的事情，通过这些事情，小海认识到了在自身性格中的不少消极因素，并通过自身的努力去克服它们，从而使自己朝有利的方向发展。

一个人必须懂得不断反省和总结自己，改正自己的错误才不会总在原处打转或再次被同一块石头绊倒。人只有通过"自省"，时时检讨自己，才可以走出失败的怪圈，走向成功的彼岸。

人非圣贤，孰能无过？每一个人的一生都在不断的犯错误中度过，曾国藩每天都写日记，在日记中写下这一天的心得，他用这种方式反思自我。写日记，是一件看似简单但做起来极难的事情。但曾国藩毅力惊人，日记终身不断，每日反思自律。曾国藩的成功来自点点滴滴的自律和无时无刻的反省自我。曾国藩从生活的小事做起，硬是从一个乡下来的小地主，自我养成了历史的巨人。曾国藩，对得真实，错得真实，改正错误改得痛快，让人肃然起敬！

英国著名小说家狄更斯的作品是非常出色的，但是他对自己却有一个规定：没有认真检查过的内容决不轻易地读给公众听。每天，狄更斯都会把写好的内容读一遍，然后去发现问题，再不断改正，直到6个月后才会读给公众听。法国小说家巴尔扎克也是在写完小说后花上一段时间不断修改，直到最后定稿。这一过程往往需要花费几个月甚至几年的时间。正是这种不断自我反省、自我修正的态度，让这两位作家取得了非凡的成就。

中国著名的学者曾子说："我每天多次自我反省：为别人办事是不是尽心竭力了？和朋友交往是不是做到诚实了？老师传授的学业是不是复习了？"孔子认为曾子能够继承自己的事业，所以特别注重传授学业于他。

反省是心灵镜鉴的拂拭，是精神的洗濯，它涵盖了我们整个生命的全部内容。一个具备反省能力的人一定是具有自我否定精神、能不断提高自己的人。

我们要不断反省和总结自己。哲学家海涅说："反省是一面镜子，它能够将我们的错误清清楚楚地照出来，使我们有机会改正。"一个人会审视自己，才能认清自己。摆正自己的位置，端正自己的态度，方可成功。

保持积极主动的态度

我们知道，比尔·盖茨在大学三年级的时候从哈佛大学退学，盖茨为什么退学呢？因为他发现了一个改变时代的大机会。有一次他翻杂志的时候，发现个人电脑第一次成为杂志封面。盖茨嗅觉非常灵敏，认为个人电脑时代即将来临，扔下杂志就找同学组建了一个软件公司，专门为电脑公司编写程序。按照一般人的想法，盖茨太冲动了，丝毫没有考虑风险。

因为当时这本杂志发行量很大，很多人会看到，也就是说盖茨有很多竞争者。而且当时具有编写程序能力的人有很多，比如说学习电脑专业的大学生、工程师、研究者等，数以万计的人都可以做。实际上，盖茨根本就没有考虑这么多，他不仅做了，而且还从哈佛退学，搬到这家电脑公司旁边，夜以继日地编写程序，最终完成了自己的一个小目标，赚了第一桶金。

有人说盖茨运气好，但是运气再好，不争取也是不行的，盖茨身上体现的就是高效能人士的第一个习惯：积极主动。

积极主动有个重要特征，就是主动承担责任，为自己过去、现在及未来的行为负责。而消极被动的人，就会推卸责任。积极主动和消极被动这两种不同习惯，带来的后果完全不同，时间越长，差距越大。消极被动是人性的弱点之一，往往表现为人们常说的等、靠、要，没有良好自律和内心驱动力的人，经常会被人性控制。

小洁是一个很容易陷入负面情绪的人，别人的一句话或者生活中的一件小事都能让她寝食难安，用“玻璃心”来形容她简直再适合不过了。她对待工作也总是被动消极的态度，业绩很不理想。她的朋友圈里几乎容纳了她日常的所有情绪，对工作的不满、吐槽，对生活的抱怨。那些或长或短的文字总是弥漫着一股低气压的气息，就像小虫子一样，啃噬着刷到那条朋友圈的人，让人想要立马跳过。小洁坦言：“我也想做一个积极阳光的人，可是日子也太难过了吧。”

有许多人像小洁一样，一方面希望自己成为一个积极和优秀的人，一方面又被生活的重担压得喘不过气来，疲惫又悲伤地消磨时光。他们不是主动寻找机遇和跳板，而是在等工作把自己逼到绝境，把为数不多的精力榨干。每天不情愿地走进公司，不情愿地完成自己的义务，甚至辞职的念头一直在头脑里徘徊，恨不得马上抛掉工作跑回家。如果总是以这种消极低迷的态度对待工作，又怎么能保质保量地完成工作呢？

不可否认客观因素会对一个人的成功有一定的限制。怀才不遇的人无法实现自己的梦想，除客观因素外，很大程度上是由于他养成了消极被动的习惯，把自己的天赋白白浪费掉了。原因很简单，如果你消极等待，你就会受制于人，一旦受制于人，你的机会就不会来。但是一旦养成积极主动的习惯，在面对困难或机遇时，你就会从你所做的事情的影响出发，而不是一味地只盯着自己的利益。

哲学家阿诺德说过："最惨的破产就是丧失自己的热情。"一个人只有保持积极主动的态度，才能把自己的实力发挥到极致，把工作做到最好。具有积极主动的心理状态的人，会迎难而上挑战自我。

积极主动的态度，不是时刻保持高昂的精神状态，像打了鸡血一般；也不是遇到什么事情都冲在最前面，恨不得昭告全世界："我很积极进取！"

真正的积极是一种平和的心态，是刻在骨子里、融进血液里的看事物的态度，有着不动声色的力量。真正的主动，不是努力抢风头，不是碰到任何事都要上去试一试，而是把自己的分内之事第一时间做好，在此之外追求其他能够达到的高度。

在遇到困难或瓶颈时，积极主动的人能够摈弃被动的受害者角色，不怨天尤人，从内而外的创造改变，积极面对一切。他们选择创造自己的人生，而不是消极地被选择。

一个人为人处世的态度与他所处的家庭环境、社会环境有着密不可分的关系，是可以后天改变和培养的。如何保持积极主动的态度呢？

第一，要保持规律的作息和健康的饮食。“健康是革命的本钱。”一个人的生理状态在很大程度上决定着其心理状态。如果一个人连基本的生活都不能保证，那他还有精力去完成工作吗？规律的作息、健康的饮食、听舒缓的音乐、读心仪的书籍等，都可以帮助我们维持良好的生理状态。

第二，改变个人的行为，做个更充实、更勤奋、更具创意、更能合作的人，然后再去影响环境。领导都喜欢积极主动的人，不喜欢整天抱怨的人。积极主动的人能够很好地完成领导交代的甚至没有交代的事情，是一个优秀的合作者。

第三，给自己积极的心理暗示。人很容易受到心理暗示的影响，如果你能给予自己积极的心理暗示，对工作的态度就会变得积极起来。用“我可以的”代替“我很害怕”，用“我能静下心来，我挺喜欢这件事的”代替“我真厌恶这件事”，用“我更愿意……”代替“这事很难办”，用“我试试看有没有其他的可能性……”代替“没预算，我也没办法”，积极的心理暗示并不是让你颠倒黑白、扭曲事实，而是让你逐步转换视角，由消极转为积极，不再说消极的话给自己负面暗示。

第四，常做“高能量姿势”。美国作家埃米·卡迪在《高能量姿势》一书中提到“让身体决定心理”的概念，并通过长达数十年的科学实验证明了这一点。简单地说，就是在日常生活中可以通过做一些扩展性的姿势让自己身心舒畅，舒缓紧张沮丧等消极情绪。书中提到的一个经典的“高能量姿势”是“神奇女侠”姿势，即双手叉腰、两腿分开、头部向上扬起，并在心中告诉自己：“我完全hold得住（能掌控）这样的场面。”这个姿势可以给人带来信心。

第五，作出承诺，信守诺言。对自己或对别人有所承诺，并且从不食言，是积极主动精神最崇高的表现，同时也是个人成长的真义。许诺与立志可以使我们掌握人生。有勇气许下诺言，即使是小事一桩，也能激发自尊。因为这表示我们有自制力，并有足够的勇气与实力来承担更多责任。

当我们看问题的视角提升到一定高度时就会发现，与宏大的人类社会相比，工作的压力和烦恼实在是微不足道的。当你为一周的工作而抓狂的时候，世界的某一角或许正上演着战争；当你为月薪没有达到自己理想的水平而忿忿不已的时候，有人连下一顿饭都没有着落；当你为一点鸡毛蒜皮的事情而感到天崩地裂，有些人却已在濒临崩塌的边缘；当你为生活琐事消极抱怨个不停时，有些人却面临着生死抉择。

很多时候，我们以为有些处境艰难得无法逾越，却不知道有人比我们更艰难，可他们仍然在别人看不到的地方勇敢地活着。所以，我们为什么不以一种积极进取的态度对待工作与生活呢？哪怕是脚踩泥泞，只要眼睛向前看，仍然不会错过一路的好风光。

让自己的生活规律化

一

一个男生，上大学后开始放松，用了一年的时间，成功地堕落了。每天靠着外卖和游戏度日，逃课、早退是他的标配。每天还会熬夜打游戏、抽烟喝酒。多年的好学生，堕落成了一个肥胖沉迷游戏的人。仅仅一年，身高180厘米的他，长到170斤，还有个大肚腩。高中的他和现在的他判若两人。现在他的生活很糟糕，整个人看起来很颓废。

大二的时候，他喜欢上了一个女生。但是他却没有勇气表白，他知道自己很胖。后来在朋友的怂恿下，在一个特殊的日子里他向那个女生表白了，还买了很贵的礼物的给她。结果她礼貌地表达了歉意，拒绝了他。

他或许是受到了打击，开始下定决心自律。第一天他在操场上跑了5圈，感觉腿都不是自己的了。坚持了一周，感觉是自己的极限，想着要不要放弃。又坚持了一个月他成功地瘦了一圈。

这样的故事，对我们来说都很熟悉吧，因为我们身边这样的故事有很多。我们再设想一个场景：下午四点醒来，屋内一片寂静，而睡觉之前遗留的任务仍然没有完成，此刻懒洋洋地坐在床上，一想到桌上还有一堆事情要做，就觉得烦躁不安；甚至有的人会把该完成的任务一直拖到晚上，白天则上网、刷手机，躺在沙发里，做一个安安静静的“肥宅”。

缺少计划、生活不规律甚至黑白颠倒，成了很多人的“心头恨”，即使内心十分痛恨这样的自己，但仍然控制不住。

二

小丽就是一个典型的“生活不规律”的例子。年关将至的时候，有一部分工作任务需要下班后在家中继续处理，她回到家中却把任务一推再推，先休息片刻，然后在微信上联系闺密一起出去逛街，逛完商场又逛美食街，城市的灯光逐渐熄灭，她才匆匆赶回家中。

这下好了，工作任务只能晚上熬夜完成，或者明天一大早爬起来做了。一直嚷着要早睡早起、认真护肤的小丽其实是很不喜欢熬夜的，可是为了完成任务却不得不熬夜，第二天顶着浓浓的黑眼圈上班，整个人显得无精打采。本应充满激情的工作却因为她的疲惫不堪而变得无聊枯燥起来，越是觉得无聊就越想拖延，最后又拖到下班后、拖到晚上。拖延久了就成了习惯，生活不规律让小丽陷入了恶性循环。

原本应该工作的时间去逛街，应该好好休息的时间拼命赶工作，白天能做的事情偏要拖到晚上做……时间分配不到位，久而久之身体也是支撑不住的。人在精神状态好的时候工作效率自然高，如果你颓废、疲惫、恐慌，怎么能充满激情地工作呢?

三

小米是个大三学生，目前正在准备研究生考试，每天高强度的学习让她心力交瘁，为了劳逸结合提高效率，小米决定每天给自己留下一些放松的时间。她选择的放松方式是跑步：每天早晨天不亮就开始晨跑，直到太阳缓缓升起。

看到这里你会觉得：她的放松方式没有问题啊！运动确实有益于人体健康，不过小米的问题在于：每次她晨跑的时候还在念叨着英语单词，发现自己记不清一个语法的时候，常常在跑步途中停下来去百度上搜索。

跑步本来就是一个放松的过程，运动也是需要集中注意力的。在跑步的时候，我们的大脑理应是放空状态，思想自由呼吸。而小米的神经一直紧绷着，表面上是在放松，大脑却没有得到真正意义上的休息。

四

真正规律化的生活是，在特定的时间做特定的事情，不要让一件事情上的焦虑影响另一件事情的进行。要想工作规律首先要作息规律，规律的作息才能带来良好的精神状态。人在精神状态好的时候，工作效率自然会高。如果总是半夜刷手机、玩游戏，睡眠不足肯定会影响工作状态。让自己的生活规律化，在愉悦的状态下做本职工作，会达到事半功倍的效果。

伦敦一所大学围绕人体的最佳睡眠时间做了一项调查，最终得出的结论是：成年人的正常睡眠维持在7~8小时是最合适的，这样的睡眠时长能够给予我们身体最充沛的能量。

《庄子》有云："日出而作，日落而息。"揭示的正是这样的自然规律。在千万年的演化中，人类逐渐找到了最佳生存方案，我们的身体会随着大自然的变化而有规律地运转，各个人体器官也是如此。让自己的生活规律化，我们才能以最佳姿态投入到工作中，获得最大化的效益。

其实，规律化的生活并没有那么难，坚持一阵子就会成为习惯，人体的肌肉记忆是非常强的，同样你每天在什么时候入睡、什么时候醒来也很容易养成习惯。很多人怀揣着“一步登天”式的想法，想要在短期内拥有规律化的生活，这未免操之过急。我们要停下脚步，多关注生活本身，努力使我们的生活规律化，让生活的规律去带动我们工作上的规律。

保持环境干净整洁

有时工作太累，下班回到家里什么也不想做；有时逛了一天的街，疲惫不堪，回到家中倒头就睡；周末或节假日是最清净的时刻，随心所欲地做自己的事情，看看书，陪陪家人，和朋友聊聊天。但这时候我们还有一件必须要做的事情，就是要保持个人和家里干净整洁。

那些自律的人，不管有多忙多累，都会坚持洗完澡、洗完衣服、打扫完卫生之后才去休息。他们在任何情况下，都不会放松对自己的要求。而那些对自己要求不严格的人是做不到的，他们总是三天打鱼、两天晒网，日复一日，呈现给大家的永远是邋里邋遢、乱糟糟的样子。

除了个人和家里要保持干净整洁，我们的办公环境也要保持干净整洁。混乱的环境会瓦解人的意志，使人变得烦躁不安，工作效率低下。而干净整洁的环境会让人心情愉快，从而以更积极的精神风貌面对工作。

老李是一名自媒体公司的编辑，每天的工作除了审稿和写文章之外，还要整理和分析后台数据。他平日里没有收拾办公桌的习惯，同事给的圣诞苹果，吃完后包装、礼盒就丢在桌上，街边扫码送的小礼品，前几天拆开的药品盒子，还有许多纸质的文件，也胡乱堆放着。一个星期下来，桌面上堆满了杂物，甚至挪动键盘都不方便。

老李看到这乱糟糟的办公桌就心烦意乱，更别提集中精力工作了，业绩也是一塌糊涂。窘境中的老李下决心改变现状，他挑了一个风和日丽的日子，把桌上堆积的垃圾和无用文件全部清理掉，清清爽爽的桌面让他的心情顿时明朗起来。

极简生活能让人把精力放在重要的事上，办公环境收拾得干净整洁，能够让人集中精力，提高效率。

小陈是一名普通的都市女白领，她有个习惯，就是每隔一段时间彻底清洁自己的生活环境和工作环境，这种“残风卷落叶”式的大清洁让她的幸福指数常常飙升。清理杂物的过程，与其说是为了干净，不如说是释放无数个日日夜夜积累的压力。当她一打开门，看到整整齐齐的景象，心中一片舒爽。

定期清理杂物涉及一个概念：断舍离。日本杂物咨询家山下英子认为，所谓“断舍离”就是通过收拾家里或者工作场所的破烂儿，也整理心中的破烂儿，从而让人生变得开心和放松的方法。显然，开心和放松的状态更有助于我们集中精力工作。

人只有在由内而外都舒适的环境下，才能够充满激情和愉悦，从而迅速投入到工作状态中。保持干净整洁，本质上是对“断舍离”和“极简主义”的践行。

高效管理自己的时间

自律，简单来说，是指在没有人监督的情况下，通过自己要求自己，变被动为主动，约束自己一言一行的行为。但是自律，说起来容易，做起来难。

每天固定几点起床、每天吃多少卡路里的食物、每天必须要健身多长时间、每天必须要读几页书、完成多少工作等，每天坚持这种格式化的自律，确实不容易，但是，我们每天又必须要完成固定的任务，这个时候，高效的时间管理就是很有必要的。

时间管理是指通过事先规划和运用一定的技巧、方法与工具实现对时间的灵活以及有效运用，从而实现个人或组织的既定目标。

小墨是一家服装品牌的设计师，每天忙得晕头转向，在外人看来就是工作狂魔。每逢节假日，别人都去休息旅行，她却仍然一心扑在工作上，朋友聚会、和男友看电影、外出踏青……一系列活动她也统统拒绝。

好友不解地问她："你怎么天天都在忙啊，工作上真的有那么多事情吗？何不给自己放放假呢？"小墨摆了摆手，回答道："我想趁着年轻的时候多奋斗，安逸的生活应当是在退休之后过。"朋友们都劝她不得。仔细审视小墨的生活状态，她真的有那么多要忙碌的事情吗？并非如此。

小墨是一个严谨的人，但过分的严谨也让她深受其苦。在工作中，她务必做到凡事亲力亲为；在生活上，她更是一手包揽了所有家务。所有的事情都被小墨摆在同样的天平上，作为一名设计师，她在设计和原料筛选上所花的时间几乎一样多，这直接导致她把大量的时间浪费在不必要的事情上。

朋友好心提醒她："你这样做最后吃亏的是自己，真正聪明的人会合理规划自己的事情，按照事情的重要程度合理分配，不会像你这样一股脑地全扑到事情当中。"

朋友的提醒不无道理，小墨明明可以把原料筛选、数据登记等任务交给助理去做，自己只管自己职业分内的事情即可，这样效率会提高很多。

小麦在大学时期养成了一个不好的习惯，总是把任务一再推迟，还自我安慰："没关系，还有时间！"快到截止时间的时候才开始拼命地赶。小麦发明了一套自己的学习方法：平时上课刷手机、作业随便糊弄，到了期末考试临近的时候通宵复习，窄窄的抽屉里堆满了各式各样的袋装咖啡。靠着不错的头脑，她的成绩还算过得去。她沾沾自喜地对室友说："看吧，我平时不用学也能及格。"表面上小麦轻轻松松，其实背后却付出了很大的努力。因为平时没有认真听教授讲课，很多基础知识弄不明白，她不得不上网一一查资料，常常累得筋疲力尽，甚至有时候通宵复习，没有一点休息的时间，身体几乎撑不下去了。

小麦参加工作后，这种不良习惯仍旧没改。每天上班时间优哉游哉地刷网页或做其他的事情，到了临近下班时，同事们完成工作都准备回家了，她才开始疯狂地赶任务，有时候要到很晚。小麦很不解："我都把休息的时间用来工作了，为什么还是效率不高呢？"

生活中有很多像小麦一样的人，他们在片刻的沮丧和懒惰之后会全身心地投入到工作中，但似乎工作对他们并不客气，在紧张急迫的情况下完成任务的质量并不高，而且身体上几乎是殚精竭虑，非常疲惫。

这种"把大规模任务集中到一起解决"的工作方式并不值得提倡。人的身体并非机器，在一段时间的紧张运转之后是需要短暂休息的。而那种"放任自我式"的长时间休息也不科学，“劳逸结合”其实是一件很值得考究的事情。

我们常说：“漫漫人生路。”意思是人的这一辈子太长，时间走得太慢。可是，当我们走过人生大部分道路的时候，回过头来才惊觉，人生其实很短暂，几十年的光阴，不知怎地就过去了大半，而自己活了半辈子，还是一事无成。我们后悔，可是，后悔又能怎样？世界上最公平的、最慷慨的就是时间，而最容易忽视的也是时间。

我们都在想着要长命百岁，活得时间越长，时间也就越多，而对于我们到底能够活到多大岁数，我们谁都不知道，古语曰：“一寸光阴一寸金，寸金难买寸光阴。”意思是光阴比金子还要珍贵。所以，我们要好好地珍惜时间，学会管理时间，科学支配时间，这样，我们的时间就会延长。

有人会问：“每天就这样充分地利用时间来工作、学习，不会很累吗？”答案是肯定的，当然会很累。没有谁会一天24小时工作还能保持精神充沛。

长时间的工作不仅没有效率，还会搭上自己的健康，疲惫、抑郁，甚至还有可能猝死。然而，时间管理，就是要让自己在最短的时间内完成每天的工作学习任务，而完成任务后多出的时间就可以用来休息、娱乐和好好享受生活。

时间最不偏私，给任何人都是24小时；时间也最偏私，给任何人都不是24小时。那么，我们怎样才能做到高效地利用时间呢?

（1）记录和分析时间。做好时间管理的第一步就是弄清楚自己时间的花费，明白自己的时间都用在哪儿了，做好反思和制定改进的计划。

平时，你可以记录一下每天时间的花费，这样可以让自己有一个清晰的认识。很多时候，我们会发现，花费在一些无关紧要的小事上的时间很多，而重要的事情上却并没有花很多时间。找到那些浪费你大量时间的点，然后尽量减少这些任务，或者不做。比如，长时间地看电视、玩游戏、刷微信等，就是浪费你大量时间的点。对于喜欢的事情，不用太压抑自己，可以每天做一下，但是必须控制好时间。

（2）确定目标，制订计划。规划好长期目标和短期目标，把年度目标分解到每个月，做好每天的行动计划清单。由年拆分到月，再拆分到星期。以一个星期为一个大的目标单元比较合适。因为我们平时可能会有各种各样的意外，所以计划不能太死板。目标必须明确而清晰，必须可以衡量，必须契合实际，可以达成，要有确定的时间限制。制订每天的计划和行程，做好每天的行动清单。

有时候，因为一些意外的因素，某一天的任务确实不能完成，可以把前一天没完成的任务分别放到第二天和第三天，这样不致第二天一下子任量过大而完不成，产生放弃的心理。当你持久稳定地做好每天的事务，就算你每一天的改变都很微小，但过完一个月以后，你会发现，其实你做了很多事情。

看着这个月在学习、生活、工作方面完成这么多任务，你会感到自己的幸福感得到了提高，工作效率也提高了。

（3）任务划分，要事第一。把最重要的事件优先处理，放在精力最好的时间去做。明确目标，制订计划，划分轻重缓急。依据四象限分类法，根据事情的重要性和紧急性，我们可以把事件分为重要紧急、重要不紧急、紧急不重要、不紧急也不重要四个象限。不同象限的事情要区别对待。

（4）量化时间。给自己每个任务适当的时间期限，避免做事拖拉，提高效率，在限定的时间内完成。这个时间要灵活，要根据自己以往的经验，太短会完不成，也不能很长，否则会让自己产生惰性、拖拉心理。

分析哪些因素是可控的，哪些是不可控的，容忍意外的发生，对于不可控的事件留有一定的浮动时间。预计需要花费的时间，并在实际的工作当中，不断检查计划是否切合实际，方便后面做出调整。

（5）写下每天最重要的三件事。列出清单，通过四象限分类法划分轻重缓急，排好优先顺序，先做最重要的，然后依次做完一件再做下一件。这里涉及二八法则，即把80%的精力放在最重要的20%的事情上。早上花点时间想清楚，今天重要的事情有哪些？紧急的事情可能有哪些？可以延后的工作有哪些？每天列出最重要的三件事情，做好这三件事情，再去考虑其他的事情。哪怕其他的任务没有完成也不要紧，因为你已经把最重要的事情完成了。

（6）锁定目标，专注执行。在一件事情没有做完之前，或者没有取得一定的成果之前，不要去想别的事情。一次性把一件事情做完，不然到时候又要重新开始，将会花费很多的时间在转换不同的事情上面。

这里涉及番茄工作法，即集中精力25分钟，不要让自己受到干扰，每25分钟，休息5分钟，这25分钟就专注做一件事情，其他的事情什么都不要去想，尽量不要让外部的环境来打断你。“番茄工作法”是一种很好的方法，可以帮助人们在工作与休息之间找到那个平衡点，最大效率地完成任务，且不会过于疲惫。

（7）养成早起的习惯。每天早起2个小时，你就比别人多了一个上午的时间。因为很多人早上9点上班，到11点半下班，中间也就两个半小时的时间。

（8）反思总结，改进计划，加快工作流程。低头走路，也要抬头看天，每天、每周都要留给自己反思和总结的时间。每天晚上反思当天的工作完成了多少，和原来的计划相差多少，为什么没有完成？如何改进？对于经常操作的任务做好流程化处理，整理成行动清单，第一步做什么，第二步做什么，这样就不用在每次工作的时候都调用大脑思考，每次只要根据核对经验积累的行动清单来快速执行即可。

（9）充分利用好碎片化时间。碎片化时间可以查找一些资料，整理一下最近的思路。碎片化事件尽量集中在一起做完。碎片化时间可以安排做一些零碎的事件，使碎片化时间的价值最大化。

依据碎片四象限分类法，根据碎片—整块时间，碎片—整块任务，我们可以把时间分成四个象限，即碎片的时间做碎片的任务、碎片的时间做整块的任务、整块的时间做碎片的任务、整块的时间做整块的任务。

（10）制定奖励，正向反馈机制，培养成就感。比如每天完成任务签到打卡，每完成一个目标在成就表上打上钩，或者贴上一颗星星。这些仪式感可以不断培养我们的成就感和自信心。我们需要让自己身体和心理上获得一定的成就感，从而持续而高效地去做一件事情。

做应该做的事情，不管喜不喜欢

有一句话是这样说的：“不要小看任何一个逢年过节不会变胖的人。”为什么呢？因为即使在放松身心的假期中，他们也没有突然改变饮食习惯和运动习惯，而是一直保持着极致的自律。在你打着游戏、对各种油腻食品来者不拒的时候，他们依旧坚持每天早起跑个5公里、晚上饭后遛个弯儿。有些人选择了自律，就不会轻易放弃，只是因为喜欢开始自律后发生改变的自己。

有人将自律分为三层，我们大多数人每天准时上下班，待人友好，举止有度，都是普通人，处于自律的第一层。发现自己与他人的差距，并努力去追赶的人属于自律的第二层，他们努力工作、健康饮食、坚持运动、每天看书学习等。自律的第三层是最高层的自律，自律已融入他的生活，并成为一种习惯，无须任何提醒，他也是一个高度自觉的人。就算周围的人都在随波逐流，他也会活出自己的高度。

其实世界上99%的真正自律，都发生在你看不见的地方。真正的自律是不管你喜不喜欢，都在做着自己应该做的事情。

小梅在一家公司做财务会计，每天要处理各种各样的数据，一整天都面对着Excel表格更是常事，小梅感到非常抓狂，每天在朋友圈发一些很累、很丧、想辞职的文字。小梅本科时学的是工科，是一名妥妥的工科女，思维严谨、头脑活跃，毕业时却因为家庭原因迫不得已做了一名会计。这跟她的喜好彻底背道而驰了，让一个本就醉心于科学研究的人整天处理数据，听起来确实难以忍受。但毕竟会计是她现在的本职工作啊，而小梅却每天抱怨着："我真的不想做自己讨厌的事情，人难道就不能一直做自己喜欢的事情吗？"一面抱怨，却又没有更好的选择。整天都过得委屈又拧巴，工作任务常常不能及时完成，好几次影响到薪资发放，老板差点直接把她炒鱿鱼。

"小孩子才把喜欢挂在嘴边，大人都是看价值。"一个成熟的人，在判断一件事情要不要做的时候，衡量标准不是"喜欢"或"讨厌"，而是"值不值得"。人们应该遵循结果论，即能不能带来实际效用。你或许会说："我认为我喜欢的就是值得的，就是高价值的。"要知道，盲目地以"喜欢"来做决定，是需要承担一定的后果的。

做喜欢的事情是一种本能，做讨厌的事情则是一种本领。一个人能够打败内心的不情愿，控制自己的情绪，对抗趋乐避苦的本性，毅然选择做“讨厌的但正确的事情”，必然是一个很优秀的人。

作家韩寒在他早期的作品中写道：“我所理解的生活，就是和喜欢的一切在一起。”这句话曾被无数年轻人奉为人生真理。学生时代的韩寒，叛逆、自由，敢于打破传统教育的桎梏，甚至做出了很多人敢想却不敢做的决定——退学。

很多人对他的印象是：很酷！敢于追求自己喜欢的东西，与自己讨厌的事物一刀两断。

十几年后的韩寒，阅历更加丰富，看人生的角度也更加全面、立体，在接受媒体采访的时候，他坦言，现在觉得自己当年盲目退学的行为是错误的，希望大家不要模仿。知识虽然枯燥，教育也许乏味，但必然是有一定的意义的，学习其实是磨炼心性的过程。比起肆无忌惮地做自己喜欢的事情，他更希望现在的青年人把有意义的事情做好。

人们之所以擅长自己喜欢的事情，是因为内心的偏好会让我们不自觉地倾注努力，就会越来越好，当我们尝到其中的甜头的时候，便会更加努力，从而形成一个良性的循环。对于讨厌的事情则恰恰相反。那么，讨厌的事情就不可能做好吗？并非如此。只要你付出努力，同样可以做得很出色。

中国著名现当代文学家梁实秋先生早年在清华读书，对数学深恶痛绝，每次考试都如临大敌。他常常想："我以后又不准备从事理工类工作，学这东西干什么？"

后来他赴美留学，因为他清华的成绩单上数学成绩勉强刚及格，需要补修三角函数和立体几何。他感到懊恼、耻辱，于是拼命努力，钻研数学，最终取得了班级第一的好成绩，特准大考免予参加。他说："这证明什么？这证明没有人的兴趣是不近数学的，只要肯按部就班地用功，再加上良师诱导，就会发觉里面的趣味，万万不可任性，在学校读书时万万不可相信什么'趣味主义'。"

由此可见，只要你能在不喜欢的事情上下足功夫，糟糕的现状是可以扭转的。李阳曾说："只有先认真做好自己不愿意做的事，才有资格去做自己想做的事。"

希望我们能做好自己不喜欢甚至讨厌的事情，让这些事情成为我们成功的垫脚石，帮助我们大步迈向自己的理想生活。

和优秀自律的人做朋友

上大学的时候，小夏同学的寝室总共4个人，个个都是学霸。大四的时候，当别的同学还在为找工作而发愁，为未来的走向感到飘忽不定时，她们已经找到了自己的方向：两个人去了国企、一个人在知名的英语辅导机构当老师，还有一个人进了世界五百强。

这个“学霸宿舍”是她们学校一个神奇的存在，小夏同学说：“我高考是超常发挥考进来的，刚进这个专业的时候学习总是跟不上，还想着偷懒。可是没想到她们一个个都那么拼，当我还在睡懒觉的时候她们早早就起床去自习室早读了，就由不得我不努力了。”

一个寝室就是一个小天地，什么样的氛围造就了什么样的结果。小夏同学原本不思选取，本想得过且过地度过大学四年，可是却幸运地遇上了一群努力上进的室友，推动她也取得了成功。

我们可以想一想，当你身边的人都在背书、刷题的时候，你还会有心思打游戏、追剧吗？同样，当身边的朋友都在努力工作、拼命赶业绩的时候，你还会想着偷懒吗？

多跟优秀自律的人在一起，时间久了我们也会变得更加优秀和自律。因为他们给我们施加了一定的压力，为了和他们齐头并进，我们只好更加努力。同时他们能起到榜样作用，健康的人会让我们注重身体锻炼，快乐的人会让我们拥有阳光的心态。

马云曾说过一句话："我的对手不在我身边，在我身边的都是朋友。"有些人会把身边优秀的人视为对手、视为用力超越的对象，但马云这句话告诉我们：和优秀的人做朋友，从他们身上吸取知识和经验，会帮助我们更好地成长。

跟弱者在一起确实零压力，并且能让我们感到自信，但这种自信是摇摇欲坠的，它的本质是对强势力量的恐惧，不利于我们的提升。如果总是选择和比自己弱的人打交道，而不主动向优秀的人靠近，我们就会永远在原地打转，而工作的本来目的，是为了螺旋式上升。

自律的人不一定优秀，但优秀的人通常都很自律。自律的朋友、自律的伴侣，都会对我们有着潜移默化的影响。

莉莉这一年来的变化令人非常吃惊，用“脱胎换骨”这个词来形容也不足为过。一年前的她每天浑浑噩噩，在小县城的一所学校教书，每天上完两节课之后就回到家中，无所事事地看起电视，有时候懒得连饭都不做，一日三餐都靠外卖解决。衣着打扮上更是随意，“反正又没人看我”，她总是这么念叨着，梳妆台上的化妆品都蒙上了灰尘。

直到她遇到了严老师。严老师是学校外聘的英语老师，他整个人由内而外都散发着独特的魅力，待人接物温和得体，他的办公桌永远是整个办公室最整洁的那一个。攀谈的过程中莉莉了解到，严老师只是暂时在这边教学，一段时间后会回到省会继续搞教学研究，生活中的严老师热爱旅行和摄影、规律健身，他的电脑桌面就是一张他亲自拍摄的星空图，深邃、明亮，直击莉莉的内心。

严老师优秀又自律的形象也刻在了莉莉的心里。她喜欢上了一个如此卓越的人。为了和严老师更般配一点，莉莉开始注重打理自己的外形，工作上也更加努力了，教学之余也开始在网上写文章，发展自己的副业。

渐渐地，她变得越来越优秀了。在这个过程中，她几乎忘记了自己为什么要用力地做出改变。直到严老师主动向她表白的时候，莉莉才恍然意识到，在努力蜕变的过程中，真的离理想型的自己越来越近了。

优秀又自律的人就像一道光，吸引着我们靠近。这不是向强者的谄媚，而是向榜样的学习。而真正优秀的人通常不会吝惜自己的才华，反而会很乐于跟我们分享经验、传授方法。

向优秀自律的人学习，我们会变得更加优秀。当我们变得更加优秀之后，会有更多的人主动结识我们，这是一个良性循环的过程，在这个过程中我们收获的不仅仅是人际关系，还有实实在在的提升。

法国作家哈伯特说：“对于一只盲目航行的船来说，所有的风向都是逆风。”因此，在前行的道路上，我们需要找到自己的航向，而优秀又自律的人就是我们的罗盘，引导着我们找到事业的新大陆。

量入为出，才能打理好人生

一

有个同事说："我不买奢侈品，化妆品也很少买，按说收入也不低，但每个月都不剩什么钱，钱都花到哪里去了？"她每天都喝一杯咖啡，她说："不喝，上班没精神。"星巴克一杯咖啡30元，一天一杯，一个月就是900元，一年就是8100元。不算不知道，一年居然这么多钱。如果她男朋友也是这样，两个人一年就是2万，5年就是10万，这在老家都够一套房子的首付了。

每个人每天都会有一些可有可无的习惯性、不加控制的支出，比如跨行取款的手续费、一杯奶茶或者咖啡、必吃的小零食……这些支出，它看起来数额不大，花起来也难以令人注意，但积少成多，慢慢就积成一笔大钱。

有很多人喜欢用拼多多，每笔支出十几块钱从来不过脑子，直到有一天算账，发现一个月下来花了小一千，商家利用的其实就是小额支出的陷阱。这也就是为什么，你薪水不少，可是却总感觉缺钱的原因。这些不加控制的小的支出，就像一个小偷，在不经意间，掏空你的钱袋子。

二

小刘刚毕业的时候，第一次拿到薪水，心里别提有多开心。于是，他开始了随心所欲的花钱日子。路过报刊亭，看到一本喜欢的明星当封面的杂志，想都不想就买了；同事们每天都在星巴克买咖啡，他也有样学样，每天一杯咖啡；为了看喜欢的NBA和英超，还充了好几个体育网站的会员……花这些“小钱”，每次几十块上百块，对他来说毫无压力，觉得都是小钱，也不认为自己有什么要节省的，反正自己开心就好。

可是每个月他都要拆东墙补西墙，整个人一直处于焦躁不安的状态。他自己也很奇怪，一个男生，不买奢侈品化妆品，平时也没啥聚会应酬，钱都花到哪里去了？后来开始记账才发现，那些平时他从来不留意的小支出，居然在不知不觉中耗掉了他的收入。哪怕支出再小，积少成多，也会成为令人无法承受的庞大支出。

三

借贷宝裸照泄漏事件中，为了借钱很多女孩子不惜拍裸照、裸体视频，如果还不上还有可能用“肉偿”。一般来说，现代社会，倘使家里人送孩子上大学，基本的生活费、学费肯定是够的，应该很少有一贫如洗、家徒四壁的情况。即使不够，现在学校还有奖学金、勤工俭学等，另外也可以业余时间做点兼职，赚取零用钱；如果家里真的很困难，连学费都不够，可以募捐。

是什么让这些女孩子不惜拍裸照去借高利贷呢？是欲望，她们已经控制不了自己的内心了，她们被欲望所控制。如果她们平常能够省着点花，量入为出，控制好自己的欲望，把时间用在学业上，也就不会如此缺钱，如此爱花钱，最终也不用冒着这么大的风险去借钱了。

我们只有培养好自律能力，守得住的心，才能不被钱所控制，让钱为我们服务，才可以自由地做自己喜欢的事。当你自律了，也就自信了，因为你可以掌控自己，可以管理好自己的时间、金钱、精力，使之用在正确的事情上，自然可以做成很多事。

四

如果在消费上不自律，就会造成一个后果，我们的生活会被自己的欲望牵着走。走在街上，这件衣服好看，买了；那双鞋好漂亮，我要试试……再加上人美嘴甜的导购小姐的忽悠，不知不觉就买了一大堆东西回家。这样下去，自己就会完全失去控制力，就是把自己人生的主动权完全交给了自己的欲望和情绪。

让自己的欲望和情绪牵着自己走，这样的人不会有好结果。有句话说得好："理财就是理人生，能把花钱和赚钱研究透了的人，能减少生活中80%的烦恼。"

其实，控制好自己的欲望，只需三步：第一步，通过记账，总结出自己日常开支的规律，找出自己真正需要花钱的地方。第二步，反思一些支出背后真正的心理需求。有个心理学家曾说过，人在做任何事情的时候，其出发点都是"满足内心中的某种需求"。比如，很多人喝咖啡，并不是真的喜欢，而是通过这种方式，摆脱工作的乏味感。第三步，问问自己有没有更健康也更实惠的方法代替。花钱不是我们的目的，缓解压力才是，如果有办法能够不花钱地缓解压力，实在没必要随随便便就把钱花出去。

五

俗话说："好钢用在刀刃上。"减少生活中不必要的支出，并不是让你不消费，而是要你去审视每一笔支出的必要性、合理性与可替代性。毕竟我们还没到马云、马化腾的阶段，不是想买什么就能买什么，与其把钱花在可要可不要的东西上，还不如尽力减少不必要的支出，让我们的钱都用在该用的地方。

钱不是万能的，但没钱真的万万不能。社会不会因为你一句"我没钱"就对你网开一面，命运也不会因为你一句"我很穷"就给你格外开恩。没事的时候，请控制住自己花钱的双手，因为钱并不只是一串数字，更代表一种选择自己生活的权利。

很多人都说，想要像马云、马化腾这些成功人士学习，努力奋斗，改变自己的人生。那你知道，向这些成功人士学习，第一步要做的是什么吗？不是辞职不是创业，而是——存钱。所有成功人士开始做生意，都有一笔启动资金，哪怕有一部分是向亲朋好友借的，但大部分还是自己苦苦存下来的钱。

你存的不是钱，是你的底气。希望每一个人都能攒下钱，过上自己想要的生活。

第三章
自己要努力，不要总指望别人

拒绝拖延，学会自律

拖延症可以分为两种类型：一种是有截止日期的拖延，通常在较短时期内出现的，比如说学校的作业、考前的复习、阶段性工作任务等。另一种是没有截止日期的拖延，通常是一个长期事件，在这个过程中没有固定的截止日期，比如人生目标的实现、身体健康状况等。

对于有截止日期的拖延，我们都司空见惯了，而且我们每个人都或多或少经历过。这种拖延带给我们许多不好的情绪体验。比如，上学的时候，常常在假期的最后一周才开始写假期作业，直到开学的前一晚才勉强完成。这种拖延到最后导致的结果就是焦虑和被动，为了赶在截止日期前完成，只能硬着头皮逼着自己写完。当时，肯定都很后悔，为什么没有提前开始写假期作业？为什么总是把作业拖到了开学前？其实，一旦一个任务布置下来，我们就先制订一个计划，确定一个要提前完成任务的日期和时间，养成提前完成任务的习惯，那我们就不用体会那种紧张焦虑的痛苦感受了。

对于没有截止日期的拖延，人们很少去仔细考虑这些看起来很遥远的事情，因为这些事情具有不确定性。在我们的一生中，有很多事情我们无法预知，比如，什么时候能实现梦想？什么时候身体健康会出现问题？什么时候会离开这个世界？这些看似离自己很遥远的事情，其实早已经开始倒计时了。

没有截止日期的拖延在生活中很常见，但大多数人却毫不在意。比如，一直把目标和梦想停留在空想阶段，却从未开始有效的行动；明明知道熬夜的坏处，却还是抵抗不了追剧和玩游戏的诱惑；决定要戒烟戒酒，明天依旧对自己无限宽容；总幻想着自己变瘦的那一天，却总是为不想健身找借口。

拖着拖着，还没有开始准备，机会就来了；拖着拖着，压死骆驼的最后一根稻草就发生在自己身上。一年之内，发生了多少猝死事件！前一秒还在习以为常地熬夜，下一秒就不幸地离开了人世。世界上没有后悔药，等到我们失去了呼吸、失去了跳动的脉搏，一切就太晚了，我们没有机会再给自己一次重新来过的机会。

“拖延症患者”们总是习惯性打发时光，等到面临最后期限时，就开始给自己找各种借口，这些理由往往看起来十分合理，好像自己真的是个大忙人似的，其实只是说话者在试图掩盖自己的不安罢了。

找出自己的拖延借口，是告别拖延的第一步。通常，拖延有以下借口：

（1）问题难以解决，因此搁置。趋易避难是人的本性。成大事者和普通人的区别就在于，前者遇到困难时第一反应是想办法解决，而后者是想着尽可能地逃避。人们常常会在困难面前退缩，殊不知逃避并不能解决问题，被搁置的问题只会一点一点累积，随着时间的推移变得越来越复杂。

（2）总认为还来得及。“明天还有时间呢，今天我先放松放松吧。”真正等到第二天就开始手忙脚乱，这种“总认为还来得及”的思想是导致很多人喜欢拖延的原因之一。对自己的认知偏高，认为自己可以在短暂的时间里完成大量累积的任务，这是很不切实际的。与其寄希望于明天，不如现在就开始行动。如《给大脑洗个澡》书中所说：“明天只是一个一毛不拔的吝啬鬼，它用虚假的承诺、期待和希望大量地剥削你的财富。它给你的永远是无法兑现的空头支票。”

（3）内心的恐惧。试想，眼下有一件非常棘手而又意义重大的事情，你不得不去完成，可执行的过程中充满了风险，甚至有很大可能是付出努力却最终失败，你还会心无芥蒂地去做吗？很多人的答案是否定的。这种时候就需要有适当的敢于冒险的勇气，如果总是逃避，恐惧便会一直占据你的心，敢于面对和付诸行动才是王道。

（4）打破“我很忙碌”的虚假表象。你真的很忙吗？还是说你只是用“忙”来做借口？那些被你定义为“忙”的日常琐事，真的能占据你所有时间吗？没有如期完成工作的日子里，你做的每件事都是非做不可的吗？还是说你只是在消磨时光？很多人在面临一堆任务的时候，会下意识地做一些无关紧要的事情，比如喝一杯奶茶、翻一翻微信，不停地自我麻痹、自我逃避。打破这种虚假的忙碌表象，去做那些真正有意义的、紧迫的事情；而不是一边自我安慰，一边心惊胆战。

时间是最公平的东西，我们每个人每天都只有24个小时，你的生活状态如何取决于你对时间的利用率，把宝贵的时间花在不必要的事情上无疑是浪费生命。鲁迅先生谈及自己的成功之道，说道：“我把别人喝咖啡的时间用在工作上。”因此先生一生著作颇丰，为后世留下了宝贵的思想财富。

认清你给自己找的拖延借口，才能从本源解决问题。现在，请你认真思考以下几个问题：眼下最紧急的事情是什么？你最想做的事情是什么？后一项是非做不可的吗？“你想做的”和“你应该做的”这两件事会带来什么好处和坏处？哪些是效益最大化、损失最小化的事情？

经济学中“机会成本”是指当我们选择专注做一件事情

的时候，势必要放弃可能从另外的事情当中得到的收益或机会。这里更加体现了珍惜时间的重要性，比如，当你选择将资金和时间成本投入眼前的项目中，就意味着你必须抛弃外人伸来的橄榄枝。时间分配上也是如此，如果你选择拖延重要的事情，就意味着“机会成本”的丧失，那些被你浪费掉的时间本可以用来做更多效益更大化的事情。所以，表面上你只是拖延了一小会儿，其实是丢失了很多机会。

赫胥黎说过：“最珍贵的是今天，最容易失掉的也是今天。”昨日已是过往，明天尚不确定，我们能把握的只有当下。

找出你的拖延借口，回顾你经常挂在嘴边的那些关于拖延的字眼，努力把它们从你的人生词典中清除。每一个珍惜时间的人，终有一日会收到时间的馈赠，这个过程也许是缓慢的，但必定是值得期待的。

不要再为自己熬夜找借口，不要再为自己戒不了烟酒找借口……不要再为自己的拖延找借口，给自己一个变得自律的机会吧！

远离“积极废人”

“积极废人”是一个网络新词，指的是那些喜欢给自己立flag（目标），但永远做不到的人。这些人通常在心态上积极向上，行动上却宛如废物，他们往往会在间歇性享乐后恐慌，时常为自己的懒惰感到自责，日子就在一天一天的消磨中过去了。用一句话来总结“积极废人”的真实写照就是：间歇性踌躇满志，持续性混吃等死。

flag的意思就是在朋友圈或者当着很多人的面公开自己的阶段目标。古语有云：“有志者立长志，无志者常立志。”少立flag，并不是说我们不能公开树立目标，只是在定目标的时候要慎重，要客观。不能一口吃成个胖子，同样，短期内目标定得太高也不容易实现。

一

杨子常常在朋友圈公开立下目标：要在一个月之内完成毕业论文；要在一年内考下某个证书；要坚持健身练成八块腹肌……不过这些话他只是说说而已，朋友圈里偶尔看到他发过几张健身房的照片，除此之外再无其他。一段时间后，朋友圈的内容就变成了他的自嘲："唉，又没坚持下去，我真是太失败了。"

杨子没有实现目标，是因为他天生就是一个失败者吗？并非如此，而是因为他在树立目标时不慎重，太随便，又极度缺乏执行力，不坚持、不自律，没有严格要求自己。这类人常常深感痛苦但又不愿意做出改变。时间久了，不但耽误了自己的事业，甚至会影响到身边的朋友。

二

小何毕业半年不到，胖了20斤，在大学微信群里经常受到朋友们吐槽。今年年初的时候，他终于下定决心办了一张2000元的健身卡，万年不发朋友圈的他竟然在朋友圈立了一条flag："不吃甜食，不吃夜宵，一年不瘦20斤不找对象。"最开始的几个星期，朋友圈他都会发几张健身的照片，大家偶尔也会给他点点赞。但是半年过去了，小何说他体重还没变，原因是自己平时太忙，这半年加班比较多，根本没有时间锻炼。办了一年的健身卡，去的次数总共不超过8次。总之听他说得最多的就是没时间。最近他正打算把健身卡转让出去。

三

不知道你身边有没有这样的朋友，努力都是在口头上，真正面对问题的时候却只想着逃避？我们要远离这类假装努力的“积极废人”。常言道：近朱者赤，近墨者黑。如果我们与“积极废人”共事，十有八九会受到拖累。

小君和室友一起报了个英语学习的线上课程，报名费颇高。平台有个福利：如果能够坚持学习并打卡100天的话，可以全额返学费。室友发现了这个课程，急不可耐地邀请小君跟她一起参加。室友的规划非常完美：每天早晨7点起床练习一个小时的口语，然后吃饭上班。

可事实却是这样，当小君早早从被窝爬起来学习的时候，室友还在睡觉。当小君已经把打卡的内容发到朋友圈的时候，室友还在抱怨：“我最讨厌转发这些东西到朋友圈了！”小君说：“你早知道要打卡的，要是不喜欢的话干吗还一个劲地要报名呢？”室友沉默了。从此以后，小君在学习之时都不会叫上室友一起了，因为她知道对方会找出一堆不愿执行的借口，与其这样不如单枪匹马地一个人奋斗。

四

要想避免成为积极废人，首先要主动远离懒惰、不自律的人。情绪是会传染的，不良的习惯也是一样。比如，你正打算通宵赶方案，旁边的朋友却一个劲儿地怂恿你："别写了吧，明天还有时间呢，今晚就出去撸串呗！"一次两次你能理性拒绝，次数多了就开始动摇了："别人都过得那么轻松，我干嘛要让自己遭罪呢？"这样的想法一发而不可收拾，自然就变得懈怠了。

网上流传一段话："你把性格交给星座，把努力交给鸡汤，把运气交给锦鲤。然后对自己说：'听过那么多大道理，却仍然过不好这一生。'"这就是"积极废人"们的真实写照。如果在该工作的时候娱乐，在该专注的时候玩，那些我们偷过的懒，挥霍掉的时间，总是会成为我们前进路上的壁垒，以另一种方式惩罚不努力的我们。在这个快节奏的时代，人们重视的是最终结果，而不是嘴上的豪言壮语。

克服“三分钟热度”

一

“我下定决心了！我一定要减肥，瘦成一道闪电，让曾经抛弃我的男友后悔一辈子！”这句话艾丽已经说过无数遍了，曾经的男友和艾丽提出了分手，艾丽一直认为是对方嫌弃自己身材不够好，于是下定决心要减肥，要成为一个漂亮而精致的女子。

于是，她开始频繁出入健身房，小区附近的跑道上也出现了她的身影，晨跑、夜跑一个也不落下，一日三餐只摄入足够的能量，多余一点都不吃。正当身边的朋友以为艾丽真的要如愿以偿变成一个纤瘦的美少女的时候，她自己却最先放弃了。

起初是桌上的饭菜变多了，出入火锅店的频率也变高了。每逢有饭局，艾丽都兴致高涨，第一个冲上去。艾丽对自己说："民以食为天，要是吃都吃不好那生活还有什么意思啊。再说了，网上说减肥主要还是靠运动，克制食量对身体有害呢。"过了一阵子，连跑道上也见不着艾丽的身影了，她在朋友圈抱怨："早上实在是太冷了，被窝太温暖了，根本起不来。晚上又天黑得早，我下班以后时间就不早了。"

就这样，艾丽又一次放弃了自己的"减肥计划"。其实，早上虽然有点冷，但完全是可以克服的，晚上下班的时间并不算晚，如果她能把时间花在跑步上，而不是刷剧上，完完全全是够的。艾丽这么说只是在为自己的"三分钟热度"找借口罢了。

二

小康是一名普通的上班族，但他从大学时代起就有学一门乐器的想法，心里面隐隐觉得那些能在婆娑树影下弹一首民谣的男孩子真是美好极了。小康在大学二年级的时候也曾想过报吉他的辅导班，可那时候忙着专业课和考各种证书，周末的时候要去学校外面的驾校练车，始终腾不出来时间。

现在终于工作了，有了一定的经济实力，时间上面也宽裕了些许，小康打算重拾大学时的爱好。可是，买一把什么样的吉他好呢？小康在网上查了很多新手攻略，比对了一个又一个品牌，好不容易找到一把称心如意的，又开始纠结报哪个乐器辅导班。一来二去时间又过去了两个月，小康还是没有开启自己的学习计划。

好不容易吉他到手了，课程也报了，小康却发现生活中还有许许多多琐事要处理，新吉他拿到手不到两个月就丢在了墙角，落满了灰尘。

像小康这样半途而废的人并不少，大张旗鼓地开始，垂头丧气地结束。其实，但凡能让我们充满“热度”的事情，哪怕只有一分钟，也说明我们对这件事是热爱的，但消极心理会遏制我们继续追求它。就这样半途而废，是不是太过可惜了？

三

“三分钟热度”用来形容那些心潮澎湃地制定好目标，然后斗志昂扬地执行，却很快半途而废，最终以失败告终的人，艾丽就是其一。他们嘴上喊着：“我要努力！我要奋斗！我要改变现状！”于是迅速投入到工作或者学习中，这种立即执行的能力是很值得推崇的，可问题是，他们坚持一会儿就因为各种各样的原因放弃了。

或许是觉得难，或许是觉得累，但他们忘了，努力本来就是一个消耗能量的过程，我们在这个过程中输出智力、体力，也会得到相应的回馈，哪有不费吹灰之力就能得来的成功呢？

那么，怎样才能克服“三分钟热度”呢？

第一，一段时间内只专注做一件事。专注力是非常重要的元素，在有限的时间内我们只能做有限的事情，如果一味挑战自己的抗压能力，想要短时间做完各种各样的事情，思维需要在不同的场景下急速切换，结果很容易令你失望。

第二，不断发掘生活的乐趣，避免陷入枯燥和厌倦的状态。一个大的目标通常需要很长时间来完成，这个过程很可能是枯燥的，为了防止你过早厌倦，需要在寻常的生活中找到乐趣，这样能够使你开心地追寻自己心中所爱。

第三，制订循序渐进的计划。有时候我们之所以容易做事情三分钟热度，就是因为缺少计划。游离于计划之外的事情似乎总是可做可不做的，所以务必要制订清晰明确的计划，将你的目标植入其中并按时完成。

第四，寻找志同道合的伙伴，互相监督、一同前行。一个人能走得很快，但一群人才能走得很远。找到志趣相投的伙伴，平日里一起努力，松懈时互相监督，失败时相互鼓励，这样才能离目标更近一点，不致轻易放弃。

克服趋乐避苦的本能

当被问道，下班回到家，你愿意躺在沙发上看电视，还是愿意去做家务？所有人都会毫不犹豫地选择第一个。人们都愿意享受生活，不愿意付出辛苦。趋乐避苦是人的本能。

苦和苦是不一样的，有些苦是纯粹的痛苦，是谁也不愿意经受的，比如失去挚爱、生病、财产失窃等；有些苦是夹杂着快乐的或者说是能衍生出快乐的，我们选择承担这类痛苦是为了更好地获得幸福，所以能忍一时的不如意。

所有人都向往轻松、美好的日子，谁也不会主动选择生命中的苦难。而成功者，往往能够对抗趋乐避苦的本能。当然，这里的“苦”指的是有回报的“苦”，是可以主观选择或拒绝的“苦”。比如披星戴月地工作、寒冬腊月里早起、坚持健身、坚持脑力输出……而不是“疾病”“破产”之类客观发生的苦难。

一

闻名世界的艺术家巴勃洛·毕加索，出生在地中海沿岸一个中产阶级家庭里，父亲是一名美术老师，母亲是一名普通妇女，殷实的家境让他从小生活在优越的环境里，吃穿不愁，生活得无忧无虑。

按照父母的设想，毕加索本应做一名教师，子承父业，轻轻松松也不需要经历太多曲折。但年轻的毕加索心中隐藏着一股关于艺术的热血，他渴望在艺术上有所造诣，渴望自己的作品能得到世人的认可。

在一场大病之后，毕加索和几个朋友决心去往深山中探寻奥秘。崎岖的山峰、陡峭的山路，无数次面临险境，夜间就在山洞中留宿，冷了就点燃篝火取暖。在如此艰辛的条件下，毕加索等人待了整整三个月的时间。在这三个月里，他大多数时间在观察和作画，山间的飞禽走兽、花鸟鱼虫，都成为他灵感的来源，纷纷化身为素材融入他的画作中。

艺术是什么？在年轻的毕加索看来，艺术就是走进大自然，去观察，去历险，走出安逸的、平淡无奇的生活，经历一些刺激又丰富的事情，灵感的火花在这个过程中得到绽放。

和毕加索一样，很多人拥有选择安逸生活的权利，不需要太过拼命也可以勉强过好这一生，但有的人偏不。他们宁可倾尽全力，克服趋乐避苦的本能，去换取一个精彩的、值得一过的人生。

二

狼毒花大多生长在海拔4800米高的青藏高原上，其根有剧毒，可制成中药。这种植物的特点是根系强大、吸水能力超强，其根深入土地极深，能够适应干旱寒冷等极恶劣的环境，周围的草本植物难以与之抗衡。

正是糟糕的环境迫使狼毒花不断进化，直至能够打败所有的竞争者，在恶劣的环境中生存下来。倘若它早早地偃旗息鼓，宁愿像温室中的花朵一样等待他人的浇灌，恐怕早已在残酷的自然竞争中被淘汰了。植物如此，人亦然。

三

为什么要克服趋乐避苦的本能呢？因为除了努力、拼命上进之外没有别的选择。为环境所迫，在极端的环境下爆发，为了生存只能吃苦磨砺，如果放弃挣扎，选择物质上的舒适，就意味着死亡或溃败。

如果选择安逸，也就是选择短暂的“乐”，这不过是偷身体上的懒，图一时的心情愉快，对于实现你的目标没有任何帮助，反而只有消极作用。等到那点没有价值的“乐”散去之后，就只剩下无尽的悔恨和自责。如果选择拼搏，忍受暂时甚至较长一段时间的“苦”，这是在为未来做积淀，这些苦是不会白受的，一定会以另一种形式回馈给你。

汤姆斯·布朗曾说：“人是为了内心的感受而活。”

趋乐避苦是人类的本能，打破本能是一件很难的事情，但是当你开始尝试直至打破这个本能之后，就会发现一个新天地。当自律成为你的习惯，不需要刻意就能保持积极向上的状态，你就离理想中的自己越来越近了。

去做一些你真正想做的事情吧，不要被眼前的困难吓倒，你一定可以一步步走往心之所向。

放下对完美的执念，尽自己最大的努力

晚清四大中兴重臣之一、后世称为“曾文正”的大名鼎鼎的曾国藩，天资并不聪明，但他早年读书十分用功。有时为了熟记一篇文章，常常诵读到夜深人静才上床入睡。成为朝廷名臣后，他丝毫不敢松懈，在繁忙的工作之余，还给自己制订了详细的读书学习计划。可以这么说，他的求知、修身精神在当时官员中当属凤毛麟角。曾国藩在个人修养上尤为严格，他每日静坐，反思己过，数十年如一日潜心修为。道光二十五年（1845年），34岁的曾国藩事业如日中天。那年，他在研读《易经》后，对人生有了更深刻的感悟，他认为真正的人生不应该是十分完美的。于是他把自己的书房改为“求缺斋”，把求缺当成自己的人生追求。与此同时，他写下一篇脍炙人口的短文——《求缺斋记》，抒发了人生的兴衰盈虚之道，告诫家人凡事不可能都完满，人生不可能没有缺陷，否则就要走下坡路，正所谓日中则昃，月满则亏。这篇充满睿智的文章，集中体现了他求缺、注重自律的思想。应该说，这是一种人生的大智慧。正因为如此，后世的很多成名的人物，以曾国藩为楷模，接受他思想的熏陶，从他身上学习走向成功的黄金定律，从而使自己的修身处世立于不败之地。

真实的人生难以十全十美，可以说，不如意事十有八九。但在我们周围，很多人都习惯于追求完美无缺，而常常正是这种刻意的追求，让人感觉到一种心力交瘁的疲惫。

小静这两天一直处于焦虑之中，因为公司最近要安排她见一位重要客户，虽说小静已经工作好几年了，但还是第一次被委以如此重任，她很怕搞砸了会对公司造成不良影响。小静理想中的自己要表现得特别完美，最好能给客户留下亲切又能干的青年人的印象。

为了能够给客户留下好的印象，小静在心里对自己说："我一定要好好表现，可不能说错一句话，不能一言不发，也不能一开口就暴露自己的无知，看来约见大客户还是个技术活啊！"越是这么想，心里越紧张，小静已经连续失眠好几天了。

主修心理学的朋友觉察到了小静的担忧，他耐心地开导她："不要总是担心达不到完美的结果，以你的社交能力肯定不会差到哪里去的。这么说吧，以你的能力和经验，就算对方再难缠也不致让公司蒙受损失的。”“真的吗？”小静半信半疑。朋友一再地肯定，小静这颗悬着的心才逐渐安定下来。

这种对达不到完美的结果的担心，是一种无效担心。这种消极情绪会让人内心备受煎熬，把大量的时间浪费在担心、焦虑上，问题却得不到解决。这种担心会让人无法把注意力集中在眼前的事情上，对于有限的精力是一种巨大的消耗。

如果说100分意味着满分、杰出和完美，那80分就意味着优质。而有的人终其一生去追逐100分，真的有意义吗？如果在追逐100分的过程中牺牲的比回报的还多，那还是放弃吧。

上学期间我们的学习成绩、工作后的表现都有优劣之分，生产的产品有“不合格、合格、良好、优质”之分，我们的生活处处充斥着衡量与比较。追求上进是人类自然进化中养成的属性，但对于“完美”的迫切需求常常压得人喘不过气来。

“得之坦然，失之淡然，争其必然，顺其自然”是人生的四大境界。能做到这“四然”的人，往往活得超脱而轻松。世上不如意之事十常八九，若是事事都苛求圆满，苛求一个完美的结局，显然是不切实际的。

衡量一件事物是否“完美”，是需要特定的标准的，而每个人心里的标准是不同的。“一千个人眼中有一千个哈姆雷特”，凡事皆有对立面，你觉得完美的事物别人未必觉得。这个世界不存在绝对的完美，一切都是对比产生的，比如贫穷与富有、疾病与健康、完美与缺憾，对立的事物相依而生，不存在单一存在的现象。

人的欲望是无止境的，身处穷困之中时，只会想着食能温饱、衣能避寒；等到饮食起居安稳了，就会渴望锦衣玉食、豪车接送……欲望永远不能被满足，永远都有想要的新鲜东西。“追求”是人类合理的权利，但若想填充欲望的无底洞无疑只是一种奢求。

“过程比结果更重要。”这句话并非在强调过程的重要性远大于结果，而是阐述了“过程”与“结果”之间的逻辑关系。过程直接决定着结果，把握好过程，便可以在最大程度上掌控事情朝着最理想的结果发展。在过程中不可避免地会出现一些不可控的元素，甚至打乱全局。总之，按部就班的过程会让你获得想要的结果的概率最大。

昂纳德在《颂歌》中写道：“万物有裂痕，光从痕中生。”动人心魄的事物往往是那些看起来不甚完美的，比如女神维纳斯的雕像，尽管多年以来经过雨水的冲刷已变得斑斑驳驳，但是断臂的维纳斯仍能让前来观摩的年轻人潸然泪下。这就是真实的力量。

“完美”像是架在高楼上的一件宝物，你对它充满渴望，于是拼命攀爬、拼命去追求，等到离它越来越近时你会发现，所谓的完美不过是一种永远无法达到的状态，像是天边的云，你借助很高的梯子也只能抚摸到一阵空荡荡的风罢了。

不苛求完美，并不是说我们要懒散随性，而是我们要尽自己最大的努力把过程做好，不要去担心结果。无尽的消极情绪，受煎熬的只会是自己。不论完美与否，只要我们真的尽力了，这就是对自己最好的解释。

努力，在任何时候都不会是一个错误的选择，它是一种使出全力做事的状态，也是一种积极向上、不过分苛求的态度。努力的人生终究会水到渠成，这一路上所经历的坎坷和磨难都是在为将来的幸福埋下伏笔。放下对完美的执念，追求那种努力而充满希望的状态吧！

不要贪图小便宜

有一次小孙去万象汇看电影，顺便去地下一层超市买芝麻酱，在出口被一位大姐拦住，热情邀请她微信扫商场二维码，她看了看就拿出手机扫了，大姐趁势递给她一张促销广告，告诉她可以领开业免费大礼，还有特别便宜的打折品。她看也没看，说了句：谢谢，我不需要，我不要。

大姐目瞪口呆，张着嘴，像看奇怪的人一样盯着小孙，居然一时语塞，直到小孙离开也没讲话。大姐一定在想，居然还有不要免费礼品的？脑子是不是有毛病？

小李说她婆婆从来没有买过垃圾袋，都是买东西时能多拿就多拿，或者用装菜的塑料袋当垃圾袋用。家里的犄角旮旯里到处塞着用过的塑料袋，搞得屋子里总有一股说不出来的怪味。

小赵说，家里有个特别喜欢废物利用、热衷看“生活小妙招”的妈妈，大米在农夫山泉大瓶装塑料瓶里，旧秋衣秋裤做地毯，可乐瓶剪了种菜，纸箱壳做小桌子，吃完的咸菜玻璃瓶当水杯……不但如此，妈妈还经常往家捡东西，喜欢到处领免费礼品，搞得家里全是破烂，还跟她炫耀便宜省钱。她给妈妈买的毛呢外套，妈妈能雪藏在衣柜里，三年舍不得穿一次。

小刘说，感念父母辛苦一辈子，不舍得吃穿，决定经常带父母下馆子品尝各种美食，但是他发现每次出去父母都不开心，吃得扭扭捏捏，挑三拣四，不是嫌这个贵就是嫌那个不好吃，甚至找理由不想出去。后来他恍然大悟，每次出去吃饭都悄悄和父母说，这些都是能报销的，不花钱。结果父母每次都高高兴兴地去吃，挑贵的吃，挑好的吃，吃得多吃得香。

关于占小便宜的事情，每个人都可以说上一大堆例子。

贪婪是人的本性，占便宜也是人的天性之一。很多人认为能占到便宜是自己聪明，并为此沾沾自喜甚至炫耀。不能全盘反对占便宜心理，毕竟是人都会有这个心理。比如喜欢的东西打折了，会买得很开心，觉得赚到了。这种就很正常，但占便宜和买得值还是不一样的。

不是越穷的人越爱占便宜，也有的人穿着大牌，对自己很舍得，却又非常喜欢占小便宜。但是什么便宜都爱占的人，往往会越来越穷。因为这是穷人思维，不舍得花钱，只想着怎么去占便宜，久而久之，反倒会失去更多宝贵的东西，也会让周围的人越来越想远离。

为什么总有很多人去买自己根本不需要的东西？因为促销，看起来像占了便宜。满多少减多少、买得多减得多、买什么送什么等，为了凑单就会买很多其实根本不需要的东西。

有一次小孙要在网上超市买酱油，提示有一张买299减100的券，为了凑单，小孙不得不花了一个小时选买什么，收到货后，小孙很后悔，后悔自己这一次居然没顶住“满减”诱惑，买了不需要、品质也不好的东西。小孙痛下决心，以后只买自己需要的、喜欢的东西，这样还有个好处，就是对促销基本不关注，也不花时间看，感觉生活少了很多麻烦。

为什么“免费”永远是最吸引眼球的营销方式？免费意味着有便宜可占。

有一些人常年参加各种展会，为了拿里面的赠品礼品，拿了有用吗？没有用但是满足了他们占便宜的心理需求。“免费”在互联网经济里是快速抢占市场的大杀器，所有人都想占便宜，找到一个痛点需求，免费就足以吸引最多的人。

为什么我们常说“占小便宜吃大亏”？这种情况最常见的就是老年人被骗买保健品了。拿“免费检查身体”“免费一日游”“送大米送油”等做诱饵，加上推销员的假装热情和各种忽悠，大部分老人会掏钱买下成本几十卖价几千还没有效果的保健品。

俗话说："每个便宜背后都是一个坑。"天上不会掉馅饼，因为贪小便宜吃大亏的案例有很多。如果不想着占便宜，人生该是多么轻松。

喜欢占小便宜的人，长此以往，会把那种小气和猥琐的痕迹显现在整个人的气质上。占小便宜的人爱算计，甚至没占到便宜就觉得吃亏了。算计来算计去，占用了时间，并且一定会很累。浪费宝贵时间和精力占点小便宜，其实得不偿失。占小便宜，最大的损失是失去追求更高生活品质的动力。精力集中在占便宜上，和精力集中在如何提升生活品质，让生活的格调变得更美好上，这是两种思维方式，也会带来不同的生活方式。总想占小便宜，就会活得很便宜，成为一个便宜的人。

有很多断舍离或者极简生活人士，都曾经提到过，为什么自己不想要的东西不在网上转让而是直接捐赠或丢弃？

因为网上转让太浪费时间精力，为了卖一点钱，不得不花费时间随时看手机，回答买家问题，还要拍照、拍视频、打包快递等，索性直接捐赠或丢弃更省心。而且，省下的时间可以想想怎么赚更多的钱买更好的东西。

说到断舍离的理念，断就是断绝不需要的东西。在物品上，即使是免费的东西，如果不需要，也不要拿回家。在心理上，断绝"占小便宜"的心理，追求"更少但更好"的生活品质。

你总以为自律很难，那是因为你不知道自律之后有多爽。同样的道理，你总以为占小便宜能得到满足感，那是你不知道，拥有更高生活品质的满足感有多爽。

人生不能重来，每个人的生命只有一次。你的生命很贵，千万别活得很廉价。请相信，你值得过更好的生活。

自己要努力，不要总指望别人

小林在公司里是出了名的“懒癌患者”，他恨不得所有事情都要请同事帮忙，事情能推给别人的他自己决不会去做。大家碍于情面，嘴上不会说什么，但时间久了都对小林感到不满。谁愿意整天服务一个好吃懒做的人呢？

一天，老板让小林加急赶一份PPT（演示文稿），说第二天开会的时候需要展示。小林收到老板的消息后，并没有马上去做PPT，仍旧继续在家里玩游戏。快到晚上8点了，他又习惯性地发微信给几个同事：“在吗？可以帮我做一份PPT吗，我今天真的太忙了。”时间一分一秒地流逝，却始终没有人回应他。没办法，这次小林只能自己做PPT了。但这时他才发现很多功能和插件他压根就不会使用，平时遇到一点小问题就向同事求助，现在麻烦了，只好去百度了。

虽然，当今社会人脉非常重要，拥有良好的交际能力和不错的人脉关系可以帮助我们解决生活和工作中的很多问题，但这并不意味着你可以不用努力，可以把希望寄托在他人身上。

首先，没有人会永远陪伴在你身边。很多时候，“远水救不了近火”，当你急需完成一件事情的时候，擅长这方面的朋友可能远在海角天涯，心有余而力不足。其次，人际关系的本质是潜在的价值交换。没有人会永远无偿为你奉献时间和精力，对方伸出援手可能是出于好心或者碍于情面，而你应当心怀感激，而不是一味地消耗这种关系。最后，不是所有的问题别人都能帮忙解决，有些事情必须自己努力去做，要亲力亲为，比如，你不可能让其他人帮你承受疾病的痛苦，也不可能让别人代替你去参加一场面试。

因此，我们应当提升自己的实力，有意识地训练自己，努力提高解决问题的能力。正如布莱希特说的：“不论踩什么样的高跷，没有自己的能力是不行的。”

比起左右逢源的社交能力，更重要的是“兵来将挡水来土掩”的自身实力。“求人不如求己”说得正是这个道理。

雨果说：“我宁愿靠自己的力量打开我的前途，而不是靠他人力量的垂青。”对我们来说也是如此，只有靠自己心里才踏实。

当然，不要总是指望别人，并不是说要拒绝一切外来的帮助。当我们能够自己独立完成时不必寻求他人的帮忙，否则会造成自我的惰性；当我们自己努力一下就可以做到时不必烦劳他人；同事、朋友之间尽量互帮互助，不要只接受而不给予；在团队工作中公平分配任务；需要他人协助的事情可以向他人寻求帮助和支持。

诗人歌德说过："我们虽可以靠父母和亲戚的庇护而成长，倚赖兄弟和好友，借交游的辅助，因爱人而得到幸福，但无论怎样，归根到底人类还是依赖自己。"俗话说："靠山山会倒，靠谁不如靠自己。"没有一个人可以扶着你走一辈子，唯有自己强大，才是自己的靠山。

第四章 绷得太紧时，要让自己停下来

今天的事今天做

“明日复明日，明日何其多。我生待明日，万事成蹉跎。世人若被明日累，春去秋来老将至。朝看水东流，暮看日西坠。百年明日能几何？请君听我明日歌。”这首《明日歌》我们一定都不陌生，这首诗歌是明代诗人钱福所作，诗人在诗中警示人们珍惜时光，活在当下，不要把今天的事情推到明天做，否则便会日复一日，虚度光阴。人生短短不过百年，如果总是寄希望于明天，这一生便在不知不觉中索然无味地过去了。

美国第三任总统托马斯·杰弗逊曾给他的后代提出十条忠告，其中第一条就是：今天能做的事情绝对不要推到明天。

把今天的事情推到明天做，看似只是推迟了一天，其实是在不经意间加深了你“时间还来得及，现在不做也可以”的印象，你的大脑会记住这条讯息，时间久了就会变成惯性思维，这种拖延的惯性思维无疑是我们前进路上的巨大绊脚石。

1999年，时值酷暑，美国洛杉矶地区的气温一度上升到40℃，人们都躲在家中不敢出门。烈日炙烤着大地，处处散发着焦虑和烦躁的气息。当时海尔公司正在筹备着设备运输的相关事项，在公司办公室里，零售部经理丹先生正在和员工进行着激烈的争论，一部分零件因为驾驶员失误的原因还搁置在路上，负责该项目的员工认为此事无可厚非，过几天再运来也无妨。但经理执意要求务必当天送达。最终，在他的坚持下，零件准时送达，没有对销售造成负面影响。

得益于严谨的做事态度、今日事今日毕的原则，海尔公司才能取得良性发展，在激烈的世界市场竞争环境下立于不败之地。一个公司如此，一个人更应该如此。

很多人在拖延的时候会存在着侥幸心理，他们认为：我只是推迟了一天啊，也没什么大不了的。殊不知，“推迟”最可怕的地方就在于会让你养成习惯，等到了第二天又会想，推迟到明天也没什么大不了的。与此同时却忽略了这个问题：明天有明天要做的事情，如果把今天的事情推到明天，就意味着要把明天的事情推到后天，如此一来，心中时刻存在恐慌、焦虑，让人不得心安，连当下的时间都不能好好把握了。

一个成熟的职场人应该明白一个最基本的道理：当天事当天完成体现的不仅仅是一个人的自律、勤奋，更是对职业的尊重。只有对一个职业怀有敬畏和尊重之心，才能获得成长，不然只会永远在原地打转。聪明的人会在每天早晨醒来告诉自己，这是全新的一天，在这一天里需要完成哪些事情才能心安理得地入睡。

德国剧作家歌德在他的《浮士德》中写过一段话：“一天也不能够虚度，要下定决心把可能完成的事情一把抓住然后紧紧抱住，有机会就绝不任其逃走，而且必定要贯彻执行。”歌德也用实际行动证明了自己的观点，他一生勤勤恳恳，造诣惊人。

于沙曾说：“时间是一位可爱的恋人，对你是多么的爱慕倾心，每分每秒都在叮嘱：劳动、创造，别虚度了一生。”如果你浪费时间，轻易地把今天的事情推给明天，早晚会受到时间的反噬。珍惜当下吧！今日事今日毕，当你迈出第一步的时候，心中就会充满了成就感。

那么，如何高效地抓住当下，把今天的事情做好呢?

第一，把握好“黄金时间段”。合理安排时间，把握好早晨和晚上这两个“黄金时间段”。早晨是人记忆力最强的时段，这个时候可以安排一些需要记诵的任务，晚间是最安静、思绪最平静的时间，适合用来做一些需要思考的、消耗脑力较多的任务。

第二，抓住零碎时间。很多事情是可以在零碎时间完成的，比如背单词、在手机上浏览网页查询资料、回复工作消息、阅读一些易于理解的书籍……只要你用心发掘，会发现日常生活中有很多零碎时间：排队的时候、在车站等人的时候、候餐的时候、乘地铁的时候……利用好这些零碎时间，可以让我们的效率提高一大截。

第三，合理排序，科学工作。顾名思义，就是要把每天要做的任务排个序，然后依次完成，就能减少很多犹豫和纠结。可以按照“重要性”排序，也可以按照“难易程度”或者“紧急程度”排序。首先把最重要的那件事完成了，心里的包袱就会轻很多。

第四，提高专注力。做事情的专注程度甚至比努力程度更重要。盲目的努力很容易变成自我安慰，而找准方向下功夫却可以帮助我们实实在在地提高工作效率。健康的饮食、规律的作息，这些都可以帮助我们提高专注力。此外，整洁的工作环境、避开手机等干扰因素，都能让我们的注意力更集中。

没有目标就很难成功

美国著名演说家博恩·崔西曾说：“要达成伟大的成就，最重要的秘诀在于确定你的目标，然后采取行动，朝着目标前进。”

没有目标的人生是索然无味的。安然虚度每一天，朝九晚五地上班下班，却不知道这一切是为了什么，这种枯燥乏味的生活最为难耐。而目标是你生活的调味剂，是平淡日子里的期许，有了目标的存在，你会更有动力，而实现目标之后的欣喜也是弥足珍贵的。

通俗地讲，目标就是你想做成一件什么样的事情，想得到什么东西。目标的重要性不言而喻，查士德·菲尔爵士曾这般形容：“目标的坚定是性格中最必要的力量源泉之一，也是成功的利器之一，没有它，天才也会在矛盾无定的迷径中，徒劳无功。”

这个场景我们一定很熟悉：明明什么都没做，一个假期就过去了。回想这个假期几乎一无所获，看起来做了很多事情，一会儿学习职业知识，一会儿和老友聚会，一会儿为了拓展自己的社交能力而学习外语……不过好像每件事情都没有深入，总是糊弄糊弄就过去了。而且，你还会觉得很累。好像每天都在忙忙碌碌，但回头看一下却一无所有，身体上疲惫，心也累。处于一种虚耗精力的状态——即明明做出行动了生活却没有什么改变。

人们之所以会觉得自己在"瞎忙"，就是因为心中没有一个明确的目标。当你有了目标之后，就会把精力用在正确的事情上，专注力提升，努力的过程就没有那么辛苦了。即便会感到疲倦，也是把精力放在正确的事情上，总比瞎忙、白白浪费好，心中的成就感是十足的。

哈佛大学有一个非常著名的关于人生目标的调查。调查对象是一群智力水平、家庭条件相当的大学生。研究人员对他们的人生目标进行了采访，其中有27%的人没有目标，60%的人目标模糊，10%的人有清晰的、短期的目标，3%的人有清晰且长期的目标。

这项跟踪调查持续了25年。25年后，研究者再一次找到当年参与调查的这批学子，调查结果颇为有趣：那些为数不多的有清晰且长期目标的人，多年来一直不曾动摇，在目标领域持之以恒地努力，成为了社会各界的顶尖成功人士，收入甚至碾压其他97%的人。

而那10%的拥有清晰且短期目标的人，在各行各业也是过得风生水起。他们大多对短期目标饱含热情，努力实现一个又一个短期目标，渐渐成为了同行中的佼佼者。他们的职业大多分布在工程师、医生、律师……

剩下的人则大多处于社会的中下层，他们浑浑噩噩地度过大半生却一无所获，不知道自己每天在忙什么，稀里糊涂地虚耗精力，整日抱怨，与社会格格不入。

越是清晰的目标越能让我们把时间和精力集中在重要的事情上。你需要想一想你想在哪个领域获得成功，具体想得到什么样的收获，为了实现这个目标你要完成哪些事情，每天需要完成多少，在完成这件事情的过程中可能遇到的阻碍，怎样克服，可能会因为什么原因放弃，如果发现目标不恰当该如何调整，是否还有备选方案等。

没有目标的人生就像是沙漠中跋涉的车队，在诺大的沙漠里很容易迷失，而目标就像是头顶的北斗七星，指引着我们前进的方向。试想，如果没有北斗七星，你很可能会在沙漠里兜兜转转找不到出路。你努力了吗？确实。不过你连努力的方向都没有，怎么会成功呢？

树立清晰的目标，把时间花费在那些值得的事务上。

设立每天的小目标

有的人喜欢把工作任务积压在一起，留在最后的时间里完成。他们错误地认为自己具备短时间内解决所有问题的能力，殊不知问题就像是滚雪球，早在拖延的过程中越滚越大，直到最后完全招架不住。其实，这种心理是懒惰的表现，大量累积的任务能在一定程度上提高我们的工作效率，但一不小心就会适得其反，焦虑、恐慌、时间紧迫感……这一切都会分散我们的注意力，甚至能让心理素质不好的人全盘崩溃，还容易给人造成错误的认知："看，我多勤奋，我最近都在拼命工作。"

真正明智的人，不会高估自己的体能和精力，也不会打着"勤奋"的幌子把昨天、今天、明天的事情聚集到一起，留着后天完成。正确的做法是：把大目标分解成小单位，设立每天的小目标，确保自己每天都有可实现的目标，一方面能让我们看到肉眼可见的进步，另一方面能保证自己的思维不掉线。

一只蜗牛拼尽全力想要到达葡萄架的顶端，它的最终目标就是赶在葡萄成熟之前爬到高处。作为一只渺小的蜗牛，它触手可及的世界只有周围几厘米，想要爬到高高的葡萄架上简直比登天还难。

树上的鸟儿嘲笑它："你现在就爬上去干嘛，葡萄成熟还早得很呢！"蜗牛笑笑，答道："等我爬上去它们就成熟了。"鸟儿生就有一副翅膀，蜗牛穷极一生才能做到的事情，它们只要轻松扇动翅膀就可以做到。但处于劣势的蜗牛并没有自怨自艾。相反它能未雨绸缪，早早地做好规划，把"爬上葡萄架顶端"的终极目标划分到每一米、每一厘米，然后是每一天、每一分、每一秒，保证自己每天都能有需要完成的任务，这样每一天都不会被虚度，每一天都能离梦想更近，积极性高涨，效率也变高了。

艺术高于生活，同时又来源于生活。蜗牛的故事并不是人们空想出来的，而是"每一天都要有目标"这件事对于普通人来说确实有着不同寻常的意义。

小郝是一家广告公司的普通职员，他的日常工作就是按照客户的要求写产品文案。这几年公司的生意越来越好，他每个月要完成的任务量也由原来的10份变成了20份，按理说他应该工作得更加卖力才是，但他的实际生活状态却完全没有改变。

小郝最喜欢月初的时候，这个时候的他不必担心截止日期的到来，每天优哉游哉地打游戏、刷网页，等到了一个月的中下旬他就开始着急了。客户给的时限常常都是一个月，已经很宽松了。懒惰的小郝不好好珍惜公司的栽培和客户的理解，平时不努力，一到月末的时候却成了一副“拼命三郎”的模样，每天熬夜、披星戴月地赶任务，还不忘更新朋友圈：一杯咖啡的图片，配上一段文字：“年轻，就是该努力！”

如果他能制订一个计划，把任务合理分配，每天完成一点点，也不至于这么辛苦。把工作任务滞留到最后期限也是对自己身体的伤害，年轻意味着活力，但不意味着一味的消耗。而且，在这种状态下也无法保质保量地完成任务，后期还会惹来一系列麻烦。

“冰冻三尺，非一日之寒”，没有人的成功是一蹴而就的，抱着中彩票一般“一夜暴富”的急躁心理是很难做好自己的事情的。成功来源于一点一滴的积累，目标的完成需要每一天的努力。如果把目标比作一棵树苗，那么每天都要给它浇水、定期施肥，才能使它长成一棵参天大树。

如果你想要减肥，那么就给自己定下一日三餐具体吃什么的目标；如果你想健身，就明确自己每天晨跑多少公里，每天在健身房锻炼多久；如果你想成为一位销售精英，就给自己定下每月售出多少产品或是成交几份订单的目标。当你有了每天的目标之后，就会发现整个人生都变得不一样了，你不会再浑浑噩噩、虚度光阴，那些消耗在手机、被窝里的时光也会被你分秒必夺地利用起来，每一天都活成一个斗士，而不是一个勉强打发时光的庸人。

《老子》有言："合抱之木，生于毫末；九层之台，起于累土；千里之行，始于足下。"

学习需要长期的积累，追求事业也需要日复一日的努力。从今天起，给自己设立每天的小目标吧，每天清晨时分动力满满地起床，你将不再眷恋被窝短暂的温度，而是充满活力地投入到崭新的一天中。

绷得太紧时，要让自己停下来

小齐最近的状态很是糟心，整个人被工作和家庭两面夹击，既要忙着工作又要关心孩子在学校的表现。小齐自以为已经很顾家了，妻子还常抱怨他是“工作狂”，眼里只有工作却没有家庭，这些偶尔的小摩擦常常能令他崩溃。

其实，妻子也没有说什么偏激的话，只不过那些偶尔的抱怨是“压死骆驼的最后一根稻草”，让本就绷紧神经的小齐感到抓狂，崩溃也是情理之中的事情。冷静下来的小齐发现，自己给自己的压力真的太大了。

业绩要争做最好的，与周围人的关系要保证天衣无缝。每天不是跟客户谈工作，就是奔波在见客户的路上。难得的周末不用来休息，而是用来陪妻子、孩子一起出去旅行、玩耍。旅途的疲惫从未听他抱怨、工作的压力也从不向家人朋友吐露，他力争在所有人心目中保持“正能量”的形象，不希望身边人被自己的沮丧感染。

终于有一天，小齐因为过度疲劳住进了医院。他是一个优秀的员工、合格的丈夫、慈爱的爸爸，但唯独对不住自己。

人体不是机器，一个人的精力是有限的，禁不住毫无节制的消耗。机器尚且需要维护、清理，运转过度也会支撑不住，更何况是血肉之躯的普通人呢？不合理的工作强度会让人的神经一直紧绷着，而这种状态无疑是将一个人推向崩溃的最快途径。

这个时代，让人焦虑的因素太多了，我们不停地追求自己想要得到的东西，在这条路上奋力地跑着，哪怕一步都不敢落下，身体与心理上的疲惫越攒越多。于是，一边拼命前进，一边深夜失眠，成了很多现代人的常态。紧张焦虑—失眠—紧张焦虑，在工作中消耗的体力，不但没有在睡眠中恢复，还陷入了恶性循环。

绷得太紧时，不妨让自己停下来。这里的“停下来”不是指完全停滞不前，而是休息和放松。“停下来”包括身体上的休息和心理上的缓冲两方面。

工作实质上是将脑力或者体力转化为抽象成果或者实物的过程，这个转化的过程消耗了大量的体力。在一段时间的高强度工作之后，人体必须要得到充足的睡眠和休息。身体上的休息就是要规律作息，饮食均衡，适当锻炼。心理上的缓冲就是短暂性地抛开工作的烦恼、生活的琐碎，让这段时光专属于你自己。在洒满阳光的青草地上睡个午觉，在波光粼粼的湖边散心，为疲惫的内心注入新鲜空气。

停下来是为了更好地出发，是为了思考前进的意义和方向，而不是为了呆立原地，因为时间无涯，不等任何人。停下来是为了放松身心、休养生息、聚集能量，然后拍拍身上的灰尘，继续赶路。

从前人们鼓励勤奋，标榜拼命努力，现在已经很少有人会盲目地在一件事上投入大量精力了。越来越多的人意识到，一味地拼命前行并不能走太久，往往会因为体力不支或耐心耗尽而半途而废。适时的休息能让头脑更灵活、做事情更具热情，我们何乐而不为呢？

关于“为什么男人通常在下班后在车上独自待一会才进家门”的问题，曾引起了热烈讨论，其中有一个回答道出了人们的心声：因为在公司的时候他是员工，在家里的时候他是父亲和儿子，在职场上他是拼命进取的新人……一天穿插着无数个片刻，但这些片刻他们都担任着不同的角色，只有独自待在车上的那几分钟才能成为自己。在车上短暂的几分钟放松时间，又何尝不是一种“停下来”呢？

停下来，还能看到很多平时忽略掉的风景。从前你心里的目的地只有公司，脚步放缓、停下来之后你能看到身边更多美好的风景了，或许是路边的野花，或许是邻里和善的微笑，或许是家人一句细心的叮咛。这些微小而美好的事物会让你变成一个更加温柔的人，而不是一个没有思想的工作机器。

停下来是为了思考未来的方向。事物是一个动态变化的过程，我们的目标和实施方案也应当随机应变，一个劲儿地往前冲，并不可取。停下来，分析一下当前的形势，洞察容易被忽视的细节，回顾过往的道路，在这个过程中你会得到启迪，从而明确接下来的方向。

懈怠时开启自我激励模式

引领一个人走向成功的因素有很多，其中最重要的一点是内在驱动力。

内在驱动力是一种强大的力量，是发自人内心的渴望，是即使在没有外物支撑下也能自然爆发的一种力量。拥有强大的内在驱动力的人能够顽强抵抗外在的压力，在困境中也能自救。

如果说目标是外界的吸引力，内心的驱动力就是内在的推力，两者结合，才能让我们义无反顾地向目标奔去。而内在驱动力逐步丧失的过程就是个人逐渐懈怠的过程。当我们松懈时，他人的言语往往只能起到提点作用，要从根本上解决问题还是得靠自己。

那么，懈怠时如何开启自我激励模式呢？

第一，强迫自己回想一遍最初的目标。诗人纪伯伦警醒世人："不要因为走得太久，就忘记了当初为什么出发。"遗忘是人类的天性，当你忘记自己最初的目标与理想，懈怠便是情理之中的事情了，这时候便要时不时地回想一遍最初的目标。

第二，看激励人心的影片、听励志音乐。影片、音乐可以给人最直接的感官刺激，也是励志效果最强的。文字也是如此，曾有一本名叫《破茧成蝶》的高考杂志风靡一时，里面的内容都是充满励志色彩的高考故事，激励了很多考生。看激励人心的影片、书籍，听励志的音乐，这些看起来通俗的方法恰恰是最行之有效的。

第三，对自己说：再坚持一会儿。在坚持不下去的时候，不妨与自己进行对话，把那些浅显易懂却又容易被遗忘的道理说给自己听。要想获得成功就要付出一定的代价，如果你觉得难、怕吃苦，那就放弃吧，但你如果放弃了就不要抱怨、不要后悔。没有人想让自己可控的人生留下遗憾，所以当你坚持不下去的时候，告诉自己再坚持一会儿吧。

第四，主动向优秀的人看齐，也是一种自我激励。我们身边有很多既有天分又很努力的人，这些人永远走在潮流的最前沿，引领着潮流的方向。从他们身上我们可以学到很多优秀的品质并化为己用。

人的天性就是趋利避害、趋乐避苦，所以即便是再努力、再拼命的人也会有忍不住想要懈怠的时候，人与人的差别就体现在这种时候，有人会及时调整状态，有人则会破罐子破摔。

有人会说：“世界本就是不公平的，每个人的天赋各不相同，我们拼尽一生才能达到的上限也许是别人瞧不上的下限。”但是如果不努力的话，我们可能连自己的上限都无法达到。为什么一定要跟别人比呢？最佳的攀比对象应该是自己，看着自己一点点进步，也是一种莫大的喜悦。

化焦虑为动力，做好每一件事情

一

不久前微博上一直挂着一个热搜：“月薪一万元和月薪十万元的真实差距。”

月薪一万元和月薪十万元的人，10年之后，月薪十万元的人资产已经千万，而月薪一万元的人可能还是一无所有。别说月薪十万元，多数人现在连月薪过万都难，10年之后，是不是就要负债累累了？

一直以来，但凡关于钱的话题，总能精准地引起人们的焦虑。尤其是对已经踏入社会很久的人而言，更加深有体会。尽管我们不愿承认，但现实往往就是这么残酷，评判一个成年人成功与否，人们关注最多的一点是财富的多少。

我们经常听到类似的消息：今天这个儿时伙伴买车买房，明天那个朋友又开公司当老板。明明大家曾经都是同一起跑线，甚至有些人跑得比我们慢，怎么眨眼间就把我们甩在了后面？让人更害怕的是，可能多年后他们的钱越滚越多，而我们还在为生计疲于奔命。

我们经常盘算着按自己现在的工资，多久才能买房买车。但每次都会想到崩溃，多数人目前的收入只够勉强养活自己。与那些成功人士相比，焦虑自然纷纷而至。

人与人之间的比较常常会使我们焦虑，事实上，焦虑没有任何实质意义，不能帮你加薪，不能帮你成功，只能增加无数烦恼。我们其实都忽略了，那些取得好成绩的人仅仅是少数，只不过他们活在聚光灯下，我们便误以为他们就是全世界。在这样的认知下，等焦虑到了一定的程度，有的人开始崩溃，有的人丧失了动力，有的人生活直接被压垮。

二

小赵今年刚满30岁，他觉得自己碌碌无为，时常活在焦虑之中。毕业好几年，他的同学、朋友月薪过万的已经不在少数。他虽然升过两次薪，但还是没能月入过万，更别提买车买房了。和他谈了6年的女友时常问他什么时候才能有自己的车和房。他也在考虑以后生了孩子有没有钱养、有没有钱供上好的学校等。每次想到这，他都会不由地退缩。原本就压力十足的他若听到各种优秀的同龄人的消息，都会陷入苦恼之中。有段时间，他时常会在下班后在公司楼下点一支烟，来回踱步。要不然就是拉着几个同事一起去大排档喝酒，喝得烂醉的人总是他。

有一次，大家在讨论着什么时候结婚生子时，喝着喝着他就趴在桌子上啜泣了起来。他身边好些人都已经结婚供房供车，有些孩子都快上学了，他们生活都比他过得好。所以他才成天靠着抽烟喝酒来释放一下自己的焦虑。那晚他说了一句话："我的生活过得真的很拧巴，明明知道焦虑没有用，但就总是忍不住焦虑。"其实，大部分人是如此。

三

一直以来，人们固执地认为，当下不够成功是因为自己不够努力。"有付出就会有收获。"这句话直到现在为止依然被奉为人生真理。于是，当我们看到自己眼下的生活，就会陷入自我怀疑当中，徒增无谓的焦虑。其实，付出并不一定有所收获，成功不光要靠努力，还要依托机遇。

大学毕业时，李安带着毕业作品《分界线》面试了许多公司，全部都无疾而终。后来也曾帮人修改过不少剧本，无一例外，都没能得到赏识。一晃六年，这些年里，他没有收入，每天在家做家务带孩子，加上创作剧本。将近四十岁的年纪，他也曾有过无数焦虑，一度想要放弃，但还是在妻子的鼓励下坚持了下来。这样的坚持下，他获得了人生第一个机遇。他拍摄的电影《推手》，上映之后获得了无数好评，李安也因此片得到了金马奖最佳导演的提名。自此，李安的人生仿佛开了挂，收获了无数奖项，成为了中国最出名的导演之一。

回首那六年，李安焦虑吗？肯定比现在的我们还要焦虑，但焦虑没有压垮他，他一直都在努力创作着，也才有了如今这番成就。其实每个人的人生进度本来就不一样，有些人在20岁就已经很成功了，但有些人直到80岁才迈向成功。

眼下的世界瞬息万变，你永远不知道下一秒会发生什么。所以我们真的不用太过焦虑，只要我们还在努力朝着目标奋斗，终究能获得属于我们自己的机遇。

四

当下的世界里，不成功便成仁，所以我们每个人渴望成功，厌恶平凡。这导致的后果就是，当我们能力不差、同龄人却一早成功时，我们便会焦虑万分，以致丧气地过着每一天。而事实上，我们每个人都会趋于平凡，比起追逐成功，接受自己的平凡更加可贵。那些能将平凡生活过成诗的人也一样可以称之为成功。就像真实纪录片《四个春天》中陆庆屹的父母。

陆庆屹的父母都出生于小县城，父亲是退休的老师，喜欢吹箫拉琴，还自学了视频拍摄编辑。母亲则是喜欢唱山歌的普通农村妇女。以前他们家十分贫寒，每顿都只能喝稀粥，但这样艰苦的环境下，他们丝毫没有被贫穷束缚了快乐。每年燕子飞到他家时，父亲总会吆喝着“燕子来了”，母亲在一旁乐开了花。那时他的父母会从生活费中省出一笔钱来，每年给家人拍一张全家福。后来陆庆屹的兄弟姐妹去城市打拼，他的父母像其他人一样经历着离别。同样，他们也会为自己的孩子担忧，但他们没有哭丧着脸，反而是更加专注于自己平凡的生活。他们种菜、养花、吹箫、拉琴、唱歌……平凡的生活让他们过成了绚烂的诗歌。自始至终，他们都没有为自己贫穷的境遇焦虑，反而在这样的环境下，接受平凡，过出不平庸的生活。

相比于他们，我们应该感到惭愧。我们不断追逐成功，只关注那些成功的人，为焦虑所包围，即便头破血流也不愿接受自己的平凡，以致丧失了很多快乐。可那些人不过是闪光灯下被聚焦的几个人，不能代表我们多数人的人生。你要知道，舞台之下，还有不少人和我们一样，都在平凡地活着。如果能学会接受自己平凡，去过不平庸的生活，也是一种成功。

五

身处当下的环境，人们一不小心就会被别人贩卖了焦虑。对成功的渴望越高，焦虑也就越多。有着“别人”在前，成功往往就被他们所定义。

今天这个煎饼大妈月入5万元，明天那个卖包子的买房买车，后天那个卖口红的又月入六位数……而我们还在为生计奔波劳碌。对比之下，总是显得很失败。

可我们都忘了，每个人的人生都会有所起伏。你在谷底的时候，别人可能在高峰，你在高峰时，别人也可能在谷底挣扎。拿自己的低谷和别人的成功相比，只会越比越惨，甚至丧失动力。

既然要衡量人生成功与否，那就把人生拉得长点再看。而衡量人生好坏的尺度，也应该掌握在我们自己手上。眼下的我们千万别让焦虑摧毁了所有的动力。而是应该化焦虑为动力，脚踏实地，做好每一件事情。

周围的人看似走在了你前面，但每个人都在自己的轨迹上奔跑着，不用嫉妒或羡慕他们。人生就是做自己，所以，放轻松。

你未曾落后，也从未领先。只要我们笃定地走着、跑着，终有一天都会抵达想去的地方，过上想要的生活。

遇到困难和问题，不要找借口要找方法

罗杰是一位体育界的成功人士，他曾获奥林匹克运动会400米银牌和世界锦标赛400米接力赛的金牌。然而，他的出色和优秀并不仅仅是因为他获得了令人瞩目的成就，更让人感动的是，他所有的成绩都是在他患心脏病的情况下取得的，而他在每一次比赛时从来没有把患病当作自己的借口。除了家人、医生和一些朋友，没有人知道他的病情，他也没向外界公布任何消息。当他第一次获得银牌之后，他对自己并不是很满意。如果他如实地告诉人们他是在患病的状态下参赛的，即使他在运动生涯中半途而废，也同样会获得人们的理解和体谅，可罗杰并没有这样做。他说："我不想小题大做地强调我的疾病，即使我失败了，也不想以此为借口。"

著名篮球明星杰森·基德在谈到自己成功的历程时说：

"小时候，父母常常带我去打保龄球，我打得不好，每一次总是找这样或那样的借口解释自己打不好，而不是诚心地去找没打好的原因。父亲就对我说：'小子，别再找借口了，这不是理由，你保龄球打得不好是因为你不练习。如果不努力练习，以后你有再多的借口也仍打不好。'他的话使我清醒了，现在我一发现自己的缺点便努力改正，决不找借口搪塞，这才是对自己有益的。"达拉斯小牛队每次练完球，人们总会看到有个球员在球场内奔跑不辍一小时，一再练习投篮，那就是杰森·基德，因为他是一个不为自己寻找理由的人。

面对困难，我们常常退缩，理由是困难太大；面对竞争，我们常常逃避，理由是对手太强；面对责任，我们常常推卸，理由是担子太重；面对坎坷，我们常常……不错，人生给我们的太多太多，而我们用以逃避的理由也同样太多太多。

工作不顺利时，我们常常会找种种借口，认为是领导故意刁难，把不可能完成的工作交给自己；认为最近健康状况欠佳，才导致效率不高……想偷懒，还把偷懒理由正当化，总认为期限还有三天，明天、后天再拼，今天不妨放松一下。

总是为放弃找借口，最关键的是因为你没有坚强的意志力。比如，你没有机会，没人帮助你，没人吹捧你，没人拉你一把，没人让你变得重要，没人告诉你出路。但是，如果你有潜力，如果你真的称职，你就会在找不到路的时候开创出一条路来。

找借口是执行力不够的表现，如果内心里不想做某件事，就会以种种借口来应付。当我们用借口来应对一件本可以轻而易举地完成的事时，成功也就被借口阻挡在了门外。只有抱着不要找借口的态度，一切问题才能够得以解决。

小韩和小王毕业时的简历不相上下，同时在一家互联网类公司就职。但他们工作一年后，原本势均力敌的两个人却产生了巨大的差距。年终的时候，小韩不但拿到了应得的工资，还得到了一份颇为丰厚的奖金。这让小王心理失衡了，他甚至想冲到老板的面前质问他："凭什么给小韩那么多福利，我勤勤恳恳工作，为公司做牛做马，哪里就不如他了？"但也只是想想而已，纵然心中愤愤不平，也不会把这样偏激的话说给老板听。

其实两个人是有显著差距的，这种差距不仅体现在工作能力上，更多的是体现在思维模式以及行为方式上。在工作上，小韩和小王展现出来的是截然不同的精神风貌。

每当工作中面临着相似的困难，小韩与小王的应对是完全不同的。小韩的第一反应是想办法解决，自己一筹莫展之时就向别人寻找帮助，即便动用所有的人脉和资源，也要把问题解决掉。而小王遇到问题则是消极心理，首先找一堆借口，等到冷静下来发现这样并没有用的时候，别人已经先一步解决了问题。

有一天，他们收到了同样的任务安排：帮助公司推广新出的APP（应用程序）。这可把小王愁死了，新上线的APP各种功能还不完善，公司的知名度也不高，这要怎么办是好呢？就这样，半个月的时间一晃而过。

小韩的反应则与小王截然相反。接到任务的他第一时间是想解决方案，他先是让自己的亲戚朋友下载这款APP，作为第一批种子客户测试APP的各项功能，及时反馈使用体验。然后，小韩招募了几个私人兼职，一起去街头做地推，效果也很不错。最后就是利用公众号、微博等社交媒体投放广告。

当小王正急得像热锅上的蚂蚁团团转时，小韩已经把这一切有条不紊地做好了。试问，这样的人怎么会得不到领导的赏识呢？前者找借口，后者找方法，两种截然不同的思维模式直接导致了不同的行为方式和不同的结果。

王小波在他的散文中说道："人的一切痛苦，本质上都是对自己无能的愤怒。"我们会为工作中的困难感到焦虑、埋怨，甚至恼怒，本质上是因为自己的无能为力，而人的自尊心是极强的，宁愿找各种各样的借口来安慰自己，也不愿承认是自己能力不足的问题。

遇到困难不找借口，找方法，敢于承认自己没有得天独厚的天赋，能够在第一时间给出对策，所以愿意尝试，愿意主动寻找方法。

“不找借口找方法”是一种理智的思维模式，当难题摆在我们面前的时候，找借口便是给自己充足的理由逃避和松懈，容易产生消极回避的情绪。当一个人被消极情绪淹没时，想要凭一己之力走出来是很难的。而“找方法”的思维方式直接越过了“焦虑、逃避”这一步，与实际存在的问题“面对面碰撞”，更容易早点想出解决方案。

“找借口”是本能，“找方法”却是智慧。前者让问题停滞不前，后者却能引领我们渐至佳境。在乌鸦喝水的故事中，又细又长的瓶颈仿佛是存心跟乌鸦过不去，可是乌鸦既没有抱怨瓶颈过长也没有抱怨自己天生长了一张又短又扁的嘴巴，而是决定“智取”。它叼来一颗颗小石子扔进瓶中，随着石子的沉积水面逐渐变高，乌鸦顺利地喝到了水。悲观的人会想，乌鸦的处境真是太糟糕了。自身条件的欠缺似乎能允许它找各种借口来逃避“喝不到水”这件事。但显然故事里的乌鸦是聪明的，比起“自我欺骗式的”找借口，它更关心自己能不能喝到水。

在面对难题的时候，无效和懦弱的表现之一就是找借口，而“找方法”恰恰意味着更多的出路和可能性。方法总比困难多，那么，如何“找方法”呢？互联网时代可以利用的资源很多，各种搜索引擎是人们的第一选择对象，此外还有很多专业的网站，以及微信公众号、微博这样的社交媒体。如果这些还不能帮你解决问题的话，快捷的联系方式可以让你在一秒钟之内给相关领域专业人士发去消息。团体协作平台则可以把天南地北的人聚集到一起，一起进行头脑风暴、探讨最佳策略。

执行前不要想失败了找什么样的借口来给领导汇报，尽量将思维的重点放在如何能执行成功上。如果失败了，不要找借口，而要找真正的原因，是自己努力不够，还是客观条件准备不够充分等。自己力所能及的事都要努力做到，如果遇到困难则要想尽一切办法克服；自己力不从心的事，也不要去刻意勉强自己，可以直接表示自己无能为力。无论是能做到的事还是不能做到的事，都不要找借口作为挡箭牌。

想做一件事，那就立刻行动

美国独立战争的关键时期，英国的拉尔上校正在玩纸牌，十分投入，部下都不敢轻易打扰。彼时，华盛顿军队已经到德拉瓦尔了，再不做出行动就要战败了，这时有人来向拉尔汇报情况。昏庸的拉尔上校只顾着玩纸牌，却没有意识到问题的严重性，他想着要把手中这一局纸牌打完了再去下达命令，可是时间不等人，对手更是分秒必争。

等到一局结束，拉尔开始下达命令的时候，一切都已经晚了，华盛顿军队已经攻破了英军最核心的地方，大获全胜。而英军则一败涂地，拉尔也战死沙场。有人认为拖延是寻常小事，可是在这样的场合，拖延一刻钟就意味着要丧失自由、尊严、胜利。

拉尔心中必然是万分后悔的，但这并没有什么用，时光不可倒流。

想做一件事情就立刻行动，拖延带来的只是无尽的等待和患得患失的犹豫。心理学表明，当我们作出决定的那一刹那，头脑正处于兴奋状态，会迸发出无数的创意和思考。快速行动的优点还有：能够及时捕捉并将自己的灵感呈现出来，避免时间久了会遗忘的问题。行动才能快速进入状态，才能及早发现问题、解决问题。

有些人喜欢拖延是因为担心自己的计划不够全面，或者自己的能力尚未达到合格的标准。然而，要知道世上没有任何一个计划是绝对完美的，事物发展是一个动态的过程，随着实际情况不断调整自己的计划也是很正常的，如果你总想着积淀却不进行实践，那么你永远不会知道自己的真实水平是怎样的，只有立刻做出行动，才能得到完善。

如果你想写一本书，那就立刻写吧，不必先去日夜翻书三百章，也不必等到自己读完中外所有名著，书籍的海洋浩瀚无边，不如立刻拿起笔写着再说，在书写的过程中你的不足、纠结都会暴露出来，才能日益完善。极少有文学大家是第一本书就名垂青史的，他们大多要经过很多本书的铺垫，才能取得大的成就。

如果你想把炒股作为副业，那就开始投入资金吧，不必先把股票市场研究数十年，也不必把百年来的经济学理论倒背如流，闭门造车不如去实战。当然，这里并不是要你盲目地投入资金，而是鼓励你可以从少量的资金投入开始，一点点摸索和发现。在直接与股票市场的接触过程中你的敏感度会逐步提高，对市场的理解也会更深刻。

想做一件事就立刻行动，不要等到激情褪去，不要等到灵感消逝，不要等到时间溜走。一味地等待，只会陷入“不愿行动，求而不得”的怪圈，如同塞缪尔·约翰逊所说：“我们一直推迟我们知道最终无法逃避的事情，这样的蠢行是一个普遍的人类弱点，它或多或少都盘踞在每个人的心灵里。”

想做的事情很多，如果总是以尚未准备好做借口，或者单纯地因为懒惰而拖延，直至那些特别的心情沉淀到岁月里，经受时光的打磨，碎为沙砾，化成幻影，未免太过遗憾。

快速进入状态的最佳方法就是迅速行动起来。很多人深知此理却仍然无法做到，这里提供一种非常好的解决办法：做出初始行动。“初始行动”指的是你做一件事情的“前奏”。一首歌有它的前奏，作用是把听众带入音乐营造的整体氛围中；小说开篇常常有背景描写，也是为了让读者快速进入情境中。同样，我们做事情也需要一个“前奏”。

如果你在写稿和打游戏之间徘徊，那么，立刻打开电脑！空白的文档可能让你有短暂的不适，但也会迅速唤起你对文字的记忆，你的记忆神经会自觉给予你心理暗示：现在该写稿了，那么，我要确定什么样的主题跟立意呢？你会自然而然地进入状态。

深夜12点，你已经很困了，可是手机上的各种APP（应用程序）还在诱惑着你，你甚至愿意强忍着困意把冗长的朋友圈都刷一遍。而你每天睡前的习惯就是听纯音乐，那么，不要犹豫，直接跳过刷朋友圈这一步骤，直接进入“睡前工作”的最后一步：戴上耳机听音乐。像往常一样，你会在柔和的音乐声中入睡，值得欣慰的是，比往常更早、睡眠更充足一些了。

你现在应该做什么呢？是否应当花两分钟的时间想一下你要做的事情，然后迅速展开行动？

成就完美人生

自我设限

刘磊　主编

红旗出版社

图书在版编目（CIP）数据

自我设限 / 刘磊主编. — 北京：红旗出版社，2019.8

（成就完美人生）

ISBN 978-7-5051-4909-0

Ⅰ.①自… Ⅱ.①刘… Ⅲ.①自我管理—通俗读物 Ⅳ.①C912.1-49

中国版本图书馆CIP数据核字（2019）第161758号

书　名　自我设限
主　编　刘磊

出 品 人　唐中祥　　总 监 制　褚定华
选题策划　华语蓝图　　责任编辑　王馥嘉　朱小玲

出版发行　红旗出版社　　地　　址　北京市北河沿大街甲83号
编 辑 部　010-57274497　　邮政编码　100727
发 行 部　010-57270296
印　　刷　永清县晔盛亚胶印有限公司
开　　本　880毫米×1168毫米 1/32
印　　张　25
字　　数　620千字
版　　次　2019年8月北京第1版
印　　次　2020年3月北京第1次印刷

ISBN 978-7-5051-4909-0　　定　　价　160.00元（全5册）

前言
FOREWORD

自我设限，又称自我设阻、自我妨碍，国外最早对自我妨碍进行研究的是巴格拉斯和琼斯，他们在20世纪70年代把自我设限定义为："在表现情境中，个体为了回避或降低因不佳表现所带来的负面影响而采取的任何能够增大将失败原因外化机会的行动和选择。"

自我设限是指当个体面临某种情境产生了自我不确定感时，所采取的一种防御机制，通过这种策略，可以达到保护自我的目的。它不仅保护着我们的自我形象，也保护着我们在他人心目中的形象。

作为人，拥有自我意识自我辨识能力，往往也就有了自我实现的愿望与目的，大多数人期待成功，无论是世俗意义上的成功，还是自我内心的平静安宁，但并不是每个人都能获得成功或实现目标。原因有逃避、不自信、懒惰等，还有一点，就是自我设限。

自我设限，不管是有意识的还是无意识的，都会对自己的前进造成影响，阻碍自己的成功。对于有自我设限的人来说，需要面对的事情、任务，就好像高不可攀的珠穆朗玛峰一般，而他自己顶多可以爬到小山丘的高度。面对任务、困难时，有自我设限的人就会自我暗示，告诉自己这是不可能完成的。

因为自我设限，许多本该完成的事情无法完成，本该实现的目标没有实现，最终，有自我设限的人会觉得在那个领域一片灰暗。

其实，自我设限也没那么可怕。因为对于大多数人来说，在某些方面自我设限，往往会造成在另一方面全心全意的投入，并取得可喜的成果。

自我设限的最大妨害在于限制了自己可发展的方向，限制了自己多方面发展的可能性。真正需要在意的是，在所有方向上不加区别的自我设限，这种情形下，往往就会使生活处于灰暗的色彩之下。

目录

CONTENTS

第一章 挑战自我，战胜自己

打破自己的“心理高度”

一个生物学家曾经做过这样一个实验，他往一个玻璃杯里放进一只跳蚤，他发现跳蚤立即轻易地跳了出来。再重复几遍，结果还是一样。根据测试，跳蚤跳的高度一般可达它身体的400倍左右，跳蚤可以称为动物界的跳高冠军。

接下来，他再次把这只跳蚤放进杯子里，不过这次是立即在杯子上加了一个玻璃盖，“嘣”的一声，跳蚤重重地撞在玻璃盖上。跳蚤十分困惑，但是它没有停下来，因为跳蚤的生活方式就是“跳”。一次次被撞，跳蚤开始变得聪明起来了，它开始根据盖子的高度来调整自己跳的高度。再过了一阵子以后，他发现这只跳蚤再也没有撞击到这个盖子，而是在盖子下面自由地跳动。

一天后，他把这个盖子轻轻拿掉了，跳蚤不知道盖子已经去掉了，还是在原来的这个高度继续跳。三天以后，他发现这只跳蚤还在那里跳。

一周以后，他发现这只可怜的跳蚤还在这个玻璃杯里不停地跳着——其实它已经无法跳出这个玻璃杯了。

难道跳蚤真的不能跳出这个杯子吗？绝对不是。只是它的心里面已经默认了这个杯子的高度是自己无法逾越的。在科学界，这种现象被称为“自我设限”。

其实，让这只跳蚤再次跳出这个玻璃杯的方法十分简单，只需用一根小棒子突然重重敲一下杯子，或者用一个酒精灯在杯底加热，当跳蚤热得受不了的时候，它就会“嘣”的一下跳出去。

几年前，晓莉南下深圳求职，根据她的经验和能力，负责一个部门绝对没有问题。

晓莉的一个朋友对通信行业比较熟悉，人缘也不错。于是，朋友给一家电信公司的张总工程师打了个招呼，然后让晓莉跟张总约时间面试。晓莉认为自己没有在大电信公司做过主管，怕面试无法通过，又担心做不好工作有损朋友的面子，只好“退而求其次”，想自己通过招聘渠道找工作。

晓莉先给几家用人单位寄去简历，却石沉大海毫无消息。接着，晓莉又去人才市场和职业介绍所，也面试了几家用人单位，但结果都是“高不成低不就”。

时间一晃一个月过去了，晓莉也急了。最后，晓莉决定打电话给张总工程师。秘书接过电话问道：“请问您找哪一位？”

晓莉回答说：“请找一下张总。”

秘书说：“对不起，张总正在开会，可以请您留下口信吗？”晓莉觉得彼此不熟，又不好意思留口信，只好挂了电话。

朋友看在眼里，急在心里，就给晓莉讲了“跳蚤的故事”。晓莉很快就领悟到其中的意思，沉默半晌，没有作声。

第二天一早，晓莉就给张总打电话，又是秘书接的电话，秘书见她直呼张总的名字，也不敢怠慢，很快接通了张总的电话……接下来，面试也很顺利，晓莉顺理成章地成了部门主管。

现在，晓莉已成为该公司的资深主管，上司正准备提升她为副总经理。张总工程师现在也已经成为总经理。张总多次对晓莉的朋友说：“真该好好感谢你啊，要不我上哪儿去找这么好的得力助手啊！”

在生活中，有许多人像那只跳蚤一样，屡屡去尝试，但是往往事与愿违，屡屡失败。一旦遭遇失败和挫折，他们便开始怀疑自己的能力，抱怨上天不公。慢慢地，他们不是想方设法去追求成功，而是一再地降低成功的标准。他们已经在挫折和失败面前屈服了，或者是习惯了。他们因为害怕去追求成功，而甘愿忍受糟糕的生活。他们害怕挫折和失败，在他们眼里，一切都是那么困难。慢慢地，他们的心里就默认了一个“心理高度”，常常暗示自己：成功是不可能的，这是没有办法做到的。失败常常不是因为我们不具备这样的实力，而是因为我们在心理上默认了一个“不可跨越”的高度限制。

“自我设限”是人无法取得成就的根本原因之一。我们要打破这种“心理高度”，停止自我设限，从而塑造一个全新的自我；要大声地告诉自己：我是最棒的，我一定会成功！

破除不正确的“自知之明”

道家说：“知人者智，自知者明。”是指一个人了解他人的长短是睿智的，了解自己的优劣是聪明的。要做到充分地透析自己、洞察自我，是一件很困难的事，也许只有不断自省、严格修身的少数人，才能真正做到“自知之明”。无论怎样，“自知之明”是个褒义词，代表积极向上的精神和昂扬进取的心态。

但在现实工作中，有些人常以“自知之明”为由，躲避责任、推卸麻烦，甚至不敢接担子、专门“挑活干”。诸如“我这个人有自知之明，能力明显比不上某某，这么重要的任务还是交给某某”“人要有些自知之明，对前途早就看开了，还是安心当个小兵吧”“我没什么优点，就是有点自知之明，还是把机会留给年轻人吧”等，一旦遇事就拿“自知之明”做挡箭牌，以求逃掉重压、安守现状、自由自在。

实际上，如果一个人真正有自知之明，知道自己哪里不行、什么不够、短板是什么，那他就会去努力使自己变好，怎么能让自己一直“不行、不能、不会”下去呢！所以，与其说自己有“自知之明”，不如说这是为自己少做事、不做事找到的“完美解释”。

常言道：“假的装久了，就会变成真的。”如果一个人从“自知之明”中尝到了悠闲安逸的甜头，“别人干，自己看”，只需“装弱者”就可以，久而久之他就会能力缺乏、经验历练缺少，“自知之明”设限的天花板过多，就会像“玻璃杯里的跳蚤”一样跳不出杯子，早晚会真的陷进自定义的消极模式。

一些年轻人误解了“自知之明”的含义，自以为有“自知之明”，安于现状，不思进取，其实是不愿意老老实实地为了将来去奋斗，是找借口沉迷于不用承担压力和责任的生活。

小付在大学期间学习优异，很有创业天赋。毕业后他其实很想创业，却一直患得患失，最后还是在老家找了一份收入不高，但“没啥压力”的工作。虽然他心有不甘，但他说：“人得有自知之明嘛，真要去创业，怕是自己能力应付不来，难以养活自己！”

他年纪轻轻就如此有“自知之明”，这不免让人有些诧异。他的这份“自知之明”，可能是基于对自身内在能力和外部客观条件的认知，而害怕遭遇挫折和失败；也可能是日子过得可以，身心处于“舒适区域”，不想再劳心吃苦、迎接新挑战。

“自知者明”本是指对自身有清醒的认知。而一些年轻人自以为有“自知之明”，其实恰恰可能是“不明”，更有可能是因为格局和视野不够而导致的“自我设限”。这会让他丧失进一步发展的机会，在人生高度上装了一块限高的“天花板”，在人生道路上设了一个难以逾越的障碍。

人们常说年轻是最大的资本，这是就其代表的无限可能而言的。如果“自知之明”让你理性分析处境而不失奋斗之心，便是真的“明”。而如果它让你丧失奋勇争先、砥砺前行的动力，丧失追逐新知识、探索新领域的热情，丧失面对挑战、攻坚克难的勇气，那这“自知之明”便很可能是怯懦的说辞。如果接受它，最终可能让自己年轻的身心“佝偻”于自我设定的条条框框内，日子虽然可能暂时安稳，却永远不能得到充分的发展。

一个大学发布的一份研究报告指出：“自我设限”是制约人走向成功的重要因素之一。那么，年轻人该如何破除不正确的“自知之明”，真正找到自己的光明之路呢？

（1）要用好学习这个“利器”。年轻时是学习的黄金期，有为的年轻人正是用学习来获取新能力，再用增强的新能力来冲破已有的限制、探求新的边界、延伸新的领域，进而拓展自己人生的深度和广度，并在这样的正循环中，不断成长、成熟，最终实现自我超越。

（2）要磨砺自己的抗挫折能力。挫折和失败是成长路上的必修课，因为挫折打击而萎靡不振，或因为畏惧失败而躲在“舒适区”，那么挫折就是失败的代名词。只有勇于面对挫折，理性地找办法，敢于突破自我，挫折才可能成为值得回忆的风景和人生的宝贵财富。

（3）保护好自己追求新奇、新知的热情和兴趣。这些是成长路上的“发动机”，会为冲破“条条框框”、探寻新“地盘”提供不竭的源动力，也是清除和突破“自我设限”的重要源泉。

“人的一生只有一次青春。现在，青春是用来奋斗的；将来，青春是用来回忆的。”当别人奉上一句“要有自知之明”的时候，我们不应该消沉气馁，而是应该坚持自己的初心，理性地分析形势，努力提升自己，不怕吃苦受挫，用行动和成绩来证明自己，给自己一个充实无悔的青春回忆。

打破经验的束缚

一

心理学家曾做过这样一个实验，将一只鲨鱼放在一个巨大的水池中，不给它吃东西，等它饿了几天后，再在水池的中间隔上一个透明的玻璃钢板，然后在水池的另一边放入非常多的小鱼，这时鲨鱼看到食物非常兴奋，于是就使足全身的力气冲过去“进食”，可是它并没有发现中间透明的玻璃钢板，随着一声巨响，鲨鱼眼冒金星，“怎么可能？我明明看到这些小鱼，但怎么会吃不到，而且会受到如此的伤害？”鲨鱼责问自己，眼中看到的的确是平时的美味食物，但头上的巨痛还没有消失，“是不是我眼睛看花了？”

头上的巨痛比不上腹中饥渴，鲨鱼再次使出全身的力气朝对面冲去，以为可以吃到食物，只听一声巨响，脑袋上的痛感更加强烈，这告诉鲨鱼对面的食物是一种假象，可能是它这几天饿晕了，所以产生了幻觉。但这些美味的食物好像还散发着香味，鲨鱼还是相信对面的食物在向自己招手，眼前的食物是真的，于是鲨鱼再一次向食物冲去，一次又一次的冲击，鲨鱼的头部流了很多血，池中的水也慢慢变红了，但鲨鱼并没有放弃，鲨鱼在做最后的努力……

慢慢地鲨鱼放慢了攻击速度，也许它相信了眼前的这一切都只是幻觉而已，“自己已经非常努力了，但还是没能吃到美味的食物，也许这一切从一开始就是错误的，这一切都只是幻觉，也许是我真的饿晕了，这一切真的只是幻觉而已……”

鲨鱼不再进攻，慢慢地停了下来，沉到了水池底下，除了它头上的伤口及水池中的鲜血能证明刚才它进行了最大的努力外，没有其他迹象表明这是一只有生命力的鲨鱼。眼前的食物们好像还在向鲨鱼招手，但鲨鱼却没有任何动静了。“这是一种假象，是一种幻觉，我千万不要行动了，因为再行动只能使头受到伤害，也许还会是更大的伤害。”

这时，心理学家将水池中间透明的玻璃钢板拿掉，并且让对面的小鱼能游到另一边，此时鲨鱼还是沉在水底一动不动。在排除障碍后，对面的小鱼轻快地游到了水池的另一边，它们四处玩耍，全然不知有危险，有的甚至游到了鲨鱼的嘴边，这时鲨鱼只要一张嘴就可以吃到这些美味的食物，就可以补充一下体力的消耗，就可以让自己不致饿死。然而此时的鲨鱼却还是一动不动，也许在它看来这些食物都是一种幻觉，这是“不可能”的，因为刚才努力过了。“刚才眼前看到的一切都只是一种幻觉，我千万不能再动了，因为再行动换来的不是美味的食物，可能会是更大的‘伤害’……”

鲨鱼“迷失”了，它放过了一次又一次的机会，任由这些小鱼在自己的嘴边游来游去。如果在平时，这些小鱼可就没有这么好运了，鲨鱼到底怎么了？几天过去了，科学家在水池中放入更多的小鱼，但鲨鱼依旧没有张开眼睛及嘴巴，也许它真的睡着了，也许它以为眼前的这一切都是“不可能”的……

几天后心理学家在水池中发现了鲨鱼的尸体，鲨鱼死了，它是怎么死的，因为受伤吗？不是的，它是饿死的。

这是令所有人震惊的结果，水池中不是有很多食物吗？鲨鱼只要张开嘴都可以吃到食物，怎么可能会饿死呢？但确实是饿死的。

这是一个真实的故事，不仅仅是心理学家做的实验，在我们的生活中同样发生过太多这样的故事，鲨鱼也许就是你，也许是我，我们和这只鲨鱼又有什么区别呢？

衰莫大于心死，如果我们认为我们不可能，那就真的不可能，其实世界上没有一件事情是“可能”的，也没有一件事情是“不可能”的，千万不要自我设限，否则你只有死路一条。

二

一次，一艘远洋海轮不幸触礁，沉没在汪洋大海里，幸存下来的9位船员拼死登上一座孤岛，才幸免于难。然而他们接下来的情形更加糟糕，岛上除了石头一无所有，没有任何可以用来解渴充饥的东西，最要命的是，在烈日的暴晒下，每个人都唇焦舌燥，急需饮水，否则只能是死路一条。

尽管四周有很多的水——海水，可每个人都知道，海水又苦又涩又咸，喝了反而会使口渴加剧，根本不能饮用。现在，9个人唯一的生存希望是老天爷下雨或别的过往船只发现他们，这样他们就有救了。可是天空没有任何下雨的迹象，也没有任何船只经过这个死一般寂静的岛。渐渐地，其中8个船员支撑不下去了，他们相继死去。

当最后一位船员也渴得无法支撑下去的时候，他实在忍受不住扑进海水里，“咕嘟咕嘟”地喝了一肚子。船员喝海水时，竟一点儿也不觉得海水有咸苦味，相反却觉得这海水又甘又甜，非常解渴。他想，这也许是自己渴死前的幻觉吧。他静静地躺在岛上，等着死神的降临。

当这位船员一觉醒来后发现自己还活着，他惊喜万分，于是他每天靠喝这岛边的海水度日，终于等来了救援的船只。

后来经过化验，发现岛边的海水实际上全是甘甜可口的泉水，因为这里有个地下泉在不断地翻涌。

谁都知道“海水是咸的”“根本不能饮用”，这是基本的常识，因此，被渴死的8名船员是被“经验”害死的。所以，要敢于突破“经验”，才有生存和成功的希望。

三

有一家鞋业制造公司派小贾和小李两个业务员去开拓市场，他们都满怀信心，希望能够开创一个良好的市场局面。

一天，他们来到了南太平洋的一个岛国，这是一个很少与外界接触的地方，而且他们惊奇地发现：在这个岛国竟然没有一个人穿鞋！从国王到贫民、从贵妇到村姑，竟然没人穿鞋子。

小贾说：“上帝啊，这里竟然没有一个人穿鞋子，他们根本就没有穿鞋子的习惯，我们还如何把鞋子推销给他们呢？这里根本就没有市场，我们明天就回去吧！”

小李说：“我认为太好了！这里的人都不穿鞋，这是一个多么大的市场啊！我不但不会回去，还要把家搬来，在这里长期住下去！”

于是。小贾离开了，而小李则留了下来。一年之后，岛国上的居民都穿上了鞋子……

事实上，很多时候，新市场就在你的面前，不能凭借经验进行简单判断，要有发现市场的眼光和开拓市场的勇气。

经验是从实践中获得的知识或体验，它往往会对我们有所帮助，但如果无论什么情况都一味地抱着“经验”不放，完全被“经验”所束缚，那么很可能就会被“经验”所害。

放下自己的身段

潘总是北大毕业，在某大型互联网公司干到一个核心业务负责人，互联网老兵，人很聪明，又有能力，资历相当漂亮。出来创业已经四五年了，最近遇到一点小小的瓶颈。

当朋友给他一些建议时，他却总是强调："我是做产品出身的人，所以我不太屑于去做内容方面的事情，总觉得只有搞点平台类产品才是我该做的，自己心里首先过不去这个坎。""他们搞的那些东西太Low（低端）了，你让我去做我看不上。"……

当时他刚出来创业的时候，觉得自己不拿个多少钱以上的风险投资，估值不在多少钱以上，就是失败，自己太没面子。

由此可见，他最大的问题就是喜欢"自我设限"。

这是很多人经常犯的错误，喜欢自己给自己很多限制，别人从来没有限制你，说这能做，那不能做，可是你自己却首先把自己限制住了，觉得自己只能做这个，不能做那个。哪有那么多限制！

一家创业公司，首先想到的是活下来，公司那么多员工，每天眼睛一睁开就是要发工资、下个月的房租还得交，你若想活下去，团队必须齐心协力，加上方向对，再加上那么一点点运气，也许就有机会抓住一个大的机遇。

在生存面前，要放下身上的光环，放低身段，否则最先死的可能就是你。

这就好像是下河游泳，没有人规定过泳姿，你却非要自己限制自己，仰泳太慢，狗刨太难看，蝶泳我不擅长……等你犹豫的时间，别人已经游到对岸了。

创业在很多时候都是走一步看一步，你最后大成的东西，跟你之前最早设想的，往往不是一个事情。因为你在当初做假设的时候，信息量很有限，或者你没有真正的了解用户、了解市场，做出的判断往往是片面的、主观的，等你下河游了一段时间后才发现，哦，原来河里面是这样的。

罗振宇刚开始创业的时候做的是一个视频节目，后来做过社群、做过微信号、做过电商，在这个过程中不断摸索，不断试错，不断修正自己，才有了后来的大成。

马云在创办阿里巴巴的初期做的是一家B2B（互联网市场领域的一种企业对企业的营销关系）的外贸网站，后来发现B2C的平台有更大机会，才做了淘宝，后来又做了支付宝，做了蚂蚁金服，做了阿里云……

这一切的前提是，你必须先跳下河去游泳，了解更多信息，知道市场是怎么回事，了解用户需求，不断修正自己，同时锻炼团队、积累经验教训。

喜欢自我设限的人，往往是那些很优秀的人，他们拥有一切别人羡慕的条件，但是往往不愿意放下自己的身段去落地，他们很在意周围人对他们的评价，对自己期待很高，这是很累的。

一个优秀的创业者，最核心的能力是学习能力，在瞬息万变的市场中，敢于突破自己的舒适区，去做自己过去不擅长甚至恐惧的事情，并且把它做得很好，这才是最厉害的人。

永远拥有年轻的心态

人，只有在身心健康、精神舒畅的状况下，才有旺盛的进取心，才能发挥无限的潜能，开创美好的人生。

王石曾说："我啥都不怕就怕老。别人说：'王石牛啊！王石是中国登上珠穆朗玛峰年纪最大的人啊！'我一听到这样的话就头疼。央视《夕阳红》栏目请我当嘉宾被我一口拒绝，我还没'夕阳红'呢！我今年才五十五岁，这是男人的黄金年龄，千万不能'老看了自己'！"

但是，一个人的生命会从年轻逐渐走向衰老，这是无法抗拒的自然规律，没有什么力量可以改变。年轻是人生的一段美好时光，它闪现出美丽的光华之后便匆匆消失，无论我们如何追赶，它也一去不复返。但是，我们的心可以永葆年轻，可以将过去所有的痛与苦统统抛在脑后，用真挚的感情去感受年轻的活力和魅力，只要心不老，年轻就会与你相伴。

一个人年轻与否，表面上看，取决于他的生理年龄，但更重要的是他的心理年龄，即是否拥有年轻的心态。老气横秋不过是自我标榜的无奈之举，拥有年轻的心态和生理的衰老并不相悖。生命并不漫长，即使你活到80岁，也不过两万多天而已，除去睡觉、吃饭等时间，留给人生思考和做事的时间没有多少。要想使人生更有意义，就要有一颗年轻的心。

很多人明明正处在30多岁的大好时光，却时常感到自己已经到了日薄西山的地步。当他不如意时，他的心情就总也好不起来，总觉得自己已经老了，与周围的人或事特别不协调。

其实，我们不应该过分地封闭自己，应该把自己从内心的牢笼中释放出来，抬起头看看身边的人和事，特别是那些成功者，看看他们是怎么安排自己的每一天、每一月、每一年的。更要注意那些天天红光满面者，因为这些人都是对自己的生活和工作充满希望的人，所以他们的心态才会年轻。有的人年过半百，仍有着年轻的心理和体魄，敢与朝花相媲美；有的人正值韶华，却未老先衰，恰似被劲风吹落的败叶一样。所以，年轻也好，年老也罢，皆因心态使然。

17岁就辍学了的美国人雷蒙德·克罗克，年轻时在乐队里弹过钢琴，在电台里担任过音乐节目的编导，帮人推销过房地产，还卖过纸杯。52岁时他身患关节炎、糖尿病，还割去了胆囊。正如克罗克后来回忆时所说："在佛罗里达推销房地产失败之后，我彻底破产，身无分文。那时，我没有大衣，甚至连一双手套都没有。我开车进入芝加哥，穿过寒冷的街道回到家时，简直要冻僵了。"但是，克罗克并不害怕，他认定自己所做的事情是有市场潜力的。一辈子做个纸杯推销员，庸庸碌碌，这是多么可怕的事情！如果停滞不前，那自己也将一无所有了。

岁月可以催生出根根白发，却摧不毁头脑中的创造潜力。克罗克开始学习制作汉堡包的时候，已经52岁了，想想这和网络上流传的一个说法——30岁之前退休，是多么大的差别！30岁已经到了退休的年龄了？我们知道，无论男人还是女人，30多岁正是人生的经验逐渐丰富、身体正当健壮之时，怎么能说老了呢？

虽然我们没有与克罗克见过面，但我们通过他的成就可以知道：他那时心里一定充满了年轻人的朝气，否则，他不会毅然借债270万美元买下麦氏兄弟的餐厅。当时的克罗克极为辛苦，像一个年轻人一样每天工作10个小时，正如他自己所说："如果麦当劳失败，我就走投无路了，这是一场生死之战。"而这家连锁店一炮打响，创造了年收入15.8万美元的好成绩。之所以能获得成功，是因为一开始，克罗克就创建了一套极其严格的经营制度。这就是著名的以QSCV（Quality：汉堡包质优味美、营养全面；Service：服务快速敏捷、热情周到；Cleanness：店堂清洁卫生、环境宜人；Value：价格合理、优质方便）为核心的统一经营系统。所有以后加盟的连锁店都要严格按照这个标准执行。

年轻是心灵的一种状态，它不会因为年龄的增长而失去光泽。经过几十年的摸爬滚打、苦心经营，雷蒙德·克罗克使麦当劳成为全球最大的、以汉堡包为主食的速食公司，23000多家分店遍布世界各地，他也因此被誉为“汉堡包王”。直到84岁高龄时，克罗克依然带着有病之躯，不知疲倦地在加利福尼亚州圣迭戈巡视。

“生活是一面镜子，我们对它笑，它就会对我们笑；我们对它哭，它也会对我们哭。”如果我们的笑容少了，那么停下来问问自己，是否对某些发生过的不如意的事情看得过重了？我们都有这样的感受：过一段时间再去回忆曾经发生过的不愉快的事，似乎没有多少是值得我们铭记不忘的。

世间所有的生物，对于生活都有着本能的向往，只要认定自己还年轻，还有朝气，就会迸发出勃勃的生机。即便到了80岁，也有大器晚成的希望。倘若自我感觉精疲力竭、未老先衰，因此放弃努力、自认败北，就会不自觉地思想糊涂、反应迟钝、行动笨拙。在我们唉声叹气、叫苦不迭的时候，折磨我们内心的风雪便会不期而至，人也不由自主地变得老朽、陈腐。麦当劳的真正创始人——犹太人兄弟麦克·麦当劳和迪克·麦当劳就充分说明了这一点。当麦当劳兄弟卖掉麦当劳这个“金矿”的时候，他们的年龄才30多岁，而他们却认为如果把麦当劳的规模再扩大，他们就没有更多的时间享受生活，因为这时候他们已经有了许多大房子和豪华汽车，没有必要再去为这个快餐而拼命了。否则，他俩不会以270万美元的价格卖掉麦当劳，即使这在当时是一个天价。

在克罗克的办公室墙壁上，至今还挂着他生前喜爱的座右铭：

“才华”不能：才华横溢却一事无成的人并不少见。

“天才”不能：是天才却得不到赏识者屡见不鲜。

“教育”不能：受过教育而没有饭碗的人并不难找。

如果麦当劳兄弟当时看过这些话语，他们还会把麦当劳卖掉吗？肯定是不会的。心理年龄大于实际年龄的人，会显得城府过深，很难与同年龄的人有相互的理解和共同的语言；心理年龄远低于实际年龄的人，则会显得过于天真，不利于个人的生存与成长。保持年轻的心态并不意味着要放弃做一个成年人，回归孩童的幼稚，而是要求我们对待现实的心态更自在一些、轻松一些。对于热爱生命永远向前看的人来说，年龄的大小只是一个数字而已。你若认为自己衰老，即使20多岁也会显得老气横秋；你若认为自己年轻，哪怕是90多岁也会显得生机勃勃。

人，既然来到世界上，就没必要把一切烦恼都放在心上。应该保持乐观开朗的心情，以一颗平常心对待一切事情。特别是当我们善待周围一切的时候，我们会发现，原来拥有年轻的心态其实不难，只是自己没发觉而已。当我们开心大笑的时候，我们全身的筋骨也正在舒展着，那笑容永远都显得那么灿烂，那么年轻。

岁月只能在人的皮肤上留下痕迹，对于充满朝气的人来说，心灵上永远不会留下半点褶皱。只要有一颗年轻的心，再加上刻苦的努力，一切都还来得及，一切都还可以改变。

不怕输的人，才能赢在最后

总担心失败，不敢去挑战自己的人是绝对无法获得成功的。其实，每一次的尝试，成功与失败的几率都是等同的，只要你不惧怕失败，以后又可以东山再起。

美国股票大王贺希哈17岁的时候，就开始自己开创事业。他第一次赚大钱的时候，也是他第一次得到教训的时候。那时候，他一共只有255美元，在股票的场外市场做一名掮客。不到一年，他就发了第一次财，赚了16.8万美元。他为自己买了第一套像样的衣服，还在长岛买了一幢房子。

但是，第一次世界大战的休战期来到了，贺希哈聪明得过了头，他以随着和平而来的大减价的价格，买下了隆雷卡瓦那钢铁公司，结果却受到了欺骗，只剩下了4000美元。这一次，他得到了深刻的教训："除非你了解内情，否则，绝对不要买大减价的东西。”

后来，贺希哈放弃证券的场外交易，去做未列入证券交易所买卖的股票生意。开始，他和别人合资经营，一年以后，他开设了自己的贺希哈证券公司。后来，贺希哈做了股票顾客的经纪人，每个月可以赚到20万美元的利润。

1936年是贺希哈最冒险，也是最赚钱的一年。安大略北方早在人们淘金发财的那个年代，就成立了一家普莱史顿金矿开采公司。这家公司在一次火灾中烧毁了全部设备，造成了资金短缺，股票跌到不值5分钱。有一个叫道格拉斯·雷德的地质学家，知道贺希哈是个思维敏捷的人，就把这件事告诉了他。贺希哈听了以后，拿出2.5万美元做试采计划。不到几个月，就挖到了黄金——仅离原来的矿坑25英尺。这座金矿，每年给贺希哈带来250万美元的净利润。

在人生的道路上，我们每个人都不可避免地面临着各种风险与挑战，结果有失败，也有成功。不过，人生的胜利不在于一时的得失，而在于谁是最后的胜利者。没有走到生命的尽头，我们谁也无法说自己到底是成功了还是失败了，所以我们在生命的任何阶段都不能泄气，都要充满希望。

人生是靠自己来定义的，选择什么样的事业，运用什么样的方式，不要感叹辛苦，所有的辛苦都是自己铸就的。不想辛苦自有不辛苦的方法，只是你没找到或者是目前你还没有本事拥有。

贺希哈曾说过这样一句话："不要问我能赢多少，而是问我能输得起多少。"害怕输的人，没有去挖掘机会的胆识和魄力！一个人只有输得起，才能赢得最后的胜利！

害怕失败，或仅经历一次失败便畏缩不前的人，是看不到隐于失败背后的光明的。只有相信自己的未来有无限种可能的人，才会真正迎来不一样的人生和希望！别因为害怕会输而站在原地止步不前，多走一步，你就会看到与刚才不一样的风景！

消除限制性信念

小李说，他想成为一名插画师，但是自己没有专业学习过绘画，对于那些绘图软件的使用也知之甚少，所以一直认为实现自己的梦想特别特别难。

可是，如果他仔细观察周围的人，就会发现，有很多从小学习美术直到大学毕业的人，虽然专业功底了得，但却并没有创造出很大的价值和影响力，反而是一些半路出家、自学成才的人，他们更具有灵巧的创意和点子，绘制出来的作品更能让人眼前一亮。

事实上，绘画的基础技能固然重要，但是更重要的是你的创造力、想象力、认知能力和审美能力。

不仅仅是在绘画领域，在其他任何领域，这些能力才是你能够创造出真正有价值、有影响力的作品的前提，比起专业技能，它们反而是更为核心关键的市场竞争力。

我们总是喜欢一边给自己设定美好的愿景，一边又为自己制造内心的魔障。

很多时候，我们都会自我设限：因为自己不是专业出身，就放弃了原来的梦想；因为自己不够漂亮，所以就自惭形秽，自认找不到理想的恋人；因为自己没有积累足够的财富，所以就不去做自己想做的事情……

我们喜欢为自己的人生设置各种条件："只有拥有了这个，才能实现那个……""等我们怎么怎么样了，才能怎么怎么样……"可这些都不过是假想的障碍，而布局的正是我们自己。

那到底是什么限制了我们的各种可能性，将我们的力量从渴望中夺走了呢?

事实上，自我设限源自那些掩藏于恐惧之下的限制性信念：

（1）没有希望。认为自己无论怎么做都没用，自己要的东西超出了可控范围，根本够不到。就像有的人因为遭受过太多的挫折，面对生活就会有一种"习得性无助"，于是在做事情的时候，就总是会给自己暗示——"我总是做不好，我命中注定就是这么倒霉"。

（2）无能为力。虽然你觉得自己能达到目标，但你却不相信自己有能力获得成功。就像想要成为插画师的小李，他觉得自己必须专业学习过绘画才能达成梦想，而自己现在正是缺少了专业能力，所以面对梦想，他感到力不从心。

（3）没有价值。很多人的自我认同感低，喜欢把自己的缺点无限放大，而这种无价值感会让你虽然相信目标有可能实现，甚至相信自己有能力实现，但是你却会认为自己不配得到它。就像有的人明明很有才华，却总是不敢去尝试，不愿主动去争取机会，结果他就处处碰壁，失败比成功的概率大，而这也就进一步增强了他的无价值感。

这些限制性的信念，会让我们无意识地给自己的人生强加许多枷锁。

因为没有希望、无能为力、没有价值，所以我们故意在前进的路上找寻或者创造出一些听起来很有说服性的障碍，如此，我们就不用去直面内心的恐惧，而把所有的失败都归咎于那些自设的限制，因此即使失败也依然心安理得。

所以，有的人找不到理想的恋人，就归咎于自己身材不够好；有的人实现不了梦想，就归咎于琐事繁重，没有时间精力去探索自我；而有的人社交碰壁，就归咎于自己不够圆滑不够世故……

可事实上，限制我们的，从来不是外在的表象，而来自内心的信念。

自我的限制性信念，在我们的内心架起了一堵高墙，墙内充斥着各种假设和前提，但我们却从来不去验证它们正确与否。那么，如何突破自我设限呢？

（1）需要我们去回答“如果/怎样”式问题，打破“没有希望”和“无能为力”的限制性信念

很多自我限制性信念，都是没有回答“如果/怎样”式问题的结果，它们直接让我们无意识地相信这些假设和前提，从而给自己的人生设置障碍。

当我们开始回答“如果/怎样”式问题，我们其实就是在识别信念背后的正面意图和前提假设，进而发现限制性信念，对它进行更新或者替换，最终让我们的思考和行动都不再受到局限。

如果你想要去旅行，但你心里却觉得，去旅行就必须要有很多钱。这时候，你就需要问问自己——如果没有很多钱，我能怎样去旅行呢？

当你在思考这个问题的时候，你就会发现，即使没有很多钱，你依然可以去旅行。你可以选择在自己所在的城市进行一个徒步计划，参观从来没去过的博物馆，去从来不曾踏足的大街小巷，这样近距离地感受自己居住的城市，一定会给你带来另一番惊喜。谁又规定了旅行就一定要去日本欧洲东南亚呢？那不过是流行的消费主义强加给我们的观念罢了。

如果你想成为插画师，但你觉得，只有专业学习绘画才能达成梦想。这时候，你就需要问自己——如果我没有专业学习过画画，我怎样才能成为插画师呢？这时候，你可能会去搜索这个世界上存不存在没有专业背景的插画师，你也可能会去探索没有绘画基础的人该如何开始学习绘画。而最终，你会找到一条让自己成为插画师的成长路径。

（2）勇于尝试，直面阻力，破除自身的“无价值感”

限制性信念中的大部分假设和前提是纸老虎，在经过我们的思考之后就会变得不堪一击。

很多时候，尽管我们识别出了自设的限制性信念，但却不愿走出舒适区，因为那种直面阻力的不适感会让我们倍感压力和痛苦。阻力之所以会成为我们前进的障碍，是因为你聚焦于当前的困难上，而不是专注于实现你的目标上。

当我们真正地愿意聚焦于创造自己渴望的愿景的时候，那阻力就成了我们前进的助力，正是那些阻力给我们带来了重构自己的机会，让我们内在更坚韧，能力更精进，也给我们带来更多的成就感和满足感。

其实，我们更应该把突破自我设限，当作是一种超越自我的成长体验。而在这场体验中，越是害怕一些东西，就越是要与其正面交锋，让自己在恐惧的人、事物面前不断得到磨炼。当这世界上没有你害怕的事情，没有你害怕的人，没有你害怕的后果的时候，其实，就没有了自我的限制。越来越不怕事，越来越不怕人，我们就活得越自由。而最终让自己形成一种身处逆境却依然活得自由的坚韧品格，这将是我们过上不设限人生的最大筹码。

思维定式会毁掉一个人前途

一

现在，追求“安逸”的人越来越多。同学聚会时，多数人除了追溯童年忆苦思甜以外，剩下的就是大同小异的相互安慰，“你看我现在也挺好的，有家有娃、有车有房，虽然工资不高，但起码生活稳定。”“别看那些人赚得多，都是拿自己命换来的，这叫‘有命赚钱没命花’，何苦呢！”“就是！何必给自己那么大压力，安安稳稳不挺好，差不多就得了。”这些对话，我们都很熟悉，自己也会这样说。

如果你真的每天都活得云淡风轻、与世无争，那自然是一种高层次的境界。但就怕你明明是碌碌无为，却还安慰自己是平凡可贵。

有句话是这样说的："如果你不按照你想的方式去活，那迟早会按照你活的方式去想。"

中国有句老话，叫"三岁看大，七岁看老"，这句话并非没有道理。所谓"从小看大"，其实是一种概率学思维，存在部分的合理性。比如性格内向的人多半适合做幕后，性格外向的人多半适合做幕前。

然而，"从小看大"却又忽略了人性中的不确定因素，比如这个社会上很多社交达人、演讲高手、成功人士，小时候是性格腼腆不善言辞的人。

绝大多数人并不是真心想要安稳，而是他们不相信自己还能过上另一种生活。

二

职场上越来越多的人患上了一种叫"职业倦怠"的怪病。所谓职业倦怠，其实就是价值感缺失，做什么事都觉得没意义，甚至会产生焦虑、抑郁的情绪。职业倦怠不是凭空而来的，它是长期负面自我认知积累的产物，导致这种怪病的罪魁祸首，就是"贴标签"。

在我们接受的教育中，很多父母和老师都喜欢用"贴标签"的方式来衡量一个学生。比如一个学生每天下课跑去踢球，老师就会说他调皮；一个学生上课总打瞌睡，老师就会说他懒惰；一个学生连续两天忘了穿校服，老师就会说他臭美……然而事实上，爱踢球的孩子就没有安静的时候吗？打瞌睡的孩子就不能是因为昨晚熬夜学习吗？忘了穿校服的孩子说不定真的是因为校服丢了呢。

成年人为什么爱给别人“贴标签”？其实是因为偷懒。毕竟，一旦某样东西被贴上了标签，就可以方便你轻松地分类处理了。然而，这样会让对方形成一种难以改变的“心智模式”。

真正的高手特别善于绕开直觉思维的陷阱，他们唯恐自己受到思维定势的局限，所以遇到问题总会多问几次为什么。比如一个人在工作中总不顺心，要么被老板批评，要么被同事排挤，难免会陷入“职业倦怠”。这时候，有的人可能会想，是不是我不适合在这家公司工作？或者是我压根儿不适合在公司的环境下工作？哎，反正工作也没起色，不如安安稳稳过好小日子，追求我自己“想要的生活”……

但是，一个真正具备思考能力的人会想：老板为什么总是批评我？是不是有哪件事我做得不够好？这件事情是不是同样影响了同事对我的误判？如果真的是这样，我该如何避免同样的失误呢？

前者的思维方式是“只见树木，不见森林”，而后者的思维方式却是在一片森林里努力地寻找真相。所以说，如果想改变自己的思维定式，正确的方法首先是要把自己“去标签化”。

思维定式，还常常伴随一个更大的误区，即“盲目认同因果定律”。有因必有果，这句话并不全面。比如说，有天赋“努力”就一定可以成功吗？给你乔布斯的天赋、资源、背景、能力，让你在这个时代再走一回，你觉得你能获得乔布斯那般的成就吗？99.9%的回答可能是否定的。

三

人到“中年”之所以懈怠，其实是好像看透了世间难以改变的一些“因”，比如成功人士的家境、教育、资源、人脉等，却忽视了自己主观人为的一些“果”，比如思维模式。

一个人能否获得成功，最关键的不是你所拥有的很牛的装备，而是“运气”！也许你会有些许疑惑，既然成功靠的是运气，那我还努力干什么？要知道，正是因为成功靠的是运气，所以我们才更加要运用好“概率思维”，并通过一次次精打细算的赌注，来不断积累自己的“运气”。

如果你手里有100万的投资款，必须投给你对面坐着的两个人：一个是一无所有但志向高远的20多岁的小伙子，一个是有车有房但寻求安稳生活的40多岁的中年男子，你会选择投给谁？

毋庸置疑，很多人会选择那个身无长物的毛头小子，而不是那个沉稳老辣的中年男子。原因很简单，因为中年男子身上具有强烈的“确定性”。

投资是以概率权换得更高回报的杠杆行为，成功者善于用概率来计算获得回报的大小，哪怕承担一定的风险，他们也会坚持如此思考。

而失败者的思维定式呢？他们并非不乐于做赌注，而是他们更倾向于寻找确定的事物，换言之，也就是那些直觉范畴内最大概率的“稳定”。

不信你可以试想一下，倘若这100万真的是你辛辛苦苦赚来的所有存款，当你势必要拿它做投资的时候，很有可能绝大多数人会跑去投那个40多岁的中年男子。

毕竟，相对于冒风险的高回报，多数人更倾向于无风险的稳定报酬。然而他们却忘记了，这个世界上根本就不存在绝对的零风险。

话说回来，什么是“运气”？运气其实就是某种概率权，就是你要做出一个选择时综合的前提条件。那么，如何才能不断创造出属于自己的“好运气”呢？那就需要我们摒弃思维定式，学会用概率思维去做出每一个重大决策。简而言之，当你遇到一个问题时，先不要急着判断，而要尽可能地收集有效数据，通过系统化的分析再做决策。

好比说，“失败是成功之母”这句话是否是大概率正确的呢？如果你真的研究过大多数成功人士的成长经历，就会得出一个截然相反的概率学定论：“成功是成功之母，失败是失败之母。”就像大发明家爱迪生曾说过的那样：“谁说我失败了？我不过是知道了有九千九百种方法是行不通的而已。”

事实上，很多人的成功是基于他过往一次次的成功，没有前期多次小小的成功以及他们从成功中获得的信心，他们必将失败无疑。所以，一个人的运气，很大程度上是掌握在自己手里。当周遭亏待了你，先不要急于给自己的人生定性，摘掉别人给你的标签，聚焦一个微小的事情，命运并不像你想象的那么难以战胜。

改变一眼就能看到头的生活

什么是一眼能看到头的生活？就是每天起床你一睁开眼，就算闭着眼睛你也能知道你该做什么，能做什么，有什么事情要去做。没有意外，没有惊喜，只有不断的循环反复，日复一日，生活就像在不停地复制粘贴。

很多人会说：生活本来就是这样，没有那么多偶然和意外。更多的是按部就班，不断重复的工作，生活的圈子来来去去也就这么一些人，不会再有什么事情可以让你心跳加速，不会有什么事情让你激动不已，这样的生活还有什么意思？

这一点，上班族会有深刻的体会。步入社会，就没有了学生时代的轻松自在，当你走出校门的那一刻你才明白，学生时代生活才是真正的自由，外面的世界只是看似很自由。

考上公务员是很多人的追求，因为公务员压力不大，薪资高，工作稳定。可是越来越多的公务员不甘于现状，渴望摆脱现状。当然，这只是他们心里的想法，很少有人会真正去做，因为他们害怕面对太多的挑战，害怕社会与生活给予的压力，这些让他们止步不前。

除了公务员，很多人说全职妈妈的生活也是一成不变的，生活的重心除了孩子就是另一半，母亲的伟大也在于此，她牺牲了自己的爱好、自己的工作、自己的时间，全为了照顾她的孩子和家庭，而全职妈妈在大部分时间里，也是相当压抑的。

小张是银行职员，她的工作就是每天做着重复的事情。上班的时候，她的确有点机械麻木，但是一到下班，她整个人的精气神就全都回来了。她说，工作上需要她认真严谨，可是生活中她喜欢活泼有趣。在不上班的时间，她去健身、游泳，或者选自己喜欢的地方来个短游，可以说，她的生活也过得多姿多彩！

小郭是一个辣妈，自从有了孩子之后她就放弃了自己的工作，可是，并不代表她只为孩子而活。她把孩子照顾好之余，还自学了烘焙点心。一开始做出来的东西也是惨不忍睹，可是她很有毅力，花了很多心思来研究，最后她做出的甜品大受朋友们的欢迎，并且还开起了自己的微店，卖起了甜品，收入比她生小孩之前还要高。

很多时候，一眼看到头的生活是我们自己赋予自己的，是我们懒于改变，或者是主动地接受一成不变的生活，哪怕工作再无聊再枯燥，我们也不想去改变，也不想去寻求另外一些自己真正热爱的东西。

其实，选择过怎样的生活，真的一直都是由我们自己掌握的。如果忍受不了一成不变，不想过一眼看到头的生活，那我们就改变吧！那么，怎样改变这种一眼就能看到头的生活呢?

（1）找到人生目标，制定生涯规划

人生之路要自己走，要过怎样的人生，完全是自己的选择，只有自己才能赋予生命最佳的诠释。如果不满足于朝九晚五的上班生活，那就需要自己去经营改变。要找到明确的人生目标，制定好生涯规划，并为之付出时间和精力，逐步实现人生发展计划。找到人生目标宜早不宜迟，但现在亡羊补牢也还为时不晚。

制定适度而具体的人生规划，就能为人生点亮一盏盏明灯，帮助我们照亮人生前进的道路。塞涅卡曾说过："真正的人生，只有在经过艰难卓绝的斗争之后才能实现。"

唯有行动才能改造命运，践行自己的人生规划，无须良辰吉日，无须贵人相助，只要从现在就开始。在找到真正的目标，明白自己要成为什么样的人之后，就应该不惜一切代价，尽全力去努力成为那个理想的自己，活出自己的精彩人生。

（2）利用自身优势，发掘自身潜力

除了找到明确的方向、制订合适的计划，还要有效地利用自身优势与潜力，助力未来的征程。如果在工作中没有发挥出自身优势，就很难产生成就感。

一个人的潜力是无限的，如果将人的潜力比作一座冰山，那么已经展现出的能力仅仅是海平面上的冰山一角，剩余的潜力便是海平面下的庞然巨物。

（3）定位新的方向，实现自我价值

如果想从原来的工作离职，在没有明确的方向之前，不要选择裸辞，否则就会因为失去工作收益和福利的保障，而在找工作的过程中缺少慎重考虑而陷于被动。要先通过各个渠道，将目标与自己的能力相匹配，提高自己的竞争力，兼顾家庭与事业，去找最适合自己的岗位。

苏格拉底曾经说过："世界上最快乐的事，莫过于为理想而奋斗。"一份我们真正热爱的工作，在为我们带来最好的体验的同时，也能让我们注入情感而做到最好。

（4）拓展兼职渠道，丰富工作生活

可以在工作的同时拓展兼职渠道，丰富充实平时的工作和生活。当今的社会发展迅速，除了传统的兼职渠道，无数新的职业开始涌现，互联网上有很多可靠可行的兼职方案。随着现代企业的发展，以业务外包做“甩手掌柜”缓解工作压力的形式也有所增加，优秀的专业技能对于兼职有着较大的优势，甚至也可以通过兼职找到更大的平台。兼职可以让我们合理安排时间，增加一定的收入，还能更好地保持我们的工作状态。主职的技能也可以在兼职中得到巩固和锻炼。

第二章

超越自己，突破自我

人生要敢于尝试

一

在泰国短片《豆芽》中，小女孩问妈妈："为什么菜场里豆芽卖得最好呢？"妈妈告诉她，因为只有一家货摊卖豆芽。

小女孩说："那我们是不是也能种豆芽卖呢？"妈妈说："我们可以试试！"

于是，她们就开始了种豆芽的尝试。她们用心准备了土壤、种子，但不幸的是，豆芽培育失败了。但母亲笑着说："没关系，我们可以再试一次！"

于是她们又找来了一本种豆芽的书。

妈妈小学四年级就离开了学校，识字不多也不会写。小女孩念出书中关于种豆芽的方法，并和妈妈一起去实践。

在改进了种豆芽的方法之后，女孩问妈妈：“这次会成功吗？”妈妈说：“我们试试！”

结果，这次又失败了。

继续找原因，她们发现，原来是因为没有按时浇水。因为忙于生计，她们无法做到按时浇水。但她们想到了个办法，把废弃的塑料瓶收集起来，在瓶子上扎一些小孔，然后绑在木杆上，挂在豆芽上面，给豆芽浇水。

第三次尝试，女儿又问妈妈：“会成功吗？”妈妈说：“我们试试！”

妈妈说的“我们试试”就像一剂神奇的养料，这养料不仅帮助豆芽成功长出，也给小女孩未来的成长带来了无穷的动力。

这个短片由真人故事改编，如今故事中的女儿已顺利获得生物学博士学位，在瑞典从事研究工作。

你是让孩子学会自我设限，还是让孩子超越自我？父母的三观，在很大程度上，会影响孩子的心理高度。

二

有些人一直以为自己不行，但却在偶然的机会中得到尝试，惊喜地发现自己并不是以前所认为的那样。

小蒋曾梦想要达到比尔·盖茨的高度，但是直到他三十多岁的某天醒来，赶去上班时还被主管骂了一顿。他开始反思：为什么当年的梦想还没实现？

他发现，主要是他不敢尝试。因为每次当他有想法有创意时，内心的恐惧就会涌出来，因为他害怕被拒绝。

想到这里，他觉得有必要改变一下，于是，他带着摄像机，准备迈出第一步，试试向不认识的人借100美金，顺便记录下自己伟大的一步。

虽然初次尝试很害怕，但他还是去问了对方，对方很明确地回答："不行！"

"太可怕、太尴尬了，我就知道不行，我就知道别人会拒绝我。"小蒋一口气跑了回去，等内心稍微平静了一会儿，他又把刚才的视频看了一遍，他发现对方最后还问了句："为什么？"

小蒋说，看来对方给了他机会解释，他可以争取，可以交涉，还可以有机会。但因为对方的"不行"符合他的自我设定，他就放弃了，当时他应该再争取一下。

再后来，他又尝试请求一个汉堡的"续杯"、索要甜甜圈、在陌生人家里种花……各种事情。

他发现，有的事情是可以做成的。关键就是，你愿意去试试，而不是事先就告诉自己"我不可能"。

于是，他尝试了，他也做到了。

曾经保护自己的防御机制也许是如今的天花板，未知的不确定，总是容易挑起过往受挫的神经。但现在的你，也已不是过去的你，我们可以选择多试试。

三

汤姆·邓普西生下来的时候只有半只左脚和一只畸形的右手，父母从不让他因为自己的残疾而感到不安。结果，他能做到任何健全男孩所能做的事：如果童子军团行军10里，汤姆也同样可以走完10里。

后来他学踢橄榄球，他发现，自己能把球踢得比队友都远。他请人为他专门设计了一只鞋子，参加了踢球测验，并且得到了冲锋队的一份合约。

但是教练却婉转地告诉他，说他“不具备做职业橄榄球员的条件”，请他去试试其他的工作。最后他申请加入新奥尔良圣徒球队，并且请求教练给他一次机会。

教练虽然心存怀疑，但是看到他这么自信，对他有了好感，因此就收下了他。

两个星期之后，教练对他的好感加深了，因为他在一次友谊赛中踢出了55码并且为本队挣到了得分。这使他获得了专为圣徒队踢球的工作，而且在那一季比赛他为球队得了99分。

他一生中最伟大的时刻到来了，那天，球场上坐了66000名球迷。球是在28码线上，比赛只剩下了几秒钟。

这时球队把球推进到45码线上。

“汤姆，进场踢球。”教练大声说。

当汤姆进场时，他知道他的球队距离得分线有55码远，那是由巴第摩尔雄马队毕特·瑞奇踢出来的。球传接得很好，汤姆一脚全力踢在球上，球在笔直地前进。但是踢得够远吗？66000名球迷屏住气观看，球在球门横杆之上几英寸的地方越过，接着，终端得分线上的裁判举起了双手，表示得了3分，圣徒队以19比17获胜。球迷狂呼乱叫，为踢得最远的一球而兴奋，因为这是只有半只左脚和一只畸形的手的球员踢出来的！

“真令人难以相信！”有人感叹道，但是汤姆只是微笑。他想起他的父母，他们一直告诉他能做什么，而不是他不能做什么。他之所以能创下这么了不起的纪录，正如他自己说的那样：“他们从来没有告诉我，我有什么不能做的。”

大多时候，人生中的许多事情我们是能够做到的，只是我们不知道自己能做到；如果我们敢于尝试并坚持做下去，不仅能够做到，而且可能会做得很好。

不要否定自我

在农场展览会上有个农夫展出了一个像极了水瓶的南瓜，参观的人见了都十分惊讶，追问是如何种的。农夫说：“当南瓜才拇指般大时，我便罩上水瓶，一旦它把瓶里的空间占满，便不再生长了。”

一对夫妻，他们相处得不好，太太经常抱怨丈夫自私、不负责任，从不关心她。当别人问丈夫“为什么不和妻子好好沟通”时，他回答：“哦！这是我的本性。没办法，我就是大男人主义。”

丈夫对自己行为的解释，是他的自我定义，表示他过去一向如此，其实他是在说：“我在这方面已经定型了。”“我以后还是那个样子。”人生若持这种态度，根本就是在扼杀其他的可能，从而以为自己无法改变。

认定自己是何种人——“我一向都是这样，那就是我的本性”，这会增强你的惯性，阻碍成长。因为我们容易把“自我描述”当作自己不愿改变的理由，而且，它会助长你的错误观念：若做不好，就不要做。

丹麦哲学家齐克果说：“一旦你把自己固定化了，你就是否认自我。”一个人自我定义时，自我就消失了。他们不去推翻这些借口和它们背后的自毁性想法，却一味地接受它们，承认自己不可改变，终将毁灭自己。

有这样一则寓言：一只青蛙和一只蝎子同时来到河边，望看滔滔河水，思索着如何渡过河去。这时蝎子开口对青蛙说：“青蛙老弟，要不你背着我，我给你指引方向，我们就可以到达对岸。”青蛙说：“我才不傻，背你，如果你用毒针刺我，我就一命呜呼了。”蝎子说：“不会的，如果你溺水，那我不也溺水了吗？”

青蛙觉得有道理，就背着蝎子向对岸游去。在河中央青蛙感到身上一阵刺痛，就破口大骂：“你不是说不刺我的吗，为什么出尔反尔？”蝎子脸不红心不跳，毫无悔意地说：“没有办法，我的本性就是如此啊。”

这则寓言不正说明为什么许多人总拿“我没办法，我一向如此”来掩饰自己的过错，而不努力约束自己吗？

的确，描述自己比改变自己容易多了。无论何时只要你想逃避某些事，或掩饰人格上的缺陷，总会用“我怎样怎样”来为自己辩解。事实上，说多了以后，这些思想经由心智进入潜意识，你也开始相信自己就是如此，那时你就定了型，以后就一直如此了。

无论何时，一旦出现那些“逃避”的借口，你要立刻大声纠正自己，将“那就是我”改成“那是以前的我”，把“我没办法”换成“如果我努力，我就能做到”，把“我一向如此”改成“我要努力改变”，把“那是我的本性”改成“我曾经认为那是我的本性”……一切妨碍成长的“我怎样怎样”，都立刻改为“我选择怎样怎样”。

人也是这样，如果自我设限，把自己囚禁在心中的樊笼里，正如被水瓶罩住的南瓜，放弃了自我成长，成长当然会受限。

给自己定位什么样，就会成为什么样的人

从前，有两兄弟，都到了该找对象结婚的年龄，哥哥叫阿勉，弟弟叫阿全。但兄弟俩发现，村子里没有自己称心如意的姑娘，于是决定一块儿到外面去寻找。

离开家乡之后，他们走了很多地方，有一天，他们来到了一个村庄，在村头遇到一个姑娘，阿勉觉得那位姑娘正是自己心目中要找的意中人，或许这就是一见钟情吧，所以他决定留下来。于是对弟弟阿全说："那个姑娘就是我想找的人，我要留在这里。"阿全看那个姑娘没有什么出众的地方，样子长得也不怎样，就对哥哥说："既然你喜欢，就留下好了，我还要找我喜欢的人。"

于是哥哥阿勉送别弟弟后，向当地人打听到这位姑娘名叫阿秀，正待字闺中。阿勉又打听当地人求婚的风俗，有人告诉他，这个村里有个不成文的规定，男方要娶女方的时候，必须要用牛来做聘礼，因为这里的主要劳动力就是牛，一头是很差的，是针对那种见一面以后再也不想见、谁也不想娶的丑女，二头是勉强看得过去的，而一般普通的女孩子就是三四头牛，能用六头牛作聘礼的已经是那种很不错的漂亮贤惠的女孩了。而最多是用九头牛，这样的女孩子是非常优秀像仙女般的了，很少见，这么多年来在这里根本就没有人送过九头牛。

阿勉想方设法买了九头牛，浩浩荡荡地赶着牛群去求婚了。

当阿勉“嘭、嘭、嘭……”敲开阿秀家门时，阿秀的父亲出来了，扶着门框吃惊地问：“年轻人，你有什么事？”阿勉说：“老伯伯，我看上了你家的女儿，我赶着牛是来求婚的！”老人说：“你求婚也用不着赶这么多牛来，我家女儿只是一个普通人，最多只要三四头牛就行了。你送这么多牛来，是不对的，如果我收下，邻居会笑话的。”阿勉说：“不，老人家，我认为你的女儿是世上最漂亮最好的女孩，我认为她就值九头牛。请你一定要收下。”老人一直推辞不掉，只好收下九头牛。

结婚之后，阿勉一直把阿秀当成最漂亮、最可爱的女人。三年之后，弟弟阿全在外面四处奔波，还是没有找到自己满意、十全十美的女孩子，就又来到那个村庄找哥哥，看看哥哥嫂子生活得怎样了。走近村庄，阿全看到一个美丽的姑娘在湖边洗衣服，她长长的秀发像缎子一般泻了下来，脸庞像玫瑰花一样的娇美，身材是那样婀娜多姿，美极了。阿全一下子看呆了，这不就是他要找的、日思夜想的女孩子吗？怎么以前没发现啊？刚要上前和女孩搭话时，从旁边路上走来一个小男孩，抱住女孩的腿叫妈妈。阿全一下子感到特别难过，可还是向她打听了阿勉的家在哪里。

美丽的姑娘听了之后，低头一笑，用银铃般的声音说：“你跟我来吧！”

见到哥哥之后，两个人特别高兴，聊得是没完没了，最后阿全就问哥哥：“怎么没见嫂子呢？”哥哥阿勉说：“你不是已经见过了吗？刚才领你回来的就是你嫂子呀！”

阿全怎么也不能相信，说：“怎么可能呀？当初我也见了，嫂子是一个很普通的女孩子！怎么几年一过变得这么漂亮？”哥哥阿勉笑了笑说：“我也不知道，你去问你嫂子吧！”

他嫂子说：“当初没遇到阿勉之时，所有的人也包括我父母和我自己都觉得，我是一个很普通的女孩子，顶多只值三头牛。可阿勉却认为我值九头牛，并用九头牛娶了我。所以我就相信自己值九头牛，并一直以九头牛的标准来要求自己，以报答你哥哥对我的知遇之恩，三年来就慢慢变成了你看到的这样子了。”

一个人的成长过程，实际上就是定位好以后，努力奋斗的过程，是一个不断提升自我的过程。给自己定位什么样，你就有可能真的成为什么样的人。肯定和赞美能激发出人无穷尽的潜力。

做事要彻底，不要留尾巴

一

《西游记》中的孙悟空本领高超，会七十二般变化。在和二郎神斗法时，他变成一座小庙，嘴是庙门，眼是门两边的窗子，身子是庙的房屋，一切都很完美，就是尾巴没办法处理，最后只好变成旗杆立于庙后。二郎神来到庙前，一眼就看出这小庙是孙悟空变的，旗杆应该立于庙前才对，怎么会立于庙后呢？可笑这孙悟空，纵然会千变万化，到底还是露了尾巴。

现在常把做事不严密叫作“露尾巴”，把做事不彻底叫作“留尾巴”。楼没盖好，却没人管了，这楼叫“烂尾楼”；工程没结束，却没人继续施工了，这工程叫“烂尾工程”。比如，燃气公司的工作人员在一个住宅小区门前铺设供气管道，挖了一个大坑。施工结束后，工作人员撤离，但大坑没有填上。挖坑是为了铺设供气管道，铺设供气管道是为了方便居民生活，是办好事的，但管道铺设完了坑却不填上，万一谁掉进去摔伤了，好事岂不成了坏事，便民岂不成了坑人？要知道，因为施工“留尾巴”导致的事故，施工方赔偿几万元到几十万元甚至几百万元的情况都出现过。

二

在职场上留尾巴，不仅仅会消磨掉你的时间，甚至还会阻碍你的晋升。

有一次，老板安排小张转发一篇公众号文章，小张随手转给同事小于做这个事情，小于答应后就把这事儿忘了。

几天之后，老板问小张：“文章转哪儿了？我怎么没看到？”

小张瞬间感觉不妙，赶紧去问小于，小于说忘了。此刻小张的心情跌落到谷底，只能惴惴不安地告诉老板：“文章小于忘记发了，只能明天补发……”

“请问你让我怎么跟客户交待？”老板脸色铁青。

每个公司都有小于这样“洒脱随性”的员工，老板看到就头疼。

公司里也有一些特别“勤奋”的伙伴，总是能够把事情做得很仔细，让所有人都觉得心里特别踏实。一开始，我们都会觉得，那么勤劳，使自己受累，似乎不太聪明。但过不了多久，你就会发现，像小于这样的人往往得不到机会，而那些踏实细致、勤奋的同事会越走越顺。

愿意多做一点、自己吃点亏的人，他们无非是多花了点心思消灭留的小尾巴，让领导和同事少操一点心，多一点“掌控感”。但是长期合作之后，我们就更愿意把重要的、核心的事情交给他们，而不是交给喜欢留尾巴的人。

工作上的尾巴很难处理吗？不是，相反地，处理尾巴大都是举手之劳。问题在于相关人员的责任心不够、安全意识不强。一个不够，一个不强，即便没有造成严重后果，也会影响到单位和个人的形象。

《诗经·小雅》中有一句：“战战兢兢，如履薄冰。”在职场上要建立专业形象并不容易，稍有不慎，就会前功尽弃。

有人说“1+1<2”，因为人一多就容易乱。也有人说：一个中国人就是一条龙，十个中国人加在一起，却是一条虫。也许问题就出在留的这些“小尾巴”上。

团队协作就像流水，一个点堵塞了，就会让整个系统运行不畅、耽误战机。事后再去疏通、弥补，花费的时间可能要翻倍。更重要的是，整个线条上的每一个人都会因为返工而心烦意乱、互相指责。所以，留的小尾巴杀掉的不是一个人的时间，而是整个团队的时间和专注力。

三

怎么避免留“尾巴”呢？关键在于畅通。上善若水，是因为水流畅通无阻。我们要让所有经过自己的事情都顺流而下，而不要让它成为阻断河流的石头。

（1）伤其十指不如断其一指。有些复杂任务你就得发狠，推掉一切琐事、创造大块时间搞定它，不要让它成为“历史遗留问题”，成为大家绕不过去的眼中钉、肉中刺。

（2）不要完美主义。很多事情，定好初步方向就要立即沟通，而不是自己闷头苦干。比如设计师，辛辛苦苦做完了，最后领导来一句：“这个设计稿的风格不行，你怎么不提前跟我沟通好呢？”

（3）汇报完了才算完结。事情做完了，不算完结。相关环节的每一个人都要知悉此事，得到确切结果，才算终结。不管什么任务，做完之后哪怕只多花10秒钟发一条微信通知相关同事，也可以避免反复地问询，可消除掉大量不必要的误会。

（4）没做完也要沟通。在职场上，所有领导、老板的脾气并不像我们想象的那么坏。他们生气往往是因为“怒其不争”。事实上，如果你的工作任务无法完成，那就提前沟通，老板可以和你站在一边，帮你想解决方案、协调资源、宽限时间。但是，很多人偏偏要等到最后期限时，才可怜巴巴地跟老板说：“对不起……我没做完……”——在这紧要关头，老板肯定是不高兴。

所以，做事必须做彻底，多想一步，做深做透，不要留“尾巴”，努力做一个靠谱的人。

逼自己一把，才知道自己多优秀

一个人在高山之巅的鹰巢里，抓到了一只幼鹰。他把幼鹰带回家，养在鸡笼里。这只幼鹰和鸡一起啄食、嬉闹和休息，它以为自己是一只鸡。这只鹰渐渐长大，羽翼丰满了，主人想把它训练成猎鹰，可是由于它终日和鸡混在一起，它已经变得和鸡完全一样，根本没有飞的愿望。主人试了各种办法，都毫无效果，最后把它带到山顶上，一把将它扔了出去。这只鹰像一块石头似的，直接往下掉。突然，它在慌乱之中拼命地扑打翅膀，就这样，它终于飞了起来！

一位原籍在上海的中国留学生刚到澳大利亚的时候，为了能找到一份能够糊口的工作，他骑着一辆旧自行车沿着环澳公路行走了数日，替人放羊、割草、收庄稼、洗碗……只要给一口饭吃，他都会暂时停下疲惫的脚步。

一天，在唐人街一家餐馆打工的他，看见报纸上刊出了澳洲电信公司的招聘启示。留学生担心自己的英语不地道，专业不对口，就选择了线路监控员的职位去应聘。过五关斩六将，眼看就要得到那年薪三万五千澳元的职位了，招聘主管却出人意料地问他："你有车吗？你会开车吗？我们这份工作时常外出，没有车寸步难行。"

澳大利亚公民普遍都有私家车，无车者寥落晨星，可这个留学生初来乍到还属于无车族。为了争取到这个极具诱惑力的工作，他不假思索地回答："有！会！"

"4天后，开着你的车来上班。"主管说。

4天内要买车、学车谈何容易，但是为了生存，留学生豁出去了。他在华人朋友那里借了500澳元，从旧车市场买了一辆300澳元且外表丑陋的"甲壳虫"。第一天跟华人朋友学简单的驾驶技术；第二天在朋友家屋后的大草坪练习；第三天歪歪斜斜地开着车上路了；第四天居然驾车到公司报了到。时至今日，他已经是"澳洲电信"的业务主管了。

给自己一片没有退路的悬崖，从某种意义上说，是给自己一个向生命高地冲锋的机会。将自己置身于一个无路可退的绝境，更有利于激发自己的潜能，背水一战所表现出的战斗力是无所不胜的。

小林上学的时候英语就一直很差。高考的时候还因为英语严重偏科而拉低了整体分数，最后只能上一个很一般的大学。他曾经万般无奈地对他的同学说：“我大概天生就不是学外语的料，我这辈子注定无法学好任何一门外语。”

大学毕业后，小林在国内没找到合适的工作。刚好亲戚在国外生意做得还不错，需要一个信得过的人帮忙打理生意，就问他愿不愿去。一方面出于情面，另一方面待遇确实不错。他一咬牙决定出国闯一闯，去了一个法语国家。

半年后，有一次他和同学正在通过微信视频闲聊，他的工人过来用法语问他一些生意上的问题，他对答如流。同学对此感到非常惊奇，你要知道，法语可是要比英语还要难学的外语！同学忙问他怎么能在短短的半年时间里就把法语学得这么好。

他苦笑着说：“其实我完全是被逼出来的。我刚到这边的时候，一句法语都不会，简直快活不下去了。有一次外出迷路了，差点回不去家。‘家在哪里’，用法语不会说，自己在哪里也不知道。最后还是求助一个当地人，指着电话比画了半天，人家才明白他的意思，告诉司机他在哪里，才回了家的。”

经历过此事之后，他心有余悸，开始逼着自己努力学习法语。每天早上出门前，先用翻译软件翻译好自己想说的几句话，然后抄写在纸上反复练习。一天学几句，几个月之后就可以熟练地用法语和客户交流了，到现在日常生活和工作方面的法语基本上难不倒他了。

想当初，他还抱怨他不是学外语的料。最近他又要去英语国家开拓市场了，同学问他："还怕学英语吗？"他哈哈大笑起来，自信地说："不怕了，法语从零基础都学会了，再说英语我还是有点基础的。"

二战期间德军对苏军的猛烈攻击造成了苏联巨大的损失，然而情报方面由于语言问题导致频频失手。斯大林一怒之下下了死命令：限三个月内5个军官必须学会德语，然后去德国做间谍，到期学不会就全部枪毙！最终这5个军官都通过了。

是不是觉得非常神奇！其实人类的潜能是无限的。据科学家发现：很多人终其一生，只用了大脑潜能的10%。有些研究报告更指出，一般人平均连大脑潜能的1%也没用上！不管是10%或1%，我们大脑还有极大的潜能等着我们去开发。如果不狠狠地逼自己一把，也许你永远不知道自己到底有多优秀。

不要太在意别人的评价

他人是自己的一面镜子，我们可以通过他人了解自己。但过于关注别人对自己的评价，往往是缺乏自信心的表现。自信就是相信自己，人如果自己不相信自己，别人就更不可能相信你。

1870年7月的一天，法国奥维尔小镇的麦田旁，37岁的梵高正懊恼地对着麦浪发呆，他始终弄不明白，为什么自己倾尽心血的画作，就是无法得到上流社会和收藏家的认可呢？一次次失败，使他开始承认自己是一个彻头彻尾的失败者，沮丧、失望令他的心滴血。他再也不敢面对这个世界了，于是他掏出手枪决定送走自己。"砰"的一声枪响之后，没有马上丧命的他，竟然捂着流血的腹部说："我想，我这次又没有干好。"

一个伟大的天才画家，在不公平的评价和闲言碎语面前，自信心居然荡然无存。临死之时，还在自责。你不觉得他真的可悲吗？他哪里知道，在他自杀身亡几年之后，他的画就千金难求了。全世界最著名的博物馆为得到他的一幅画而荣耀不已。

过分在意别人评价的人，是无法认清自己的人，所以只能给自己制造麻烦和悲剧。相反，只有那些相信自己是最好的、最棒的人，才能激发潜能，挖掘优势，排除他人干扰，最终获得成功。

作家周国平曾经说过："我从不在乎别人如何评价我，因为我知道自己是怎么回事，如果一个人对自己是没有把握的，就很容易在乎别人的看法了。"

人有且只有一次生命，我们独一无二，又无法重复，没人能替我们经历、感受。不枉此生，意味着要尊重生命本来的样子，爱自己，成为自己。我们不应该为了别人的看法而活。

那么，如何才能做到真正不在乎别人的评价，而不只是表面上不在意，内心其实波涛翻滚，被别人的话弄得很难受？

（1）要知道自己是怎么回事。在《疯狂的意义》中，尼采指出："人怎样才能认识自己？……年轻的心灵在回顾生活时不妨自问：迄今为止你真正爱过什么？什么东西曾使得你的灵魂振奋？什么东西占据过它同时又赐福予它？你不妨给自己列举这一系列受珍爱的对象，而通过其特性和顺序，它们也许就向你显示了一种法则，你的真正自我的基本法则。”

（2）要对自己“有把握”。“爱自己绝不仅仅是‘自恋’这么简单的含义，不是小家子气的顾影自怜。”我们必须“有一个丰富的、有品质的自我”。

而为了完成这个自我进化的目标，不要故步自封，我们应该“尽可能去体验这个世界”，体验世俗生活的丰富多彩。我们要有精神目标，而且是高于世俗生活的，“你有了精神目标，世俗生活才不能对你造成伤害”。并且我们不要害怕犯错，因为恐惧会让我们停滞不前，真正的完美不是躲在套子里，而是直面挑战，不怕挫折的阵痛，努力把生活过成自己想要的样子。

如果眼界狭窄，为鸡零狗碎的琐事所困，我们肯定很难看到人生更深远的意义，所谓不在意别人评价也会成为空谈。

尼采说：“千万不要忘记：我们飞翔得越高，我们在那些不能飞翔的人眼中的形象越是渺小。”“你有你的路，我有我的路。至于适当的路、正确的路和唯一的路，这样的路并不存在。”

你灵魂的尺度，得由自己去度量。

人要突破自我

马戏团里，有一个怪现象：年幼的小象都是用粗壮的铁链拴着，而成年的大象则用一个普通的铁链拴着。这根普通的铁链实际上根本束缚不了强壮的大象。

为什么大象能乖乖地受束缚呢？那是因为，大象从小就开始被铁链牢牢地束缚了，无形中它突破不了自己的这个设限。

最可悲的是，一次大火，除了大象，马戏团里别的动物都逃脱了，只有大象被大火活活烧死。本来能挣脱那小小铁链逃命的大象，怀着自己一生的信念而死去，这个信念就是“我不可能逃脱这个铁链”。

所以，我们一定要自我突破，不要自我设限。也不能靠别人来帮我们突破，比如，即将出壳的小鸡，自己突破蛋壳，它能成活，如果靠别人敲破蛋壳，结果可想而知……

一个人连小河都不敢过，更不要说乘风破浪，横渡大洋了……

所以，我们要做行动者，不能再做观望着，要突破自我设限。要知道“冠军、胜利者是属于行动者，属于参与者”。

人生在世，不能让自己的能力止步不前，我们要挑战自己，让自己学习一些新的技能和知识，这样，我们才可以不断进步，不断适应这个社会。那么，究竟应该怎样使自己有所突破呢?

（1）要树立突破自我的信念，不要被他人所打扰，也不要半途而废。这是一个长期的过程，需要一点一滴地去积累、去实践、去努力、去奋斗。

（2）要知道自己有哪些地方可以进行自我突破。我们要知道，自己平时最擅长的和自己的薄弱环节，然后试着针对性的去突破。

（3）突破自我是可以通过训练得来的。比如，我们平时同样的时间只能做那么一件事情，那么，我们可以试着在同样的时间里尽力去做更多的事情。

突破自己，不仅仅是突破我们所不擅长的东西，也可以使我们所擅长的越来越好、越来越值得我们去奋斗，这样我们就会不断地进步。

突破自己是没有限度的，无论你现在已经达到了怎样的水平，你永远都会有突破的空间，所以永远不要认为自己已经做好了，人无完人，每个人都有可以提高的地方，我们要尽力使自己做得更好。

加油吧，从平常一点一滴的小事做起，相信我们会做得越来越好，使自己更优秀，我们需要一个坚定的信念，使自己一直努力向前。

不怕怀才不遇，就怕眼高手低

很多人觉得在现在的公司发挥不了自己的才华，他们觉得很遗憾，觉得没有伯乐发现自己，然后他们就一直将就着，工作没什么难度，工资处于一般水平，总是面对相同的工作和相同的人，觉得很乏味。他们的本职工作做得并不好，但是他们总觉得自己怀才不遇，总想着自己可以担任更高的职位，认为自己是被埋没的人才。可是当上升的机会出现的时候，他们却总是很慌乱。

小新就是这样，他总是觉得自己特别聪明，学校的那些课程，他不用怎么学都不会挂科，而且他觉得自己只要认真学习这些东西，肯定能拿奖。然而在大学的时候，他的英语四级考了五次，到了大三最后一个学期，同学们就要开始实习的时候，他才以高于及格线5分的成绩过了。在大学里，无论什么比赛，他都不参加，毕业找工作的时候，没几家公司看好他。其实大家相处了这么久，他的室友都知道他是什么样的人。但是他却总逞强，他说，四级没过是因为他对这些不感兴趣，要不是四级不过毕不了业，他才不去考。

学校里的比赛，他觉得没意义，他说如果他去参加肯定能拿奖；没找到工作，他说是那些职位不适合他。他毕业以后，匆忙地找到了一份工作，也不是好工作，就是在一家小公司当助理，薪水不高，但是活多，后来他受不了，干了一个多月就辞职了。他不着急，因为他觉得自己是一个有能力的人，总有公司会重用他。然而他找了几个月工作，一直都找不到自己满意的。现在他已经回老家，目前依旧是无业状态。这种人劝也没用，因为他总是在找理由。

以前，小然也像小新一样。一次，小然对好朋友说，为什么觉得自己的能力还行，但是总碰不到上升的好机会？正巧，好朋友的公司有一个项目缺人。于是好朋友就向领导推荐了小然。小然刚接触那个项目的时候，是信心满满的。可是，后来他发现，他不能达到公司的要求，努力了几次还是不行，他只好放弃了。小然这才慢慢认识到，这都是因为自己的能力不够，他还需要努力提升、积累更多的经验。后来，小然不再抱怨没有伯乐，而是踏踏实实地把现在的工作做好，努力提升自己。

有一些人，总是认为自己很有能力，总是期望很高的待遇，可一旦脱离现实，就很可能失败。决定一个人待遇的，不是自己对自己的能力判断，而是别人对你能力的认可程度。不要觉得自己的能力没人赏识，不要觉得自己已经够好了，这个世界上有很多厉害的人，肯定有人比你更优秀。

无论一个人还是一个物品，都是遵循“估值定价”定律的，我们通常都会高估自己卖的东西的价值，低估自己买的东西的价值，经过讨价还价，才能达到大家都能接受的价格。职场也是如此，如何让别人认可你真实的价值，给出你满意的薪酬呢？仅靠“我觉得我有能力”，是不行的。

很多时候，你的价值不由你判断，别人的估值、认可才是定音的锤。自以为是的能力，并不是你真正的能力，很可能是你失败的筹码。如果我们真的想挣钱，就得先学会变得值钱；如果真的有野心，就不该自以为有能力，而是要去展现我们的能力。

一个人要想有能力，就要不断地成长，而学习是让一个人成长的最快方式。当一个人在舒服、稳定的环境里待久了，就会不想改变，没有压力，更没有动力。但作为员工，你不努力，就会被淘汰；作为老板，失败的压力一直存在，经营不善，面临的可能是破产。

人的一生中，总会有改变跑道的经历，即使结局美妙，但也要经受重新开始的痛苦。不要放弃自我革新，不要怕生活把我们抛回原点，因为那是我们向上走的标志。

我们要记住，能力永远是自己的，但愿我们在正确选择下，走得更长远。对未来，我们不必恐慌，只要我们足够努力，就能活得好。相信这个世界，热爱这个世界，不怕你怀才不遇，就怕你眼高手低。

把目标定得高一点

法国昆虫学家法布尔曾经做过一个著名的实验，称之为“毛毛虫实验”：把许多毛毛虫放在一个花盆的边缘上，使其首尾相接，围成一圈，并在花盆周围不远的地方，撒了一些毛毛虫喜欢吃的松叶。

毛毛虫开始一个跟着一个，绕着花盆的边缘一圈一圈地走，一小时过去了，一天过去了，又一天过去了，这些毛毛虫还是夜以继日地绕着花盆的边缘在转圈，一连走了七天七夜，不少毛毛虫因饥饿和精疲力竭而相继死去，一直到第八天，在几条“勇敢领袖”的带领下，它们才回到花盆脚下的巢里。

法布尔在做这个实验前曾经设想：毛毛虫会很快厌倦这种毫无意义的绕圈而转向它们比较爱吃的食物，遗憾的是毛毛虫并没有这样做。导致这种悲剧的原因就在于毛毛虫习惯于固守原有的本能、习惯、先例和经验。毛毛虫付出了生命，但没有任何成果。其实，如果有一只毛毛虫能够破除尾随的习惯而转向去觅食，就完全可以避免悲剧的发生。

后来，科学家把这种喜欢跟着前面的路线走的习惯称为“跟随”的习惯，把因跟随而导致失败的现象称为“毛毛虫效应”。

同样，现实生活中，很多人会听从别人的意愿，放弃自己的思想，不能自主地去生活。他们盲从，没有目标，没有拼搏的勇气，他们的心理被“大家都这样做”和“大家都认为应该那样做”所左右，超出既定生活的任何事情都不敢去做，注定了这一辈子只能过平庸无为的生活。

因此敢于打破自我设定的障碍，多一点尝试，多问一点为什么，多一点超越，人生将会完全不一样。

几年前，在举重项目中有一种说法，人体举重极限重量是500磅，约227千克。因此每个举重运动员都只会无限接近它，但没有一个人敢去超越它。但是有一次，本来设定重量为499磅的杠铃，由于工作人员的失误，实际重量已经超过了500磅，并被举了起来。接着，当这个消息发布之后，世界上又有6位举重高手成功举起了超过500磅的杠铃。

在人类的发展史上，无数的不可能变成了可能，只有想不到的，没有做不到的。心，可以超越困难，心，可以突破阻挠，心，可以粉碎障碍。心里的自我设限，同样可以用心来打破。所谓解铃还须系铃人，这里只需要一种更高更强的自我设定就可以了。

在每次做事的时候把目标定得高一点，对自己要求高一点，我们所取得的成就会高一点，离成功就会越来越近！站的高才能看的远，当把自己放在更高的位置，就会有更高的发现。

第三章 改变自己，从现在开始

不要在迷茫中苟且偷生

在被问到“大学时选择这个专业的原因是什么”时，回答是多种多样的。有的说是调剂的；有的说因为这个专业热门；有的说是家人或亲戚给的意见；有的说这个专业看上去还不错，但读了之后很后悔，因为与自己的预期相差太远；有的说对这个专业和就业都不了解，随便选的。当被问到是否喜欢这个专业时，很多人的回答是“不喜欢，没感觉”。很少有人真正热爱自己的专业。

既然专业不是自己想要的，又不喜欢，那么，在大学期间应该干点儿什么，以便将来找工作的时候有资本寻找自己想要的才对。但实际上，他们对自己的未来很迷茫，没有方向，具体要干点儿什么去摆脱现状，他们压根就不知道，也没有人给他们指导。

所以，毕业找工作时往往有两种选择：一是专业对口的工作，但因为不喜欢，没打算长期干，只是想先养活自己，等时机成熟了再跳；二是随便选，用人单位给什么机会，就接什么机会，其中相当一部分选择了貌似无门槛、而实际上门槛最高的销售岗，全凭对方忽悠，然后就一腔热情地到新东家报到去了。在这两种情况下选择的工作，都极为被动，注定难以长久。

小孙是一个不适合干销售的人，却硬生生在销售岗位上待了4年，前后换了7家公司，遍布5个行业，在东部省会城市，薪水却只有3500元！面对这样一种现实，换作是你，你会不烦躁、不消极吗?

只要你毕业时知道自己想干什么，适合干什么，应该选择什么样的行业及公司，知道应该怎样走才能让自己的身价不断增值。用人单位还是愿意给你一个机会，哪怕你的专业不对口。而那些没想法、没目标的人，则就开始了痛苦的走弯路的历程。

如果第一份工作是抱着“先就业”而不是“职业化”的心态去做的，你就会面临两个问题：一是这份工作很可能不适合你，无法发挥你的优势。因为不适合，所以你在工作中也很难做出业绩来证明自己，也无法成为领导眼中的优秀员工，并因此而受到忽略。尤其是对于那些内向型性格偏偏选择去做销售的人来说，这种情况更为明显。二是态度不对。因为只是想把这份工作当成跳板，并没有打算长期干，所以在工作态度方面也不愿意兢兢业业地付出，不愿意想尽办法让自己的能力变得更加强大。结果，工作不适合，无法培养你做事的能力；态度不认真，无法培养你做人的修为。无论做事还是做人，你都输得满盘精光。

如果你的第一份工作选对了，职位合适，公司合适，与优秀的同事为伍，你会逐步肯定自己的价值，无论做人还是做事，都将会有一个质的提升，你对未来也会充满信心和期待。有了这样一个精彩的起点，即使你以后跳槽，寻找下一份工作时，你也会得到更好的机会。相反，如果只是被动地选择职位，进入的是不那么优秀的公司，你在工作中无论做人还是做事都做不好，就会对职场产生很多偏见和误解，就会把最黑暗的一面当成真实的职场。你无法得到他人的认同，就连自己也不能肯定自己。更重要的是，当你想摆脱现状、想寻求一个更好的机会时，不但没有资本，还要受到来自面试官的更多的质疑与盘问，忍受他们异样的眼神。这会让你变得更没有自信，更加怀疑自己，更加不敢行动，担心每一步都会走错，从而在后续的道路上形成一个恶性循环。

那些优秀的人为什么优秀？首先，他们有明确的目标，他们知道自己想要什么，能够客观审视自己，知道自己能够干什么。其次，他们知道如何从起点进行努力，一步一步顺利地达到终点。尽管这个过程中也有可能会遇到意外情况，但他们能够及时化解，沉稳应对，确保不因外界环境的变化而影响自己前进的步伐。

而从来没有确立过目标的人，往往会对自己的目标不够坚定，他们认为计划没有变化快。所以，一旦外界环境发生变化，他们就会马上调整，果断地变换方向。而这样不断变换方向的后果是：3~5年之后，他们回顾自己的成长历程，却发现自己竟然毫无一技之长。

张女士今年32岁，工作7年，换了5份不同的工作，没有积累一技之长。又在家带孩子耽误两年，现在想要重新回归职场，希望把好几年损失的一下子找回来，实现人生的大翻盘。但她发现，无论是经验还是年龄，她都没有优势。

目标的意义是什么？就是让你当下的时间不要虚度，应该干点儿什么让自己增值，让当下的自己变得强大。这个目标并不意味着一旦定下就终生不能变，而是要审时度势，灵活应对。只有你强大了，你才有资本去选择下一个更宏大的目标。一个从未有过目标的人，一个像无头苍蝇一样到处乱撞的人，一个从未有过成功经历的人，一个四处乞怜要求别人给你一份工作的人，一个连吃煎饼果子要不要加蛋都要考虑半天的人，还有什么资本去选择更好的生活呢？

说成功85%来自运气，你同意吗？如果仅仅靠运气就能活得很滋润，那些努力奋斗的人，不就是真的傻吗？

可能有些人的目标并不适合，但在不适合的道路上，他们依然努力蜕变，争取成为最优秀的那一个。正是基于这样的努力，使得他们往往能够形成自己独特的兴趣、价值观以及判断标准。尽管他们对于自身的认知不是那么清晰，而一旦对自己有了清晰的认知，他们就能迅速找准人生切入点。

相反，那些经历比较糟糕、频繁跳槽，从来没有为一个目标认认真真付出和努力过的人，他们的问题往往就比较棘手。问他："你期望的工作是什么样子的？"他会说："我期望做我感兴趣的工作。"如果继续问他："你的兴趣是什么？"他会说："我不知道。"他要做他感兴趣的事，却不知道自己的兴趣在哪里，甚至连喜欢什么都不知道。这样的经历其实很可悲。

兴趣不是凭空臆想出来的，而是在现实中不断深挖与比较中形成的。深挖，意味着纵向的深度，只有当你真正付出努力去做的时候，你才会真正地发现自己是否适合。比较，意味着横向的宽度。你做过一件事，你无法评价你对这件事的兴趣有多大。如果你再做另一件事，与之前做的事比较一下，你就能知道你对哪一个更感兴趣。你做的事情越多，经历得越多，你就会通过不断地比较，清晰地发现自己到底对哪一个感兴趣，对哪一个讨厌。通过这样"深挖"与"比较"，你的兴趣、标准和价值观就会形成，再想定位自己的方向就不是难事。否则，没有深挖，只是比较，就会像走马观花一样，走走过场，毫无意义。

每一个人的成功，都不是随随便便的。你看到周星驰今天的光环，却不知道他曾经跑了多少年龙套；你看到马云在纳斯达克敲钟时的意气风发，却不知道他在最艰难的日子是怎样度过的。当你在打游戏、逛街、听音乐、享受美味的时候，人家可能正在一个你不知道的角落，为以后的目标而殚精竭虑。同样，每一个失败者的背后，都有无数个“天经地义”的理由，无数个“光明正大”的借口，以及无数次傻到不能再傻却还自以为是的瞎折腾。

没有空闲时间，就没有进步

一

美国畅销书作家芭芭拉·艾伦瑞克，为了体验穷人的生活，隐藏了自己的身份，化身为一个真正的穷人，她想知道自己能否通过自己的努力而改变人生。她用了一年的时间来体验底层生活。后来，她写了一本书《我在底层的生活》。

她在体验中发现：因为没钱，她只能选择住在偏远的地方；因为住的偏远，所以大量的时间都花在了路上；因为在路上浪费了太多时间，她没有太多时间去提升自己，于是只能继续做原来没有前途的工作。她的生活陷入了又穷又忙的怪圈，无法自拔。

穷人仅仅是为了生存就已经花光了全部力气，哪有时间和精力去改变这一切呢？除非你一开始就站在一个比较高的阶层。

英国广播公司（BBC）曾经用了49年的时间，记录了14个不同阶层的孩子的现状，每隔7年记录一次。得到的结果是，父母出身于医生、律师等职业的中产阶级的孩子，大部分后来也还是中产阶级，而父母是穷人的孩子，后来大多依然是穷人。有人通过自己跨越了阶层，但大部分人还是延续着上一代的传统。

这个社会给你的，从来都不是按个分配，而是呈几何倍数的增长或者失去。

二

经常会有人说："为什么我每天加班，超额工作，忙到没有一点个人时间，却依旧原地踏步，没有晋升，甚至是没有进步？"很多人明明已经非常努力地在卖命工作，可是生活却像一个陀螺，每天都在周而复始地旋转。

去年，小姚从一家传统IT（信息科技和产业）公司跳槽到了一家很有名的互联网公司，一下子站到了互联网行业的风口浪尖上。与之相对应的是，工作量成倍增加，加班、出差、开会到半夜都成了常态。与朋友们在微信上的对话，一般是以天为单位来计算的——往往一两天才回复几条。昨天晚上，他在回复朋友前一天的留言时，忍不住吐槽了一下现在的工作节奏。最后说道：“明年必须要调整一下了。没有空闲，就没有进步啊！”

不要将所有的时间都“卖”给工作，适当的空闲会让我们更具有竞争力。

我们为什么需要空闲的时间？空闲的时间，不仅仅意味着休息和娱乐，更意味着沉淀与调整。《三体》里说：百忙之中，下一步闲棋是很有必要的。

那些历史伟人在取得最终的惊天突破前，往往都经历了一段长时间不为人知的蛰伏。倘若王阳明的官场一路通达，估计他也会在日复一日的迎来送往、案牍劳累中磨掉了棱角和想法，成为大明帝国一名普普通通的官僚罢了；恰恰就是贬谪到龙场的日子里，远离帝国政治中心，远离人间的明争暗斗，他才可以有更多的时间和空间去思考、去阅读，去求寻人间的至理，最终领悟心学。

如果你的时间“太满”，就在时间增量上想办法；如果你的时间“太乱”，那就在时间的存量上想办法。这样就可以得到一些空闲时间，对绝大部分年轻人而言，时间，就是逆袭成长的唯一资本。

三

当你日复一日、年复一年地被单调重复的生活和工作所填满的时候，甚至连身心都会麻木。如果每一天都是在无限循环昨天，你会怎样？你是会获得永远的安逸，还是永远煎熬？

这样无限循环的状态，其实是很多人的一生。我们都挣扎在最底层的繁华里，永无出头之日，过着又穷又忙的生活。每一天都足够丰富，也足够无聊，重复着忙碌的生活，其实只是陷入了无边无际的死循环。上班，下班，消遣，熬夜，睡觉。公司与家，两点一线。

因为想要过精致的生活，所以拼命加班工作，可因为加班工作，根本没时间让自己精致起来，可不工作，又离自己想要的小资太远，你只能一边妄想着诗和远方，一边继续生活的苟且……

但这个世界，每个人的起跑线是真的不一样。我们每天疯狂地忙碌加班，没时间旅行、没时间恋爱、没时间回家、没时间生活，不就是为了多一点钱，有朝一日能跳出这个圈子吗？

可每个月的钱包好像还是空空如也，挣钱的速度永远比不上花钱的速度。每天回家后，累得筋疲力尽，想要做的事情也放到了以后，明日复明日，就这样不知不觉地继续过了很多年。别人的每一天千姿百态，我们好像把同一天过了365遍。

比起钱，更重要的是要有时间。有了时间，我们才能去规划和思考以后的人生。有了时间，才能有机会让自己变得更有价值。

人永远不要像温水煮青蛙一样，被现实不知不觉抹去了目标。穷，并不可怕，只要你学会利用自己的空闲，去沉淀和提升。

留点空闲时间，能够让自己去反思、复盘过去的生活，能去规划以后的路途。这比抓紧时间打游戏、追剧有意义多了。忙，会让你生活的路越走越窄，而在有空时扩宽自己的能力，却能让自己的人生越来越多样。那些成功的人，无论多忙，都要抽出一些时间来休息，他们看起来在休息，但实际上，也许是在计划着下一步的宏伟蓝图。如果你的时间太满，那就试着减少每天的安排，如果你的时间太乱，那就重塑有规律的生活习惯。

四

惯性定律告诉我们，如果你不改变，就会一直沿着从前的轨迹走下去。

要实现阶层的跨越，必须有把过去的自己连根拔起的勇气和滴水穿石的毅力。只要向着终点的方向，怎么走都不会错。也许我们的起跑线落后于人，也许我们被贫穷拖累，但我们自己必须清醒。越是清醒，越知道想要什么的人，就能越快得到自己想要的生活。

从一点一滴的改变开始：想要减肥，就每天少吃一口，多走几步；想要学英语，就每天背一个单词；想要挣钱，就试着从最小的投资开始做；用一杯咖啡的时间去改变，用足够的耐心去等待。

时间其实一直都在，是我们忙得忘了抓住它。也许在物质上，你现在算贫穷，但时间就是你最大的财富。再忙，也要抽出时间来，去提升自己，去积累资本。

学会表达自己内心的真实想法

西恩一直觉得自己被上司派克利用，那个人总是窃取他的劳动成果。但是他没有勇气质疑他，因为西恩觉得没有人会相信自己，即便相信，也没有人会支持自己。派克是一个很会搞关系的人，和高层领导关系很好，人人都喜欢他，领导也觉得他很有能力，将来大有作为。西恩想，如果他指责派克，别人会怎么想？别人会认为是他嫉妒派克。没有人会相信他比派克聪明能干，怎么会有人相信派克窃取他的劳动成果？

不久，西恩离开了公司，一个重要原因就是他不知道怎样避免自己的劳动成果被派克利用，他觉得很绝望。几年后，西恩遇到了一个曾经的同事，那时他才知道派克被公司炒掉了。“派克没什么真本事，而且总是窃取别人的劳动成果，很多人都知道。领导们早就不喜欢他了，他那些恭维领导的小把戏谁都知道。”同事告诉西恩。听完这话，西恩心中又响起一个声音：“我真是个懦夫！我早就知道！我不敢说！”

童年负面的事件会塑造一个人的思维、情绪和行为。与父母的依恋关系以及早期生活经验对一个人的发展以及他成年后的所有关系都有影响，而当事人可能并不清楚这样的影响是如何发生的，又是如何对自己起作用的。

但是，在生活中遇到的某些人、某个事件却可能会触发人们早期压力的情绪记忆，使一个人从当下“回到过去”，用当时处理压力的行为或者情绪去应对目前的情况。如果一个人还是孩子的时候曾经被警告要“闭嘴”，那么他在工作中可能会总是沉默，不轻易发表自己意见。

如果一个孩子在成长过程中总承受着外界的苛责与批判，他们人格中消极一面就会得到滋养，不断壮大，这一面被称为“反自我”。这个“反自我”会渐渐出现自己的声音，在一个人的头脑中和他展开对话。这种声音被称为批判的内在声音。

这种声音会促使一个人用消极的态度看待这个世界。这种内在的对话会在他面试时挖苦他，约会时让他表现不自然，紧张时说傻话。

鉴定出内在批判声音可以让人们更能意识到过去经验对他的影响。这种内在的批判声音并非完全没用，他们很可能在过去某个时间保护过当事人。比如，一个人的父母如果总是忽略他，他可能会形成这样的内在声音：“你自己一个人也会挺好的，你根本不需要别人。”这种想法可能在他们小的时候给他们带来了安全感，但是成年以后他们会表现出不轻易信任别人，甚至可能会推开那些向他们表示爱意和善意的人。

只有当人们理解了童年时期形成的防御机制是如何帮助他们处理当时的困境后，才有可能从自我限制的模式中解脱出来。

一个批判的内在声音通常和人们的思维融合得很完美，它不仅影响着一个人的行为，还会影响其他人怎么对待我们。批判的内在声音会将一个人从真正的目标转移开。不管过去的经历多么痛苦、不快乐，人们都已经适应了，这些经历变得渐渐熟悉，熟悉感会让人舒服。如果一个人成长过程中总是经历挫败，他可能会不断告诉自己他整个人生都会失败，而这种感觉可能还会让他很放松。

克服这种声音并不容易，但是可以尝试用下面这个方法去解除它对你的影响。

（1）鉴定批判的内在声音在说什么

为了挑战这种声音带来的消极影响，你需要首先意识到它在对你说什么。

先找出在生活中哪一个领域你常常对自己进行自我批判，然后找到你对自己的批评是什么，这样可以引导你接触到你对自己的潜在敌意。

当能够找到这些批评是什么的时候，将批评中的“我”换成“你”。比如，当你想说“我是个又懒又没用的人”时，把这句话换成“你是个又懒又没用的人”。

（2）认识到批判的内在声音来自什么地方

把这种批评的话语从“我”换成“你”了之后，去感受一下这句话的内容和语气，是否似曾相识？这句话是否在你的童年出现过？谁对你说过？有人会感受到这句话父母曾说过，或者家中的其他年长亲属曾说过，或者老师曾说过。当你能鉴别出这句话是谁说过时，你就能发展出对自己的同情。

（3）回应自己的批判的内在声音

当这个声音出现以后，你要给它回应。不要让它轻易控制你，站在客观的角度去反击它。

比如，当西恩想对别人说是派克窃取了他的劳动成果时，他的内在声音可能是：“你比派克差远了。没人会想听你在说什么！安静地坐着闭嘴！”西恩可以这样回应：“我不会比派克差，不然他就不会窃取我的成果了。一定会有人愿意听我的意见！”

当西恩说完这句话的时候，还需要说出一些客观合理的话语，客观地看待自己，客观地看待其他人，客观地看待这个世界。他可以对自己说：“作为一个领导，派克这样做非常不合适。我已经不是小学生了，没人会保护我。我应该站出来为自己讲话，即便别人不认同，他们至少知道我的想法。”

（4）理解批判的内在声音如何影响行为

在表达并且回应了自己的声音后，你需要尝试去理解这些自我攻击或自我防御的想法是如何影响你的过去和现在。比如，一个总说自己很傻的人，可能会意识到正是因为常有这种声音，使得自己在很多场合没有自信，失去了很多机会。

当一个人能够理解这种批判的内在声音如何影响他的行为后，可以帮助他挑战那些自我限制的行为。

（5）改变限制性行为

一旦能够鉴别出你在哪里限制了自己，就有可能改变自己的行为。当你的内在声音唆使你尝试自我破坏行为时，去挑战它们。如果一个人很害怕社交，在社交场合的时候他的内在声音会很多，此时就是练习挑战的好时机，并且尽量鼓励自己和别人谈话。

和自我内在声音对抗不是件容易的事情，每一次对抗都会引发焦虑。时常还会出现这种情况，当一个人开始和自己的内在声音对抗时，这种声音会变得更强大、更剧烈。对于那些已经完全习惯了自己内在声音的人，即便这种声音一直在阻碍他们的行动，但是和这些声音相处却让他们感觉舒服、安全。

当一个人真的能够开始和这种批判的内在声音对抗的时候，这种声音对他们的影响就会开始变小，人们才有可能做真实的自己，实现自己的目标，从自己想象的限制中走出来。

过自己想过的生活

在薄荷、罗勒、迷迭香、薰衣草……勃勃生长的四月，从京都坐巴士，经过沿岸樱花绽放的高野川、鸭川，走大约一小时，渐入大原深处，说不定会遇见一位正在田间漫步的英国婆婆——维尼夏·斯坦利·史密斯。

她出身贵族、踏足过上流社会、组过乐队、修习过冥想……最终在京都山间停下脚步，找到了自己想要的生活。她用跌宕起伏的传奇经历和对理想生活的执着寻求，唤醒你我深藏的梦想。

维尼夏童年大部分时间是跟着母亲在英国中北部德比郡郊区的凯德尔斯顿庄园度过的。领地上用人们居住的农舍院子里种满了蔬菜香草，每到春天，农舍小巧的拱门上就会爬满蔷薇，花坛里洋地黄、翠雀花……各种花争相怒放。对父母离异、生活无比孤独的维尼夏来说，有一座自己的农居和院子，和家人温暖地生活在一起，这是最让人憧憬的生活了。

而每到暑假，她会和弟弟一起去父亲在普罗旺斯的别墅住上几周。他们会在长满紫色薰衣草的花园里共进午餐，一起欣赏地中海的风景，父亲还会迎着傍晚的波光讲起《鲁滨孙漂流记》之类的冒险故事。父亲去世后，那段在薰衣草中共度的时光成为她在夏日最美好的回忆。

如果愿意，维尼夏本可以一生过着上流社会的生活，像她的母亲和祖辈一样。但这是自己想要的生活吗?

进入社交界的第一年，维尼夏就逃离了。她尝试过各种工作，但总是不尽如人意，在迷茫没有方向的时候，受披头士的影响，维尼夏邂逅了“冥想”。“如果将你所追寻的幸福比作一座庭院，它不在外面，而在你的内心，感知它最好的方法便是冥想。”一位印度冥想大师弟子的一番话，让她的人生发生了很大的改变。

大学毕业后，为“追寻真我”，维尼夏与八个伙伴一起买了一辆二手敞篷货车，沿着古丝绸之路来到印度哈里瓦，在那里过了八个月与自然融为一体的冥想生活。但维尼夏丝毫没有想回英国的念头，受遥远东方的尺八的诱惑，她乘船去了日本。

1996年，怀抱院子里“开满经典的英国花卉，遍植烹调用的香草和做沙拉的蔬菜”的梦想，维尼夏与丈夫、儿子一家三口在大原乡间买下一栋百年农居，种下满院香草，开始了闲适惬意的山居生活。

夏日天静昼长，听得到薄荷、罗勒、迷迭香、薰衣草……勃勃生长的声音；秋之七草随风摇曳的时节，用古法调制花草茶，制作手工皂，酿造梅子酒。闲时在薄雾笼罩的清晨漫步田园深处，于暮色四合的河畔观赏流萤点点。

为了把自己喜爱的香草和生活分享给更多的人，维尼夏在侍花弄草之余，在《京都新闻》的“维尼夏的大原日记”专栏上连载随笔，同时到各地进行演讲。她的生活方式引起大家的无限向往，日本NHK（日本放送协会）电视台多次专题报道，后来还拍成电影版《维尼夏的四季庭院》。

她说：“播种、浇水、收获……这些简单的活动让人心生对大自然的感激并体会生而为人的乐趣。走进森林、踏上沙滩或来到河岸的那一瞬间，我都情不自禁地感叹，生活在这样的地球上真是一个奇迹！我歌颂这些美好的瞬间，对我而言，庭院是美丽自然的缩影。”

她说：“生命只有一次，一定要过自己想过的生活。”

让自己更有价值

小时候，我们总盼望着快些长大。工作了，成家了，却总是希望能回到小时候，像个孩子一样，无忧无虑、开心快乐地活着。可事实告诉我们，那些曾经的孩童时光，永远也回不去了，无论生活有多不如意，压力有多大，我们也只能向前。

长大后，经历多了，也懂得了，一辈子真的很短，仿佛转眼间就过去了。有时候好好想想，人生也不过四季：春、夏、秋、冬。可四季虽能轮回，但生命不会重来。

都说人活着，为的是快乐，为的是幸福，可现实生活中，真正快乐的人又有多少？多少人为了挣钱，起早贪黑；多少人为了家庭，奔波劳累；多少人为了名利，失去本性；多少人为了金钱，迷失自己……

有时候仔细想想，人活一辈子真的好难，很多东西走着走着就丢了，很多人处着处着就散了，忙来忙去，也不知道自己为啥而活了……本以为过了今天有明天，过了明天还有后天，但生命终会有尽头。所以，好好珍惜吧，有些人有些事一旦错过了，便是一生，再不珍惜，我们就老了。

生命会有尽头，对父母好一点吧。人生中，有很多事都可以等。但唯独对父母好这件事，真的等不了，也不能等，有时候，一转身，就是一辈子。

生命会有尽头，对自己好一点吧。在以后的日子里，好好吃饭，好好睡觉，好好生活，要学着对自己好一点，再好一点。

生命会有尽头，对爱你的人好一点吧。这个世界上，没有谁有义务要对你好，余生太短，对爱你的人好一点吧，能遇见他们是你这一辈子最大的福气。

生命会有尽头，让自己更有价值不是要有挥之不尽的金钱和人人羡慕的权势，对父母好，对自己好，对爱你的人好，才是人生最大的价值。

生命终会有尽头，即使没有万丈光芒，也不应让它黯淡无光，我们可以平凡但不可以庸俗，一生当中哪怕只有一次为自己的理想奋斗过也好，也能让自己的人生无悔，让自己的人生更有价值。

人就活一辈子，如果你的人生还有60年，也不过就还剩下21900天。生命会有尽头，人生不可重来。如何让自己更有价值呢?

（1）向比自己优秀的人学习。你一定要相信有时候方向比努力更重要，你的方向对了，努力也就会变得更加有价值，和比自己优秀的人学习，绝对能够让你不走弯路，能够实现更大的进步。

（2）精准定位方向，不迷路。在下定决心要为一件事情努力的时候，一定要坚定自己的信念，千万不要中途又做了别的努力，这样到最后你将会一无所获。

（3）学会和过去告别。人总是要学会向前看，毕竟过去只能是过去，不管好的坏的你始终也回不去，你要做的就是努力做好现在，只有这样才能够更好地面对未来。

（4）保持踏实心态。我们都知道付出的过程很痛苦，但保持踏实的心态，才能够很快的见到风景，一口吃不成胖子，只会消磨你的耐心，慢慢向梦想靠近才是最靠谱的。

（5）具有长远的眼光。在努力的时候，一定不要只在乎眼前的利益。过于注重眼前的利益，只会让你失去前进的动力，只会让你止步于眼前，必然收获也是最少的。

对一个人来说，一定要梳理好自己的理想，然后一步步通过自己的努力去实现，期间可能会遇到很多挫折，但是只要跟对人、做对事，你迟早会靠近梦想的。

因为努力，所以幸运

一位甘肃的残疾考生魏祥给清华大学写了一封信，希望带母求学，清华大学长文回信，在回信中写道：人生实苦，但请你足够相信。一句话令很多人动容。

魏祥被清华温柔以待，吃瓜群众为这位身残志坚的励志学子感动不已，更为中国的最高学府点赞叫好。

你是否想过，如果魏祥没有在高考中刷出648分的高分，也许就不会如此引人注目，天底下有着相同甚至更差遭遇的考生还有很多。

魏祥的幸运是自己争取来的，人生实苦，但请你足够相信，与此同时，也请你足够努力。

世界上哪有那么多的幸运，大多数别人眼里的好运只是努力的结果罢了，仅此而已。

你只是看到了别人幸运的样子。天上不会掉馅饼，即使掉下来什么，也只能是砸个坑，变成陷阱。

小薇在学生时代默默无闻，大学毕业后，一边上班，一边考研，最终去了安徽一所大学读研究生。

有了一年的工作经历，她对生活和工作有了更深刻地解读和领悟。在读研期间，你能明显感觉到这位姑娘的改变。她开始健身，每天早上和晚上绕着操场慢跑十圈，朋友曾经和她打赌，说她不会坚持一个月，最终她赢了，她坚持了两年。

她开始学摄影，开始是手机，最后越玩越上瘾，买了单反，在她的朋友圈里，经常会有颇有意境的照片出现，看她的朋友圈成了一种享受。

她还学绘画，校园里的凉亭花草，城市的景点，街边的小猫或行人，她竟然在短短的大半年里将这些画得有模有样。

朋友曾经问她，你哪来这么多时间？

她笑着回答，我好久没看《快乐大本营》了，电视剧也很少看，现在的小鲜肉都不认识了，是不是很落后？

她身材比之前好了很多，依旧和从前一样没有化妆，素颜朝天，却散发着完全不一样的气质，一种自信又知性的美。她活出了自己向往和喜欢的样子。

在小薇的婚礼上，一位女同学颇有些羡慕地说，她命真好，嫁给了这样一位帅气的男人。

她的命是好，但这样好运的命是她自己争取来的，如果她不会摄影和绘画，就不会认识有相同爱好的男主，如果她没有研究生的学历，没有一份体面又高薪的工作，也许就不会被男主的父母所接受。

在看似一切美好的背后，都是曾经付出的努力最终有了收成罢了。

人生五味，酸甜苦辣咸，美好的甘甜只占了人生路上的五分之一，但正是这份难得，才更美好。

破茧成蝶的背后是痛苦的挣扎和努力，每一只鲜艳美丽、翩翩起舞的蝴蝶，都有曾是毛毛虫的丑陋过往与痛楚的蜕变经历。

正如我们的人生，每一次耀眼的成功背后，也都是充满艰辛的汗水与痛苦。

无论前方的路多么漫长坎坷，今天的艰难成就了以后的容易。天底下没有那么多的幸运事，所有的好运都是你努力的结果。

人生实苦，请你多点努力，才会看起来足够幸运。

努力，从来都不会晚

小芸是一家饭店的前台。她常常在前台看书，这和当时的环境多少有点格格不入。一天，有位顾客过来和她聊了两句。她说她不喜欢现在的工作，她喜欢蛋糕。

原来，她家里很贫困，从出生到现在她从来都没有生日蛋糕。初中的时候，她住校，舍友过生日，父母买了蛋糕送过来，那时候，她们一起吹蜡烛一起吃蛋糕，那是她第一次吃蛋糕。

她那时才知道，原来过生日是要吃蛋糕的，原来这个世界上还有这么好吃的东西。

吃到最后一口的时候她竟然流泪了，小小的她，暗暗发誓，如果将来自己有了小孩，一定要每年都给孩子过生日，每年都买生日蛋糕。她对蛋糕有特殊的情缘，某种程度上，蛋糕对她来说意味着幸福。

当时，那位顾客就鼓励她去蛋糕店学技术。但是她觉得自己都二十几岁了，现在才学，会不会太迟。顾客说：“完全不会啊，这是最好的时间，永远都不会太迟，此时此刻是我们生命中最年轻的一天，对于余生来说，这就是最早的时间，也是最好的时间。”

几天后她真的辞职了，真的去蛋糕技术学校学习如何制作蛋糕，学了大半年，因为非常投入，加上特别有兴趣，成了老师傅最喜欢的徒弟，老师傅把自己所有的本领都交给了她。

因为她做出来的蛋糕非常精致，常常有客人指定她做蛋糕，更有其他蛋糕店高薪挖她过去。老板为了留住她，不惜让她以技术入股。因此现在的她不仅有一份高薪，而且年底还会有一笔较大的分成。

小芸的人生一定会变得越来越好，因为她一直努力着。

莫泊桑说：“生活，不可能像你想象的那么好，但也不会像你想象的那么糟。人的脆弱和坚强都超乎自己的想象。当你停止抱怨，肯对自己的人生负责，愿意为了自己的幸福去努力时，我想你至少会变得坚强起来，你的努力也一定会得到回报，你的人生也会变得美好起来。”

真的是这样，如果你想要改变自己，一定不要找那些

“太迟了”“我没有行动力”的借口，你有想法就去做吧，不要总是说太迟，根本就没有太迟的说法。

其实那些成功的要领，大部分人都知道，无非就是勤奋、努力、坚持、战胜拖延等。只是有些人听了就会记在心中，然后用实际行动去证明自己可以，而有些人真的就是听听，只是听听……

努力从来都不会太迟，不要总是问别人，是不是已经太迟了这些话。你要是觉得迟，别人再怎么说也没有用。

“有的人已经在城里买房了，你却在纠结明天要不要早起背几个单词。”“有些人已经年薪几十万了，你还在犹豫买本书太贵。”……可见，这就是格局的不同。

永远不要觉得改变自己太迟，有一句话是这样说的：“种一棵树最好的时间是十年前，其次是现在。”

努力，从现在开始，永远都不会太迟，因为这是最好的时间。

活在当下

最近，小李刚失业。他在上班的时候，老觉得做的事情根本都没办法施展自己的才华。“这样糟糕的工作环境，还指望我努力吗？”因为抱着这样的想法，他在工作上消极、懈怠，不努力。后来，公司效益不好，开始裁员，就轮到他了。跟朋友聊天的时候，他说：“要是当初努力工作就好了，那个公司其实蛮好的，工作也和我的专业有关。”可是现在他说这些又有什么用呢？过去已经无法更改了。

经常会有人说“要是……就好了”。考完英语四六级，知道没通过时，有人会说：要是我当初认真学英语就好了。毕业找工作的时候发现用人单位对学习成绩很看重，可自己从没有拿过一次奖学金，每次都在及格线上苦苦挣扎，有人会说：要是我曾经努力念书，少玩游戏就好了。工作找了好几个月没找到时，有人会说：要是我在大三大四的时候就开始找单位实习就好了。

“要是……就好了”这种句型不仅是一种表达后悔情绪、浪费时间的句型，还包含着不肯面对现实的态度。不肯面对现实是很要命的，它会让你一而再再而三地逃避下去。敢于面对现实、接受现实，是一种很重要的能力。只有接受现实的人才懂得如何进一步改变现实。但是接受现实并不容易，因为一旦接受了现实，你就再也没有什么其他的借口和挡箭牌可以用来逃避了；因为一旦接受了现实，紧接着还有更令人痛苦的现实迎头与你相遇。

除了“要是……就好了”这种句型，大家还喜欢说的另一种句型是“等到……我就……”“等到我工作稳定一点，我就去追那个我喜欢的女生。”“等到我结婚了，我就会快乐了。”“等我休息的时候，我就去锻炼身体。”“等我忙完这半年，我就多陪陪家人和孩子。”“等我赚更多的钱，我就回家看爸妈。”“等到孩子长大了，我就去实现自己的梦想。”“等我退休了，我就幸福了。”……这是一种将希望寄托于未来的态度。

“要是……就好了”是过去式，“等到……我就……”则是未来式。追悔过去，寄希望于未来都不是活在当下的表现。但是你不爱你的现在，你就没有活在当下的能力。

我们整个社会最缺的就是活在当下的能力。在童年时想快快长大；上中学时想进大学想得要死；念大学的时候又想赶紧毕业参加工作得了；在工作时想着什么时候休假；在休假的时候又想着还有什么工作没做；在谈恋爱时急吼吼地想结婚，结了婚又想要是没结婚就好了；生了孩子，孩子还一丁点大就让他上各种课，生怕他输在起跑线上，急着把他培养成社会的栋梁；工作没几年却常常想着退休以后的生活；退休以后呢又想抱孙子想得要命……

为什么我们就不能去爱我们的现在，去享受我们的每一个当下呢？怎样才能爱我们的现在呢？

（1）减少与他人比较，允许自己慢慢来

一比较，你就失去了自己当下的快乐与幸福。事实上，我们大多数人是比下有余，比上不足的，而我们通常又喜欢往上看。无论是外貌长相、家庭条件、学习成绩、收入情况，比你好、比你优秀的人大有人在。如果以他们的标准来衡量自己，你永远都不会感到快乐与幸福。

有一对夫妻。他们打算结婚，没什么存款。但是他们并不着急，6月拍婚纱照，7月买家具，8月买家电，9月买戒指……就这样慢慢准备了10个月，然后开开心心结婚了。在这个过程中，夫妻俩的感情也得到了升华。现在很多人急吼吼地向前冲，总是唯恐自己落后于他人，但是比较加上急躁，就容易迷失了自己，忘了自己奔跑的初衷，还容易身心疲惫。慢慢来，一切都来得及，不是不让你去追求进步，而是说你要静下心来，一步一步努力，同时用心感受自己当下生活的美好。

（2）活出现场感，活出神性

圣诞期间，美国有个叫简妮尔·霍夫曼的妈妈给十三岁的儿子买了个iPhone（苹果智能手机）当礼物，但附加了“使用条款”十八条，比如不能看色情图片、丢失了自己负责、妈妈必须知道密码等。这些条款里有一项是：“不要拍摄成千上万的照片和录像，没有必要逮住什么都记录下来。去活出这些体验来，它们会永远存在于记忆里。”

如果有一天，你看到天空中有一道又长又弯的彩虹，赤橙红绿青蓝紫，色彩分明。你想拍照记录下来，但因为没带相机，没法拍照，于是就跑回家去拿相机，等你拿到相机，你会发现彩虹的颜色已经渐渐消退，变得很淡了，相机根本拍不出效果。这时，你会觉得很沮丧，同时又觉得很可笑，跑得气喘吁吁的，急于记录下那刻的美好，却不懂得享受那一刻的那个现场。

“活出现场感”，不单单指拍照这件事，而是指你要参与到自己身处的那个现场去，注重当下的体验。吃饭时好好吃饭，睡觉时好好睡觉。让自己的心驻足在当下，如果你能做到这样，就像犹太人所说的：活出了神性。

（3）认真做好手边的事，尽管那件事看起来是那么微小

有些人看不起自己眼前的事情，觉得根本不值得做，比如面对学习和工作上的一些琐事，会有很多不满，但是又做不到立即离开它去做一件新的事。有的人在不屑于做手头的小事而一心想做大事的负面情绪中蹉跎了青春。一杯咖啡最重要的是什么？是水，98%是水，只有2%的咖啡豆。大量简单、平凡、重复的工作就跟咖啡里的水一样重要。做大事是从做小事开始的。你想挣100万，先好好挣下眼前的这100元吧，等你靠谱地挣下这100元时，挣200元、300元的机会才会出现，做大事的条件与能力是在生活的细微变化中缓慢成就的。

（4）不活在过去，也不活在未来，让心停在当下

史铁生在《病隙碎笔》中曾写过："刚坐上轮椅时，我老想，不能直立行走岂非把人的特点搞丢了？便觉天昏地暗。等到生出褥疮一连数日只能歪七扭八地躺着，才看见端坐的日子其实多么晴朗。后来又患尿毒症，经常昏昏然不能思想，就更加怀念起往日时光。终于醒悟，其实每时每刻我们都是幸运的，因为任何灾难的前面都可以加上一个'更'字。生病的经验是一步步懂得满足……"

爱你的现在，既不追悔过去，也不过分期盼未来，只是全心全意、实实在在地活在当下；爱你的现在，不再对自己目前的处境抱怨、感到不公，而是脚踏实地地努力，去改变，去

创造；爱你的现在，此时此刻就去寻找想要的快乐，去感受活着的幸福。

美国第32任总统富兰克林的妻子——埃利诺·罗斯福，是个社会活动家、政治家、外交家和作家，她说："昨日已成历史，明日还未可知。此刻是上天的赐予，所以我们称它为'现在'。"

"现在"是上天送给你的礼物，去爱你的现在吧，去享受我们的每一个当下吧。

过去不等于未来

1920年，美国田纳西州的一个小镇上有个小女孩出生了，她是一个私生子，妈妈只给她取了个小名，叫小芳。小芳渐渐长大之后，慢慢懂事了，发现自己与其他孩子不一样，自己没有爸爸。

很多人对她投来歧视的目光，小伙伴们也不愿意跟她玩。对于这些，她不知道为什么，她感到很迷茫。她虽然是无辜的，但世俗却是很严酷的。每个人都很清楚，在一个人的一生中，可以做出很多选择，但是任何人都不能选择自己的父母。

而小芳连自己的父亲是谁都不知道，只能跟妈妈一起生活。

上学后，她受到的歧视并未因此减少，老师和同学还是以那种冰冷、鄙夷的眼光看她，认为她是一个没有父亲的孩子，一个没有教养的孩子，一个不好的家庭的孩子。在别人的心理暗示下，她变得越来越懦弱，自我封闭，逃避现实，不愿意与人接触，变得越来越孤独……

在小芳幼小的心灵中，最害怕的事情就是跟妈妈一起到镇上的集市去——她总能感到有人在背后指指点点，窃窃私语："就是她，那个没有父亲、没有教养的孩子！"

13岁那年，镇上来了一个牧师，从此她的一生便改变了……

小芳听母亲说，这个牧师非常好。别的孩子一到礼拜天，便跟着自己的父母，手牵手地走进教堂，她很羡慕，于是就无数次躲在教堂的远处，看着镇上的人兴高采烈地从教堂里出来，而她只能透过聆听教堂庄严神圣的钟声和偷看人们面部高兴的神情去想象教堂里的神奇……

有一天，她鼓起了勇气，等别人都进入教堂以后，偷偷地溜了进去，躲在后排凝神倾听。

牧师讲："失败的人不要气馁，成功的人也不要骄傲。成功和失败都不是最终结果，只是人生过程的一个事件，一段经历。在我们这个世界上，不会有永恒成功的人，也没有永远失败的人。"

小芳是一个悟性很强、渴望情感的女孩，她被牧师的话深深地震动了，感到一股暖流在冲击着她冷漠、孤寂的心灵。但是她马上提醒自己："我必须马上离开，趁别人还没有发现自己的时候，赶快走。"

有了第一次，就有了第二次、第三次、第四次、第五次。在她的心灵深处，这就是自己最喜欢干的事情。

但是每次她都是偷听，几句激动人心的话很难阻止别人的冷眼对她的袭击：因为她懦弱、胆怯、自卑，认为自己没有资格进教堂……她认为自己跟别人不一样。

有一次，她听入迷了，忘记了时间，忘记了自卑和胆怯，直到教堂的钟声清脆地敲响，她才惊醒过来，可是已经来不及抢先"逃"走了。

先离开的人们堵住了她迅速出逃的去路，她只得低头尾随人群，慢慢朝门外移动……突然，一只手搭在她的肩上，她惊惶地顺着这只手臂望上去，此人正是牧师。

牧师温和地问："你是谁家的孩子？"

这是她十多年来最害怕听到的话。这句话就像一支通红的烙铁，直直地戳在小芳那流着血的幼小心灵上。

牧师的声音虽然不大，却具有很强的穿透力，人们停止了走动，几百双惊愕的眼睛一齐注视着小芳，教堂里静得连根针掉在地上都听得见。

小芳被这突如其来的变故完全惊呆了，她不知所措，眼里噙着泪水。

这个牧师是一个大好人，这时他的脸上浮起慈祥的笑容，说：“噢——我知道了，我已经知道你是谁家的孩子了——你是上帝的孩子。”

他抚摸着小芳的头，说：“这里所有的人和你一样，都是上帝的孩子！过去不等于未来——不论你过去多么不幸，这都不重要。重要的是，你对未来必须充满希望。现在就做出决定，做你想做的人。孩子，人生最重要的不是你从哪里来，而是你要到哪里去。只要你对未来充满希望，你现在就会充满力量。

“不论你过去怎样，那都已经过去了。只要你调整心态、明确目标，乐观积极地去行动，那么成功就是你的。”

牧师话音一落，教堂里顿时就爆发出热烈的掌声——掌声就是理解，就是歉意，就是承认，就是欢迎！

整整13年了，压抑在小芳心灵上的陈年冰封，被“博爱”瞬间融化……她终于抑制不住，眼泪夺眶而出。

从此，小芳的人生发生了巨大的变化。40岁那年，她当选美国田纳西州州长；届满卸任之后，弃政从商，成为世界500家最大企业之一的公司总裁，成为全球赫赫有名的成功人物。67岁时，她出版了自己的回忆录《攀越巅峰》，在书的扉页上写下了这样一句话：过去不等于未来！

站在现在，我们不能把握过去，只能抓住现在，希望未来。“过去不等于未来”，就是要求我们用发展的眼光看待自己，看待成功和失败。过去的都过去了，关键是未来。过去决定了现在，而不能决定未来，只有现在的作为和选择才能决定我们的未来。

别让高配人生毁掉你

如今是一个讲究的时代，凡事讲究配置，追求高配，买电脑要配置高的，速度快、不卡壳；买房要配套好的，方便舒适、不糟心。人生也是如此，追求体面的工作、不菲的收入、高档的住所、名贵的车辆、精致的美食、大牌的衣鞋包包，还有不定期的诗和远方。

在很多人的眼里，这才是生活应该有的样子。追求高质量的生活，无可厚非，这也是一种积极的生活态度。但是，很多人却死在了这条追逐“高配人生”的路上。因为，几乎所有的高配往往都是与高昂的价格挂钩，而很多人其实是没这个资本去拥有的，但却沉迷其中。挥金如土之后，只能默默吃土。

隐形贫困人口，这是怎样的一群人呢？就是说，有些人看起来每天有吃有喝有玩，过得潇洒快活，实际上却非常穷。很多人真的是这样，月薪5000元的比人家月薪5万元的过得还小资。

一日三餐都是下馆子，夜里饿了再叫盆小龙虾，烧烤撸串；苹果出新品了，立马换；花半个月工资入手一支口红……一个“95后”感慨道：“钱真是太不经花了，想存点钱怎么就那么难呢？”她现在月薪8000元，其实这样的收入对于一个刚工作还不到一年的人来说并不算低。

但是，她至今零存款，荷包空空，每个月还要用到蚂蚁花呗、信用卡，有时被账目问题搞得焦头烂额，四处求助。她虽然工资也不低，但问题在于，挣的钱根本不够花，消费太高了。

房租3500元，小区环境挺好，有宽大的阳台；每天午饭后下楼去买一杯星巴克，她觉得这样下午工作起来才有感觉；晚上下班，约上几个小伙伴去逛街、吃喝，她认为女生就应该活得精致一点；有新电影上了，肯定会去捧场一下；哪新开了家网红店，必定会去品尝下……很多人光鲜亮丽的外表之下，是捉襟见肘的尴尬，我们真有必要活得这么“高配”吗？

这是一个值得认真思考的问题。有时候，我们真得应该适当放下矫情，年轻时过低配一点的生活并不丢人，不勉强，不逞强，能掌控自己的生活，才是最美好的。

钱要花在刀刃上，花在有价值的地方。

比如，小赵要租房子，他租房子唯一的指标就是离公司近一点，然后在此基础上挑选性价比较高的房源。离公司近可以省去用在上下班路上的大量时间，在大城市工作的人应该都知道，单程两个小时以上是常有的事。所以，他要花钱买来这部分时间，用来学习、阅读、健身、社交，做一些对个人提升、发展有所帮助的事情。虽然一年下来在房租上贵了一两万，但用这笔钱换来的实际价值却远远超过了一两万。他因为住得近，从来没有迟到过，下班还会主动加班，这些领导都看在眼里，所以他发展得还挺顺利。这就是一种富人思维，肯花钱，懂得将钱当成资源来用。

在年轻的时候，唯一需要“高配置花钱”的地方只有一个，那就是投资自己。投资自己，并不是投资你的胃、你的虚荣心、你生活的舒适度，而是你的个人能力、眼界、人脉、健康的身体。少喝一杯网红茶，将这钱用来买本书；少去看几场电影，将这钱用来学习有价值的课程；少买两个名牌包包，将这钱用来学习插花、瑜伽……在年轻的时候，别让所谓的“高配人生”毁掉你，别总标榜精致生活，等你有资本了再说。

你要清楚地明白：只有拥有高配置的能力，才能拥有真正的高配人生。

第四章

战胜困难，成就梦想

走出人生的低谷

一

一天中午，美甲店来了好几个顾客，美甲师一连4个多小时一直坐在那里忙碌，没吃午饭，没喝一口水，没上一次厕所，就那样认认真真地把一个又一个爱美的姑娘的手指甲、脚指甲描绘成夏日街头的绚烂风景。

顾客边做边和她聊天，问她是不是每天都这么辛苦，连着工作好几个小时不喝水不上厕所，她说：“平时哪有这么多客人，这不是快夏天了吗，人才多了起来，多做一个就能多挣一点钱。这些天我都是吃完早饭后就不敢吃东西不敢喝水，因为怕上厕所耽误时间。”

说完，她叹了一口气，悠悠地说：“我也不想这样啊，有什么办法呢？”

她老公之前是一个创业公司的小领导，曾经意气风华，壮志凌云。去年公司运营不善，资金链断裂，所有人都一夜之间失业了。她老公一下子成了霜打的茄子，萎靡了很久才出去找工作，挑三拣四，高不成低不就，就这样蹉跎了一年，现在还在家里呆着呢，成天睡觉打游戏，再也不提找工作的事。

孩子上着私立幼儿园，还要上课外兴趣班，房贷、车贷都要还，家里家外到处都需要钱。她哭过、闹过也劝过，可是她老公就这样一头陷入了人生低谷无法自拔，家里的开销全压到了她的肩头上。她也知道不喝水皮肤会变干，不吃饭胃会疼，久坐不动会长小肚子，会腰椎间盘突出，可是多做一个，就多挣几十块钱。家里那么多开销，样样都在等着她，像小鞭子一样抽着她不得不拼命工作。

她这样拼命，是因为她的老公不给力。人生有恋爱，就会有分手；有结婚，就会有离婚；有创业，就会有失败；有高潮的鲜花掌声，也会有低谷时的踟蹰。谁都难免会遭遇人生低谷，关键是处于低谷时，你如何面对，而你面对人生低谷的态度，决定了你今后的人生高度。

美甲师的老公，在遭遇人生低谷时，不能积极地调整心态，面对自我。在几次找工作碰壁后，就选择了逃避和推脱，将养家的重担全推到老婆身上。如果他一直这样下去的话，他的人生必然会就此黯淡下去，再无高度可言。

现代社会飞速发展，日新月异，有人预测，未来几年内，30%~40%的行业将会消失。如果真是这样的话，未来很多人注定会面临失去赖以生存的工作的困局。离婚、疾病、意外，和失业一样，不知道哪一天会突然把你从生活的云端打到低谷。

人生低谷无法避免，关键是如何面对，如何调整，如何尽快走出。当时觉得无法迈过的低谷，只要你勇于走出去，回头再看，不过是人生中一个小小的沟坎罢了。

二

一个超级牛的网约车司机说自己上学时奥数拿过很多次奖，是当年的全省高考理科状元，重点大学毕业，曾经光环无数。他大学毕业后，和朋友合伙创业，公司也一度做得风生水起，挣到了几百万。买房买车，结婚生子，人生像是开了挂。去年，全省经济环境不好，生意越来越难做，他一个关键性决策失误，导致公司亏损欠债无奈倒闭。

第一次遭遇这样重大的人生变故，他也懵了一个月。但是他迅速调整自己，债要还，孩子要养，房子要供，不从低谷中尽快走出来，他的整个家庭就会陷入停滞混乱。

在有更好的选择之前，他毅然决定开网约车。这是当时门槛最低挣钱最快的一条路。

他看不出一丝沧桑，谈笑风生，淡定平和。他很自豪地说，他去年跑车十个月，挣了十多万元。今年也是每月都月入过万，是全市网约车司机里的NO.1（第一）。他是如何做到的呢？他说他是用奥数的思维来接单算账寻找技巧的，用对待客户的方式对待每一位乘客。这让人不由得为他竖起了大拇指。这样一个在人生低谷能迅速调整自我，能做不起眼的小事，并且能做事情开动脑筋，把奥数的思维和对待客户的态度用到跑网约车的用心做事情的人，他有什么事情能做不好呢？用如此积极的态度面对人生低谷的人，必然能走出低谷，达到人生的新高度。

三

没有谁的人生能一帆风顺，起起落落，高潮低谷，都是人生独有的经历。当你面对低谷时，萎靡消沉，无法从低谷走出，那样你的人生就永远停留在了低谷。

真正的强者，都能在低谷时重新思考，沉着应对，找到方向，走出低谷，迎接人生的新高度。

作家二月河这样说过：“人生好比一口大锅，当你走到了锅底时，只要你肯努力，无论朝哪个方向，都是向上的。”

这个锅底法则最适合处于人生低谷中的人，已经探底了，只要你努力，无论怎么走，都是向上的。最困难的时候也许就是转变的开始，改变你固有的思维，人生就可能迎来转机。

绝境逢生

中国有古话："绝境逢生。"相信绝处逢生的人，必能柳暗花明又一村。人的强大意志力，能激发巨大的潜能。被绝境压垮的人，大多是因为自己心中害怕，给内心一种"自己不行了""死到临头"的暗示。摧毁人意志力的从来不是巨大的压力，是自我的放弃。

一位年近70岁的老太太在家里失火时，硬是把钢琴推到了屋外。火势过后，无论她怎么使劲，钢琴纹丝不动。张岚博士说："人的生理极限往往因为受到精神因素的直接作用，而会表现出不同的状态。一些科学家从精神力量的角度来探讨人的体力问题，把一系列人在危险事件中所显示的巨大体力的事例进行比较总结发现：精神力量和求生的意志能提高体力和忍耐力。"

人在绝境或遇险的时候，往往会发挥出不寻常的能力。没有退路，人就会产生一股“爆发力”。人在绝境的时候能激发出强烈的求生潜能。

一位已被医生确定为残疾的美国人，名叫梅尔龙，靠轮椅代步已经十二年。

他的身体原本很健康，十九岁那年，他赴越南打仗，流弹打伤了背部的下半截，他被送回美国医治，经过治疗，虽然逐渐康复，却没法行走了。

他整天坐着轮椅，觉得此生已经完结，有时就借酒消愁。有一天，他从酒馆出来，照常坐轮椅回家，却碰上三个劫匪，动手抢他的钱包。他拼命呐喊拼命抵抗，却触怒了劫匪，他们竟然放火烧他的轮椅。轮椅突然着火，梅尔龙忘记了自己是残疾，拼命逃走，竟然一口气跑完了一条街。

事后，梅尔龙说：“如果当时我不逃走，就必然被烧伤，甚至被烧死。我忘了一切，一跃而起，拼命逃跑，及至停下脚步，才发觉自己能够走动。”现在，梅尔龙已在奥马哈城找到一份工作，他的身体已经恢复健康，可以像正常人一样走动。

其实，很多人有许多与生俱来的潜力，只是自己不知道，所以无法发挥。

小说《月亮与六便士》中，查理斯先生为了追寻理想，不辞而别，离开了自己的家庭。之前，他的妻子一直在家里养尊处优，没有任何特殊能力。可是，就当大家都在担心这个可怜的女人往后的生活怎么办的时候，她却活了下来。

她开始学速记和打字，靠之前认识的作家朋友接下了不少活儿。许多年后，她已经拥有了自己的事务所。当她得知离家出走的丈夫在巴黎过得不好时，她说："如果他的生活真的贫困不堪，我还是会帮助他的。我会给你寄一笔钱去，在他需要的时候，你可以一点一点地给他。"

他妻子的表现，让每一个读者都很震撼。她让我们看到的是一个柔弱的人，如何靠自己的努力实现了逆袭，将生活打过来的耳光还了回去。

不可否认，生活中有些人天性坚强，有些人温柔软弱。然而我们不能忘记：每个人都有成为强者的潜质。

柔弱的人之所以到现在还不显示出其强大，只是因为生活的舒适还没有褪去，没有一种绝境逼他将潜能激发出来。因此，当丈夫走了，查理斯太太被逼着改变生活习惯，终于能独自面对生活；建筑文物快要被强拆，一向温婉的林徽因也不得不指着北京市长的鼻子痛骂；文革中钱钟书被诬陷，优雅柔弱的杨绛像母狮一样，跺着脚为丈夫辩护，和别人争得面红耳赤……

所有的坚强都是从脆弱变成的。我们并不缺乏强大的能力，只是缺乏强大的时机。

老子说：“以天下之至柔，驰骋天下之至刚。”没有形态的水之所以能够穿透一切刚强之物，靠的只是日复一日的韧劲。

在长年累月与困难斗争的过程中，没有什么人能帮得上忙。守得住寂寞、享受独处的时光很重要。弱小和强大之间，就差了一段独处的时光。

曾国藩曾经说：“慎独则心安。人无一内愧之事，则天君泰然，此心常快足宽平，是人生第一自强之道。”独处的时候谨慎对待自己的内心，修炼自己的定力，可以看书，可以打坐，认清自己的本性，认清自己可以在任何灾难面前处变不惊。

当你历尽千辛万苦还是无法战胜困难，那么就顺其自然，时间会帮你解决一切。

没有什么能够经得起时间的淘洗，留下来不死的就是胜利。这就是能力。因此，船到桥头自然直。如果不直，那就把自己掰弯。总有熬过去的方法。

尼采有句名言：杀不死你的，将使你强大。人的能力，其实是在面对种种委屈、绝境中被撑大的。放心，其实你没你想象中那么不堪一击。

没有一劳永逸的成功

前不久，晓蕾再次跳槽，原因是她再次受够了自己的工作。没有加班费，工资比同行低很多，不包住不包吃，每天下班回去那么晚，稍微反抗一下上司，就被压榨得更狠，其他同学上班的公司几乎每周都会有小福利，可是她什么都没有。她觉得自己的工作对不起自己的付出，好像全世界都看不到自己的努力与才华。

每个刚毕业的学生，似乎都是这样，无比厌烦自己的工作，感觉离梦想中所谓的成功，隔了很远很远。每天有一大堆麻烦在等着自己，所有的委屈似乎都是偶然的巧合，小心翼翼，如履薄冰。

站在个人的立场来讲，我们都无法安慰晓蕾，就像摩洛哥王妃当年面对戴安娜王妃哭诉时，除了同情之外，只能告诉她赤裸裸的现实："之后的路还有很长，还会有更坏的情况。"

其实，在人生中没有一劳永逸的成功，只有先苦后甜的生活。

即便是考上了公务员，考上了大热的教师编制，事实上也依然有无数的"苦"在不远处招手。比如，很多同学当年都考上了教师编制，被分到的学校福利待遇不错，包吃包住，学生也聪明听话，很好教。可是几年过去了，还是有不少同学选择了跳槽。

这背后的原因很多，但是最多的一种解释就是：太苦了，我受不了，这份工作不适合我。苦在哪儿？明明有让人眼馋的寒暑假，明明天天上班定时定量，不可能加班到深夜，明明工资福利待遇不差，学校也不会无缘无故地辞退，不必惊慌于实习期过后的去留问题。那么，到底苦在了哪里？

他们说："寒暑假让人眼馋？但你在家也得进行网上学习，每个月都要写一大堆实践报告材料啊。上班定时定量？当老师那是隐形加班，你需要备课，学生家长有事可能还会深夜打电话过来。

"除此以外，每个月的月考测试都提心吊胆，每半年还会有赛课，有对外的公开课，有各种各样把你忙得焦头烂额的活动，万一孩子调皮了再搞出个事故……总之，压力山大！刚刚当上老师的那一年，几乎都没能在十二点前睡过，心里烦就更觉得孩子吵，偏偏你还不能凶他们……”

话里几多无奈，让人更是无奈。走上社会后，任何一个行业都不可能让你一帆风顺地走下去，天下掉馅饼的日子更是近乎没有，就算有也几乎不会掉在自己头上。认为考个试就能一劳永逸地成功，实际上是天方夜谭。

这个世界上，更多是先苦后甜的生活，只有当你在经历过那些在你看来苦不堪言、都是委屈的日子之后，才能把自己提升到一个新的高度，在那个高度，你不必为一些看似不可能的任务担心，你也不必为这样或那样潜在的隐患而害怕，因为到那时，这些问题都不再是问题，心中的各种计划早就熟记于心，各种经过最初打拼后留下的人脉都在最关键的时刻才能有所作用。

人会从最初的诚惶诚恐中获得某种自信的力量，而这种力量正是最初的“苦”烙印在我们灵魂当中的。如果不愿直面这种苦难的包围，那么日后可以突出重围的机会必定会越来越少，成长的道路也必定会越来越窄。

生命中有太多的甜需要靠最初的苦去换，你要相信，你的努力从未白费，你所经历的苦，再苦再难，也不可能是最苦最难。没有人可以一辈子一劳永逸，只有创造新的价值，才能蜕变成新的自己。

面对迷茫时，逼自己一把

两年前，楼下的房间里租住着一位姑娘，邻里关系处得如鱼得水：她喜欢把自己做的点心分享给大家，蛋挞、松饼、提拉米苏样样在行；下班早的时候，姑娘会给对面邻居家孩子辅导功课，作为感谢，邻居也会留她吃饭；一楼住着一对老夫妻，生活中有着诸多不便，自然也少不了这位热心姑娘的帮助，网上购物、手机聊天、医院挂号，这些生活琐事她都主动承揽了下来。

她刚刚踏入社会这道大门的时候很迷茫，很无助，常常因为吃了上顿就不知道下顿怎么解决；每次发工资的时候，她总得精打细算一番，得留足富余偿还信用卡欠款；还要和黑中介斗智斗勇，房子住着就得想着下个月得往哪里搬。

工作上的事，更是让她烦恼透顶。她在一家老国企上班，可偏偏又被分在最边缘的部门。作为年轻人，她的工作被各种鸡零狗碎的杂事塞得满满当当的，端茶倒水、收发快递、整理材料、更新电脑。办公室里的大叔大妈们也都很难相处，他们永远热衷的话题就是哪家菜市场的鸡蛋又降价了，微信转发的段子也是说常吃石榴能够防癌，楼下部门的阿姨上个月离婚了……

“那段时间特别迷茫，不知道该如何料理以后的生活和工作。不敢想象自己在10年后、20年后会成为什么样子的人。”每提及此，姑娘总是十分伤感。

“想要改变自己的现状，必须先狠狠地逼自己一把！”突然，她的眼中闪耀起光芒。她开始逼迫自己在工作上精益求精，常常自愿加班至深夜。但无论多晚回家，她都要每天坚持读一个小时的书。她甚至报了班，利用周末的时间学习法语和CFA（特许金融分析师），经过两年的努力，顺利地考下了证书。姑娘的生活也逐渐丰富多彩，她要求自己每周必须要学会一道新菜，练两次瑜伽。她强迫自己打开心扉，主动去认识每一位邻居，“如果连自己的家门都无法走出，还怎么去看世界呢？”半年后，姑娘的才华被总经理赏识，调到了销售岗位，工资翻番。到年底，她拿了8万元的奖金。

毕竟，青蛙总是被温水煮死的，不是吗？显然，这位姑娘在被“煮死”前成功地跳了出来。心理学上有个“舒适区”理论，人们一旦打破已熟悉、适应的心理模式，就会感到不安、焦虑，甚至恐惧，这个“舒适区”就是煮死青蛙的“温水”。想要走出迷茫，必然会触痛你的心里防线，逼自己一把，及时地跳出来，才能避免就此沉沦的厄运。而你的舒适区一旦被打破，它的范围就会再次扩展，原本你认为不可能的事情也会变得易如反掌。

迷茫并不可怕，可怕的是你没有面对迷茫的勇气——不知道未来如何就羞于前行，畏惧错误就裹足不前，以及害怕被排斥就盲目合群，成为自甘堕落的人。面对迷茫时，只有好好地逼自己一把，才能走出窘境，看清未来。

迷茫不是你一辈子的避风港，咬紧牙关狠狠地逼自己一把，即使万分无力，也要迎难而上；即使前路曲折，也要大步迈开；即使心中怯弱，也要硬着头皮挺住；即使希望渺茫，也要有永不言弃的心。当你坚持下来，会惊喜地发现，你所付出的一切都是值得的。

牛顿的一生

牛顿出生时有3磅重，那时家人担心的是这个小生命是否能够活下来。牛顿活了下来，只是体弱多病，性格腼腆，大家一直觉得他反应有些迟钝，所以上了小学成绩不佳，家人也觉得没什么。牛顿有自己的优点，他意志坚强，有种不达目的不输的劲儿，并且他爱好广泛，小手工做得又精细又别致。比如他做的灯笼在风筝的牵引下上了天，他精心制作的水漏，计时准确，只是因为学习较差，这些都被人忽略了，同学们冷落他、歧视他，有一次班上成绩第一的同学竟无故踢了他一脚，并骂他“笨蛋”。牛顿被激怒了，他下定决心要和这个同学较量一翻。从此，他学习努力，在学期末超过了那位同学，成了全班第一名，同学们再也不敢小瞧牛顿了，牛顿知道了学习好的好处，从此更加努力，他每天晚睡早起，争分夺秒，再也没被同学追上过。

上了中学，牛顿还是那么乐于动手作小玩意。他制作的一架精巧的风车，别出心裁，内放一只老鼠，名曰“老鼠开磨坊”，受到了大人孩子的一致好评。

然而生活并不是一帆风顺的。14岁那年，牛顿的父亲去世了，小牛顿随母亲回到乡下，为了生活，母亲让牛顿去经商。一个勤奋好学的孩子怎么会舍得离开心爱的校园？牛顿向母亲苦苦求情，然而一切都是没用的，他们不可能老靠着舅舅过日子。但是牛顿实在是太讨厌经商了。他每天一早，随同一个老仆人来到十几里外的一个镇子上，他把生意托付给老仆人去做，自己则偷偷地跑到半路的篱笆下看书，晚上再随老仆人一块儿回家。这样日复一日，日子倒也乐哉，牛顿很快适应了篱笆下的读书生活，自己十分满足。

但是不幸的事还是发生了，一天，牛顿正在篱笆下苦读，碰巧被路过此地的舅舅看见，舅舅非常生气，大骂他偷懒，不务正业。牛顿怔怔地站着，看着舅舅把书从他手中抢过来，他想舅舅一定会把书给撕碎。然而事情并未发生，舅舅拿起书看了两眼，只见这本数学书上密密麻麻写满了符号，舅舅感动了，一把抱住牛顿说：“孩子，就按你的志向发展吧，以后舅舅支持你读书。”在舅舅的关怀下，牛顿学完了高中课程，并于1661年进入剑桥大学三一学院学习。学习期间，牛顿得到了著名数学家巴罗的赏识，尽管如此，他毕业成绩并不优秀，牛顿又回到了乡下。

牛顿在伍耳索甫乡下呆了18个月，谁也没想到这18个月竟为牛顿一生的发展打下了坚实的基础。1667年，牛顿返回剑桥大学学习，并于1668年拿下硕士学位。第二年，可敬的巴罗教授主动让贤，把自己的职位让给了自己心爱的学生。从此，牛顿灿烂的时光开始了，他在剑桥一待就是30年。30年的时间，牛顿付出了无数辛勤的努力，也取得了令人瞩目的成绩。

从平凡到伟大，从“笨蛋”到科学家，牛顿离不开种种客观条件，但是最离不开的还是他的努力和刻苦。

真正的努力

真正的努力是默默无声地做好自己当下想去追求的事，是用自己付出的努力感动了自己的内心的努力。这是最好的、最真实的努力。不必到处宣扬，也不必让所有人知晓，更不用发朋友圈公诸于世。

在现在这个社会，大家都喜欢在取得一个小的成就时，就迫不及待地想告诉别人他有多努力，其实真正有所作为的人不会关心别人有没有看到他的努力，因为他知道自己正在做一件大事。

破茧成蝶的过程是漫长而艰难的，然而却没人知道蛹有多么努力才能挣脱束缚成为美丽的蝴蝶，它只是默默无声地努力，只为有一天能自由自在地享受天空的广阔、大地的无垠，最后它做到了，这是它日日夜夜的努力换来的，这才是真的努力过。

假装的努力并不能收获自己想要的东西，流于形式的努力只是走了个过场。那些真的努力的人是不会夸大其词的，他们能坚守自己内心想要到达的方向，默默地去为自己积累更多资源，只为有一天厚积薄发，成为真的实力派，被人认可。

小李在一家工厂做财务助理，因为对会计这个职业很感兴趣，便萌生了考会计资格证的想法。考完初级报中级的时候，她遇到了拦路虎。中级资格证的首要报考条件就是大专学历，这对于高中毕业的小李来说是一个大难题。

自考是唯一不影响工作又能解决学历问题的方式，但这条路不容易走。参加过自考的人都知道，这是一条磨人心志的漫长征途。她的朋友参加过自考，14门课程，从报考到全部考试合格总共花了6年时间，中间经历了数次挂科、重考、放弃、再出发。一路摸索着前进，每参加一次考试就仿佛被扒下来一层皮。

小李在没人指导的情况下只用了两年，就拿到了会计专业自考毕业证书了！她跟朋友说："很庆幸，运气比你好一点，没有挂过科。"其实，与人走过同样的路，就会知道自己与他人的差距在哪里。小李并不是运气比较好，而是因为她更勤奋。

有一次她动了个小手术，朋友去医院看她，只见她左手打着点滴，右手拿着笔，正在聚精会神地做题。一套高等数学的试卷摊在腿上，上面画满了歪歪扭扭的计算公式。连护士都说从没见过这样的病人。

备考期间，她一直是五点起床。因为孩子小、黏人，自己还要上班，如果早上不挤出两三个小时学习，一天下来就再也没机会翻书了。有时候困了，就用巧克力或提神饮料来醒醒脑，因此她还笑自己“每逢考试胖三斤”。没有这一路的披荆斩棘，就没有这么顺理成章的“运气”。好运气，都是拼出来的。

你若真见过那些强者打拼的样子，就一定会明白，那些人之所以能达到别人到不了的高度，全是因为他们吃过许多人吃不了的苦。

世上从来就没有横空出世的运气，只有真正的努力。没有哪种成功是可以不费吹灰之力的。有时候，我们看到曾同我们站在同一起跑线的人后来却远比我们成功，总会质疑：为什么我没有他这么好的运气？我们能看到的，仅仅是他们作为成功者的光鲜，这光鲜背后他们付出过多少努力，却往往不为人知。

在一个作家的新书签售会，有读者问她是如何走上作家之路，又是如何能出书的。她说：“起初是因为喜欢写作而坚持每天写，写得久了就开始在报刊上零零散散地发文。能出书实属幸运，当出版社来找我的时候，我刚好有那么多囤稿。”

只有写作的人，才能明白出一本书是多么不容易。有时候一篇稿子被人叫好，背后可能是十几篇甚至几十篇废稿在做铺垫；而一本内容精良的书，也绝对经过了作者成千上万次精雕细琢。

命是弱者的借口，运是强者的谦词。强者之所以更强，不过是因为他们为机遇的到来做好了更充足的准备。当同样的机会来临，刚好你比别人专注一点点，刚好你比别人突出一点点，刚好你比别人细致一点点，你的运气就会比别人好许多倍。如果你害怕吃苦，不敢努力，自然不会有什么好运气。

艰难时刻，成就了更好的自己

一

小夏说，最近她差点崩溃了。工作本来就很忙，当她好不容易熬了三天三夜，写出了二十页的年终报告时，领导突然提出，要换一种思路去写。

当她按照公司下达的要求，花了大概半个月的时间，争分夺秒做统计，正当数据快要出来时，领导突然告诉她，不需要了。

当她加班加点，费尽九牛二虎之力，提前做完了手里的活儿，本以为可以稍作调整和适当放松时，领导却说，你不太忙，过来帮我做点事。

当时她内心，有各种怨气、委屈、不满意，她很想向领导抱怨：你为什么不想好，再让我去做，为什么变来变去？为什么就是见不得我停下来喘口气？

但最后她深呼吸几次，依旧镇定自若地去接受，去应对，去解决各种难题。

然而经历这一次次的挑战，她发现自己控制情绪的能力居然越来越强了，遇事越来越从容淡定了，整个人的实力和水平又有了很大的进步和提高。

其实越是让你感到棘手的、为难的、痛苦的人和事，越会让你成长和进步。因为你在战胜困难的同时，也在使自己变得强大。

二

一个图书公司的杨编辑曾经说过，她的好脾气、好耐心、好的沟通能力，其实都是在一次又一次被折磨的过程中，渐渐培养起来的。

比如，她的老板从市场角度想，总是希望做出来的书要尽可能地加大宣传力度。而书的作者，又从谦虚的立场出发，想要尽量低调。

于是她就成了一块夹心饼干，在老板和作者之间，不断地周旋和周全。

刚开始，她跟老板闹情绪，觉得老板太功利，而她也跟作者发脾气，觉得作者太偏执。可是无论她表现的再暴跳如雷，双方依旧各执己见，丝毫没有商量的余地。

后来她让自己静下心来，想到了一个办法，那就是有理有据地给老板分析市场、介绍作者以及固定读者群，增强了老板的信心。同时又诚恳地宽慰作者，告诉她，虚心学习、不骄不躁是好事，但适当的宣传，也并不违背她的初心和原则。

于是最终，在她的不断调和、争取和平衡下，作者写出了一本很不错的书，而老板也如愿以偿，达到了双赢的局面。

每当我们遇到难题时，总是本能地感到焦虑、烦躁，甚至不知所措。其实越难处的人越考验你的情商，越难办的事越锻炼你的能力。而在这个过程中，你的心性就会得以提升和完善。

三

小欧曾经是个心理素质很差的人。可在去年她经历了一些看似不可能挺过来的难关之后，反而发现，原来自己比想象中更坚强。

她老公在外地上班，她的父母身体不好，去年接连住院，她不仅每天忙于繁重的工作，还要接送孩子，到了晚上，安顿好孩子，还要去医院照顾二老，而整个过程，老公完全帮不上任何忙，都靠她一个人扛着。当时她感到身心俱疲，甚至觉得整个世界都快坍塌了。但她依旧扛着重压，该承受的就努力去承受，该接受的也不去逃避，总之，一天又一天地撑过了最艰难的时刻。

现在，她的父母已经康复了，孩子也可以自行上学了，而她的工作也相对顺利多了。

她说，只有经历过了才知道，原来这个世上根本没有过不去的坎儿，反正兵来将挡，水来土掩，办法总是比困难多。

说这句话时，她一脸轻松，再也没有当初的慌张、忧虑和茫然。

其实越是艰难险阻的时刻，越能激发一个人的斗志、磨炼一个人的毅力，以及增强他的抗压力。

四

我们每个人，都渴望自己能变得更好，又都害怕遇到难事。其实恰恰在艰难坎坷时，最能成就一个人，而在一帆风顺的情况下，人很难有进步的空间和可能。

在学习中，许多人在遇到了难解的、不太会做的、有困惑的知识点时，才能找到诀窍，掌握规律，摸清题意。

在工作中，许多人是在攻克不熟悉的专业难题、处理好原本做不了的事、完成看似完成不了的任务时，能力才得到提升。

在生活中，许多人是在遇到了难缠的事、不好处的人以及面对意外和未知时，才使自己的格局变大、心胸变宽、眼界变高。

就如山本耀司曾说的："自己这个东西是看不见的，撞上一些别的什么，反弹回来，才会了解'自己'。"所以，跟很强的东西、很可怕的东西、水准很高的东西相碰撞，然后才知道"自己"是什么，这才是自我。

所以，当我们面对困难时，不要怕，不要着急，不要太过在意，只需要不畏不惧地迎难而上。在多次的历练和磨砺中，努力去增长经验，积攒实力，反思自省，去冲破自我的天花板。最终，那些艰难的时刻，终将成就更好的自己！